[ NCS 구조해석 L5 기반 ]

# ANSYS Workbench를 이용한
# AUTODYN

I

**심관보** 지음

도서출판 홍릉

※ 모델링 데이터는 구글 드라이브에서 다운 받을 수 있습니다.
https://drive.google.com/drive/folders/15CPyVKxtJIri9f-Rufb1kBkbqbB-U9Ti?usp=sharing

※ 예제문제풀이는 유튜브에서 볼 수 있습니다(검색 : 심관보, KPS의 썸네일을 클릭하시면 됩니다).

[ NCS 구조해석 L5 기반 ]

# ANSYS Workbench를 이용한 AUTODYN I


인　쇄 : 2024년 11월 1일 초판 1쇄
발　행 : 2024년 11월 8일 초판 1쇄

저　자 : 심관보
발행인 : 송 준
발행처 : 도서출판 홍릉
주　소 : 01093 서울시 강북구 인수봉로 50길 10
등　록 : 1976년 10월 21일 제5-66호

전　화 : 02-999-2274~5
팩　스 : 02-905-6729
e-mail : hongpub@hongpub.co.kr
http://www.hongpub.co.kr
ISBN : 979-11-5600-234-5(93550)

정　가 : 25,000원

[ NCS 구조해석 L5 기반 ]

## ANSYS Workbench를 이용한

# 관련도서

구조해석(입문과정)

구조해석(심화과정)

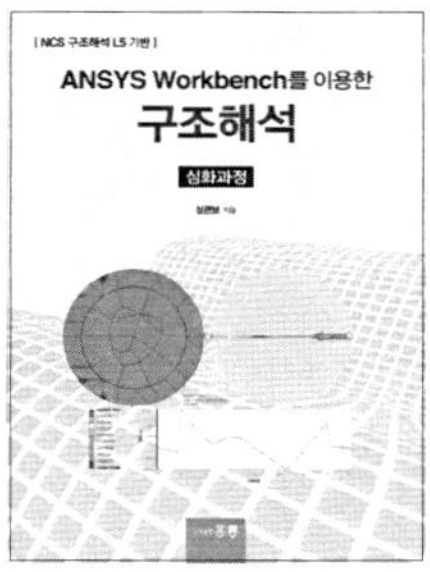


정역학해석

Explicit Dynamic

기계역학해석

구조해석사례집(Ⅳ)

구조해석사례집(Ⅴ)

구조해석사례집(Ⅵ)

진동해석

LS-DYNA(1)

AUTODYN(1)

## 저자소개

### 심관보

현) 한국공학대학교 교수
LG전자(주) 근무
㈜유디피 근무
연세대학교 기계공학과 석사
한국산업기술대학교 기계시스템설계 박사
품질관리기술사, 공장관리기술사

- 하중분배법에 실험계획법을 적용한 콘크리트 충진형 강판문의 최적설계, 한국강구조학회 논문집32(6)pp.351~3612020.12
- 하중분배법을 사용한 격자형 방폭문의 최적화 설계, 한국강구조학회 논문집32(6)pp.397~4042020.12
- 방폭문 실증시험을 반영한 골조형 방폭문 설계, 한국강구조학회 논문집32(2)pp.67~742020.04
- 하중분배법과 수치해석을 사용한 방폭문의 최대탄성변위 실용 계산법, 대한기계학회논문집 A43(10)pp.737~7452019.10
- 3면 지지 철근콘크리트 복합구조 방폭문의 최대탄성변위 산정 방법, 국정밀공학회지36(12)pp.1165~11722019.12
- 폭발실증시험에서 철근 콘크리트 충전형 강판 방폭문의 성능등급 판정법, 표준인증안전학회지 11(4)pp.43~632021.12
- 슬라이딩 방폭문의 최대탄성변위 산정, 표준인증안전학회지9(2)pp.1~132019.06
- 하중분배법에 실험계획법을 적용한 콘크리트 충진형 강판문의 최적설계, 한국강구조학회 논문집 32(6)pp.351~3612020.12
- 하중분배법을 사용한 격자형 방폭문의 최적화 설계, 한국강구조학회 논문집 32(6)pp.397~4042020.12

엔지니어링 SW 활용을 통한 제품개발과제에 참여하게 되었다.
이택성교수님의 지도하여 과제를 개발하게 되었고, CAE를 통한 구조해석에 관심이 많은 동광기업의 김병진 부장님을 통하여 과제를 발굴하였다.
동광기업은 방위산업에 참여하는 회사로 방폭문을 설계하고 제작하여 국방부에 납품하는 일을 주 업종으로 한다. 그래서 방폭문의 품질 특성을 이해하고 성능평가를 하는 것이 무척 중요한데 현실적으로 실험을 통해서 진행하는 것은 매우 어려운 실정이다. 이런 문제를 해결하기 위하여 방폭문에 대한 품질특성을 CAE해석을 통하여 해결하고자 과제를 발굴하게 되었다.
폭발하중에 대한 연구는 특수한 분야 이므로 연구가 많이 진행되어 있지 않으며, 해석을 수행하기 위해서는 해석에 필요한 프로그램의 선정도 매우 중요하다.
폭발 하중을 계산할 수 있는 해석 프로그램에는 BLASTX, ALE3D, LS-DYNA, CONWEP, AUTODYN 등 다양한 프로그램이 있다.
한국산업기술대학교에서는 이미 학생들에게 CAE해석 및 설계를 가르치기 위하여ANSYS사의 프로그램이 보급되어 있어 자연스럽게 AUTODYN을 사용하여 폭발 하중에 대한 연구를 진행하게 되었다.
이 분야를 연구한 내용이 충분하기 않기 때문에 프로그램을 사용하는 방법 부터 해석을 어떻게 진행해야 하는지 프로세스를 자체적으로 만들어가야 했다.
이런 연구를 통해서 폭발 하중을 받는 모델에 대한 연구방향과 해석을 위한 프로세스가 정립되었다.
이 교재는 폭발하중을 받는 구조물에 대한 연구를 처음 수행하는 연구원들과 단순 구조해석을 넘어 동적 거동의 구조해석을 연구하기를 희망하는 학생들의 첫걸음에 많은 도움이 될 거라 생각하여 집필하게 되었다.
이 책은 비교과 과정의 해석 교재로 사용하기에 충분하도록 기초적인 이론과 autodyn에서 구현하는 방법을 상세히 기술되었다.
이 책을 집필하는데 도움을 준 박영웅, 심재현 학생과 김병진 부장님께 감사를 드린다. 무엇보다도 이 연구가 가능하도록 모든 것을 지원해 주신 이택성 교수님께 진심으로 고마운 마음을 표현한다.

2024년 09월

심 관 보

# 목 차

# 1 AUTODYN 이해하기

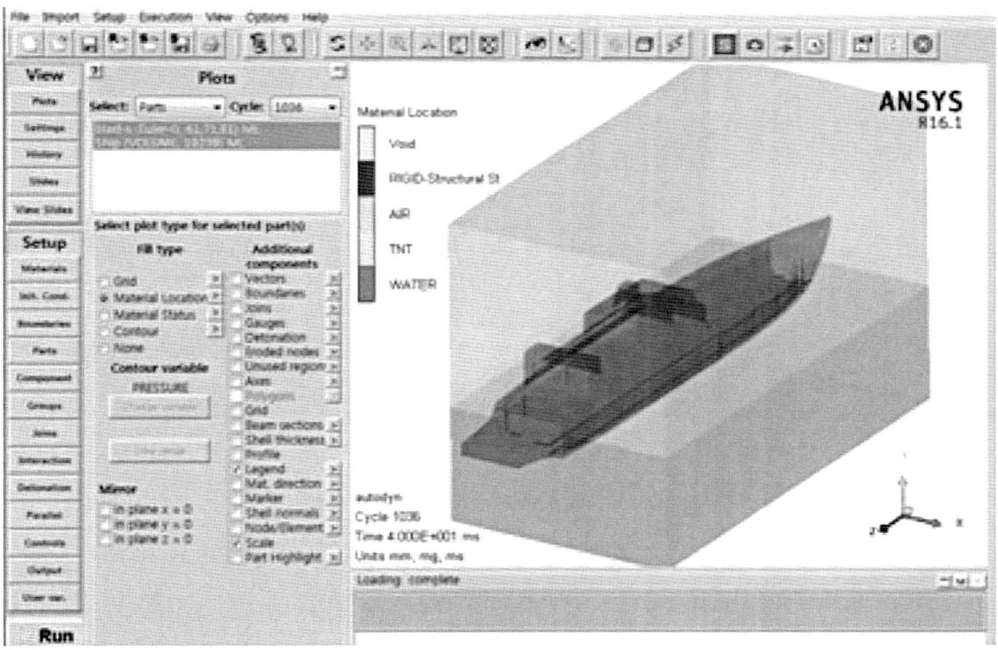

# 모듈 1. AUTODYN 개요

## 1) AUTODYN 개요

AUTODYN은 질량, 운동량, 에너지 보존 방정식을 해석대상이 되는 재료의 물성치와 함께 고려하여 해석하는 Explicit Code이다.
AUTODYN은 Explicit 코드를 기반으로 비선형 동역학 문제 해석을 위하 특별히 개발된 공학 해석 프로그램으로 비선형 전용 프로그램이다.
기존의 프로그램과는 달리 여러 해석기법을 제공하며, 해석 모델의 특정부분에 특정 해석기법을 선택적으로 사용할 수 있는 장점이 있다.
Lagrange solver와 Euler solver 간의 강력한 Coupling기능으로 대변뒤 /대변형문제, 고체-유체간의 연성문제, 접촉 관통, 폭발 충돌처럼 일반 유한요소해석 프로그램으로 처리하기 어려운 문제를 쉽고 빠르게 해결할 수 있는 강력한 솔루션이다.
1995년 CDI는 ANSYS사에 합병되어, 현재의 ANSYS AUTODYN이라는 이름을 갖게 되었고 2007년 AUTODYN은 ANSYS 제품군의 하나로 통합되어 ANSYS 11.0 부터는 Workbench 환경에 통합되어 사용되고 있다.

AUTODYN에서는 고체로 표현되는 연속체나 구조물의 모델링에 대해서는 Lagrange Solver를 사용할 수 있으며, 기체, 유체 그리고 대변형을 갖는 고체의 모델링에는 Euler Solver를 사용하여 해석할 수 있다.
또한 요소의 자동 재분할(rezoning) 기능을 제공하는 Arbitrary Lagrange Euler(ALE) Solver는 유동문제에 효과적이다. 이외에도 Shell Solver는 얇은 형상의 구조물 모델링에 유용하며, Beam Solver는 보와 같은 형상의 부저를 모델링 하는데 유용하다. 그리고 최근 개발되고 있는 SPH(Smooth Particle Hydrodynamics) Solver는 무요소(meshless) 기법을 사용하므로 대변형/대변위을 갖는 구조물의 해석을 쉽게 할 수 있는 강점이 있다.

특히 이렇게 다양한 프로세서를 제공하는 AUTODYN에서는 하나의 해석에서 제공되는 Solver들을 서로 연결하여 사용할 수 있으므로, 각 문제 영역을 구분하여 가장 적합한 Solver를 선택적으로 적용할 수 있다.
Solver coupling에는 크게 Joined subgrids, impact-slide interfaces, Full Euler-Lagrange Coupling의 세가지 유형이 있으며, 이러한 coupling기능은 다른 프로그램과 구별되는 AUTODYN의 가장 강력한 특징이다.

AUTODYN은 비선형성이 큰 동역학 문제를 해결하고 대변위와 대변형 문제를 해결하는 프로그램이다. 특히 Lagrange solver와 Euler solver간의 coupling으로 유체와 고체간의 연성문제를 해결 할 수 있는 장점을 가지고 있다. 주로 충격, 관통, 폭발 등의 비선형이 강한 역학 문제들을 주요 해석대상으로 한다.
또한 AUTODYN은 수행된 시험에 대한 검증, 평가 및 분석도구로 사용될 수 있고 현실적으로 실험이 거의 불가능한 현상들(음속을 초과하는 초고속 충돌 및 관통 현상 등)에 대한 해석적 방법을 제공함으로써 실험 경비를 절감하거나 혹은 완전히 대체할 수 있는 가상 실험효과를 할 수 있다.

### 2) AUTODYN의 주요 특징

AUTODYN은 기존의 프로그램과 달리 해석 대상이 되는 하나의 문제에 여러 가지 해석기법을 선택적으로 적용할 수 있다는 특징을 가진다. 예를 들어 고체와 유체가 함께 포함된 형태의 문제를 해결하고자 할 경우, 고체 부분에는 Lagrange solver를 사용하며 기체, 유체 및 대변형을 갖는 고체부위의 해석에는 Euler solver를 사용하여 해석을 수행하는 것으로서 여러 가지의 물리 현상이 복합된 multi-physics 문제를 쉽게 해결할 수 있다. 현재 AUTODYN에서 제공하는 해석기법으로는 구조물과 같은 연속체의 해석에 적합한 Lagrange solver, 유체, 기체 등의 해석에 적합한 Euler solver와 요소의 자동 재분할기능을 제공하는 ALE 등이 있다. Lagrange solver의 특별한 종류로는 얇은 형상의 구조물 해석에 유용한 shell solver와 보 형상의 해석에 사용되는 beam solver가 있으며 최근에 주목을 받고 있는 SPH(Smooth Particle Hydrodynamics : 입자완화 유체동력학) solver도 제공한다. SPH의 경우 Lagrange의 특성을 갖지만 무요소(meshless) 기법을 사용하므로 Lagrange solver를 사용할 때 발생하는 요소의 왜곡에 따른 요소 재생성의 부담을 근본적으로 피할 수 있다. SPH의 경우 계산 시간이 많이 소요되는 단점이 있으나 Lagrange와의 연성 기능을 제공하여 고정도의 해를 단시간에 얻도록 하고 있으며 위에 언급된 모든 해석기법들은 모두 함께 사용할 수 있다. 주로 Lagrange solver는 구조 및 탄체 해석 시 주로 쓰이고, 빠른 계산속도 및 경계조건(boundary condition)부여 용이 등 장점이 있으나 해석이 진행됨에 따라 왜곡된 메시는 부정확한 결과를 초래하는 단점이 있다. 이러한 단점을 보완하기 위해 일정 기준이상이 왜곡된 요소는 마멸(마멸)시켜 계산의 정확도를 높인다. 마멸 기준에 따라 해석결과에 영향을 주는데 본 연구에서는 마멸 기준을 순간 기학학적 변형율(instantaneous geometric strain) 2.0 %를 기준으로 사용하였다(김시호 등, 2009).

3) Solver 종류

(1) Lagrange 방법

라그랑지 코드의 특징은 그리드를 표면과 재료특징을 자유로운 셀 경계를 사용한다.
계산하는 동안 메쉬는 그림처럼 재료의 비틀림이 메쉬 비틀림하고 일치한다. 라그랑지 메쉬는 힘, 변형, 압력, 에너지, 밀도가 작용하는 동안 속도, 힘, 부피는 구석의 점과 함께 조합된다.

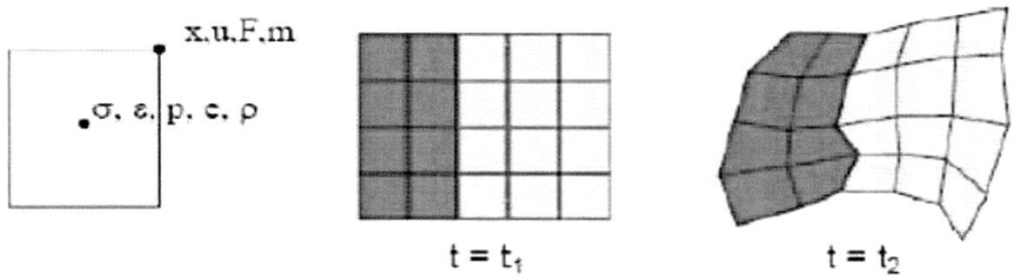


그림1 라그랑지 그리드

라그랑지 해법의 주 문제는 큰 형태의 모양이 있을 때 발생한다. 메쉬의 심한 왜곡은 그림 처럼 정확성과 밀집도 및 타임스텝에 부정적인 결과를 만들 수 있다. 이 부정적인 요소를 제거하기 위해서는 메쉬를 다시 그려 형태를 재구성하는 것이다. 게다가 그것들은 홍수나 거대한 변형이 있는 구조물 모델에서는 대체적으로 사용하기가 어렵다.
라그랑지 메쉬의 가장 큰 장점은 재료의 이동성이다. 따라서 개체 하나의 지역이나 지점에서의 추적은 쉽게 할 수 있다. 그래서 라그랑지 해법은 두 개의 물체 충돌로 발생하는 충돌이나 추진체에 타격하는 모델에 많이 사용하고 있다.

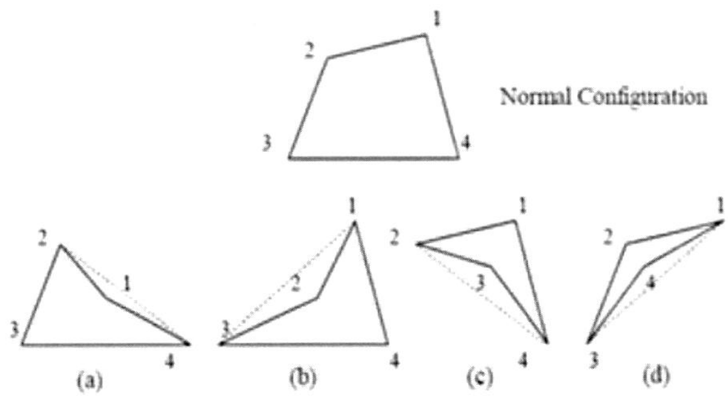


그림2 일반적인 메쉬

## (2) Euler 방법

오일러 해법은 하이드로 코드의 다른 방법이로 전용 개체 그리드로 정의되어 모델링된다. 오일러 해법은 재료가 이동할 수 있는 공간에 격자를 구성한다. 각각 개별 노드와 셀로 이루어진 유동적인 모델링에서 사용된다.
오일러 모델의 전형적인 특징은 라그랑지 모델과 달리 셀의 중심에서 모든 변수에 대한 점과 상호작용하는 것이다. 오일러 코드의 문제점은 요소에 대한 많은 요구조건과 기하학처리가 미숙한 것이다. 그리고 공간에 더 많은 거체 요소가 추가됨으로써 더 많은 메모리와 더 많은 시간이 필요하다. 또한 그리드는 관계 객체에 왜곡이 아니라, 좀 더 추적이 어려운 다양한 부분 구성요소에 따라서 관찰하는 방법을 하나의 조각이 시간이 지남에 따라 작용한다. 그리고 오일러 모델은 고체 물질 모델에 적합하지 않다.

오일러 해법의 장점은 라그랑지 한계 해법처럼 하나의 물체에 하나의 재료를 주어 해석하는 것이 아니다. 그것들은 하나의 셀 구조 안에 다양하게 섞인 재료적 특성을 허락한다. 재료의 표면 모양은 요소 크기에 의해 제한되지 않는다. 이것을 사용할 때 높은 형태를 가진 물체나 유체의 흐름에 적합하다. 반면에 라그랑지 해법은 일반적인 고체 모델에 사용되고 있다.

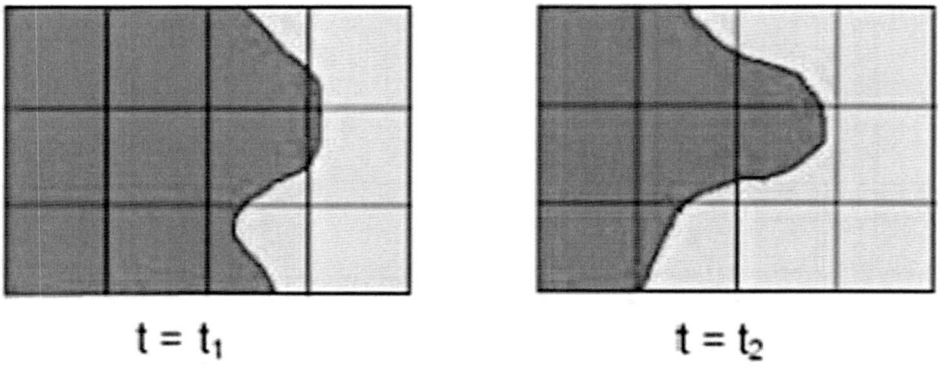


그림3 오일러 그리드

(3) Arbitrary Lagrangian-Eulerian Formulation (ALE)

연속체 역학의 알고리즘은 일반적으로 운동에 대한 두 가지 고전적 설명, 즉 라그랑주 설명과 오일러 설명을 사용합니다. 예를 들어 Malvern 1969를 참조하세요. 본 장의 주제인 임의의 라그랑주-오일러(ALE) 설명은 위의 고전적 운동학 설명의 장점을 결합하고 각각의 단점을 최대한 최소화하려는 시도에서 개발되었습니다.
각 개별 노드가 운동 중에 연관된 재료 입자를 따르는 계산 메시의 라그랑주 알고리즘(그림 14.1 참조)은 주로 구조 역학에 사용됩니다. 라그랑주 설명을 사용하면 서로 다른 재료 간의 자유 표면과 계면을 쉽게 추적할 수 있습니다. 또한 이력에 따라 구성되는 관계가 있는 재료를 처리하는 데 도움이 됩니다. 약점은 빈번한 리메싱 작업에 의존하지 않고는 계산 영역의 큰 왜곡을 추적할 수 없다는 것입니다.

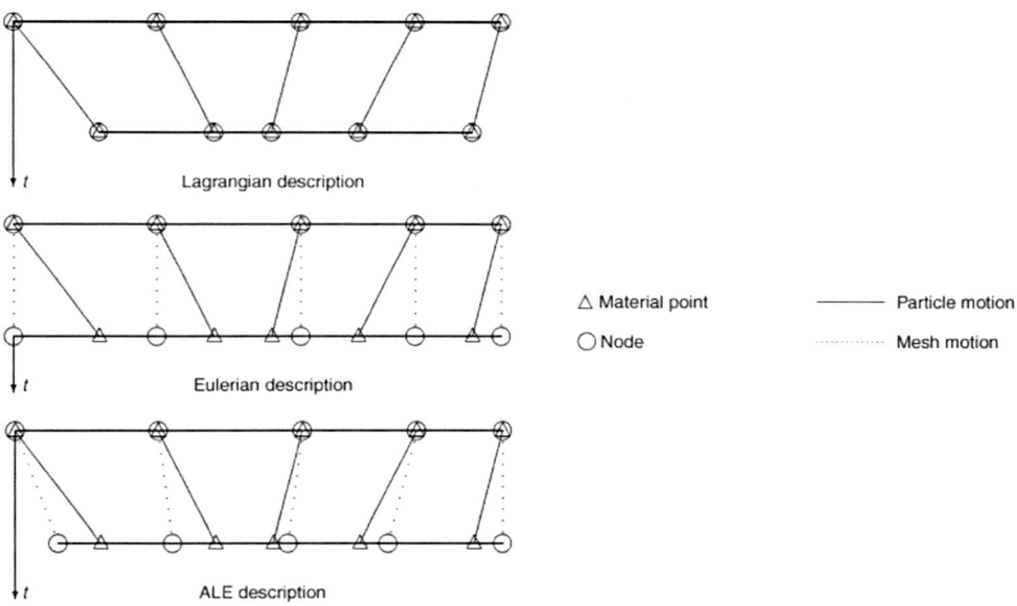


그림4 라그랑지안, 오일러안 및 ALE 메시와 입자 운동의 1차원 사례

오일러 알고리즘은 유체 역학에서 널리 사용됩니다. 여기서 상기 그림과 같이 계산 메시는 고정되고 연속체는 격자에 대해 이동합니다. 오일러 설명에서 연속체 운동의 큰 왜곡은 비교적 쉽게 처리할 수 있지만, 일반적으로 정확한 인터페이스 정의와 흐름 세부 정보의 해상도를 희생합니다.

순수 라그랑주 및 순수 오일러 설명의 단점으로 인해 라그랑주와 오일러 접근 방식의 가장 좋은 특징을 어느 정도 결합하는 데 성공한 기술이 개발되었습니다. 이러한 기술을 임의 라그랑주-오일러(ALE) 설명이라고 합니다. ALE 설명에서 계산 메시의 노드는 일반적인 라그랑주 방식으로 연속체와 함께 이동하거나 오일러 방식으로 고정하거나 그림4에서 제안한 대로 연속적인 재구역화 기능을 제공하기 위해 임의로 지정된 방식으로 이동할 수 있습니다.

ALE 설명에서 제공하는 계산 메시를 움직이는 이러한 자유로 인해 순수한 라그랑주 방법으로 허용되는 것보다 더 큰 연속체 왜곡을 처리할 수 있으며 순수한 오일러 접근 방식에서 제공하는 것보다 더 높은 해상도를 제공합니다. 그림5의 간단한 예는 ALE 설명이 순수한 라그랑주 접근 방식에서 일반적인 인터페이스의 명확한 묘사를 유지하면서 계산 메시의 상당한 왜곡을 수용할 수 있는 능력을 보여줍니다. 거친 유한 요소 메시는 부분적으로 물로 채워진 매우 강한 원통형 용기에서 폭발물의 폭발을 모델링하는 데 사용됩니다. ALE 설명(자동 연속 재구분 포함)과 순수한 라그랑주 메시 설명을 사용하여 각각 얻은 시간 t = 1.0ms에서의 메시 구성을 비교합니다. 전하-물 계면의 세부 사항에서 더욱 입증되듯이, 라그랑지안 접근법은 계산 메시의 심각한 저하를 겪는 반면, ALE 접근법은 전하-물 계면의 규칙적인 메시 구성을 유지합니다.

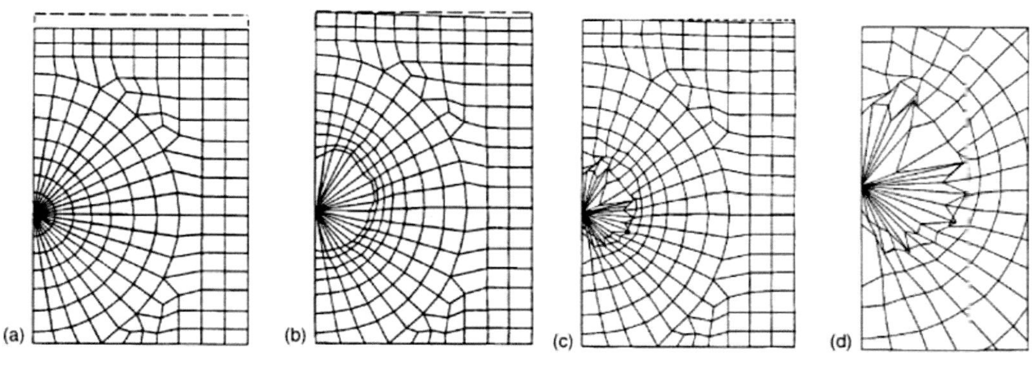


그림5 라그랑지안 대 ALE 설명

(a) 초기 FE 메시;

(b) t = 1ms에서의 ALE 메시;

(c) t = 1ms에서의 라그랑지안 메시;

(d) 라그랑지안 설명에서의 인터페이스 세부 정보.

(4) Mesh Free Solver ( Smooth Particle Hydrodynamics)

평활화된 입자 유체 역학(SPH)은 고체 역학 및 유체 흐름과 같은 연속체 매체의 역학을 시뮬레이션하는 데 사용되는 계산 방법입니다. 이것은 1977년에 Gingold와 Monaghan 및 Lucy에 의해 천체 물리학 문제를 위해 처음 개발되었습니다. 이것은 천체 물리학, 탄도학, 화산학 및 해양학을 포함한 많은 연구 분야에서 사용되었습니다. 이것은 메시 없는 라그랑주 방법(좌표가 유체와 함께 움직이는 경우)이며 방법의 해상도는 밀도와 같은 변수에 대해 쉽게 조정할 수 있습니다.

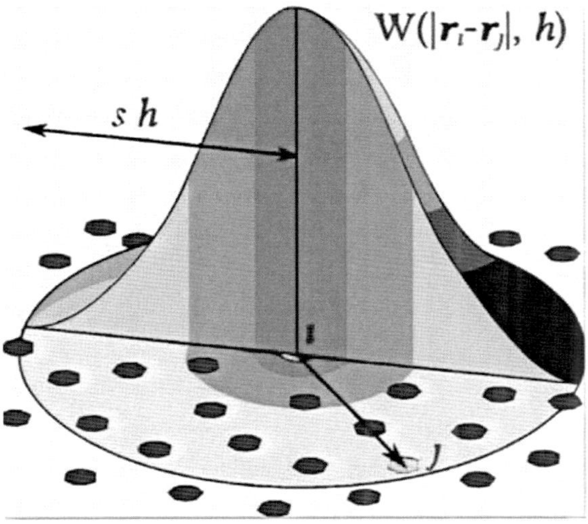

그림6 SPH 합성의 개략도

계산 연속체 동역학 문제를 해결하기 위한 비교적 새로운 기술입니다. 연속체는 상호작용하는 입자의 임의 격자로 (또는 보간점) 표현됩니다.

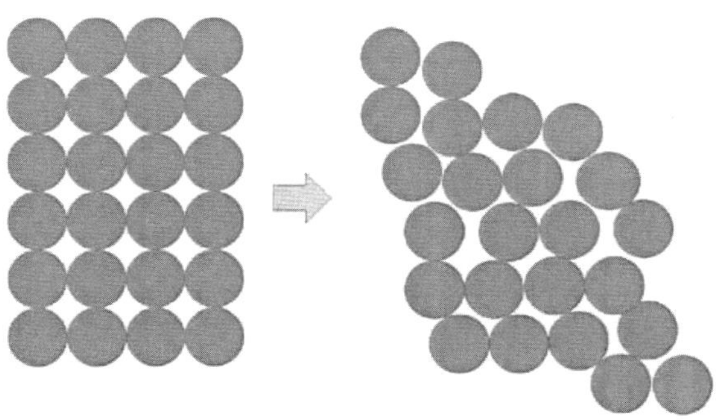

## 모듈 2. Jet Penetration [1)]

1) 구조 계획

① 모듈의 목표

- 오일러 솔버 적용 사례
- 강철 타겟에 충돌하는 초고속 구리 제트 모델링.

② 해석 절차 :

- AUTODYN을 단독으로 시작한다.
- 2D 축 대칭을 사용하여 문제를 설정한다.
- 문제를 해결한다.
- 결과를 확인한다.
- 결과의 애니메이션을 만든다.

③ 모델링 개요 (단위 : mm)

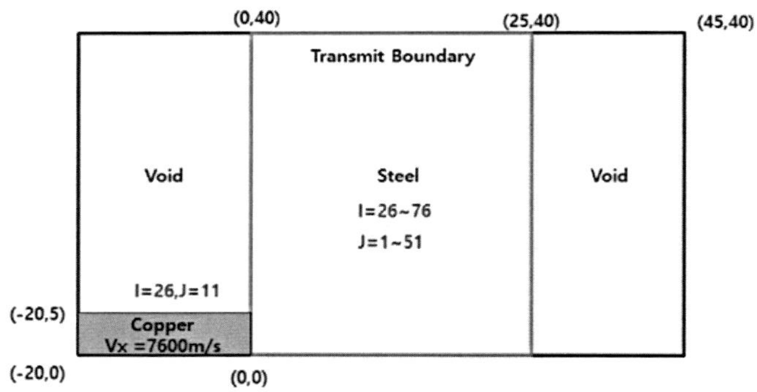


그림에 표시된 Euler 문제를 설정합니다.
왼쪽 가장자리에서 구리의 연속 제트를 공급하려면 흐름 경계가 필요합니다.
전송 경계는 모델에서 파동을 전파하는 데 사용됩니다.
350사이클에서 문제를 마무리하고 10사이클마다 저장 파일을 만듭니다.
생성된 저장 파일을 사용하여 결과의 간단한 슬라이드쇼를 만듭니다. (재료 위치 플롯, 속도 벡터 플롯 등)

---
1) ) Workshop 6. Jet Penetration

2) 구조해석

[1] AUTODYN 실행

(1) Start > AUTODYN 시작
AUTODYN stand alone을 시작한다. (autodyn·exe를 더블 클릭하십시오)

> C: \Program Files \ANSYS Inc\v161 \aisol\AUTODYN \winx64 \autodyn.exe

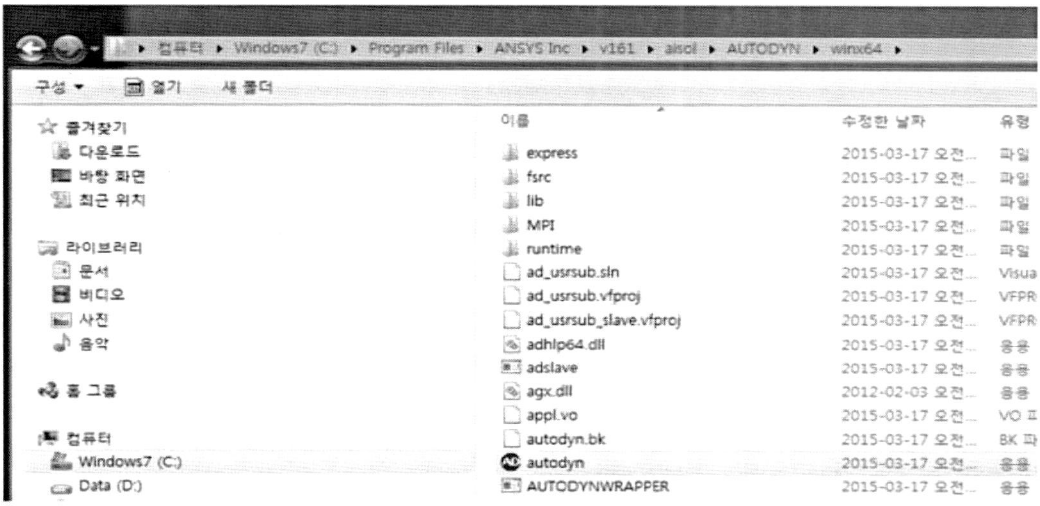


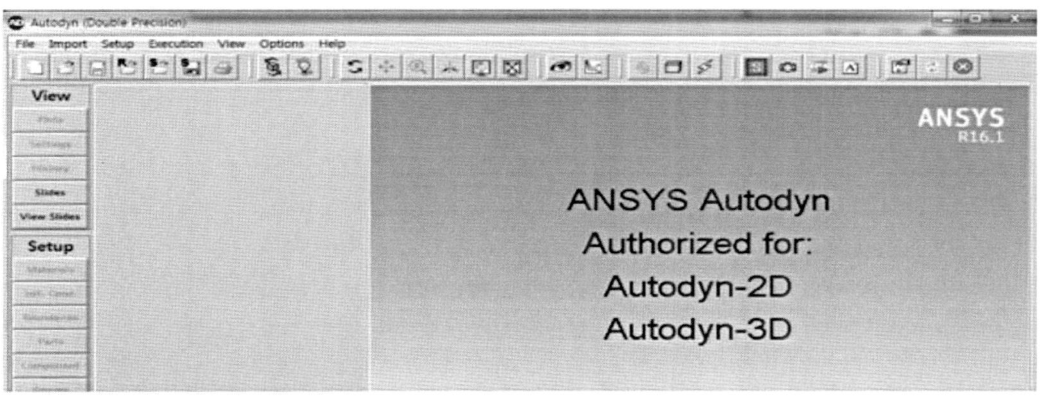

(2) Start > 프로젝트 시작

① 새로운 프로젝트 시작한다.
② 찾아보기 프로젝트 폴더를 선택한다.
③ Ident를 입력하십시오. : 2D fragment Impact 및 설명
④ 선택 2D 축 대칭 설정한다.

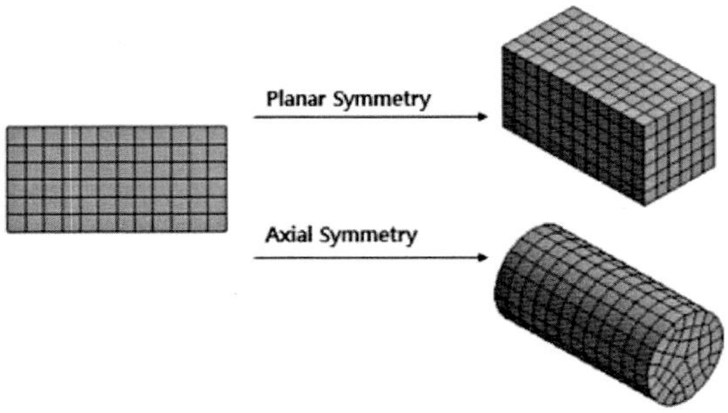


⑤ 단위의 기본 설정 유지한다.
⑥ 선택을 클릭한다.

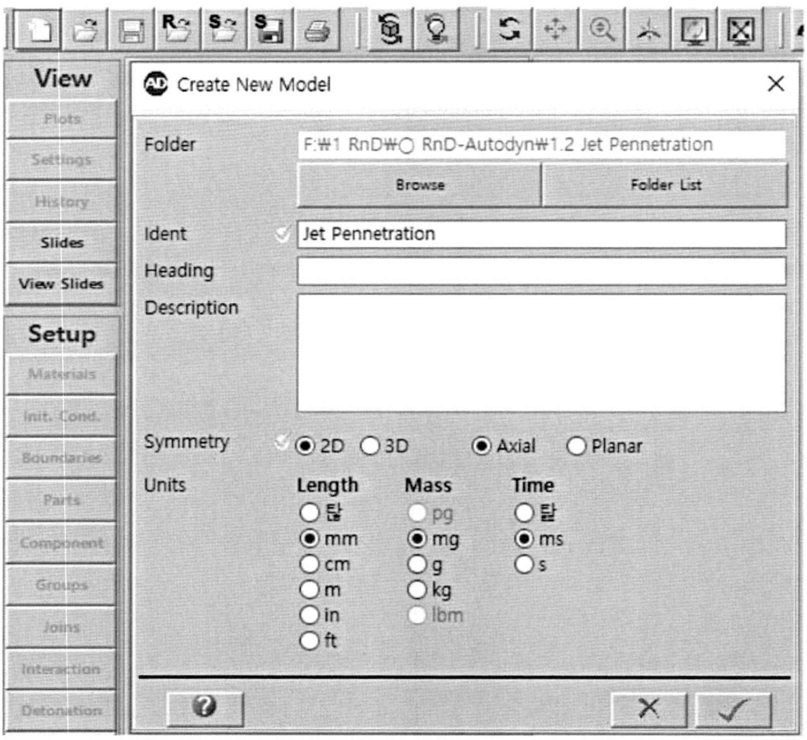

(3) Material > 재료 검색

AUTODYN에서는 다양한 종류의 물성 모델을 제공하고 있으며, 사용자는 자신의 물성 라이브러리와 물성 모델을 추가로 만들어 이를 저장, 참조, 수정할 수 있다. 거동을 표현하는 물성 모델로는 상태방정식(EOS, Equation Of System), 강성모델(strength model), 파손모델(failure model), 마멸모델 등의 네 가지 형식을 제공한다. AUTODYN에서 제공하는 물성모델이 불충분할 경우, 사용자는 물성모델을 정의하는 서브루틴을 직접 작성하여 사용할 수 있다. AUTODYN에서 모든 재료의 강성모델은 Hook's Law에 의한 탄성응력 상태를 가지고 변형, 변형률, 온도를 가진 항복응력의 의존성을 나타낸다.

(3.1) 라이브러리에서 재료 데이터 검색
① 메뉴에서 “Material” 를 클릭하고 “Load“로 재료 데이터를 불러온다
② 라이브러리에서 다음 자료를 선택한다. :
COPPER, STEEL1006
③ 데이터를 선택 확인한다.

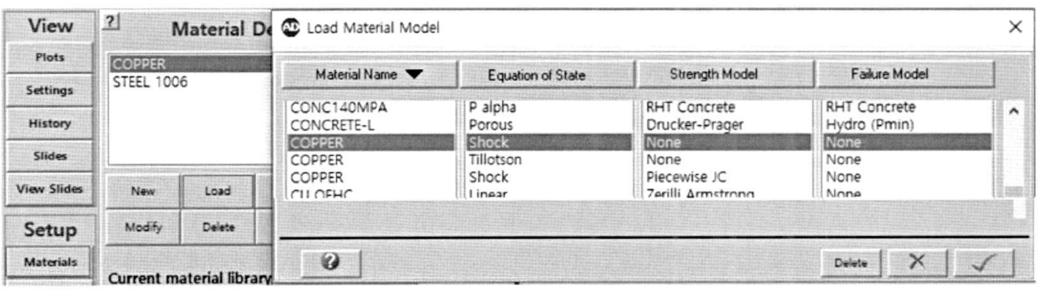


(3.2) 재료 모델의 성분을 개선한다.
각각의 재료에 Erosion을 2로 설정한다.
이 물성을 설정해야 재료가 파손되고, 메쉬가 끊어지게 된다.
① 개선할 대상을 선택한다.
② Modify를 클릭한다.
③ 파업 창에서 데이터를 수정한다. Erosion 2.0
④ 데이터를 수용한다.

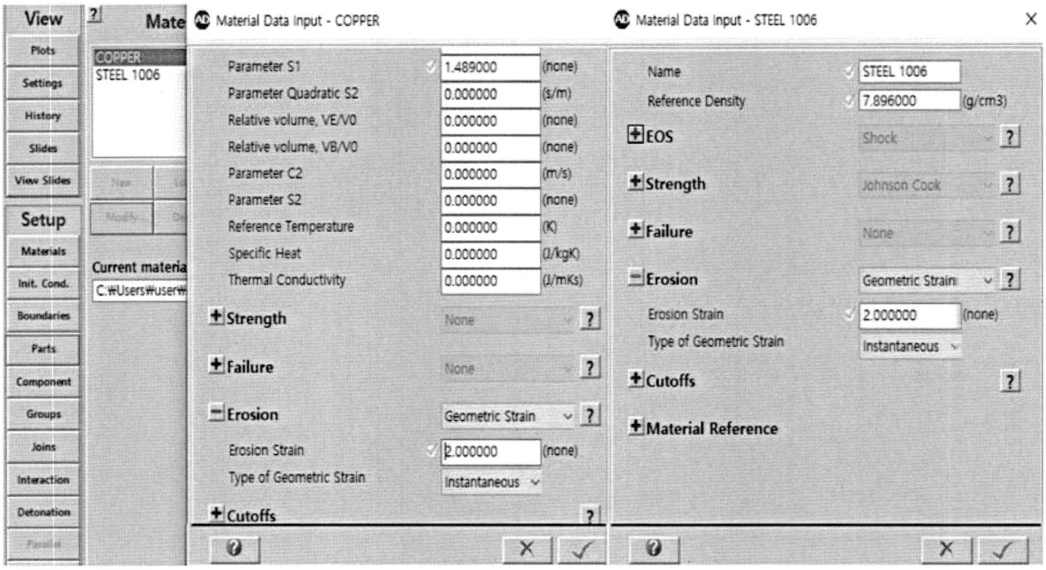


(4) 초기 조건 생성

① 네비게이션 바에서 “Init. Cond"를 선택한다.

② 대화 상자에서 "New"를 선택한다.

③ Initial Condition Set Name을 기록한다. : Jet

④ Velocity Only, X-velocity 설정한다. : X-velocity =7600

⑤ 데이터를 수용한다.

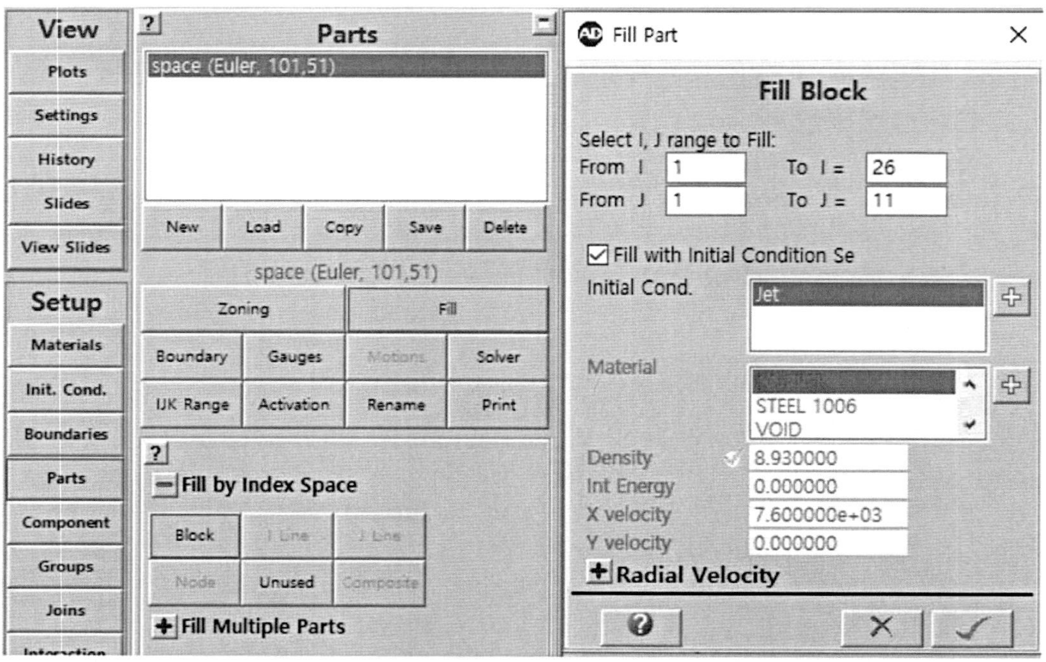

(5) 경계조건 정의

① Boundary를 선택한다.

② 대화 상자에서 New를 선택한다.

③ Boundary Name을 기록한다. : Jet_In

④ Type을 정한다 : Flow_In

sub option을 정한다. : Flow_In(Euler)

⑤ 속도를 설정한다. : X-velocity = 7600, Y-velocity = 0,

⑥ 데이터를 수용한다.

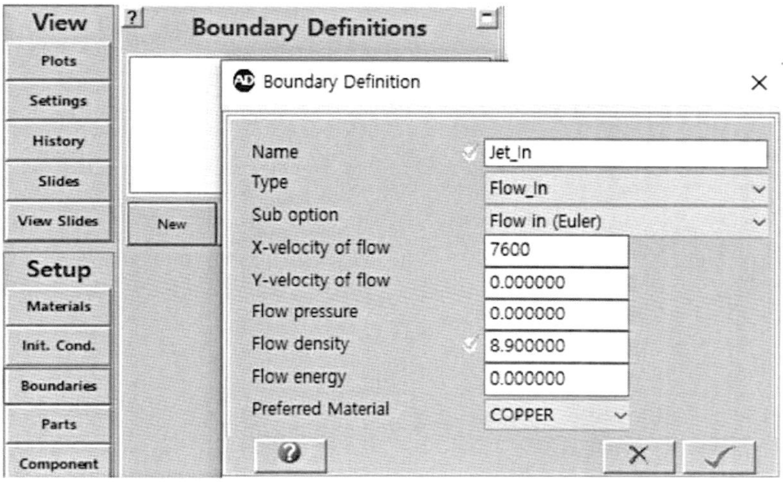


① Boundary를 선택한다.

② 대화 상자에서 New를 선택한다.

③ Boundary Name을 기록한다. : Long_Plate

④ Type을 정한다. : Transmit

sub option을 정한다.: Transmit(Euler)

⑤ Preferred Material. : ALL_EQUAL

⑥ 데이터를 수용한다.

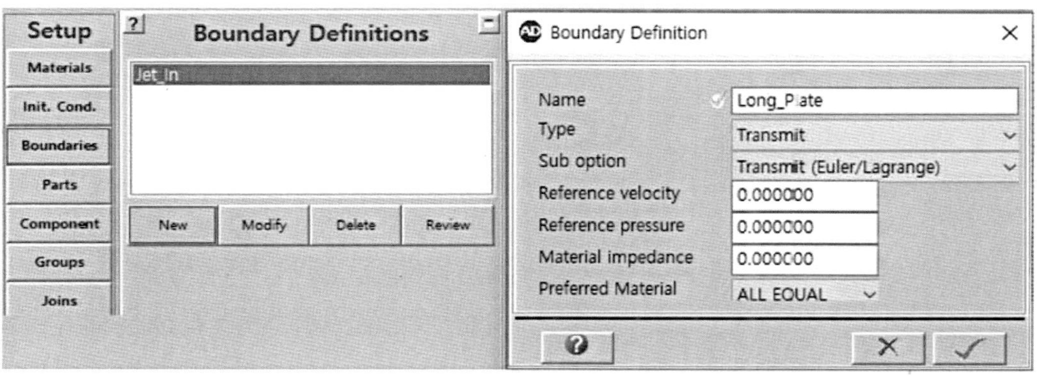

(6.1) 오일러 파트 생성 (space)

① Parts를 선택한다.

② 대화 상자에서 "New"를 선택

③ 팝업창의 Part Name을 입력한다 : space

④ Solver를 선택한다 : Euler, 2D

⑤ Definition을 설정하다. : Part Wized

⑥ 다음 단계로 이동

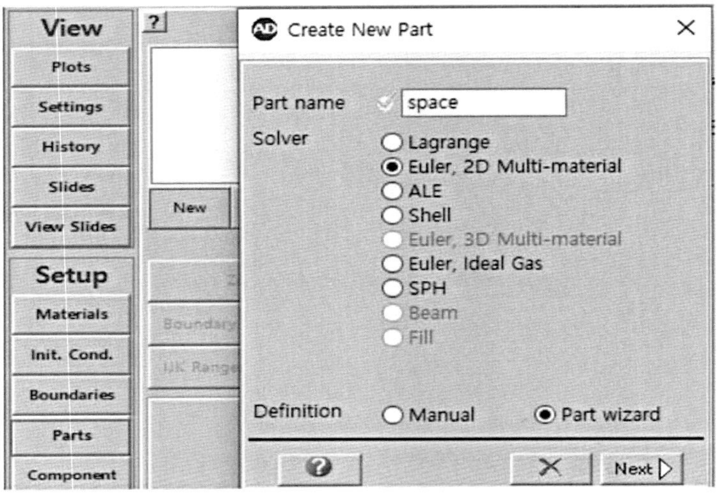


⑦ Predef를 선정한다. : Box

⑧ Geometry를 정의한다 : 원점 (-20,0) 폭 (64, 40)

⑨ 다음 단계로 이동한다.

⑩ Cell의 크기를 입력한다: I=100, J=50

⑪ 다음 단계로 이동한다.

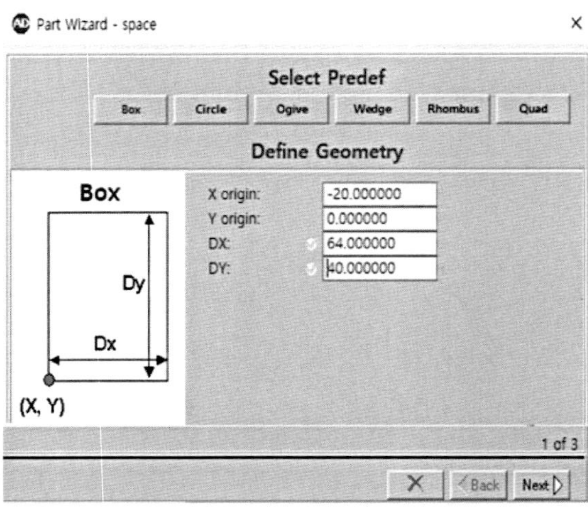


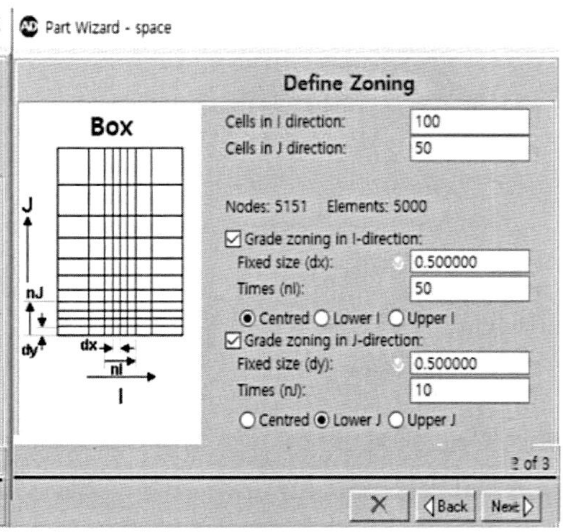

⑫ Fill Part에서 Fill with Initial Condition Set을 선택하지 않는다.
⑬ Material을 선택한다. : Void
⑭ 데이터를 수용한다.

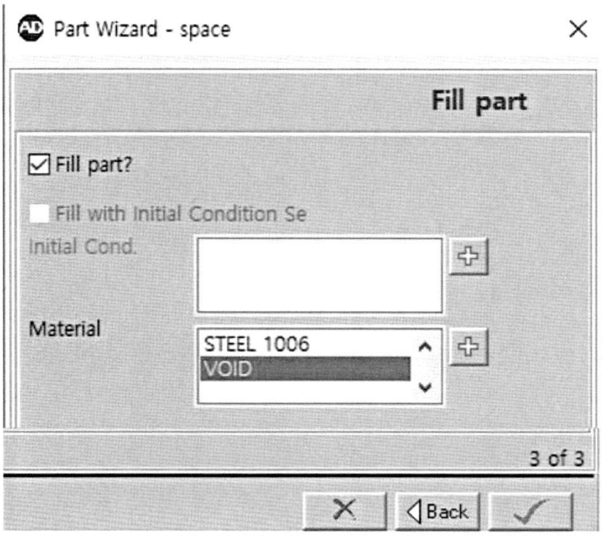


⑭ Plot 화면에서 확인한다.

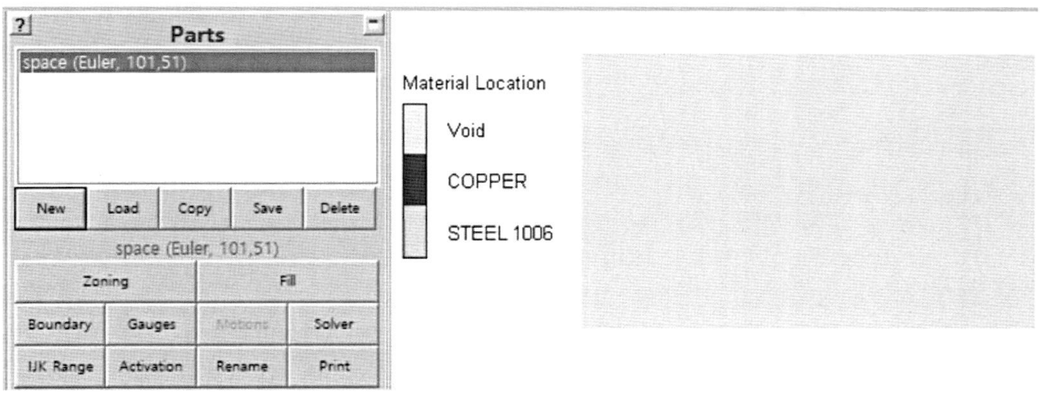

(6.2) 파트에 다른 재료(Copper Jet) 채우기

① 탐색 표시 줄에서 "부품"을 선택하십시오.

② 채우기(Fill) 선택한다.

③ Fill by Geometry space를 선택한다 : Block

④ 팝업 메뉴에서 Block 형상을 정의한다 : I : 1~26 , J : 1~11

⑤ 초기조건을 설정한다. : Jet

⑥ 재질(Material)을 설정한다 : COPPER

⑦ 데이터 수용한다.

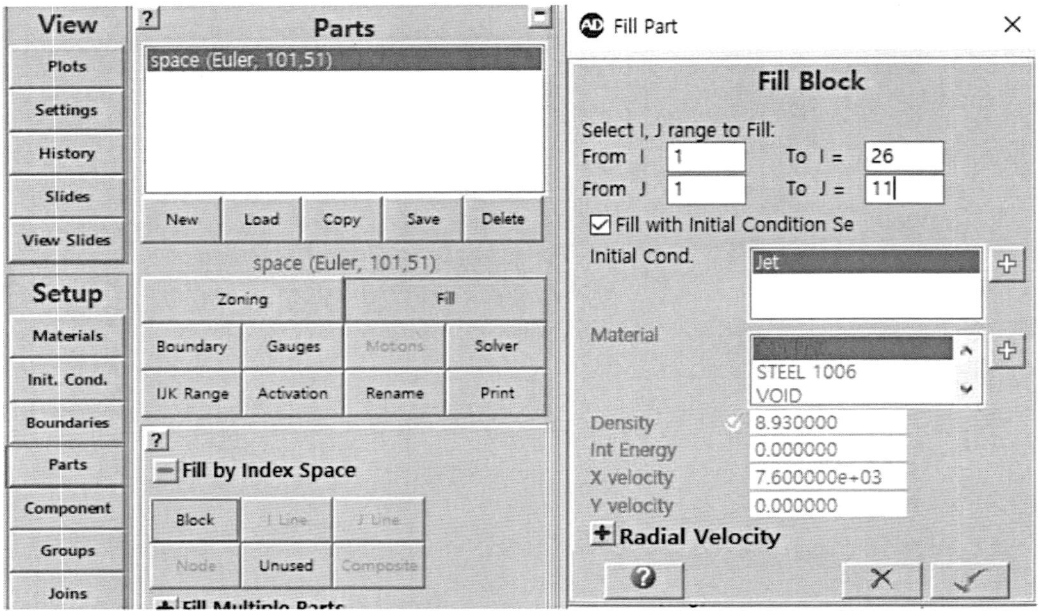


⑧ 설정 결과 확인

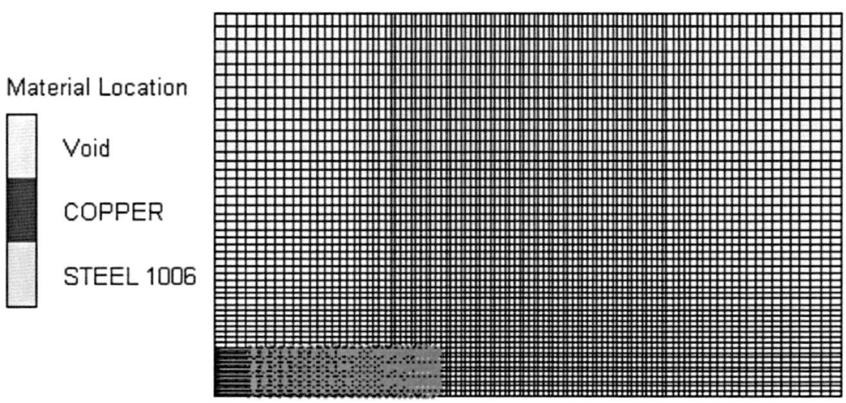

(6.3) 파트에 다른 재료(Steel Target) 채우기

① 탐색 표시 줄에서 "부품"을 선택하십시오.

② 채우기(Fill) 선택한다.

③ Fill by Geometry space를 선택한다 : Block

④ 팝업 메뉴에서 Block 형상을 정의한다 : I : 26~76 , J : 1~51

⑤ 초기조건을 설정한다. : 설정하지 않는다.

⑥ 재질(Material)을 설정한다 : Steel 1006

⑦ 데이터 수용한다.

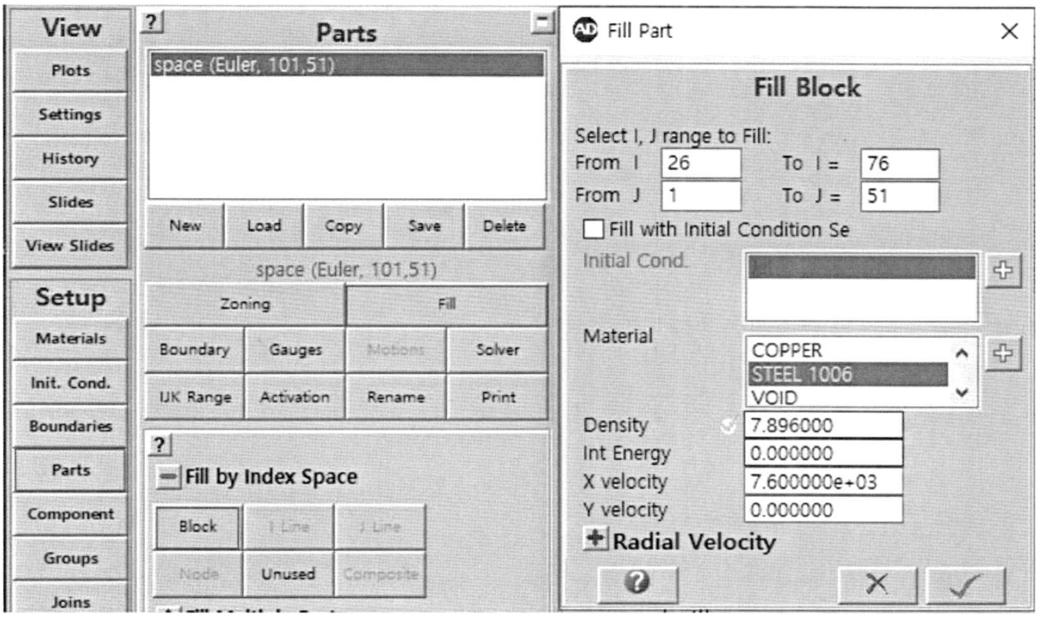


⑧ 설정 결과 확인한다.

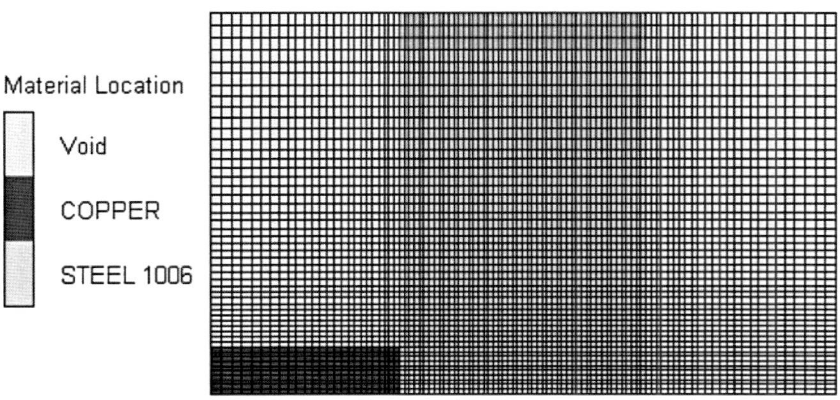

(6.4) 경계조건 설정

① 네비게이션 바에서 "Parts"를 클릭하고 Part를 선택한다. : space

② "Boundary"를 선택하십시오

③ Apply Boundary에서 I Line 선택

데이터 입력 : I =1, J = 1~11

Boundary : Jet_In

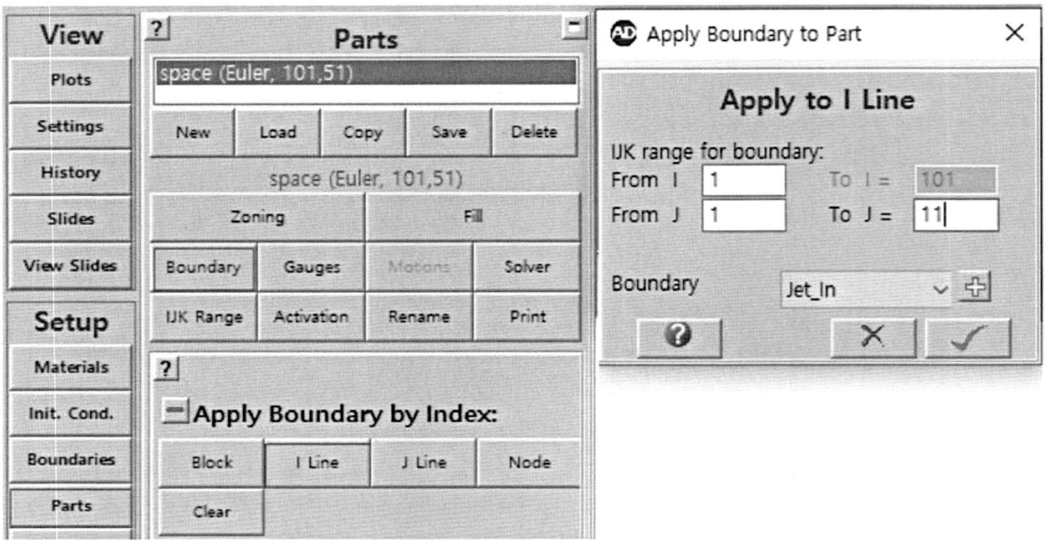


① 네비게이션 바에서 "Parts"를 클릭하고 Part를 선택한다. : space

② "Boundary"를 선택하십시오

③ Apply Boundary에서 I Line 선택

데이터 입력 : I =1~101, J = 51

Boundary : Long_Plate

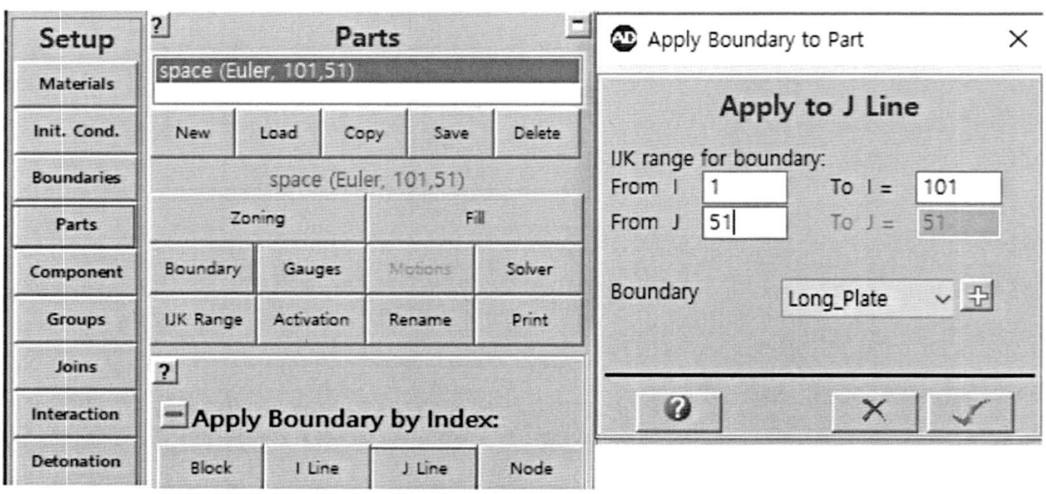

(7) Interaction - 설정하지 않음

① 해석기법의 상호조정

대변형이 발생하는 문제에 Lagrange 프로세스를 적용할 경우 계산 중 왜곡되는 요소의 형상은 중대한 문제를 유발할 수 있으며 이를 방지하기 위해 eroding 옵션을 사용하거나 왜곡된 요소를 다시 분할해야 할 필요가 있으나 대부분의 code들은 이럴 경우 해석을 처음부터 다시 하거나 또는 이 단계에서 해석을 중단해야 하는 경우가 발생한다.

요소 재생성기능은 해석 도중에 새로운 요소를 쉽고 빠르게 재정의 할 수 있도록 하며 이전에 저장된 요소들의 모든 변수 값은 새롭게 생성된 요소로 자동으로 구성된다. 이러한 모든 과정은 그래픽을 사용한 대화식 환경에서 이루어지며 사용자는 매핑 된 요소에서의 질량, 모멘트, 에너지와 같은 중요한 물리량의 보존 상태를 확인할 수 있다.

② 요소의 형상 자동조정

AUTODYN에서는 사용자가 정의한 데이터를 기반으로 해석 중인 요소들의 형상을 자동으로 재생성하는 ALE solver가 제공된다. ALE를 사용하는 경우 물질의 운동에 따라 요소가 함께 음직이도록 공간상에 고정되어 단지 물질만이 운동을 하는 것처럼 정의하면 그 부분은 Euler solver를 적용한 것처럼 거동한다. 자동으로 요소를 생성하는 것에는 등간격, 등포텐셜 등의 다양한 알고리즘을 사용할 수 있으며, 필요한 경우 사용자가 자신이 작성한 기준으로 요소를 재배치시킬 수도 있다. ALE 프로세서는 특히 유체-구조물의 연성 문제에 매우 효과적이다.

③ 마멸 알고리즘

마멸 알고리즘은 Lagrange solver를 사용할 경우 발생되는 요소의 왜곡을 피하기 위해 사용되는 하나의 방법으로 왜곡이 지정된 양보다 클 경우 왜곡을 피하기 위해 사용되는 하나의 방법으로 왜곡이 지정된 양보다 클 경우 왜곡을 일으킨 절점을 모델에서 탈락시킴으로서 계산이 계속 수행될 수 있도록 한다. 마멸 알고리즘은 어떠한 물성 모델과도 함께 사용할 수 있으며 이를 통하여 큰 변형이나 재료의 관통 등의 현상 또한 Lagrange solver를 적용하여 해석할 수 있다. 탈락된 절점은 모멘트를 유지한 하나의 질점으로 계산에 계속 사용될 수 있으며 해석에서 제외될 수도 있다. 또한 모멘트를 유지하도록 한 경우 해당 절점들은 갱신된 Impact-sliding face를 구성하는 모델과 2차 충돌을 일으킬 수 있다.

(8) Component - 설정하지 않음

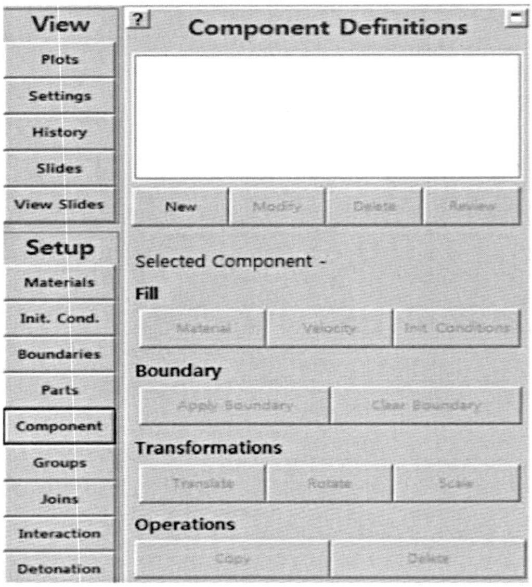


(9) Group - 설정하지 않음

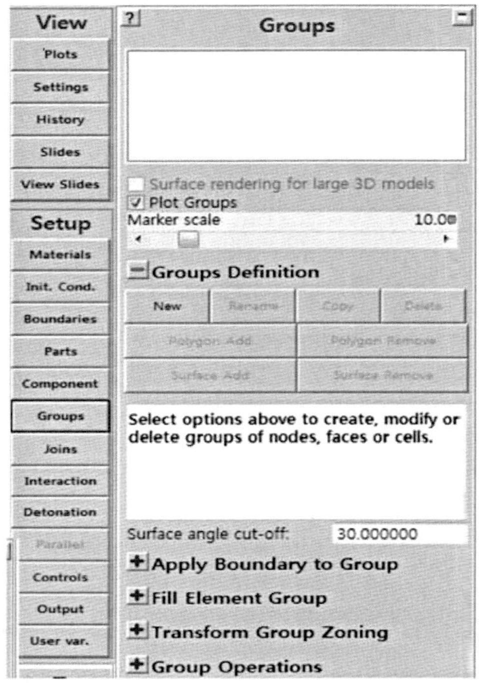


(10) Joints - 설정하지 않음.

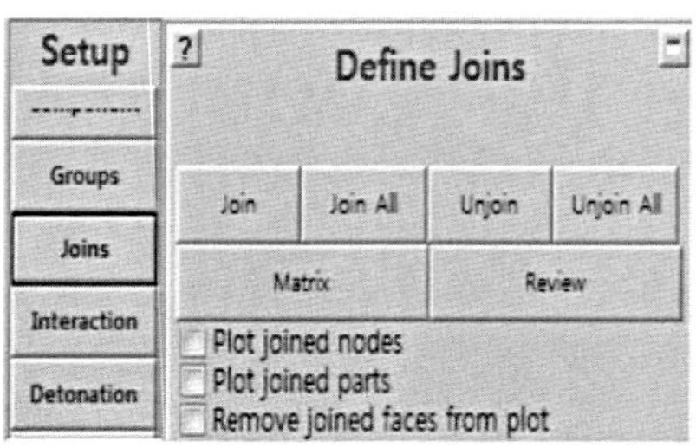


(11) Parallel-설정하지 않음.

(12) 폭발 지점 정의 - 설정하지 않음.

(13) 솔루션 컨트롤 설정

① 탐색 표시 줄에서 “Controls"을 선택하십시오.

② 사이클 제한에 큰 숫자를 입력하고 0.07sec 시간 제한

③ Wrapup Criteria에서

- Cycle Limit : 350
- Time Limit : 1e8
- Energy Fraction : 0.05

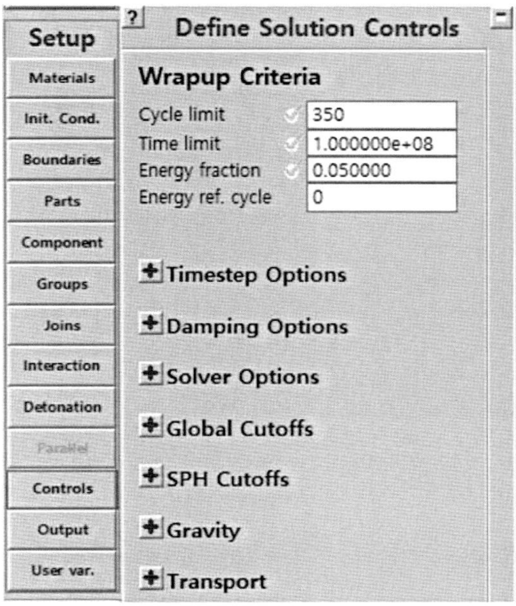


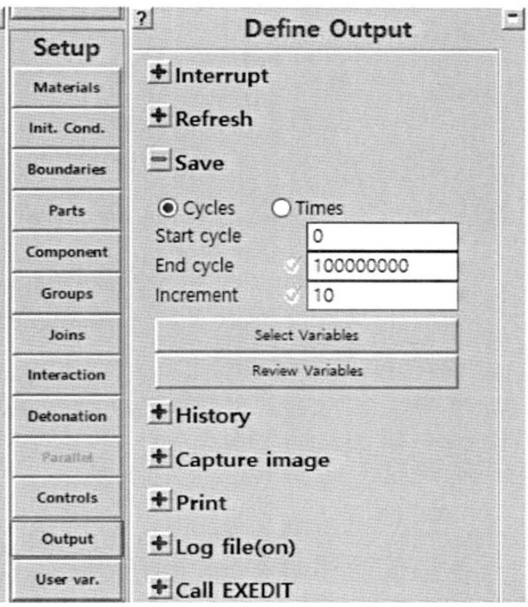


(14) 결과저장설정

① 탐색 표시 줄에서 “Output"을 선택하십시오.

② 저장 시간 설정:

ⓐ Start cycle : 0.0 ⓑ End cycle : 1e6 ⓒ Increment : 10

(15) user var. -설정하지 않음

(16) 해석실행

① 데이터 저장

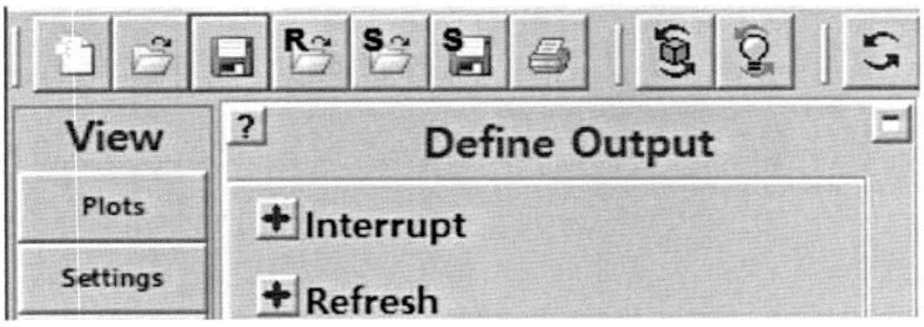


② 해석결과

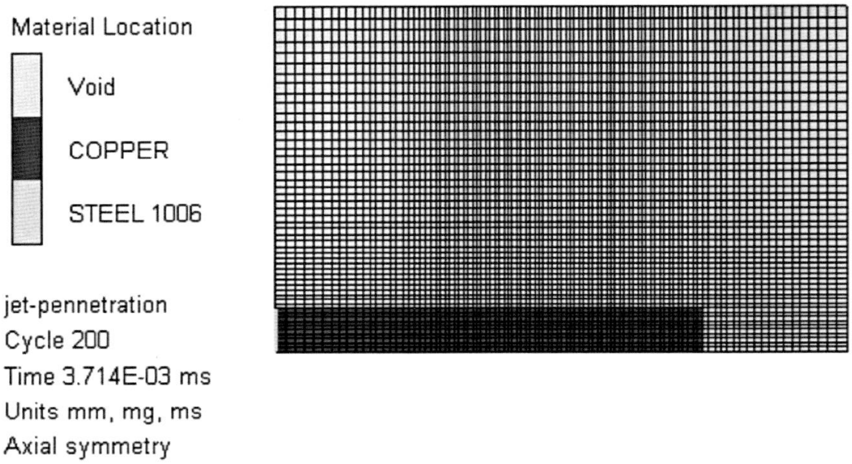


→ 현상이 맞지 않음. 오류의 원인 검토 필요.

③ Parts를 삭제한다.

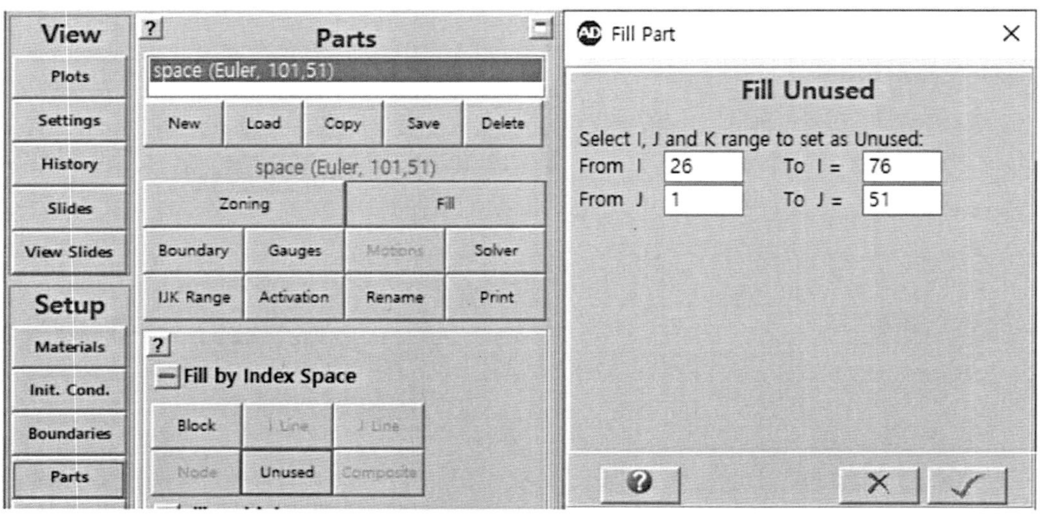

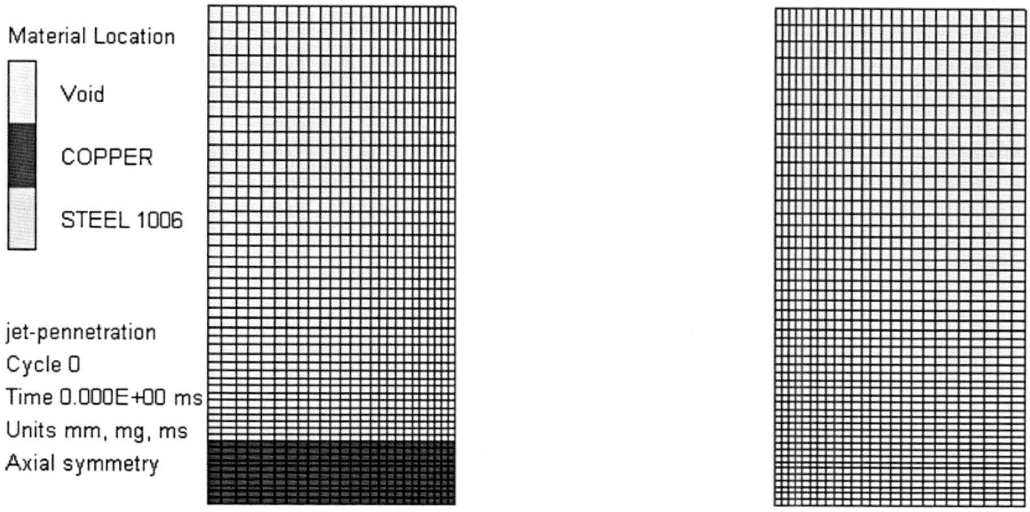


④ Part에 Steel을 재충전하여 해석을 실행한다.

⑤ 해석결과

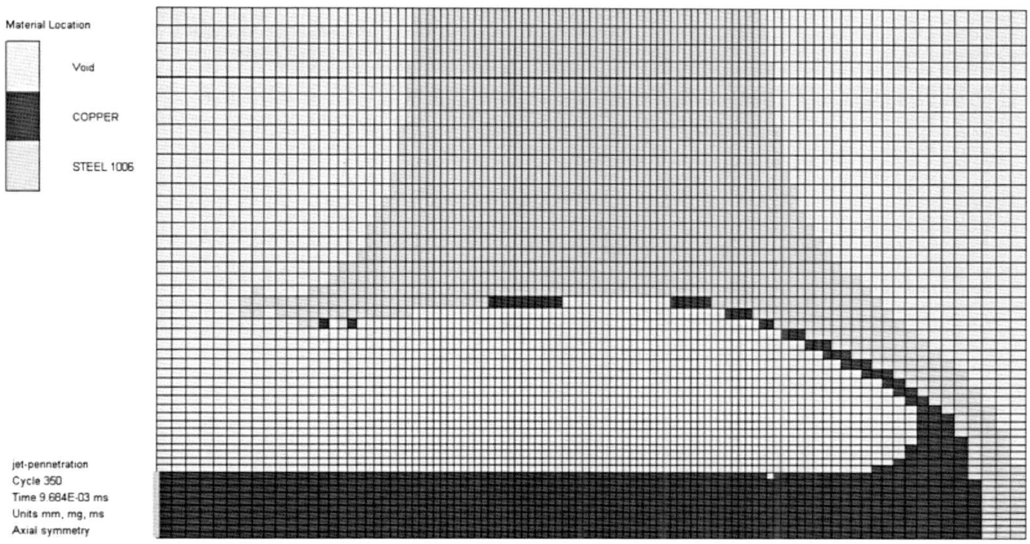

⑥ Mirror and Rotate

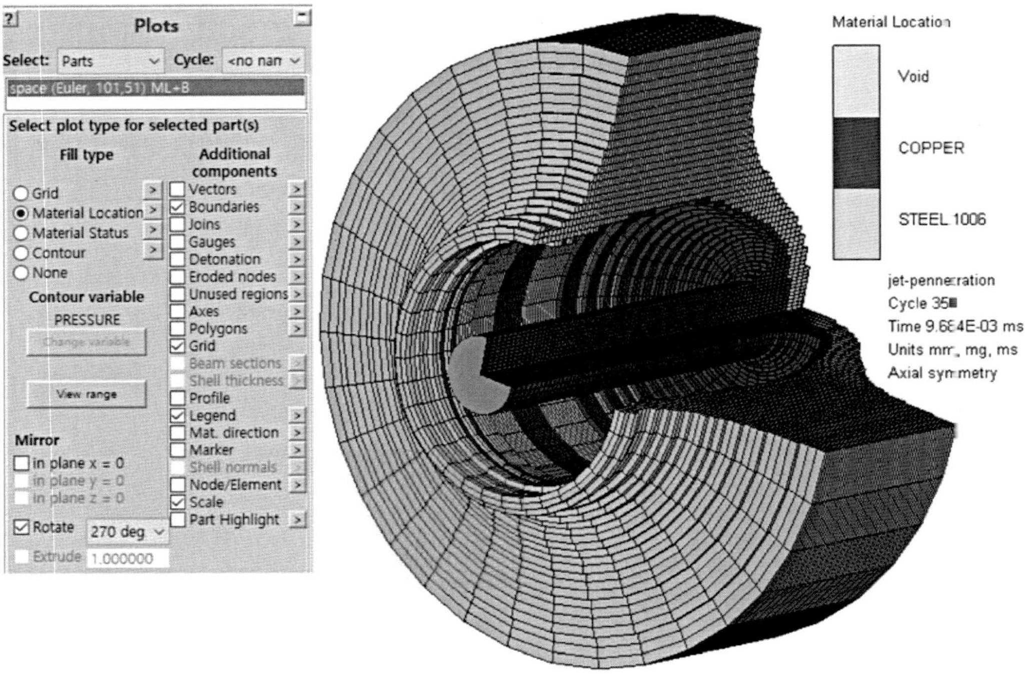

(17) 해석결과 분석

① Plots 화면 배경 색깔 변경

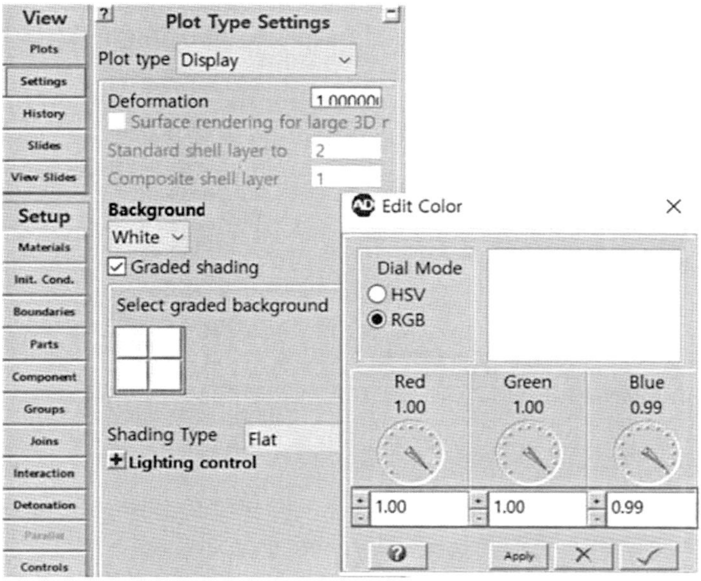


② 동영상 제작

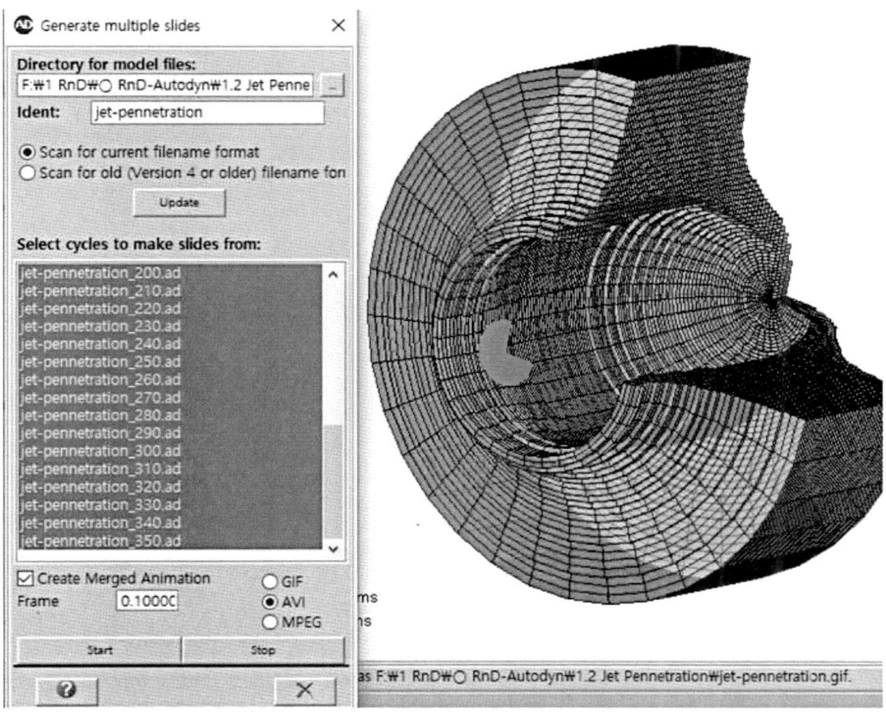

## 모듈 3. 2D Fragment Impact [2)]

1) 구조 계획 :

① 모듈의 목표 :

- 라그랑쥐 솔버 적용 사례
- 다중 재료 원통형 구조물이 판에 충격을 주는 현상을 해석한다.

② 해석 절차 :

- AUTODYN을 단독으로 시작한다.
- 2D 축 대칭을 사용하여 문제를 설정한다.
- 문제를 해결한다.
- 결과를 확인한다.
- 결과의 애니메이션을 만든다.

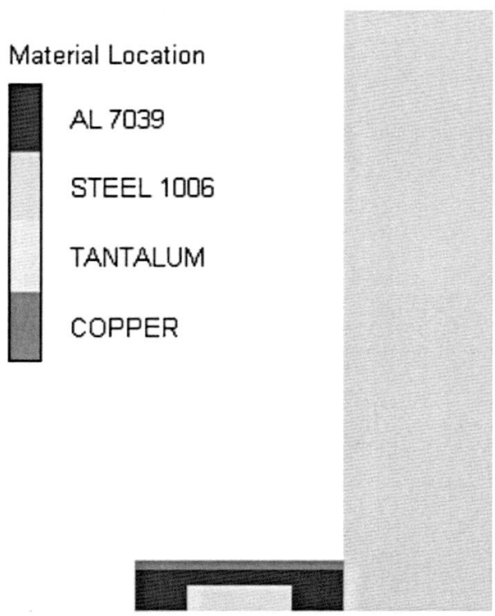


2) Workshop 3. 2D Fragment Impact (AUTODYN)

2) 구조해석

[1] AUTODYN 실행

(1) Start > AUTODYN 시작
AUTODYN stand alone을 시작한다. (autodyn·exe를 더블 클릭하십시오)

> C: \Program Files \ANSYS Inc\v161 \aisol\AUTODYN \winx64 \autodyn.exe

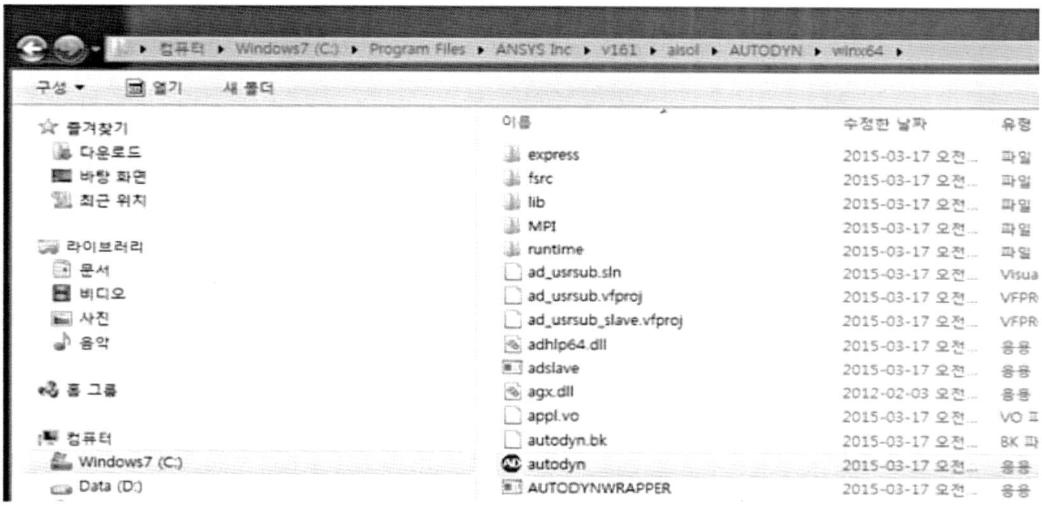


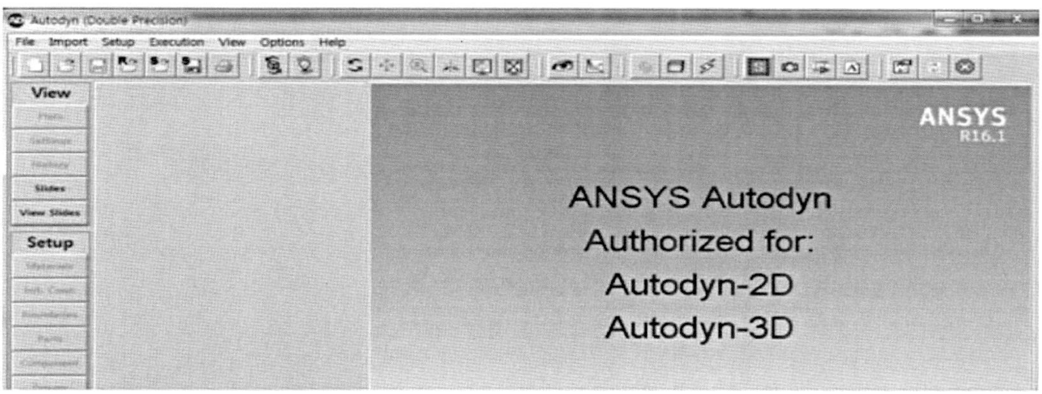

(2) Start > 프로젝트 시작

① 새로운 프로젝트 시작
② 찾아보기 프로젝트 폴더
③ Ident를 입력하십시오. : 2D fragment Impact 및 설명
④ 선택 2D 축 대칭설정

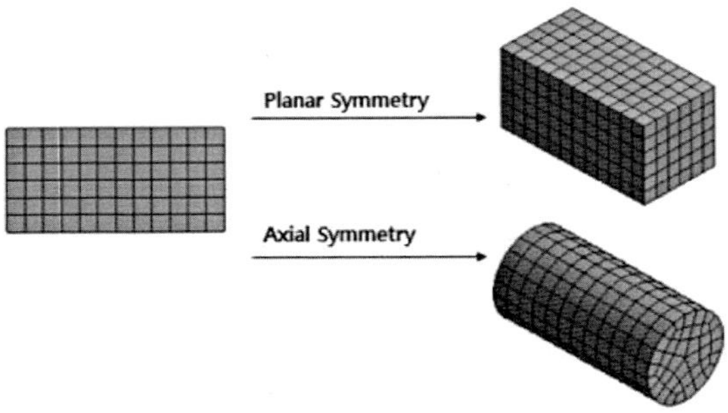


⑤ 단위의 기본 설정 유지 (정확도를 위해 권장됨)
⑥ 선택을 클릭한다.

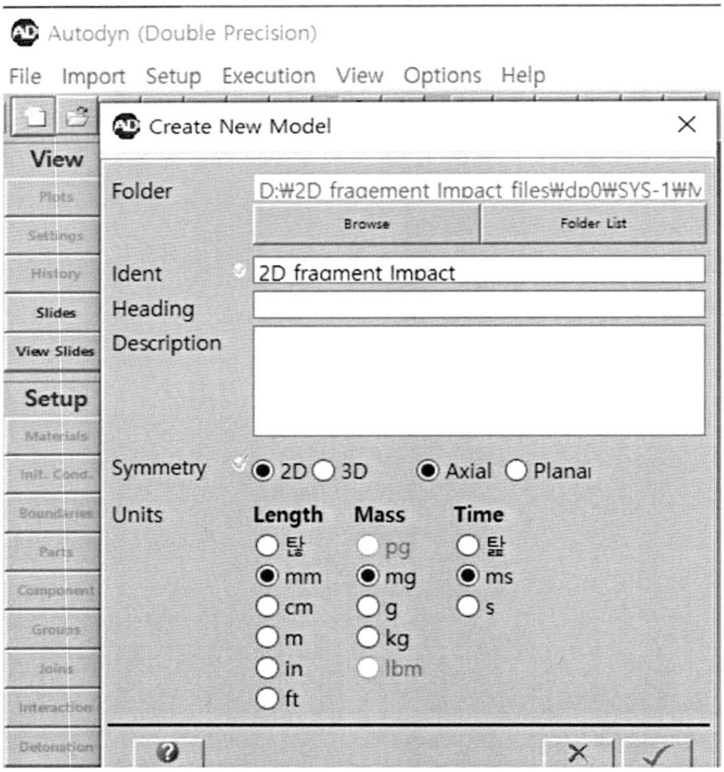

(3) Material > 재료 검색

(3.1) 라이브러리에서 재료 데이터 검색

① 메뉴에서 "Material" 를 클릭하고 "Load"로 재료 데이터를 불러온다

② 라이브러리에서 다음 자료를 선택한다. :

AL7039, COPPER, STEEL1006, TANTALUM

③ 데이터를 선택 확인한다.

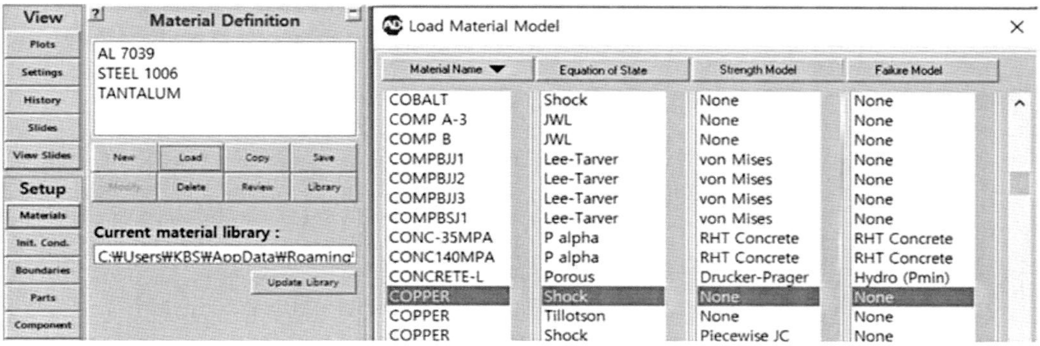


(3.2) 재료 모델의 성분을 개선한다.

각각의 재료에 Erosion을 2로 설정한다.

이 물성을 설정해야 재료가 파손되고, 메쉬가 끊어지게 된다.

① 개선할 대상을 선택한다.

② Modify를 클릭한다

③ 파업 창에서 데이터를 수정한다. Erosion 2.0

④ 데이터를 수용한다.

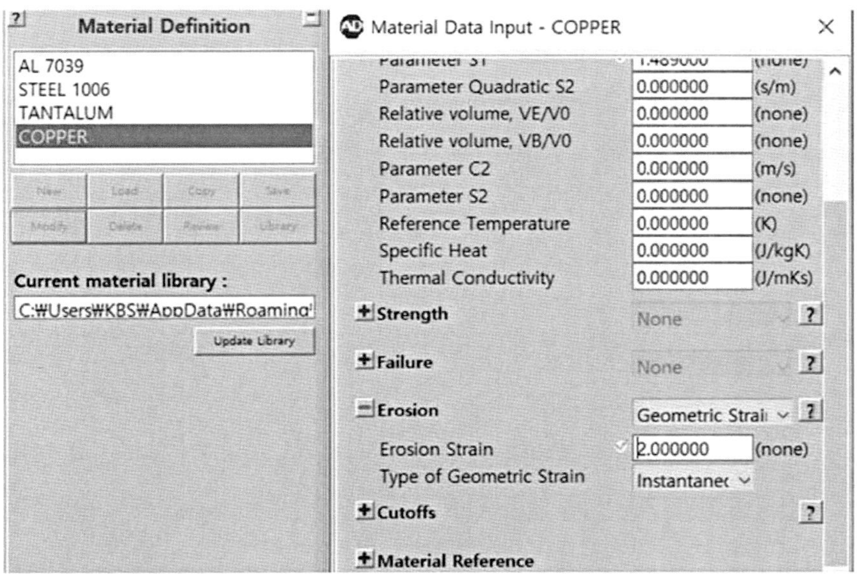

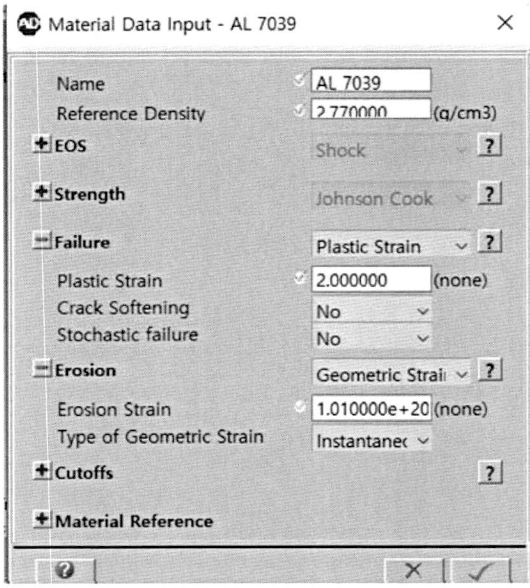
Material Data Input - AL 7039
Name
AL 7039
Reference Density
2.770000
(g/cm3)
EOS
Shock
Strength
Johnson Cook
Failure
Plastic Strain
Plastic Strain
2.000000
(none)
Crack Softening
No
Stochastic failure
No
Erosion
Geometric Strai
Erosion Strain
1.010000e+20
(none)
Type of Geometric Strain
Instantane
Cutoffs
Material Reference

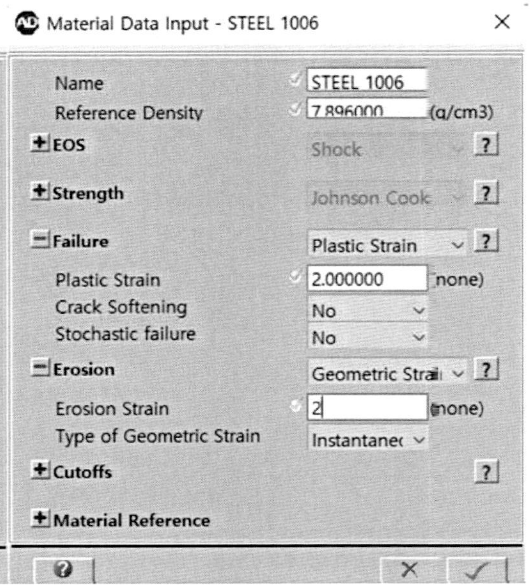
Material Data Input - STEEL 1006
Name
STEEL 1006
Reference Density
7.896000
(g/cm3)
EOS
Shock
Strength
Johnson Cook
Failure
Plastic Strain
Plastic Strain
2.000000
none)
Crack Softening
No
Stochastic failure
No
Erosion
Geometric Strai
Erosion Strain
2
none)
Type of Geometric Strain
Instantane
Cutoffs
Material Reference

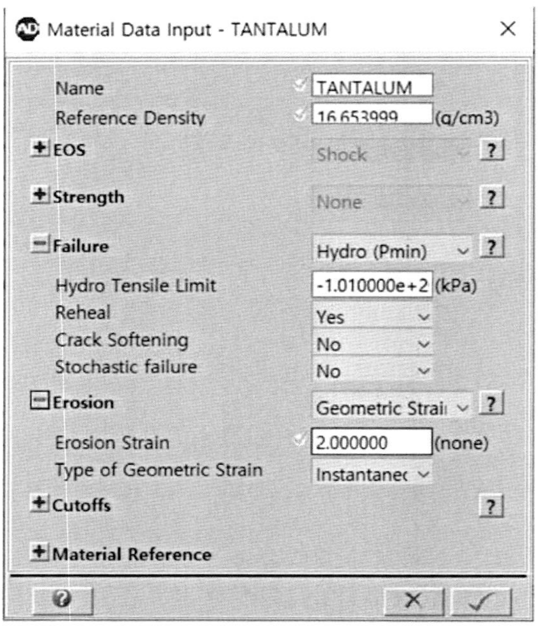
Material Data Input - TANTALUM
Name
TANTALUM
Reference Density
16.653999
(g/cm3)
EOS
Shock
Strength
None
Failure
Hydro (Pmin)
Hydro Tensile Limit
-1.010000e+2
(kPa)
Reheal
Yes
Crack Softening
No
Stochastic failure
No
Erosion
Geometric Strai
Erosion Strain
2.000000
(none)
Type of Geometric Strain
Instantane
Cutoffs
Material Reference

(4) 초기조건 설정

① 네비게이션 바에서 “Init. Cond"를 선택한다.

② 대화 상자에서 "New"를 선택한다.

③ Initial Condition Set Name을 기록한다 : frage velocity

④ Velocity Only, X-velocity 설정한다.

⑤ 데이터를 수용한다.

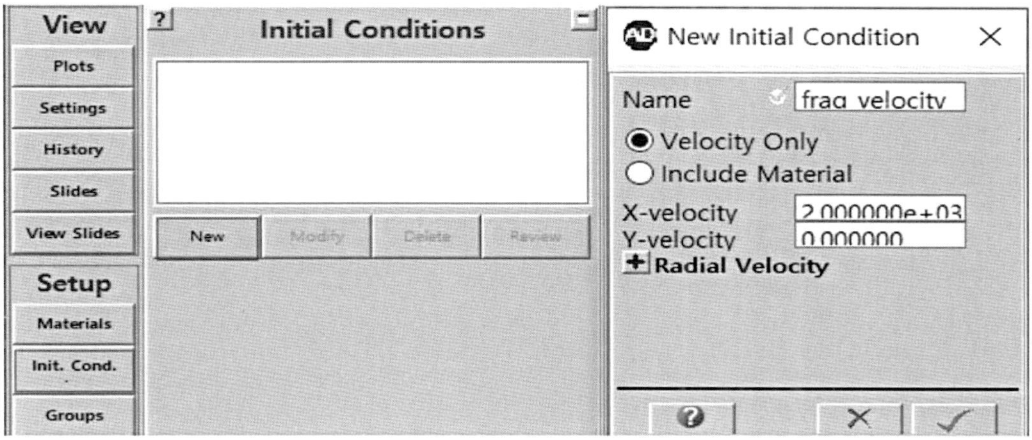


(5) 경계조건을 정의

① Boundary를 선택한다.

② 대화 상자에서 New를 선택한다

③ Boundary Name을 기록한다 : Clamp

④ Type을 정한다 : Velocity

sub option을 정한다 :General 2D Velocity

⑤ 속도를 설정한다 : X-velocity = 0, Y-velocity = 0,

⑥ 데이터를 수용한다.

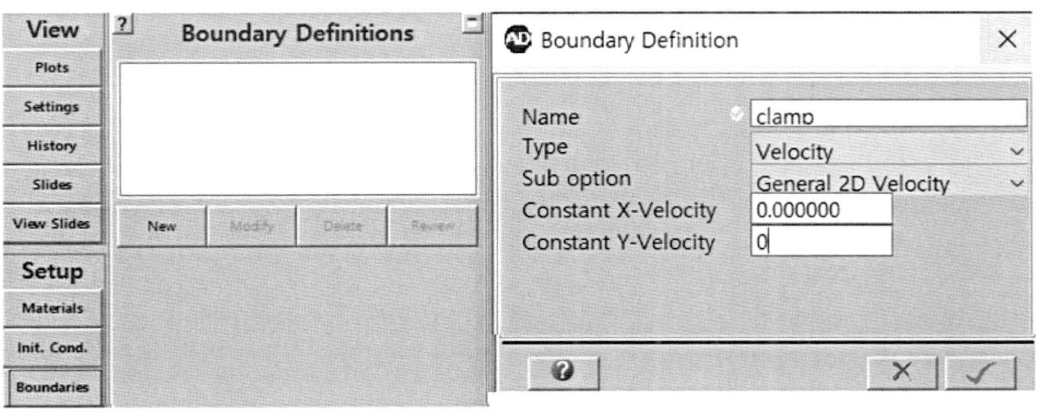

(6.1) 라그랑쥐 파트 생성 (fragment)

① Parts를 선택한다.

② 대화 상자에서 "New"를 선택

③ 팝업창의 Part Name을 입력한다 : fragment

④ Solver를 선택한다 : Lagrange

⑤ Definition을 설정하다. : Part Wized

⑥ 다음 단계로 이동

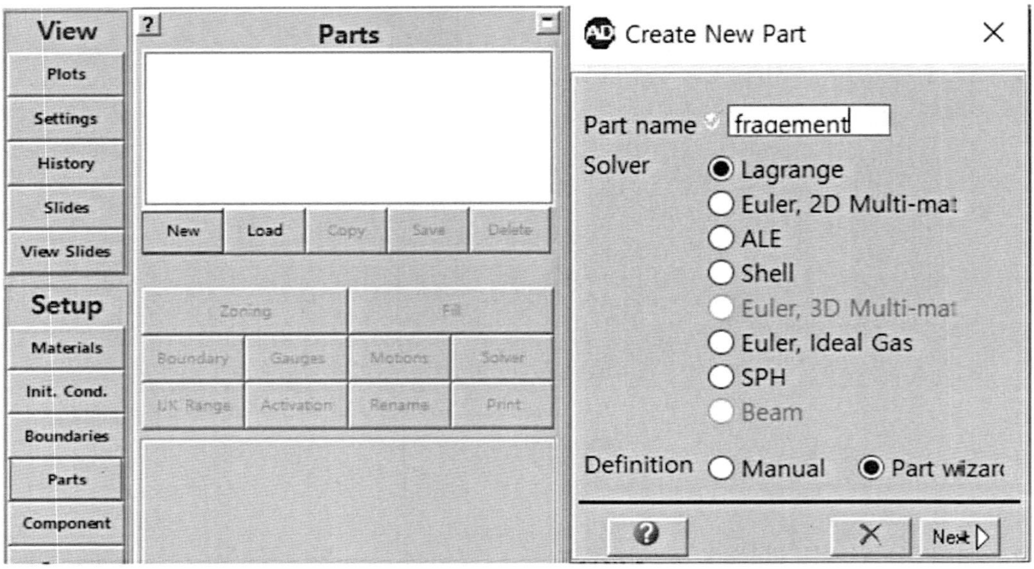


⑦ Predef를 선정한다. : Box

⑧ Geometry를 정의한다 : 원점 (-40,0) 폭 (40, 10)

⑨ 다음 단계로 이동한다.

⑩ Cell의 크기를 입력한다: I=40, J=10

⑪ 다음 단계로 이동한다.

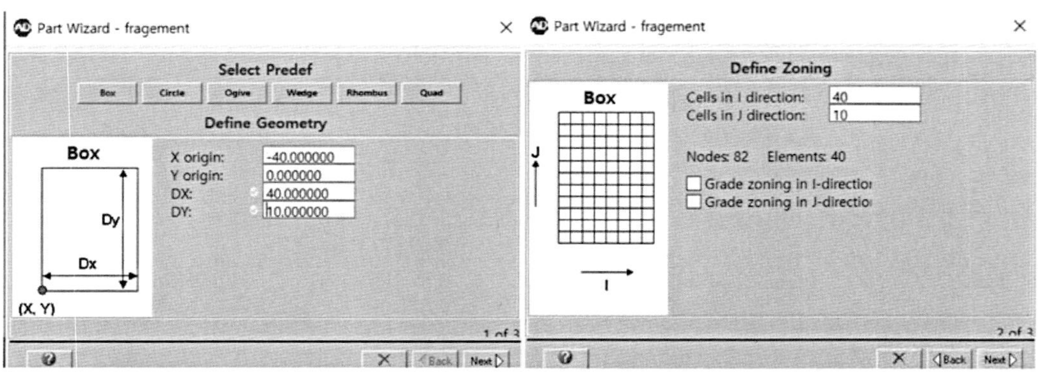

⑫ Fill Part에서 Fill with Initial Condition Set을 선택한다. frag_velocity
⑬ Material을 선택한다. : AL 7039
⑭ 데이터를 수용한다.

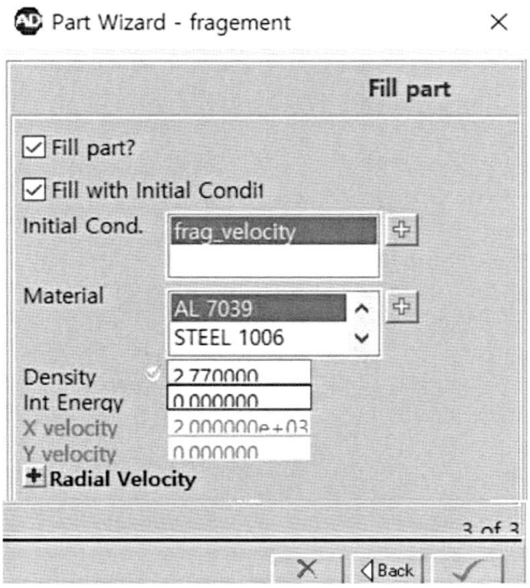


⑭ Plot 화면에서 확인한다.

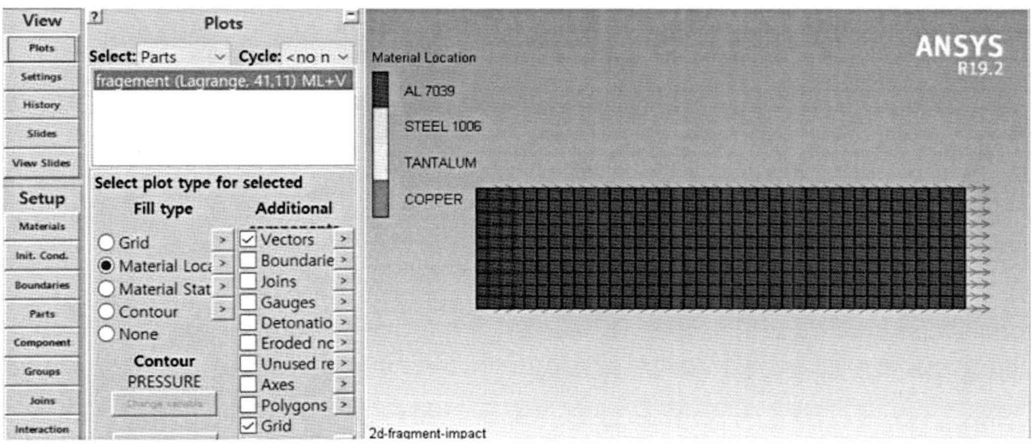

(6.2) 파트에 다른 재료 채우기

① 탐색 표시 줄에서 "부품"을 선택하십시오.

② 채우기(Fill) 선택한다.

③ Fill by Geometry space를 선택한다 : Block

④ 팝업 메뉴에서 Block 형상을 정의한다 : I : 1~14 , J : 9~11

⑤ 초기조건을 설정한다. : frag_velocity

⑥ 재질(Material)을 설정한다 : COPPER

⑦ 데이터 수용한다.

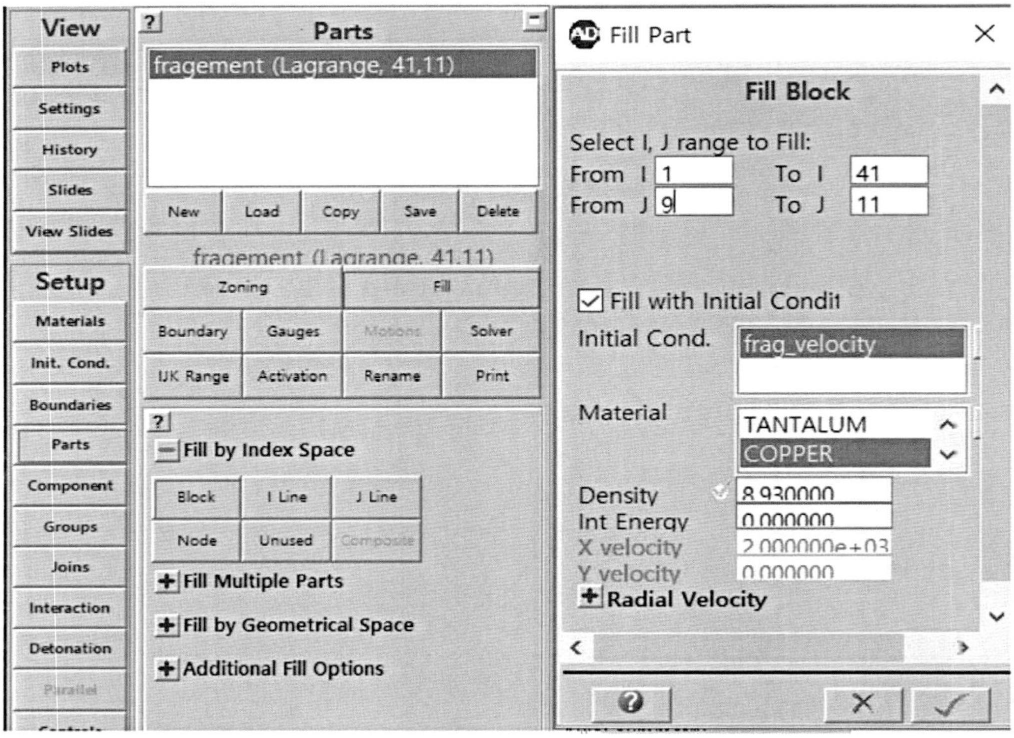


⑧ 설정 결과 확인

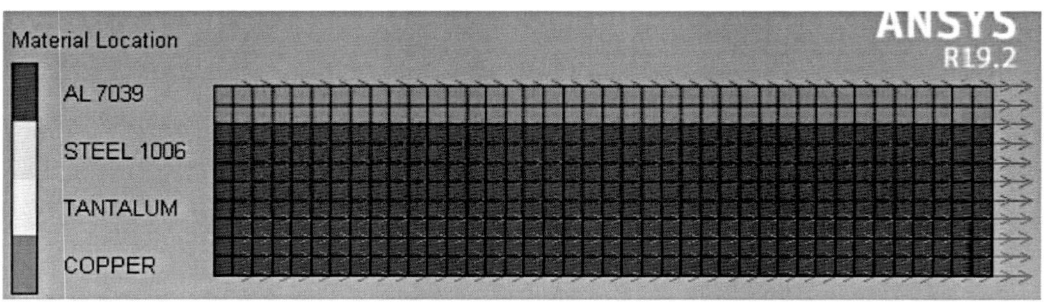

(6.3) 파트에 다른 재료 채우기

① 탐색 표시 줄에서 "부품"을 선택하십시오.

② 채우기(Fill) 선택한다.

③ Fill by Geometry space를 선택한다 : Block

④ 팝업 메뉴에서 Block 형상을 정의한다 : I : 11~31 , J : 1~6

⑤ 초기조건을 설정한다. : frag_velocity

⑥ 재질(Material)을 설정한다 : TANTALUM

⑦ 데이터 수용한다.

⑧ 설정 결과 확인한다.

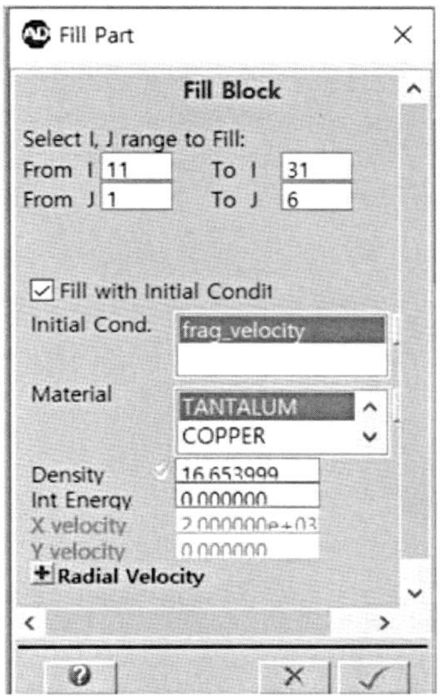


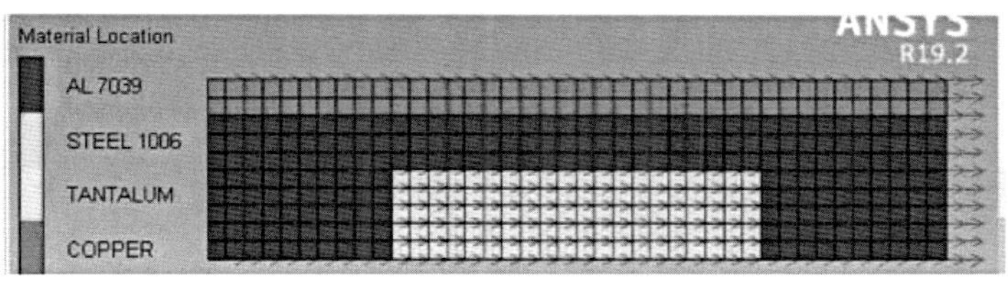

(6.4) 라그랑쥐 파트 생성 (Plate)

① Parts를 선택한다.

② 대화 상자에서 "New"를 선택

③ 팝업창의 Part Name을 입력한다 : fragment

④ Solver를 선택한다 : Lagrange

⑤ Definition을 설정하다. : Part Wized

⑥ 다음 단계로 이동한다.

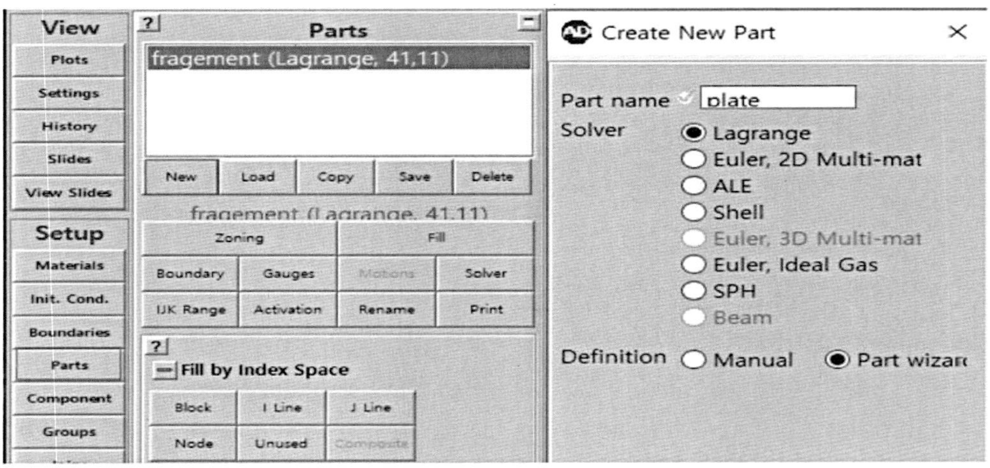


⑦ Predef를 선정한다. : Box

⑧ Geometry를 정의한다 : 원점 (0,0) 폭 (30, 120)

⑨ 다음 단계로 이동한다.

⑩ Cell의 크기를 입력한다: I=30, J=60

⑪ Grade zoning J-direction 설정한다. dy=1, nJ=10, Lower

⑫ 다음 단계로 이동한다.

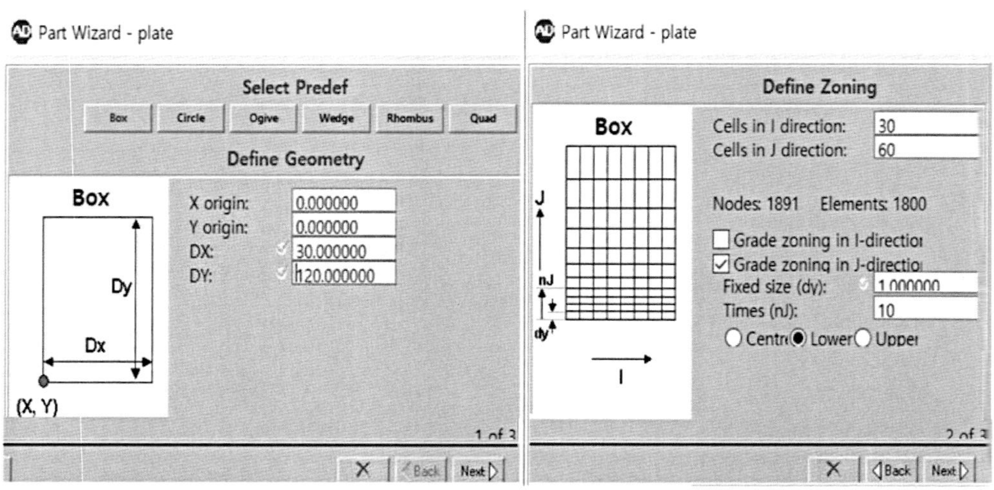

⑫ Fill Part에서 Fill with Initial Condition Set을 선택하지 않는다.
⑬ Material을 선택한다. : STEEL 1006
⑭ 데이터를 수용한다.
⑮ 설정 결과 확인한다.

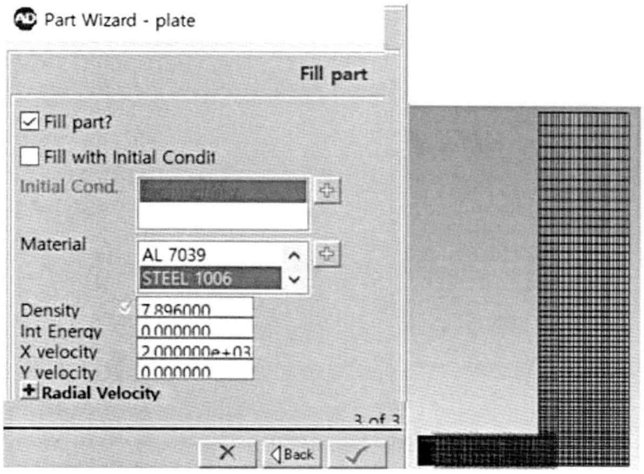


(6.5) 파트 Zoning Transformation 설정
① Parts를 선택한다. : plate
② Zoning 선택한다.
③ Translate를 선택한다. : X-dist =0.1
④ 데이터를 수용한다.

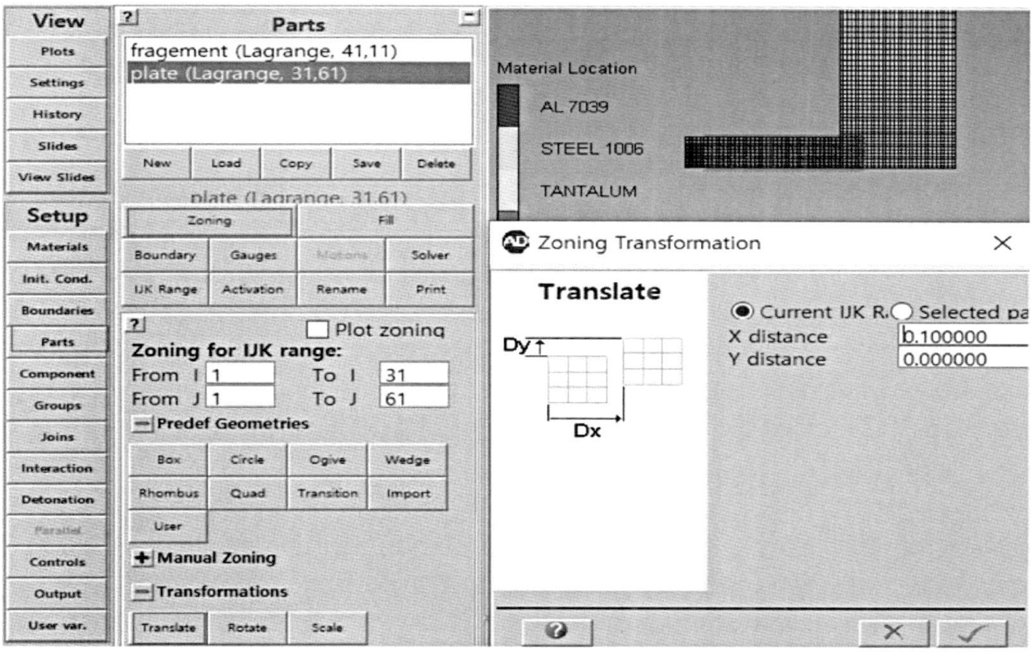

(6.6) 경계조건 설정

※ Pate의 외측 가장자리에 고정조건을 설정한다.

① 네비게이션 바에서 "Parts"를 클릭하고 Part를 선택한다. : Plate

② "Boundary"를 선택하십시오

③ Apply Boundary에서 I Line 선택

데이터 입력 : I =1-31, J = 61

Boundary : clamp

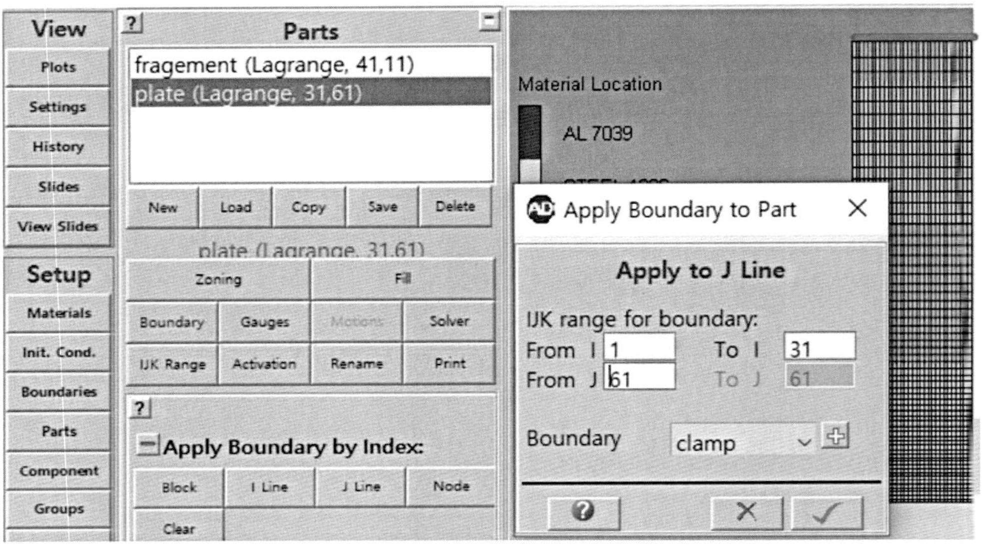

(7) Interaction

① Interaction을 클릭한다

② Lagrange-Lagrange

③ Type을 설정한다. : External Gap

④ Calculate를 클릭한다.

AUTODYN은 계산을 해서 Gap Size를 제공한다 : 0.1

⑤ Check를 클릭한다.

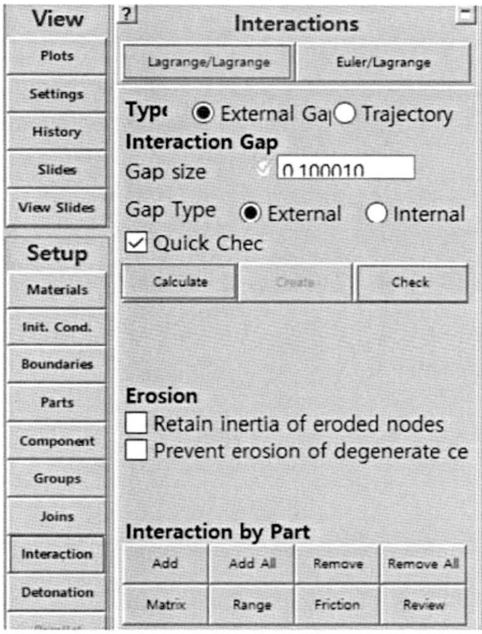


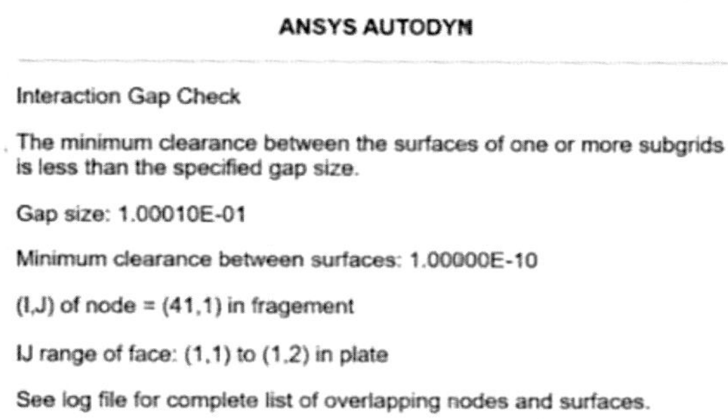


(8) Component - 설정하지 않음

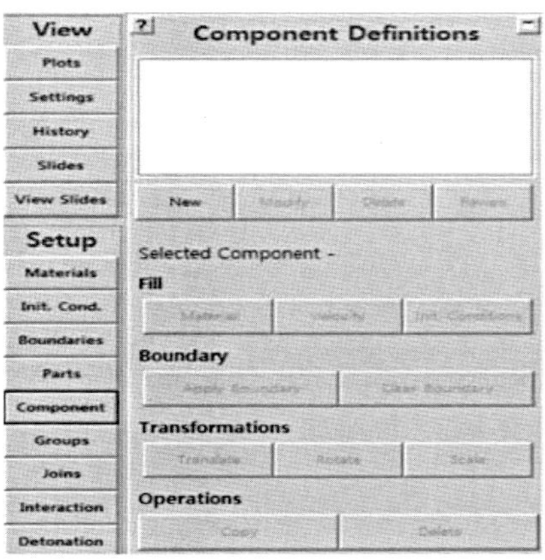


(9) Group - 설정하지 않음

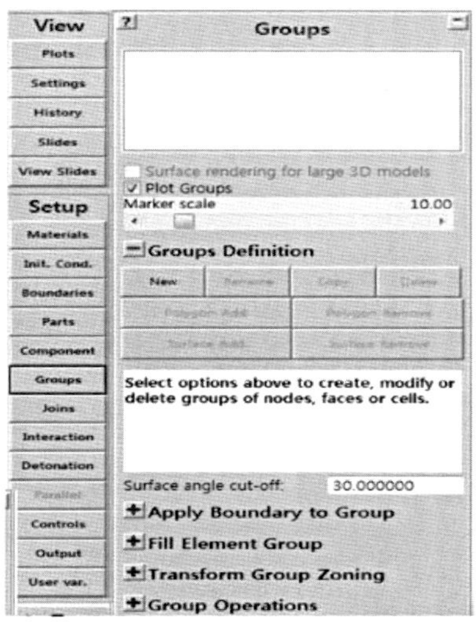

(10) Joints -설정하지 않음.

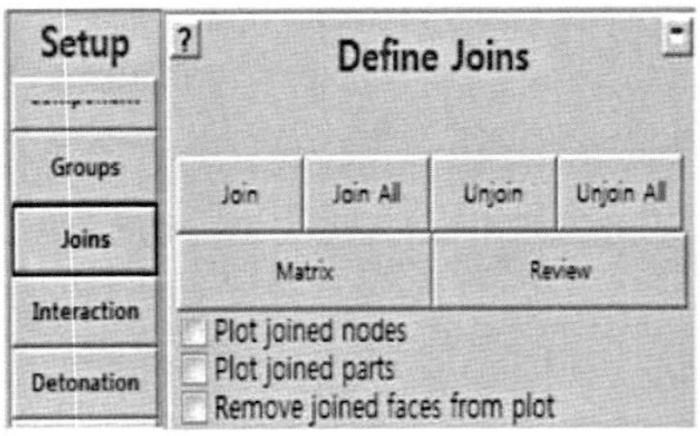


(11) Parallel-설정하지 않음.

(12) TNT에 대한 폭발 지점 정의
-설정하지 않음.

(13) 솔루션 컨트롤 설정
① 탐색 표시 줄에서 "Controls"을 선택하십시오.
② 사이클 제한에 큰 숫자를 입력하고 0.07sec 시간 제한
③ Wrapup Criteria에서
- Cycle Limit : 99999 - Time Limit : 0.07
- Energy Fraction : 0.05

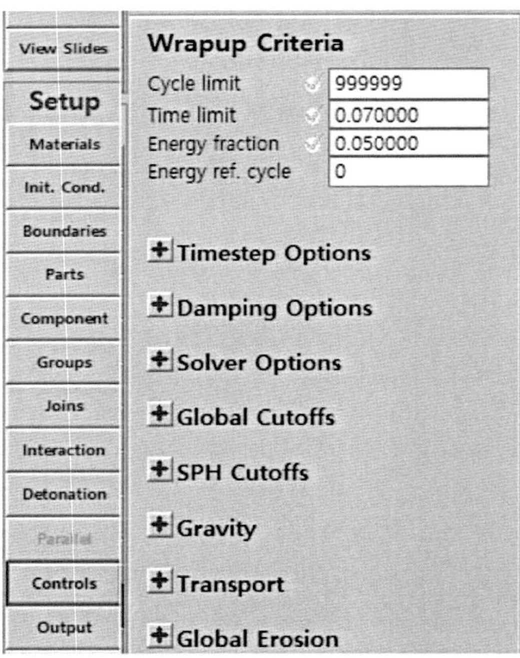


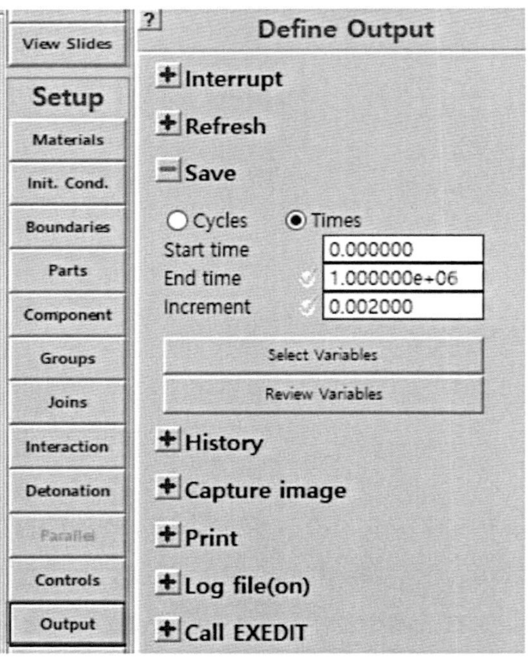

(14) 결과저장설정

① 탐색 표시 줄에서 "Output"을 선택하십시오.

② 저장 시간 설정:

- Start Time : 0.0
- End times : 1e6
- Increment : 0.002 ms

(15) user var. -설정하지 않음

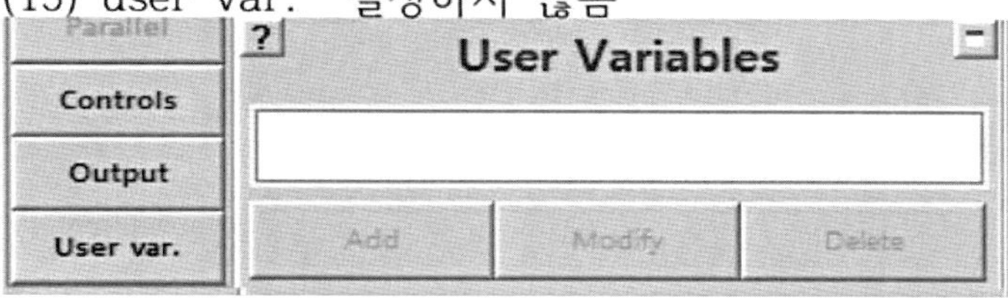


(16) 해석실행

① 데이터 저장

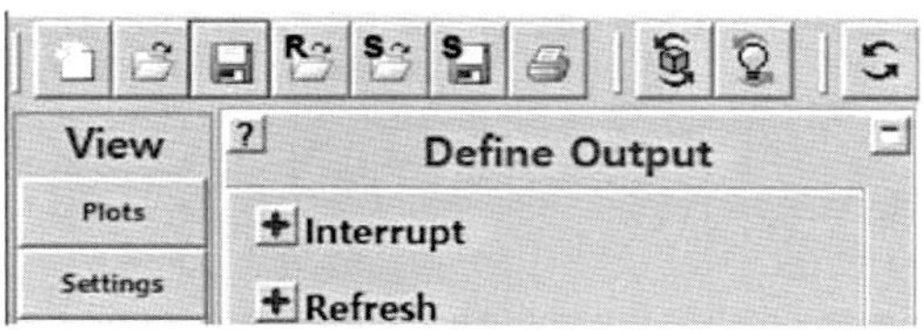


② 해석결과

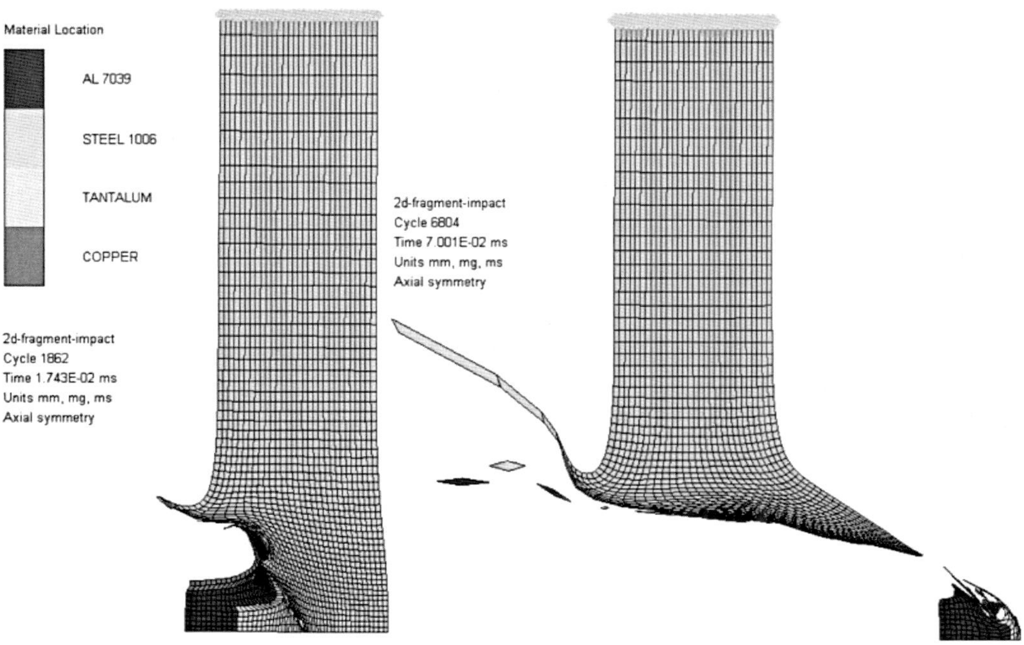

③ Mirror and Rotate

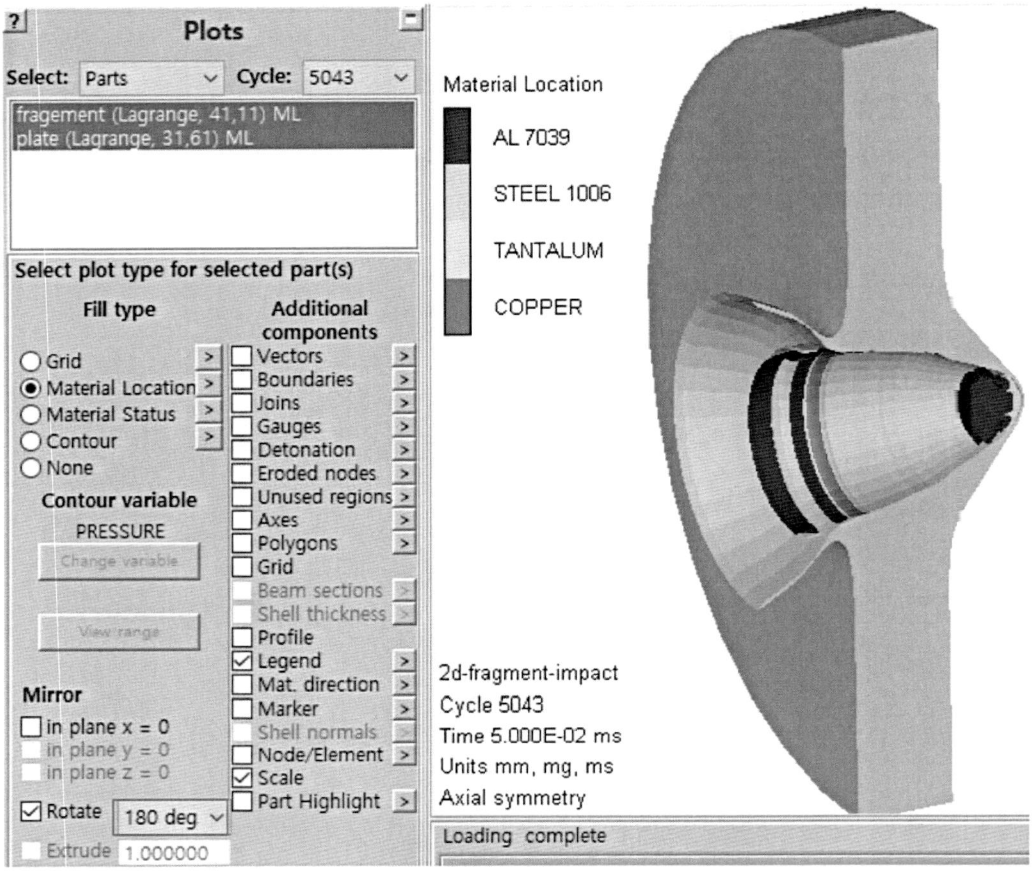

(17) 해석결과 분석

① Plots 화면 배경 색깔 변경

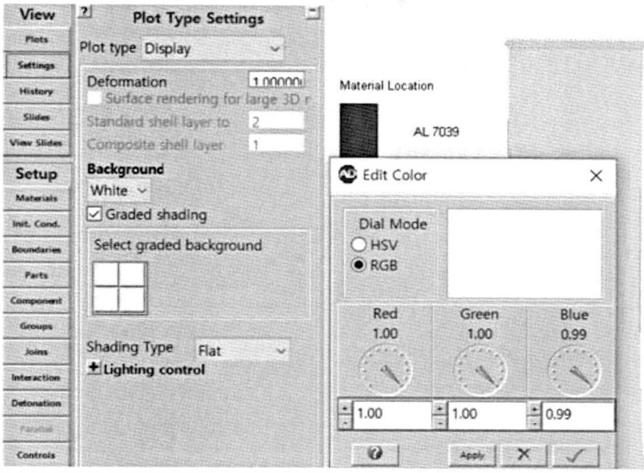


② Over fragment Analysis

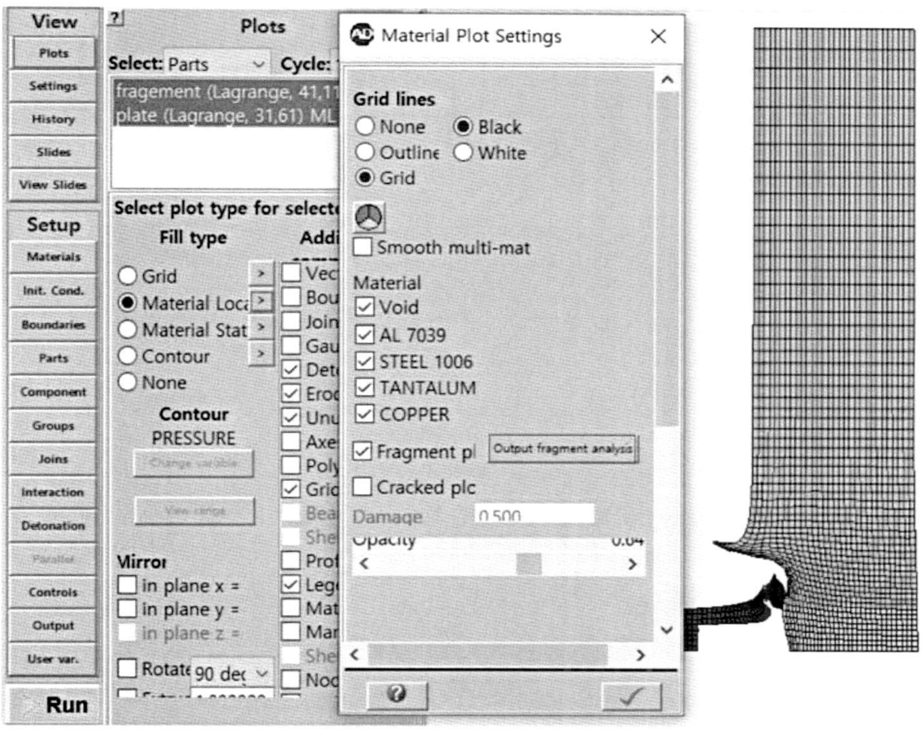

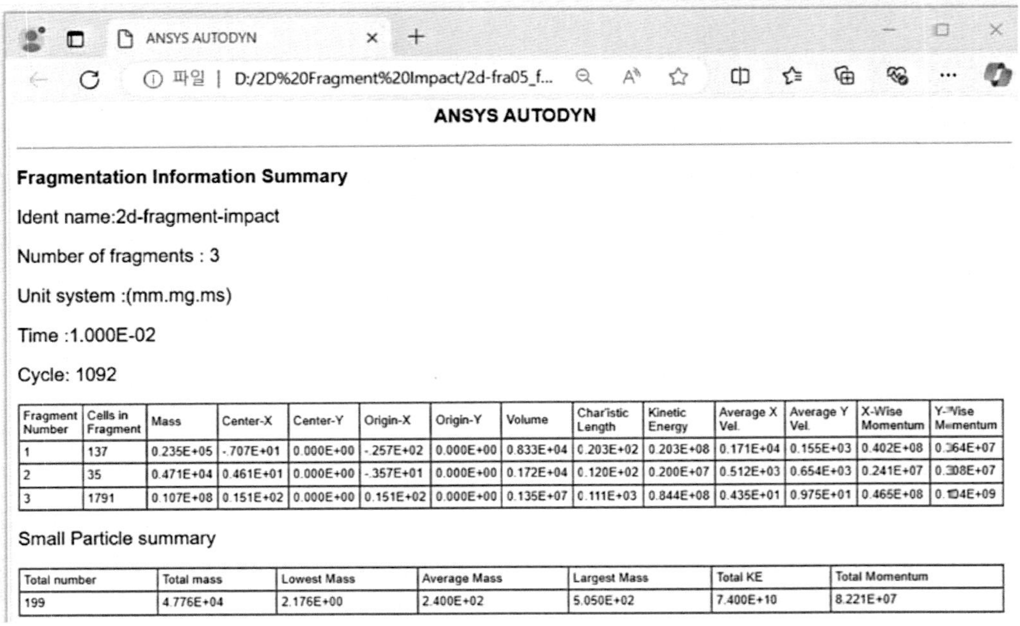

ANSYS AUTODYN

**Fragmentation Information Summary**

Ident name:2d-fragment-impact

Number of fragments : 3

Unit system :(mm.mg.ms)

Time :1.000E-02

Cycle: 1092

| Fragment Number | Cells in Fragment | Mass | Center-X | Center-Y | Origin-X | Origin-Y | Volume | Char'istic Length | Kinetic Energy | Average X Vel. | Average Y Vel. | X-Wise Momentum | Y-Wise Momentum |
|---|---|---|---|---|---|---|---|---|---|---|---|---|---|
| 1 | 137 | 0.235E+05 | -.707E+01 | 0.000E+00 | -.257E+02 | 0.000E+00 | 0.833E+04 | 0.203E+02 | 0.203E+08 | 0.171E+04 | 0.155E+03 | 0.402E+08 | 0.364E+07 |
| 2 | 35 | 0.471E+04 | 0.461E+01 | 0.000E+00 | -.357E+01 | 0.000E+00 | 0.172E+04 | 0.120E+02 | 0.200E+07 | 0.512E+03 | 0.654E+03 | 0.241E+07 | 0.308E+07 |
| 3 | 1791 | 0.107E+08 | 0.151E+02 | 0.000E+00 | 0.151E+02 | 0.000E+00 | 0.135E+07 | 0.111E+03 | 0.844E+08 | 0.435E+01 | 0.975E+01 | 0.465E+08 | 0.104E+09 |

Small Particle summary

| Total number | Total mass | Lowest Mass | Average Mass | Largest Mass | Total KE | Total Momentum |
|---|---|---|---|---|---|---|
| 199 | 4.776E+04 | 2.176E+00 | 2.400E+02 | 5.050E+02 | 7.400E+10 | 8.221E+07 |

③ History : Material summary

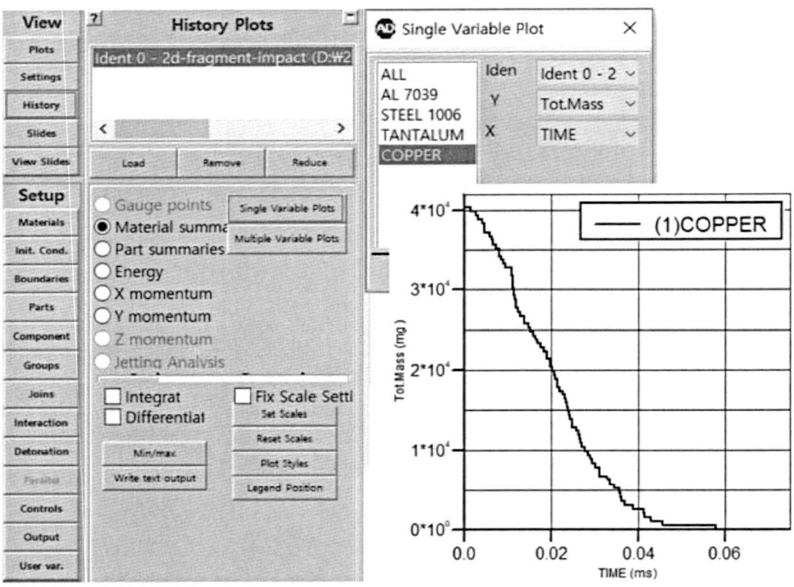

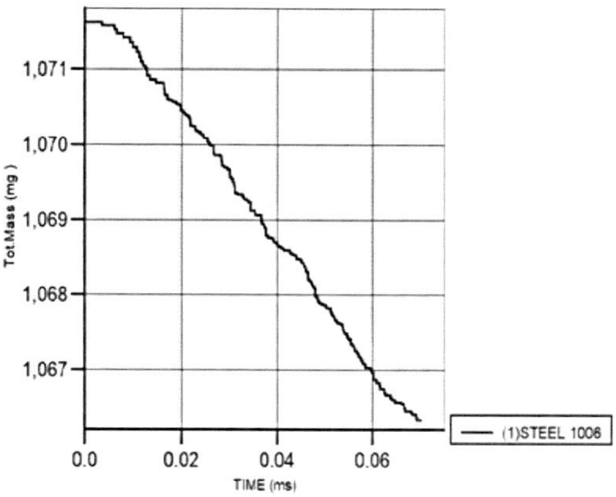


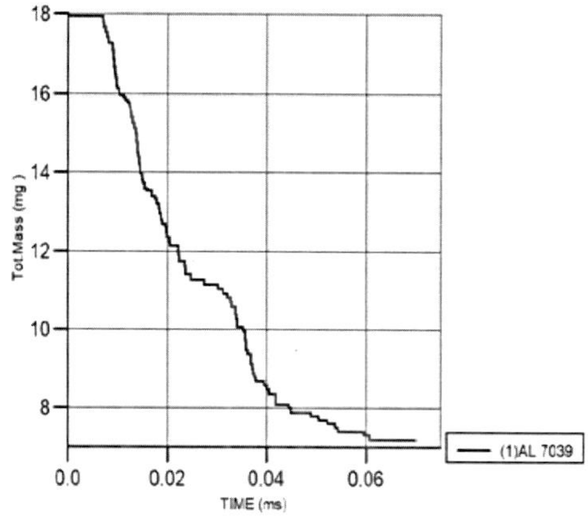


Material Summary ( Ident 0 - 2d-fragment-impact )

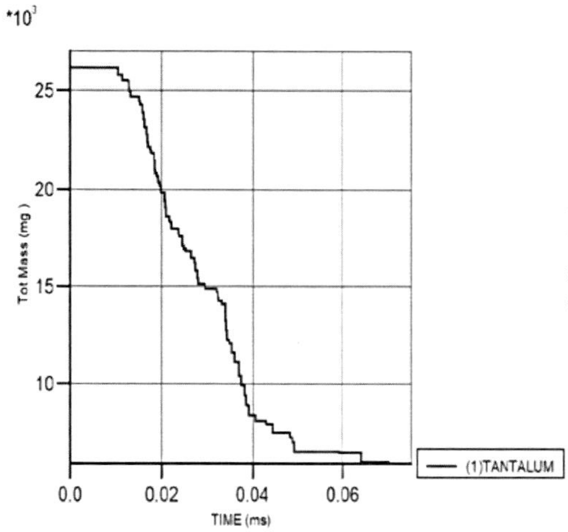


Material Summary ( Ident 0 - 2d-fragment-impact )

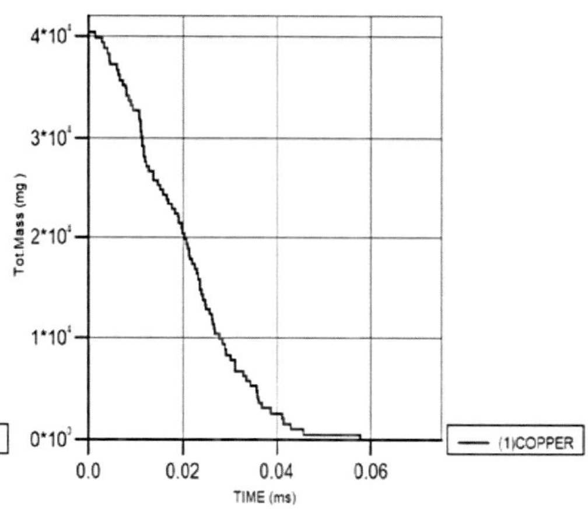


④ History : Part summary

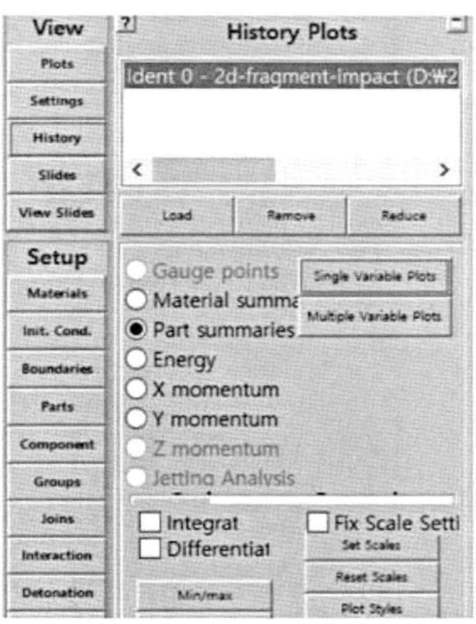


Part Summary ( Ident 0 - 2d-fragment-impact )

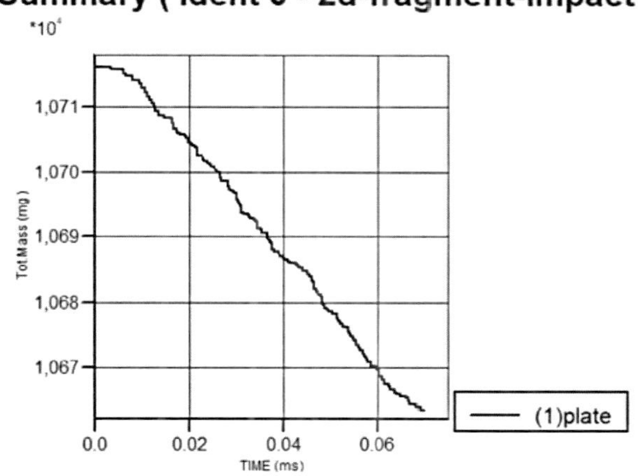

⑤ 동영상 제작

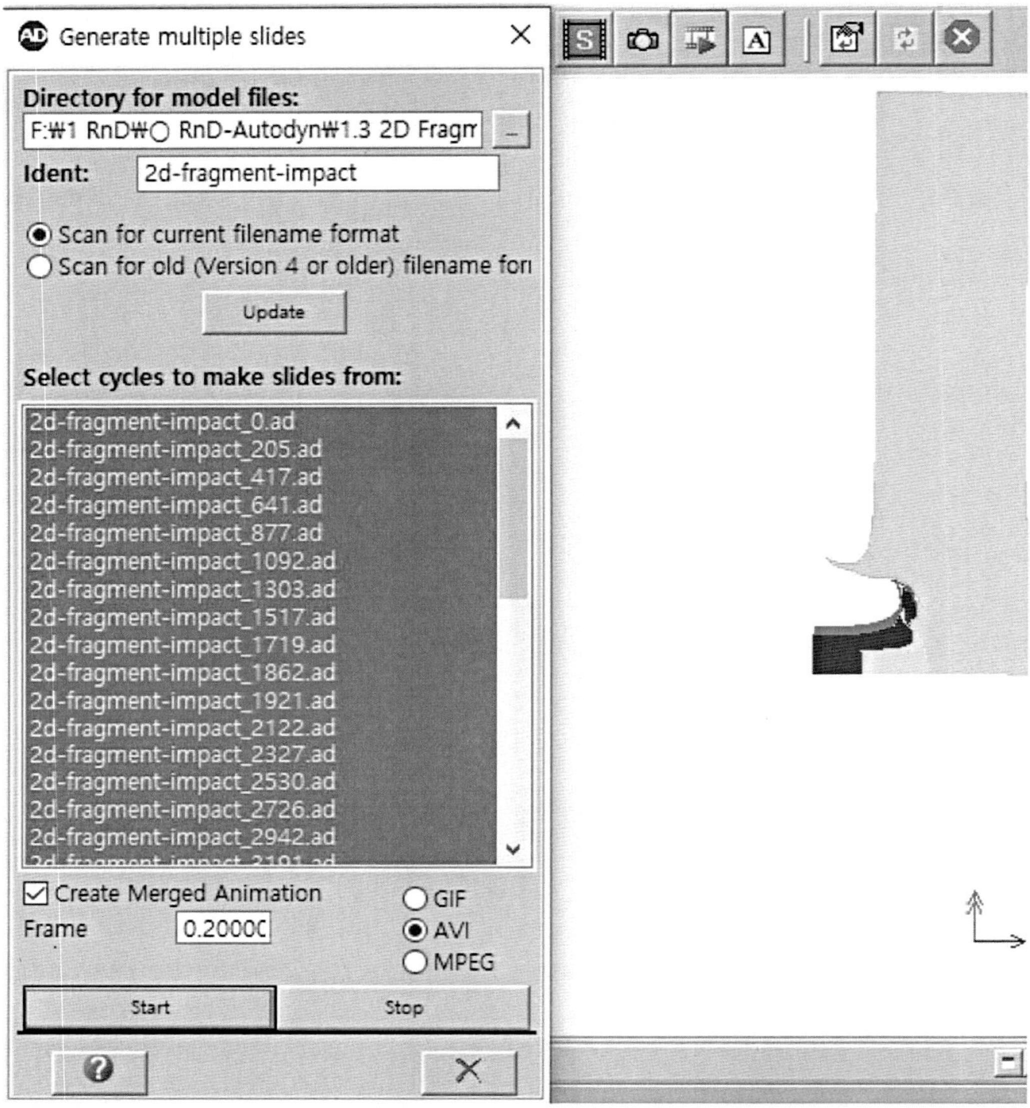

Generate multiple slides
Directory for model files:
F:₩1 RnD₩○ RnD-Autodyn₩1.3 2D Fragm
Ident:
2d-fragment-impact
Scan for current filename format
Scan for old (Version 4 or older) filename fori
Update
Select cycles to make slides from:
2d-fragment-impact_0.ad
2d-fragment-impact_205.ad
2d-fragment-impact_417.ad
2d-fragment-impact_641.ad
2d-fragment-impact_877.ad
2d-fragment-impact_1092.ad
2d-fragment-impact_1303.ad
2d-fragment-impact_1517.ad
2d-fragment-impact_1719.ad
2d-fragment-impact_1862.ad
2d-fragment-impact_1921.ad
2d-fragment-impact_2122.ad
2d-fragment-impact_2327.ad
2d-fragment-impact_2530.ad
2d-fragment-impact_2726.ad
2d-fragment-impact_2942.ad
Create Merged Animation
Frame
0.20000
GIF
AVI
MPEG
Start
Stop

# 2 암석에 전파되는 폭발 해석

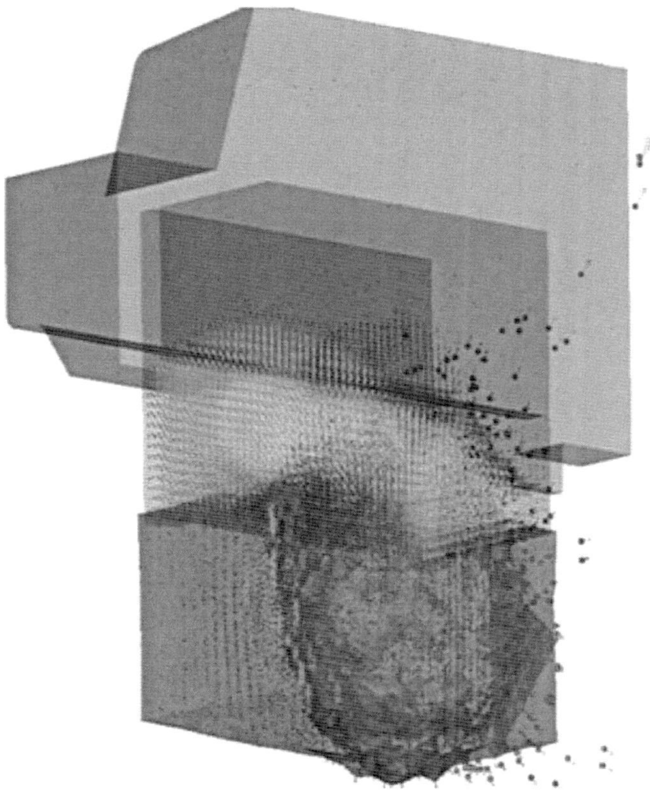

1. 암석 폭발의 기본원리는 다음과 같이 연구됐다. [3]

암반의 폭발 현상의 공기중에 전파하는 폭풍의 양상과는 다르게 진행된다. 폭발에 사용되는 화약에는 다이너마이트, 초유폭약(ANFO), 에멀젼 폭약, 슬러리 폭약, 정밀 폭약 등이 있으며 뇌관은 화약을 폭발시키는 장치로서 전기뇌관과 비 전기뇌관이 있다. 또한 폭발 굴착은 천공 → 장약→ 결션 → 폭발 → 버력처리 순서로 이루어진다.

화약을 장약하고 폭발시키면 폭발공 주위의 형태는 그림과 같이 나타낼 수 있다. 그림(a)에서 ①은 폭발을 위한 천공직경을 나타내며, ②는 완전히 파괴되어 분쇄구역을, ③은 반경 방향으로 크랙이 생성되는 것을 보여준다. 폭발하중에 의하여 폭발공벽에 내압이 작용되면 폭발공 주변의 암석입자에는 반경방향으로는 압축응력이 작용되나, 접선방향으로는 인장응력이 작용되어 암석에 크랙이 발생한다. 한편 압축응력이 그림 (b)에서와 같이 자유면을 만나면 인장파로 되돌아오게 되고 인장파로 인하여 암석의 표면부터 떨어져 나간다.

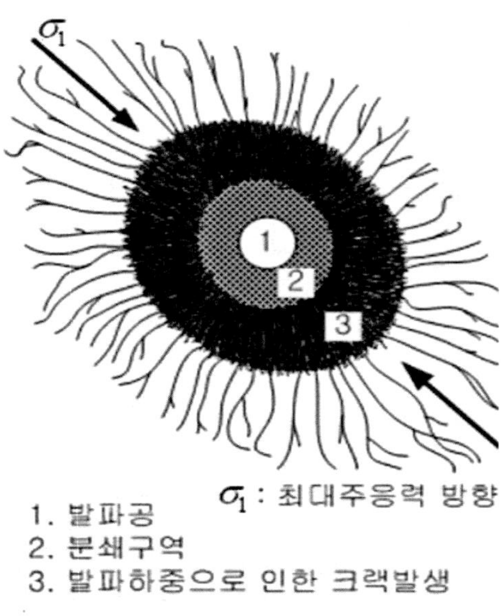


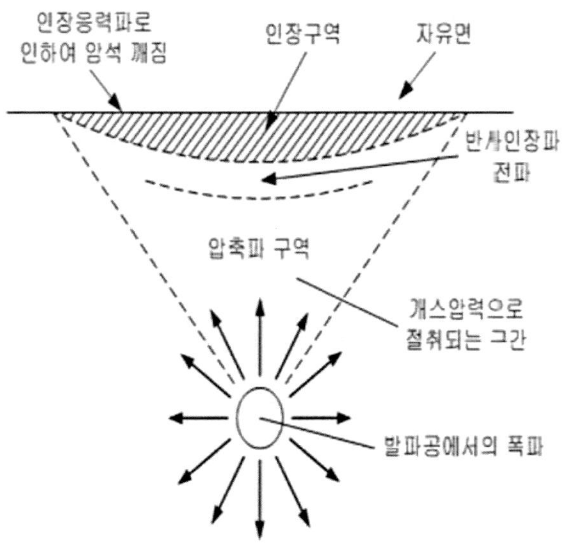


---

3) **김도형 폭발위치가 터널 파쇄영역에 미치는 영향에 관한 연구. 수원대 석사논문 pp6**

폭발 시점부터 위에서 서술된 현상이 발생되는 것을 통틀어 응력파의 효과(stress wave effect)라고 한다. 한편 폭발로 인하여 폭발공에는 고압가스가 발생되며, 고압가스가 이미 생성된 크랙사이로 들어가서 고압으로 암석을 밀어주게 되면 암석이 완전히 분쇄되고 만다. 이를 가스압력효과(gas pressure effect)라고 한다. 폭발로 인하여 생성되는 주된파는 종파로서 압축파이며, 횡파의 생성은 크지 않은 것으로 알려져 있다.

폭발 문제에서 인장파로 되돌아오도록 유도하기 위하여 자유면을 갖는 것이 핵심이라고 할 수 있다. 노천공 폭발에서는 자유면이 자연적으로 존재하므로, 자유면에서 가까운 열부터 차례로 폭발하면 되나(자유면과 폭발공 사이의 거리를 최소저항선이라함) 터널 폭발 시에는 자유면이 존재하지 않는다. 따라서 터널의 본 폭발 이전에 자유면을 형성하기 위하여 실시하는 폭발을 심발공이라고 한다.

2. 폭발에 의한 암석 파쇄 이론

폭발에 의한 암반 파쇄 현상의 이론적 규명은 폭발 기구의 복잡성에 기인하여 아직까지 완전히 규명되지 못했다. 그러나 다음과 같은 이론들이 일반적으로 받아들여지고 있으며 이러한 기존의 이론들에 새로운 해석들이 추가, 수정되고 있다.

(1) 누두공(crater)

가장 전통적인 이론으로 장약량, 최소저항선등의 인자들 간의 관계를 누두공 폭발에서의 경험에 의해 규명한 경험 이론이다. 최소저항선을 이용하여 장약량을 결정하고 전색 길이(stemming length), 폭발공 간의 거리(spacing) 등을 계산하여 표준 폭발의 장약량을 산출한다. 누두공 폭발은 폭발공과 수직한 방향으로 한 개의 자유면을 지니고, 파쇄 결과 원추형의 누두공을 형성한다.

(2) 기체 팽창

폭발에 의해 폭발공에 작용하는 압력은 기체 팽창에 의한 가스압의 절반 정도의 크기이며, 충격파의 형태로 주변 암반에 전달된다. 충격파에 의한 분쇄대는 폭발공 반경의 약 2배 거리까지 형성되고, 그 이후 방향성이 나타나는 몇 개의 방사상 균열이 형성된다. 충격파가 자유면에 도달하면 균열들에 가스압이 작용하여 균열이 성장하며, 이러한 균열의 성장이 자유면에 이르면 암석은 그때까지 남아 있는 가스압에 의한 변위가 발생한다. 화약의 폭발에 의해 발생한 에너지는 폭굉압과 가스압의 두 가지 형태로 암반에 역학적인 일을 수행한다. 폭굉압은 폭발공에 인접한 좁은 지역에 국부적이고 한정적으로 작용하며 짧은 시간 동안 작용하기 때문에 주된 파쇄는 가스압에 의해 이루어진다. 압축응력을 받은 후, 인장응력에 의해서 공의 주위에부터 균열이 형성되며, 균열 첨단에 변형에너지(strain energy)가 가해지는 동안 계속해서 균열은 성장하게 된다. 이 때, 자유면에서의 변형에너지 반사에 의한 파쇄는 고려하지 않는다. 그리고 가스압에 의해 압열 파쇄(flexural rupture)가 일어나고 이것에 의해 저항선(burden)의 휨변형(bending)이 나타난다.

(3) 반사파

반사 응력파에 의한 암석 파쇄의 용이성은 인장강도와 압축강도를 사용하여 나타내는데, 그 비를 파쇄용이 계수(blastability coefficient)라 한다. 암석은 인장력에 약하므로 파쇄용이 계수가 클수록 파쇄가 쉽게 된다. 파쇄용이 계수는 10에서 100사이의 값을 지닌다. 반사파 이론은 암반이 인장 파쇄에 약하기에 주된 에너지원을 자유면에서 반사된 인장파로 보고 암반의 응력 상태와 파괴조건식을 비교하여 설명하는 이론이다. 폭발공에 인접한 지역에서는 압축 응력파에 의한 파쇄가, 바깥 지역은 인장 응력파에 의한 파쇄가 주로 이루어진다. 이 이론에 의하면, 폭굉파가 자유면이나 물리적인 성질이 다른 매질 경계에 도달하면 암반에 강한 충격을 주고 그 결과 새로운 응력파가 발생하여 내부로 전달되어 암석이 판의 형태로 파쇄(spalling)되고 다시 새로운 자유면이 형성되는 과정이 반복하여 일어난다고 파쇄 기구를 정의한다.

(4) 충격파와 가스압

Kutter and Fairhurst(1971)는 충격파와 가스압 중 하나가 파쇄기구의 주된 에너지원이라고 설명하는 기존의 이론에 대하여, 두 가지 에너지원의 복합적인 작용으로 파쇄가 이루어진다고 실험에 의해 밝혔다. 이 이론에 의하면 짧은 시간에 막대한 크기로 생성된 폭굉파는 주변 매질로 전달되나, 그 지속 시간이 비교적 긴 가스압이 준정적거동 상태를 유지하며, 이미 형성된 균열을 확장, 전진시킨다.

이외에도 Torque theory(Atlas Powder Company, 1987), Nuclei theory(Baker et al., 1978) 등 파쇄기구 설명 이론이 있으나 충격파가 균열을 형성하고 가스압이 균열을 확장 및 전진시킨다는 것이 일반적으로 받아들여지고 있다.[4]

4) 김승은 (2011). 폭약의 기폭위치에 따른 폭발진동 예측. 조선대학교 대학원 석사학위 논문. 85p.

# 모듈 4. Concrete Wall explosion [5)]

1) 구조 계획

① 모듈의 목표

- 오일러-라그랑쥐 솔버 적용 사례
- 콘크리트 슬래브의 폭발해석을 통해서 AUTODYN을 폭발해석에 대한 개략적 과정을 설명하고자 한다.

② 해석 절차 :

- 독립 실행 형 AUTODYN 시작한다.
- 2D 축 대칭을 사용하여 문제 설정한다.
- 라그랑지에서 콘크리트 모델을 한다.
- 폭발물을 오일러 모델로 한다.
- 오일러 와 라그랑지의 인터랙션을 설정한다.
- 해석을 수행한다.

③ 모델링 개요 (단위 : mm)

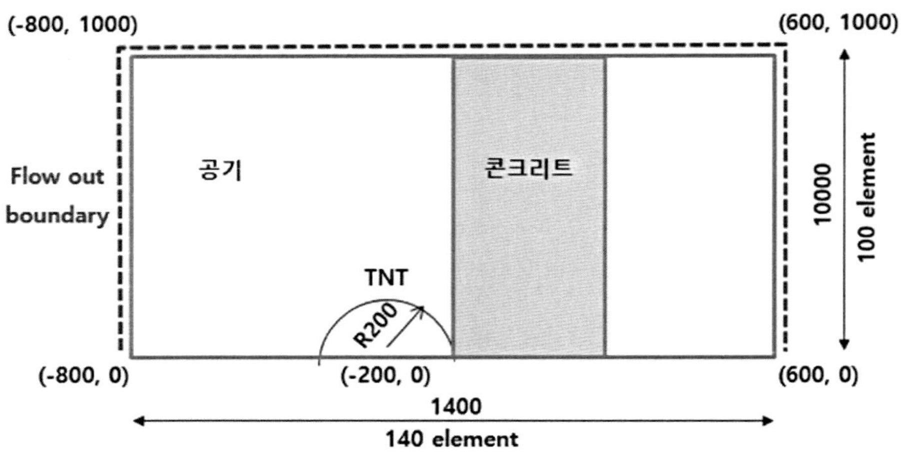


④ Lagrange part의 상세 모델링 : Target

5) ) **ANSYS 콘크리트벽 폭발, workshop 8 Explosive Demolition of Concrete**

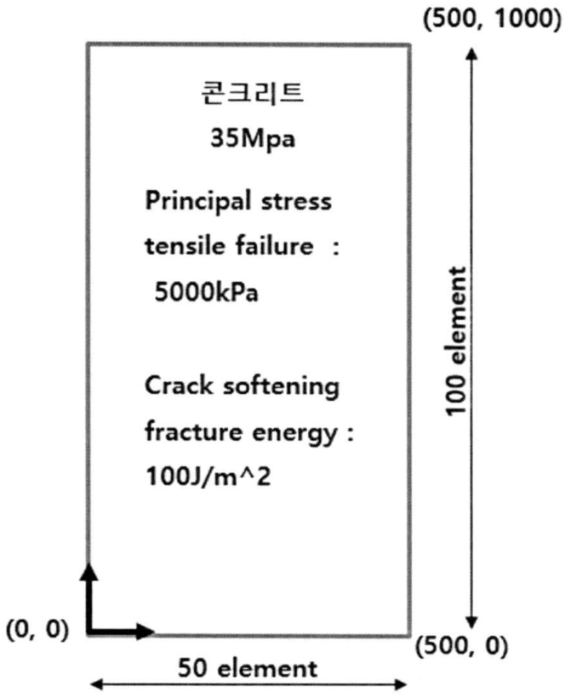


⑤ 2D multi material Euler part : Space

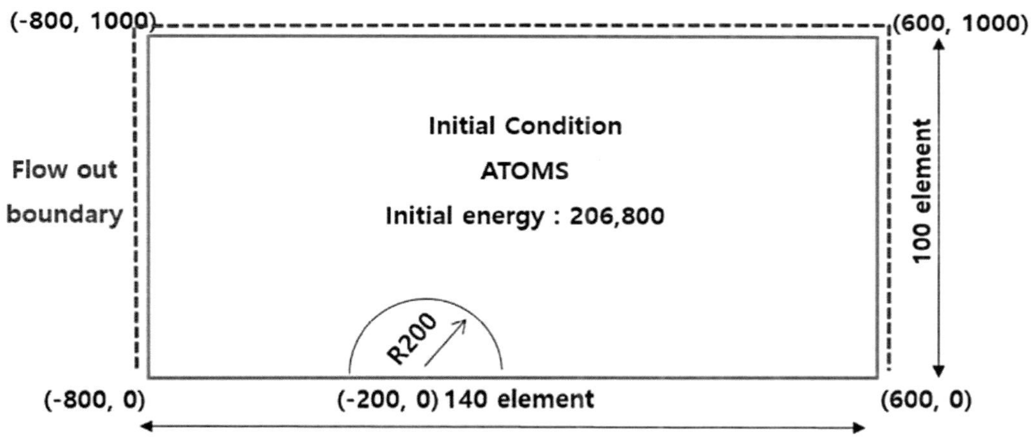


⑥ 폭발물 (TNT) 중략 : 55.4kg ( 비중 : 1654 $Kg/m^3$)

⑦ 폭발물 위치(Detonation point) : (-200,0)

---- 참고 ----------------------------------------

1) 암반과 숏크리트 해석 모델 6)

AUTODYN 프로그램으로 폭발 해석 시 재료의 거동을 수치적으로 평가하기 위하여 상태방정식 강성 모델, 파괴 모델, 마멸 모델에 대한 정의가 필요하다. 실제와 같은 암석의 폭발 손상상태를 나타내기 위해 암석의 모델링 구성에 있어 암석은 식 (2.15)와 같은 압력과 공극률의 관계인 P-Alpha 상태방정식을 적용하였다.

$$\alpha = 1 + (\alpha_0 - 1)\left(\frac{P_c - P}{P_c - P_e}\right)^N$$

여기서, $P_c$ : 소성 압력

$P_e$ : 탄성 압력

$\alpha$ : 공극률

대부분 재료는 축차 응력(deviatoric stresses)에 의해 소성을 나타낸다. 재료의 거동을 나타내어 평가하기 위해서는 축차 응력의 계산해석이 필요하다. 축차 응력 계산의 정의는 강성모델의 선택에서 이루어진다. AUTODYN에서 모든 재료의 강성모델은 탄성응력 상태를 가지고 강성 모델은 변형, 변형률, 온도를 가진 항복 응력의 의존성을 나타낸다. 본 연구의 수치해석에서 사용된 RHT(Riedel-Hiermaier-Thoma)콘크리트 모델은 취성 재료를 위한 강성모델이다. RHT 콘크리트 모델은 다음과 같은 특징을 가지고 있다.

- Pressure hardening(압력 강화)
- Strain hardening(변형 강화)
- Strain rate hardening(변형률 강화)
- Damage(strain softening)(변형률 연화)
- P-Alpha EOS for volumetric compaction
- Can be used with Crack-Softening(균열 완화의 적용)
- Input can be scaled with cube strength, fc

6) 폭발 위치가 터널 파쇄영역에 미치는 영향에 관한 연구, 김도관, 수원대토목공학과, 2011년12월

2) 폭약 해석 모델

암반의 손상은 2차원 시편모델링 정중앙에 모델링 된 암반 내에 폭약모델링을 생성하고, 폭약모델이 폭발하면서 생기는 가스압이 암석모델에 접촉하면서 시작된다. 폭약과 같은 폭발적이고 높은 팽창성을 가진 거동을 해석하기 위해 JWL 상태방정식을 사용하였다. 일반적으로 AUTODYN에서는 폭발이나 폭발 해석을 위해 사용되는 화약 및 폭약모델링은 JWL 상태방정식을 사용한다. AUTODYN에서는 다양한 폭약모델을 제공하는데 적용하고자 하는 화약모델이 없다면 물리 실험에 의해 JWL 상태방정식에 적합한 상수를 구하여 적용해야 한다. 아래 식에서 나타나는 팽창 가스압 함수식은 JWL 상태방정식에 적용되는 식이다. 폭약모델링을 적용하기 위해서는 다음 함수식에서 사용되는 상수를 물리 실험적으로 구해야 한다.

$$P = A\left(1 - \frac{\omega}{R_1 V}\right)e^{-R_1 V} + B\left(1 - \frac{\omega}{R_2 V}\right)e^{-R_2 V} + \frac{\omega(E + \lambda Q)}{V}$$

$$\frac{d\lambda}{dt} = a(1-\lambda)^m P^n$$

여기서 A, B, R1, R2, $\omega$ : 실내 실험에 의해 구해지는 실험 상수

Q : additional specific energy (비 에너지)

$\lambda$ : Q의 reaction rate

a : energy release constant

m : energy release exponent

n : pressure exponent

---

2) 구조해석

[1] AUTODYN 실행

(1) Start > AUTODYN 시작
AUTODYN standalone을 시작하십시오. (autodyn.exe를 더블 클릭하십시오)

> C: \Program Files \ANSYS Inc\v161 \aisol\AUTODYN \winx64 \autodyn.exe

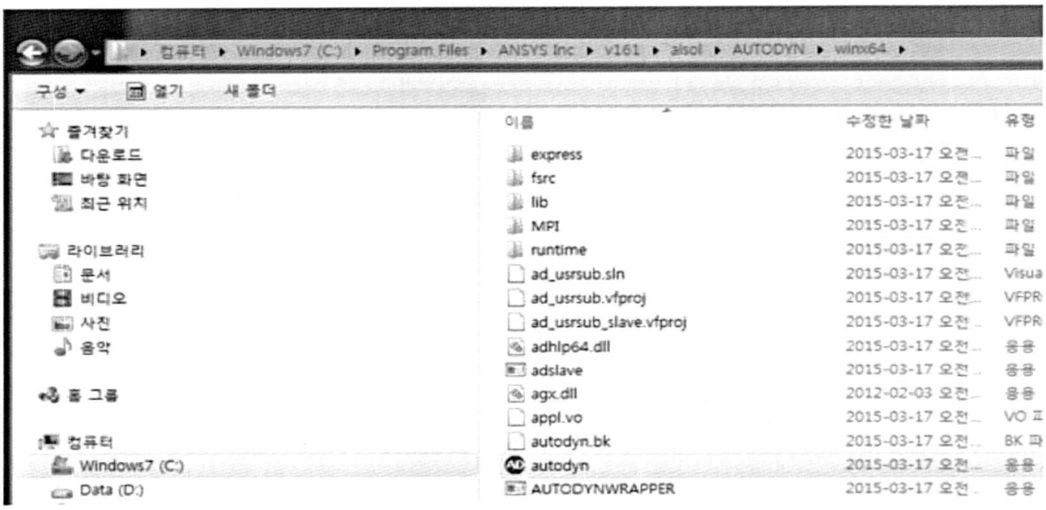

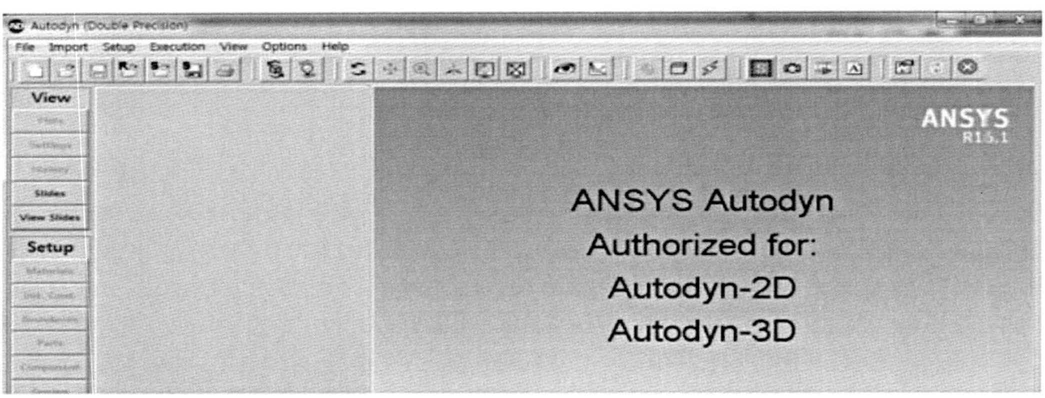

(2) Start > 프로젝트 시작

① 새로운 프로젝트 시작
② 찾아보기 프로젝트 폴더
③ Ident를 입력하십시오. : "explosive_demolition" 및 설명
④ 선택 2D 축 대칭설정

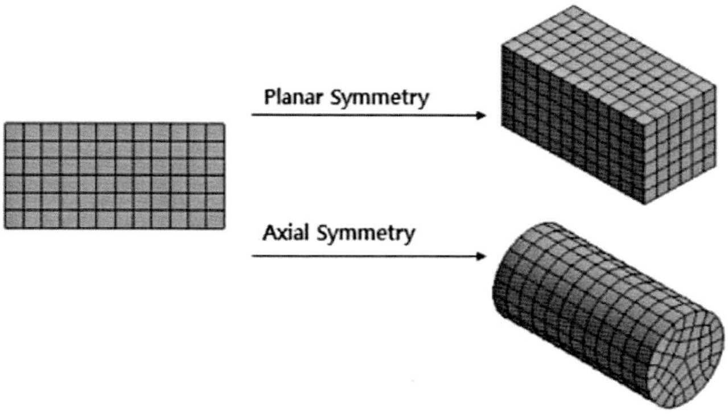


⑤ 단위의 기본 설정 유지 (정확도를 위해 권장 됨)
⑥ 선택을 클릭한다.

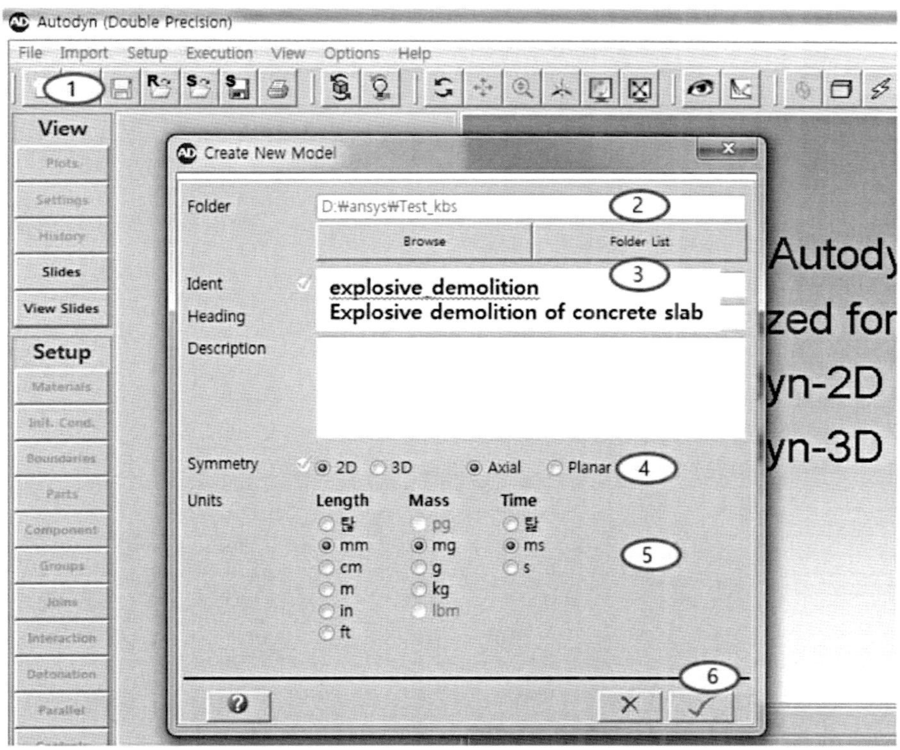

(3) Material > 재료 검색

(3.1) 라이브러리에서 재료 데이터 검색

① 메뉴에서 “Material” 를 클릭하고 “Load“로 재료 데이터를 불러온다.

② 라이브러리에서 다음 자료를 선택 하십시오. :

공기, TNT, CONC-35MPA

③ 데이터를 선택 확인한다.

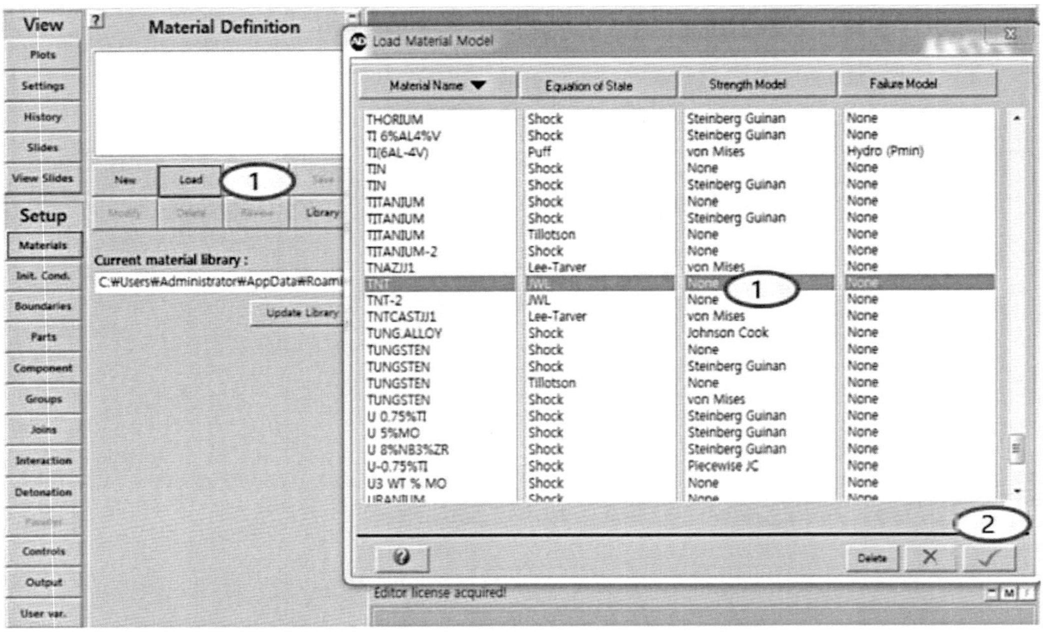


% 라이브러리에서 여러 개를 선택하려면 CONTROL + Click을 통하여 여러 가지를 선택할 수 있다.

④ 결과 확인하면 다음과 같이 보인다.

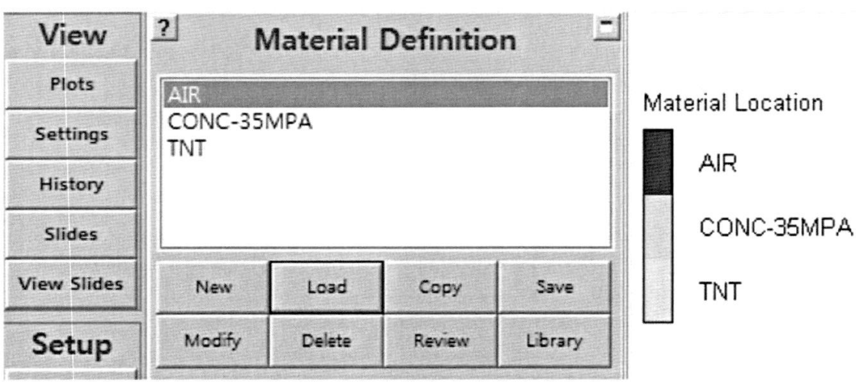

(3.2) 콘크리트 모델의 성분을 개선한다.

① 개선할 대상을 선택한다 : CONC-35MPA
② Modify를 클릭한다.
③ 파업 창에서 데이터를 수정한다.
　Tensile Failure : Principle Stress
　Principal Tensile Failure Stress : 5.0e3
　Crack Softening : ON
　Fracture Energy : 100
④ 데이터를 수용한다.

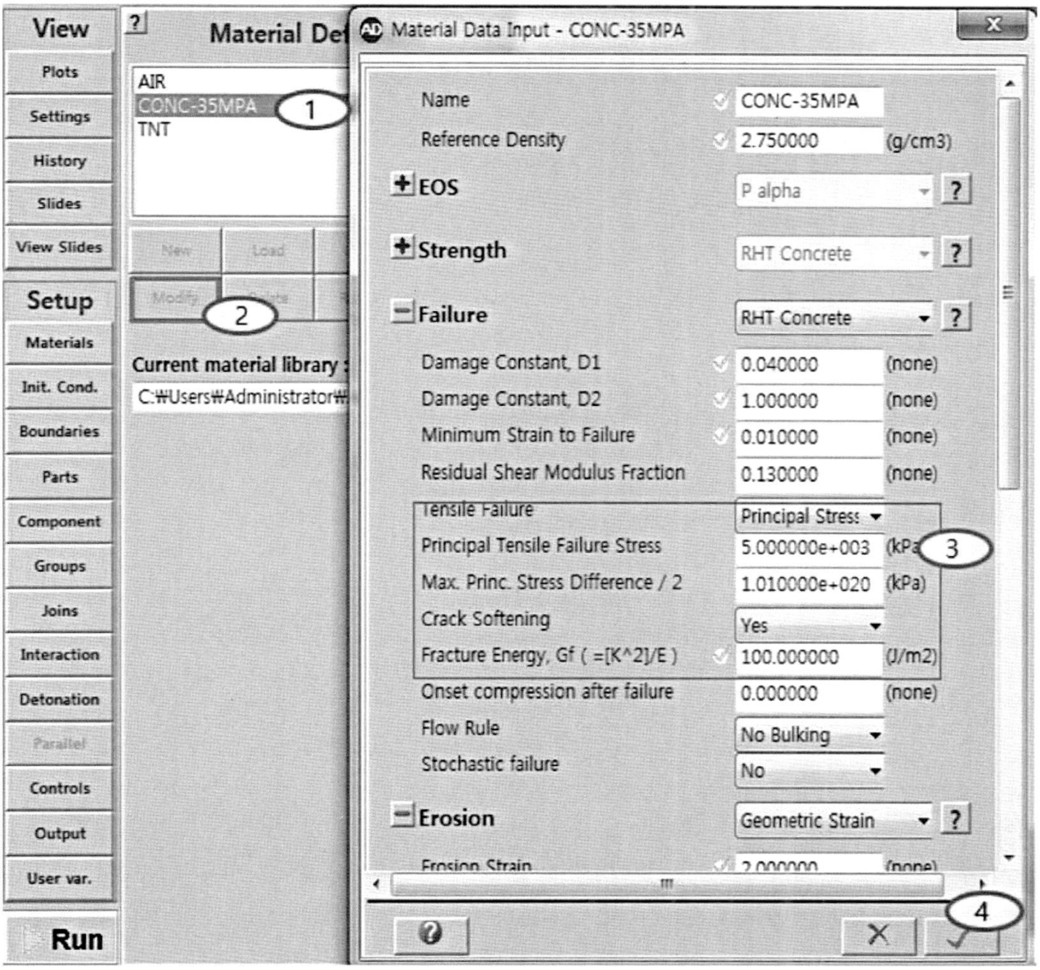

(4) 초기조건 생성

① 네비게이션 바에서 "Init. Cond"를 선택하십시오.

② 대화 상자에서 "New"를 선택하십시오.

③ Initial Condition Set Name을 기록한다. : Atmos

④ Include Material를 선택하고 Material를 선택 : AIR

Internal Energy를 입력한다. : 2.068e5

⑤ 데이터를 수용한다.

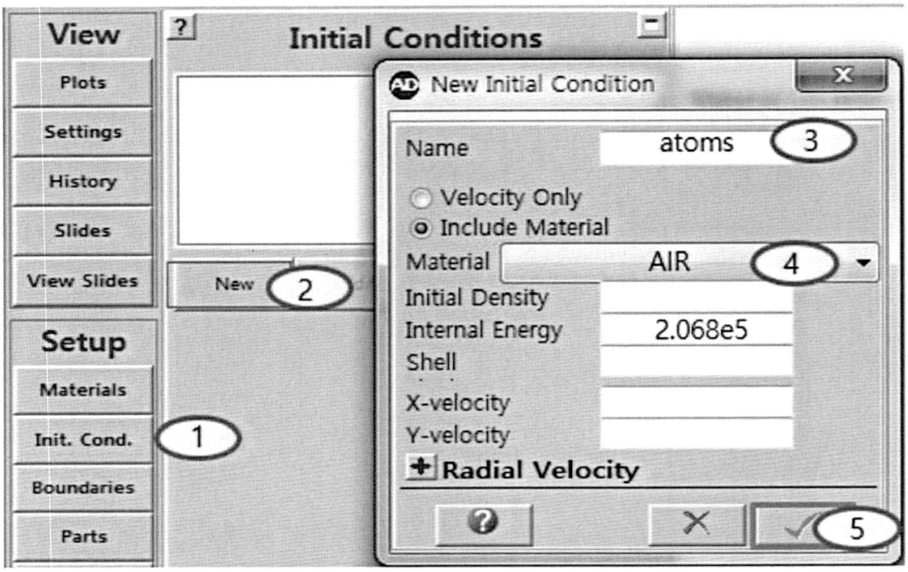


(5) 경계조건 정의

① Boundary를 선택한다.

② 대화 상자에서 New를 선택한다.

③ Boundary Name을 기록한다. : Outflow

④ Type을 정한다. : Flow_out

sub option을 정한다. : Flow_out(Euler)

⑤ Preferred Material을 설정한다. : ALL_EQUAL

⑥ 데이터를 수용한다.

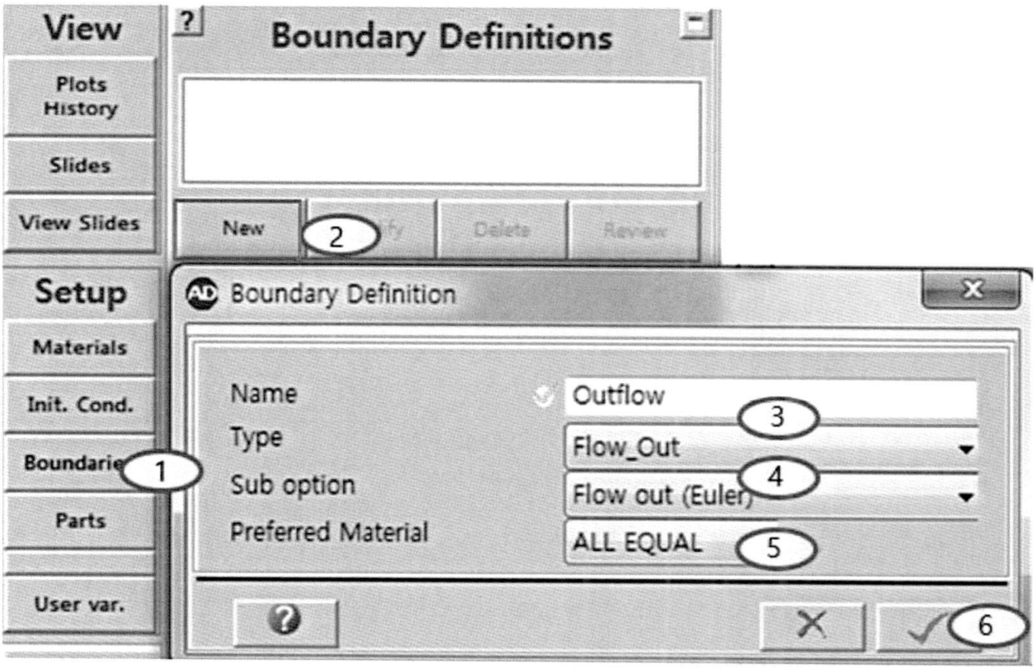


(6.1) 라그랑쥐 파트 생성

① Parts를 선택한다.

② 대화 상자에서 "New"를 선택한다.

③ 팝업창의 Part Name을 입력한다. : structure

④ Solver를 선택한다. : Lagrange

⑤ Definition을 설정하다. : Part Wized

⑥ 다음 단계로 이동한다.

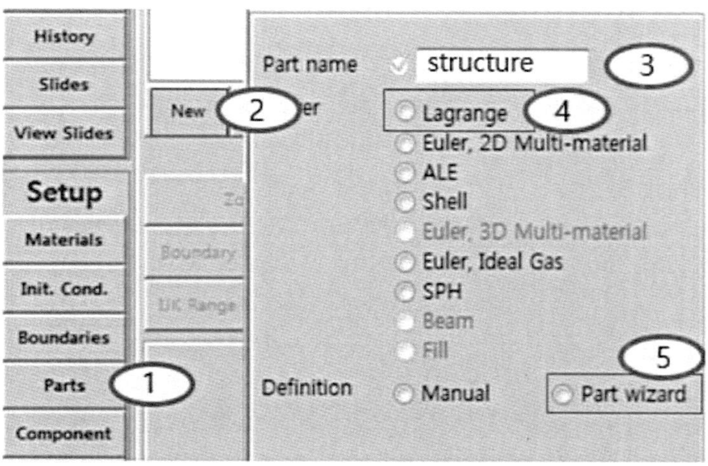

⑦ Predef를 선정한다. : Box
⑧ Geometry를 정의한다 : 원점 (0,0) 폭 (500, 1000)
⑨ 다음 단계로 이동한다.
⑩ Cell의 크기를 입력한다: I=50, J=100
⑪ 다음 단계로 이동한다.
⑫ Fill Part에서 Fill with Initial Condition Set을 선택하지 않는다.
⑬ Material을 선택한다. : CONV-35MPA
⑭ 데이터를 수용한다.

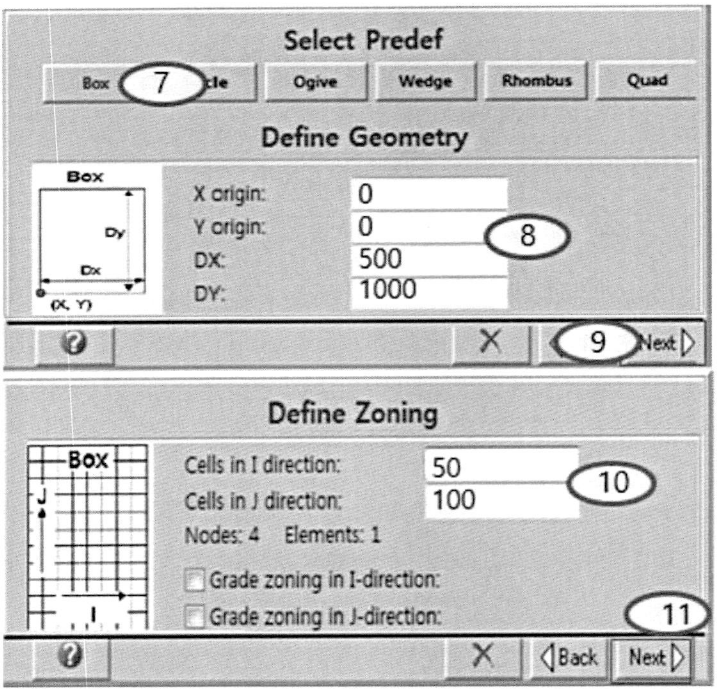


(6.2) 오일러 파트 생성
① Parts를 선택한다.
② 대화 상자에서 "New"를 선택한다.
③ 팝업창의 Part Name을 입력한다. : Blast
④ Solver를 선택한다. : Euler 2D Multi
⑤ Definition을 설정하다. : Part Wized
⑥ 다음 단계로 이동한다.

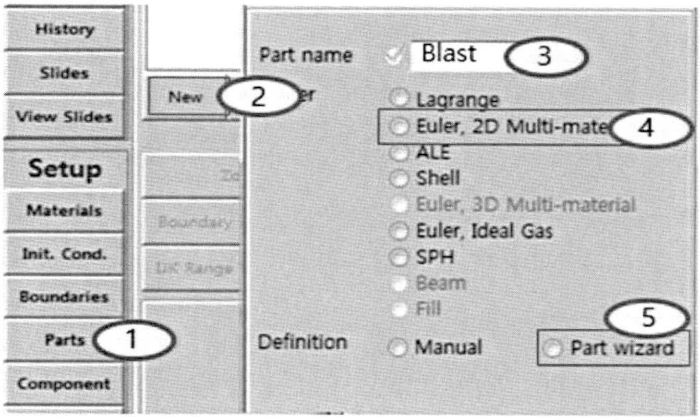


⑦ Predef를 선정한다. : Box

⑧ Geometry를 정의한다. : 원점 (-800,0) 폭 (1400, 1000)

⑨ 다음 단계로 이동한다.

⑩ Cell의 크기를 입력한다. : I=140, J=100

⑪ 다음 단계로 이동한다.

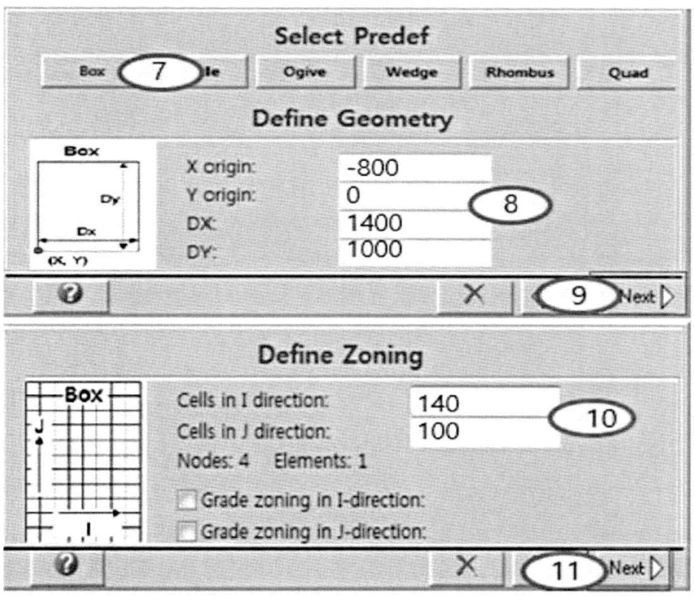


⑫ Fill Part에서 Fill with Initial Condition Set을 선택한다.

⑬ Material을 선택한다. : AIR

⑭ Internal Energy를 입력한다. : 2.068e5

⑮ 데이터를 수용한다.

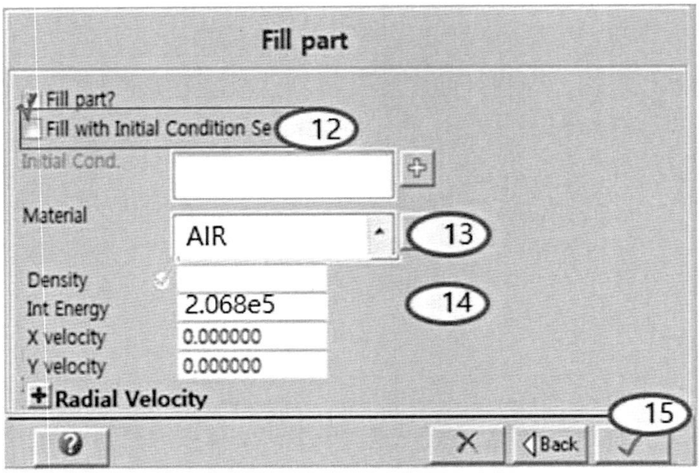


(6.3) 오일러 메쉬에 TNT 채우기

① 탐색 표시 줄에서 "부품"을 선택하십시오.

② 채우기(Fill) 선택한다.

③ Fill by Geometry space를 선택한다. : 타원(Ellipse)

④ 팝업메뉴에서 타원을 형상을 정의한다. : X중심, Y중심 ( -200, 0)
반지름 X축, Y축 (200, 200)

⑤ 재질(Material)을 설정한다. : TNT

⑥ 데이터 수용한다.

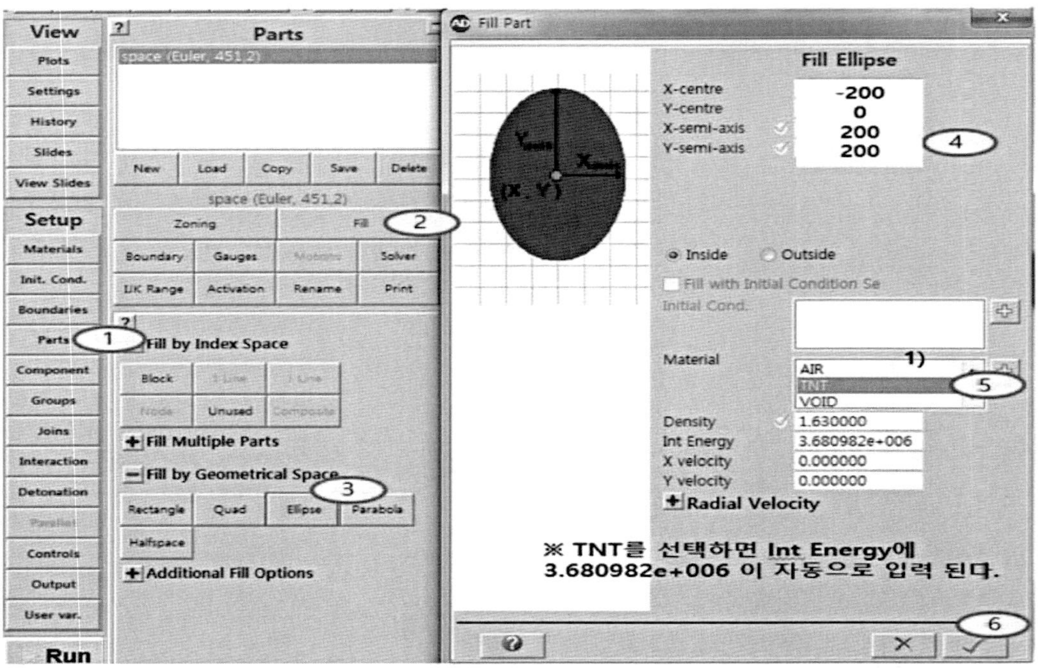

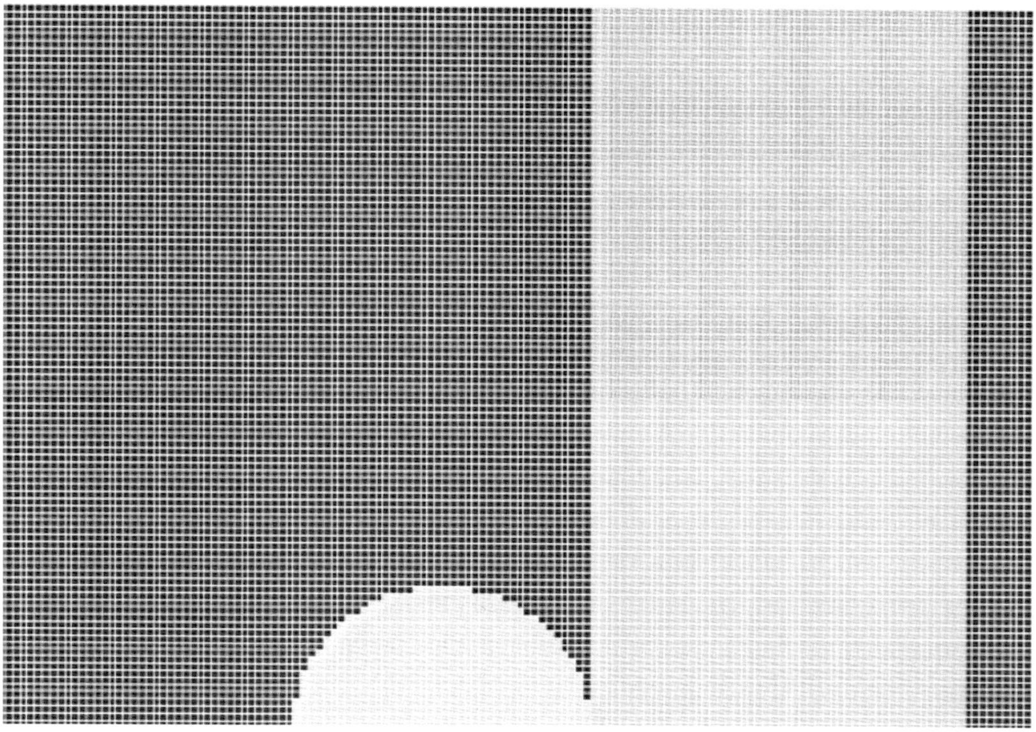

※ TNT 반지름이 0.2m이므로 체적은 $0.033m^3$
TNT 비중이 1654 $kg/m^3$ 이므로 중량은 55.4 Kg이다.

※ History Plots에서 TNT 58kg 확인됨.

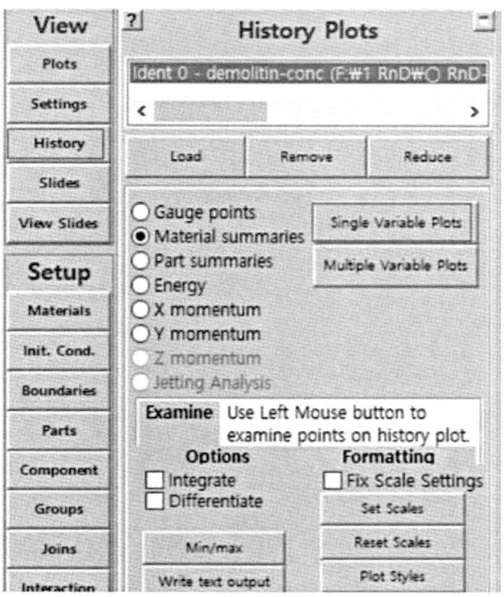


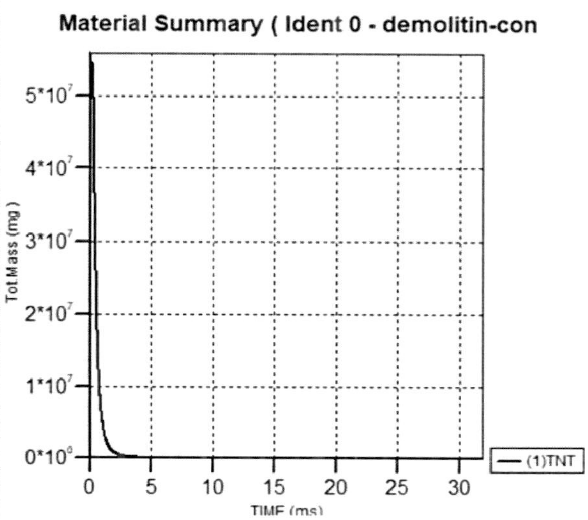

(6.4) 경계조건 설정

① 네비게이션 바에서 " Parts"를 클릭하고 Part를 선택한다. : Blast

② "Boundary"를 선택하십시오

③ Apply Boundary에서 I Line 선택

데이터 입력 : I =1, J = 1-101

Boundary : Outflow

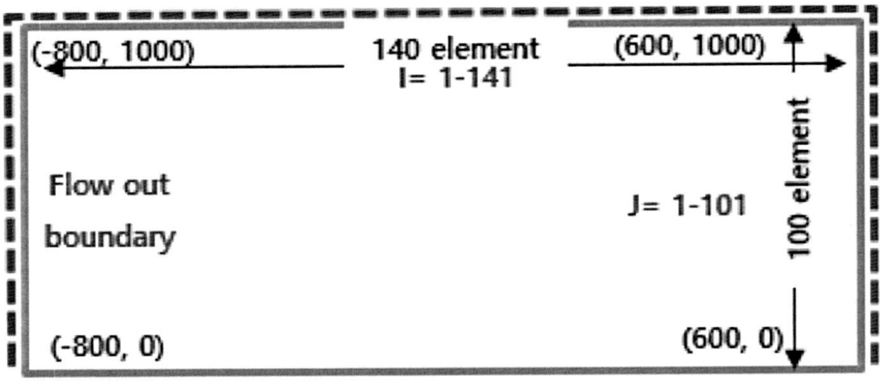


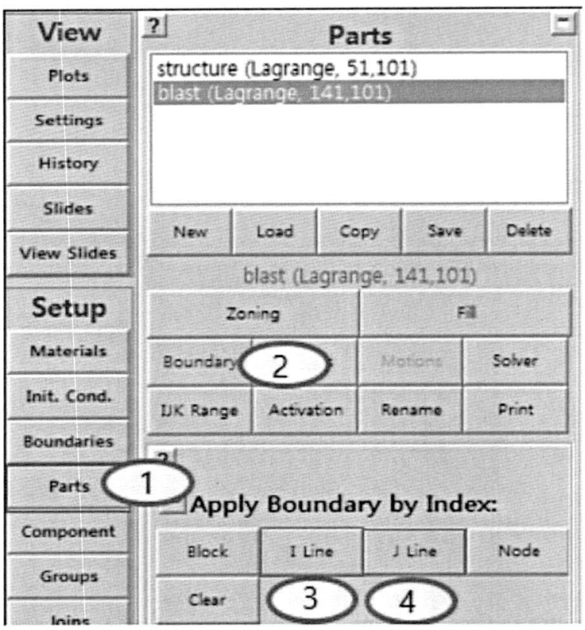

④ Apply Boundary에서 I Line 선택
데이터 입력 : I =141, J = 1-101
Boundary : Outflow

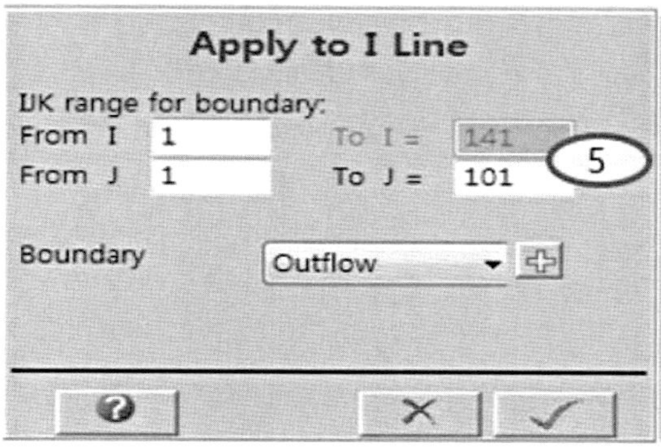


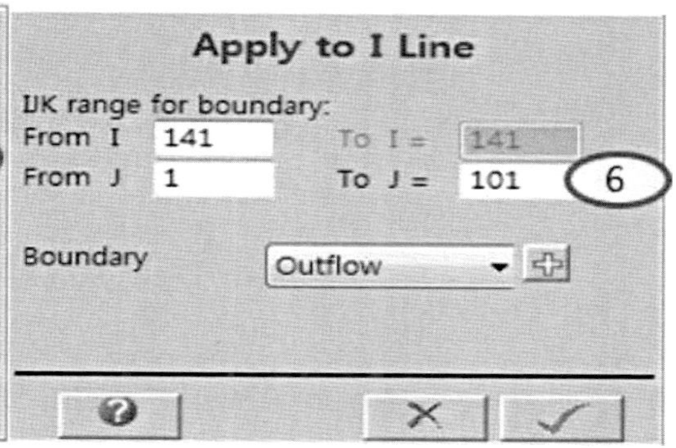


⑤ Apply Boundary에서 I Line 선택
데이터 입력 : I =1-141, J = 101
Boundary : Outflow

⑥ 데이터를 수용한다

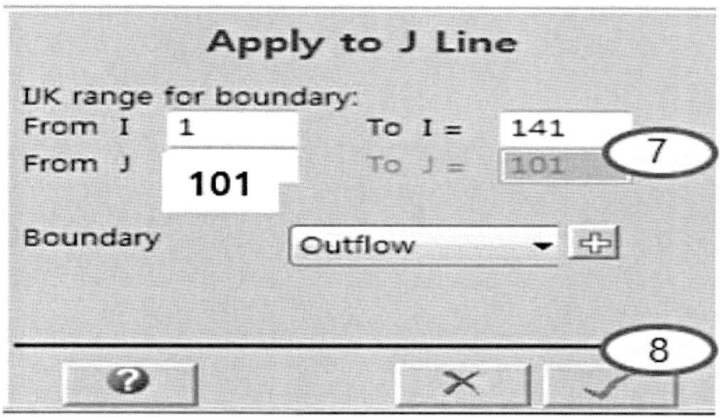


(7) Interaction

① Interaction을 클릭한다

② Lagrange-Lagrange

③ Type을 설정한다. : External Gap

④ Calculate를 클릭한다.
AUTODYN은 계산을 해서 Gap Size를 제공한다 : 1.001

⑤ 나머지는 Default를 수용

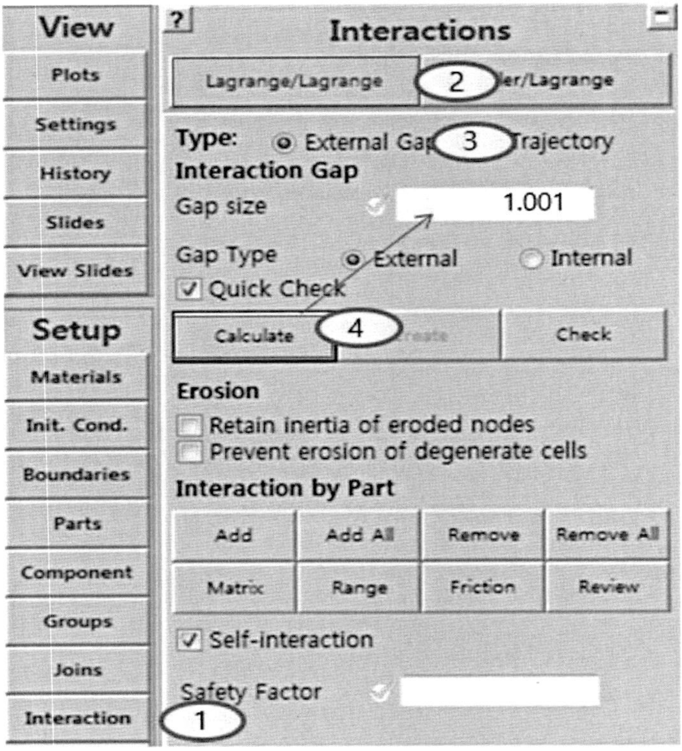


⑥ Euler-Lagrange를 클릭한다.

⑦ Type을 설정한다. : Automatic(polygon free)

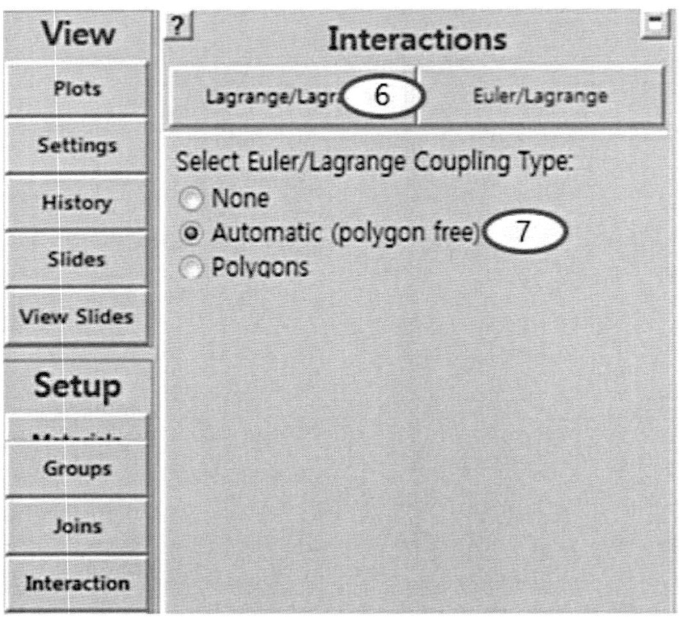

(8) Component - 설정하지 않음

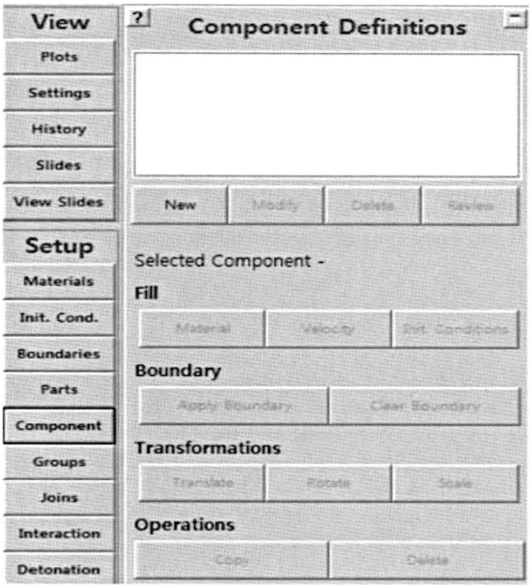


(9) Group - 설정하지 않음

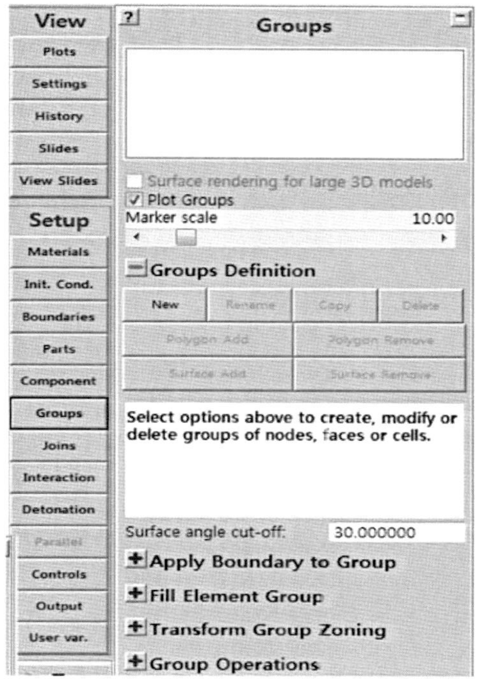


(10) Joints - 설정하지 않음.

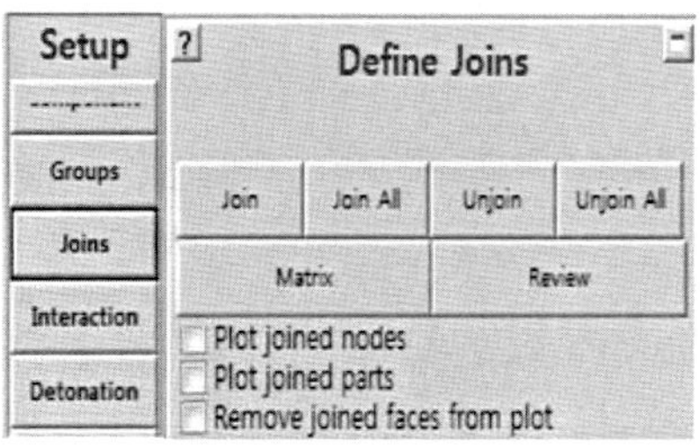


(11) Parallel-설정하지 않음.

(12) TNT에 대한 폭발 지점 정의

① 탐색 표시 줄에서 "Detonation"을 선택하십시오.

② 점(Point) 선택한다.

③ Node 점을 입력한다. x, y = ( -200, 0 )

④ "Plot detonation points"를 체크하여 점의 위치를 확인하십시오.

⑤ 데이터를 수용한다.

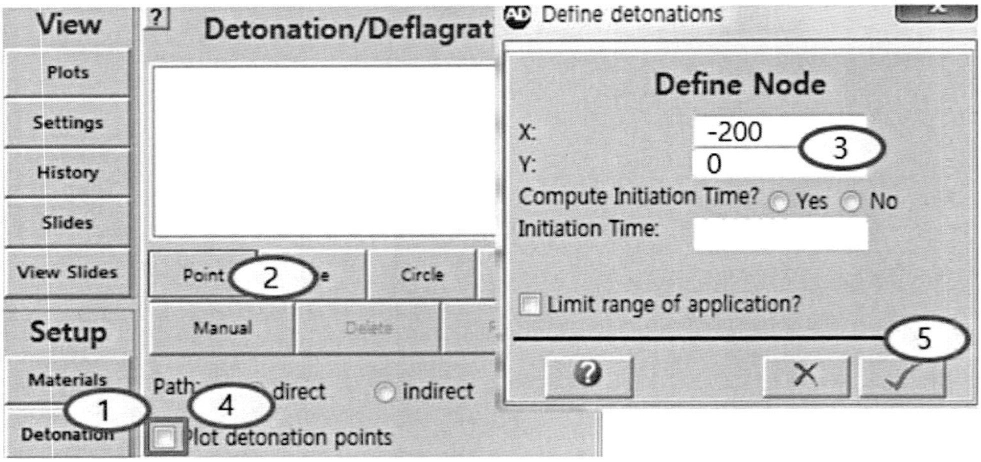

(13) 솔루션 컨트롤 설정

① 탐색 표시 줄에서 “Controls"을 선택하십시오.

② 사이클 제한에 큰 숫자를 입력하고 "50.0"ms 시간 제한

(이것은 폭풍이 전파하는 데 걸리는 시간입니다  반경 45m까지)

③ Wrapup Criteria에서

- Cycle Limit  : 99999          - Time Limit : 50ms
- Energy Fraction : 0.05

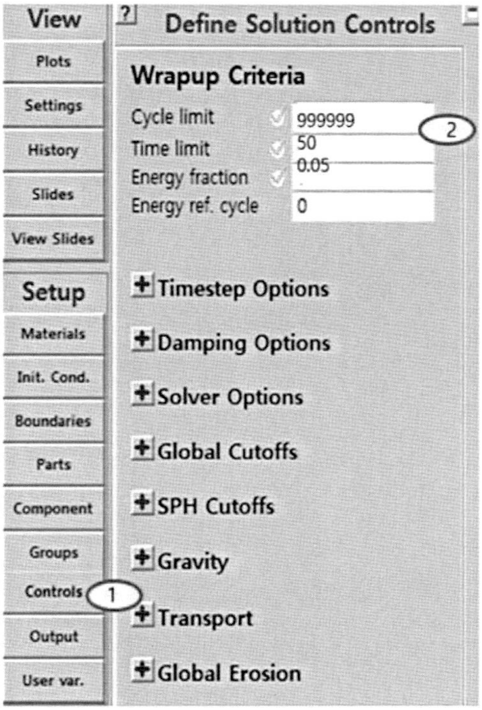


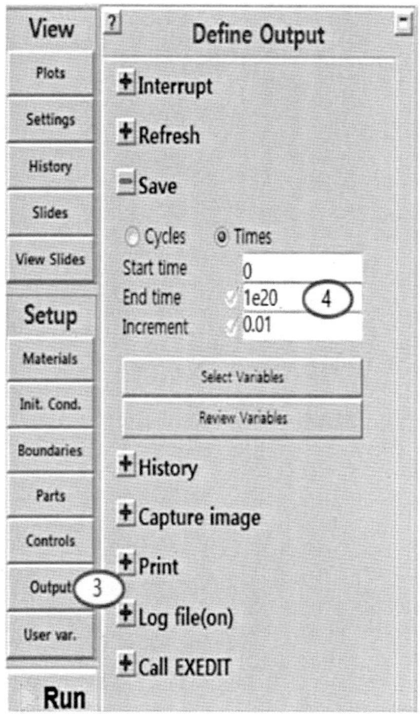


(14) 결과저장설정

① 탐색 표시 줄에서 “Output"을 선택하십시오.

② 저장 시간 설정:

- Start Time : 0.0
- End times : 1e20 ,
- Increment : 0.01 ms

(15) user var. -설정하지 않음

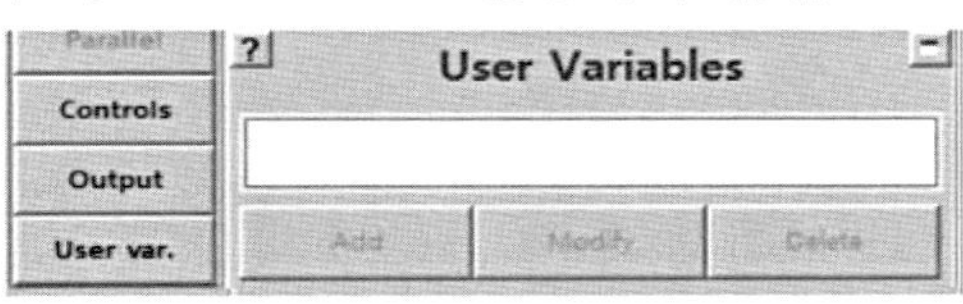

(16) 해석실행

① 데이터 저장

② 문제 해결

해결하는 동안 보기가 자동으로 업데이트됩니다.

해석은 cycle 591, Time 0.3003에 종료되고 explosive_demolition_591.ad을 마지막으로 저장하였다.

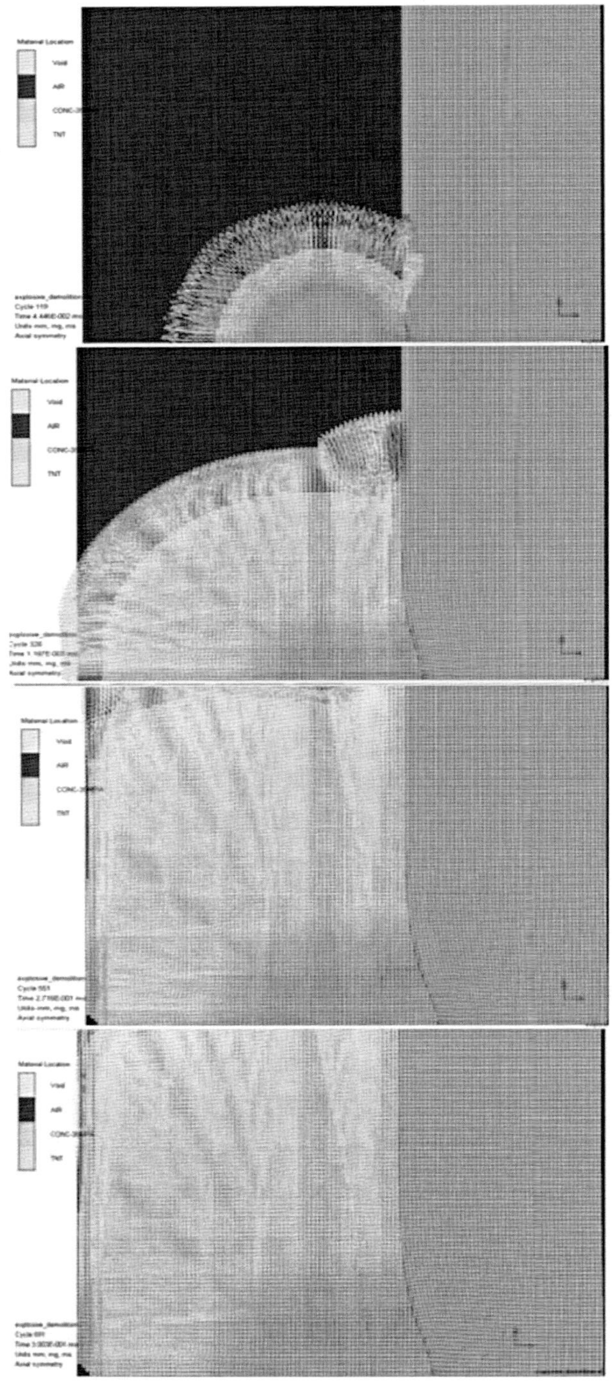

(17) 해석결과 분석

① 플롯 설정 로드 변경하기

Plot Setting file을 불러온다 : explosive_demolition.set

※ Plots에서 Fill type을 Contour, Additional Components를 Legend, Scale을 선택하면 동일한 화면을 볼 수 있다.

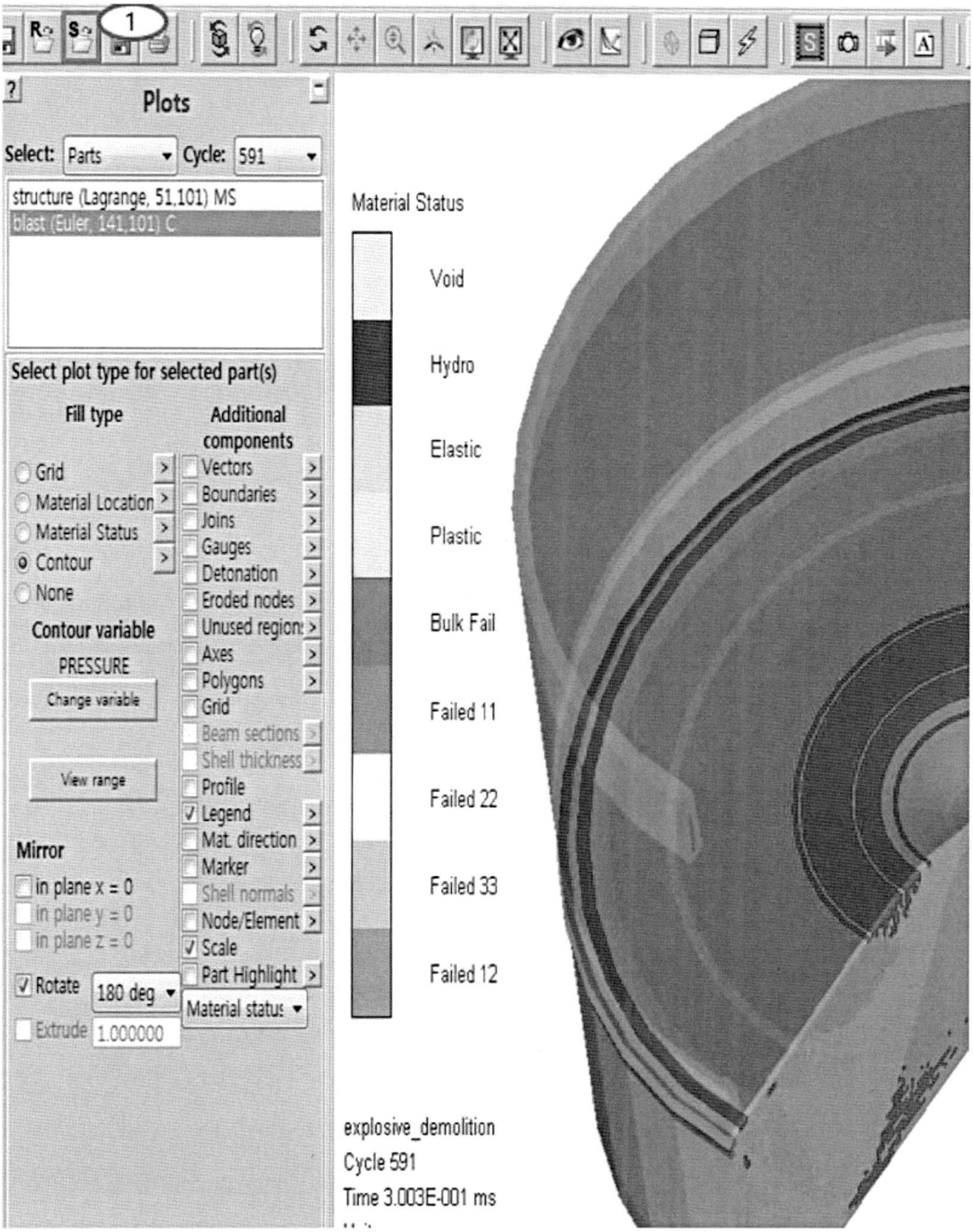

② 콘크리트 물성변화에 따른 파괴 현황 추이 비교

ⓐ CONC-35MPa의 물성에서 Erosion을 Geometric Strain을 2.0로 변경했을 때의 재료의 파손 추이는 다음과 같다.

**Material Summary ( Ident 0 - explosive_demoliation )**

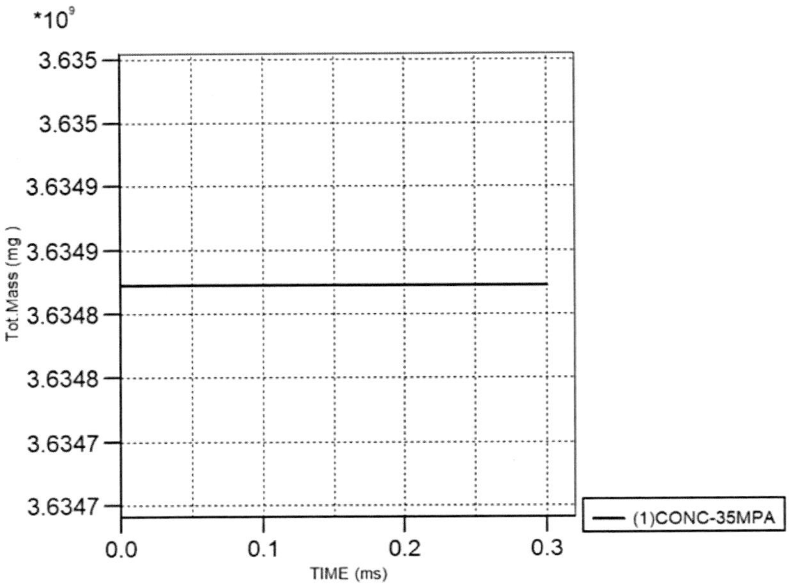


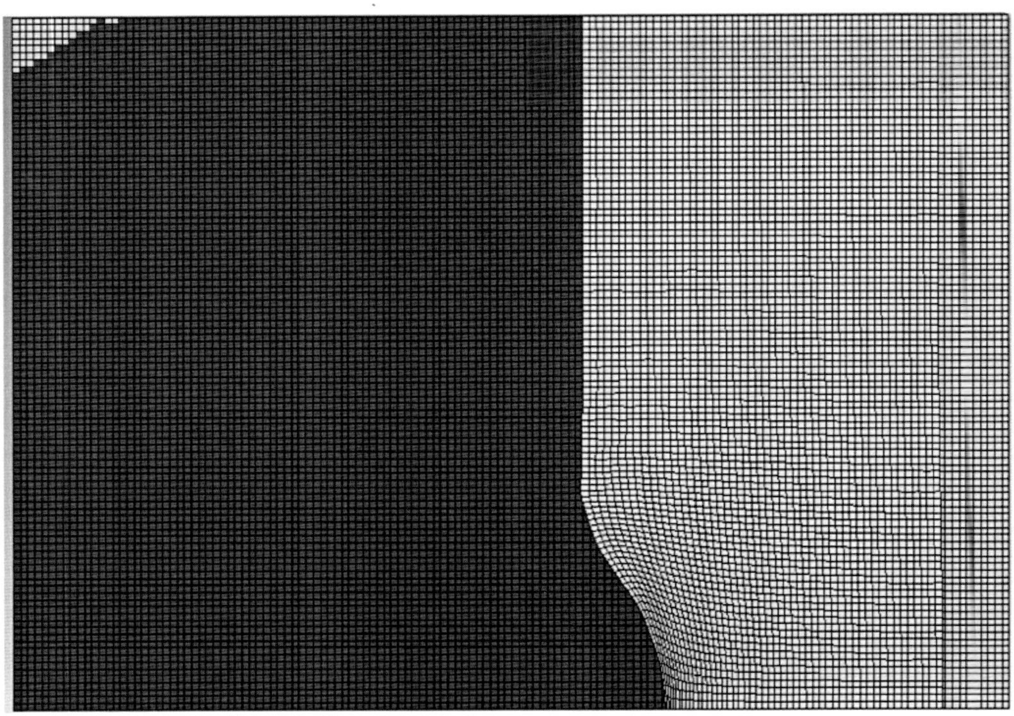

ⓑ CONC-35MPa의 물성에서 Erosion을 Geometric Strain을 0.5로 변경했을 때의 재료의 파손 추이는 다음과 같다.

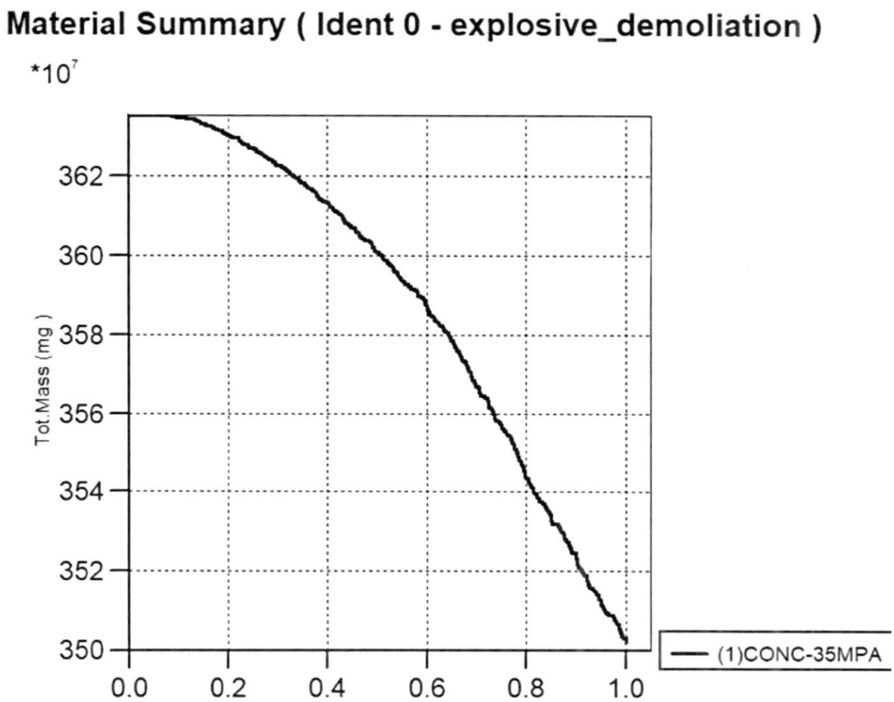


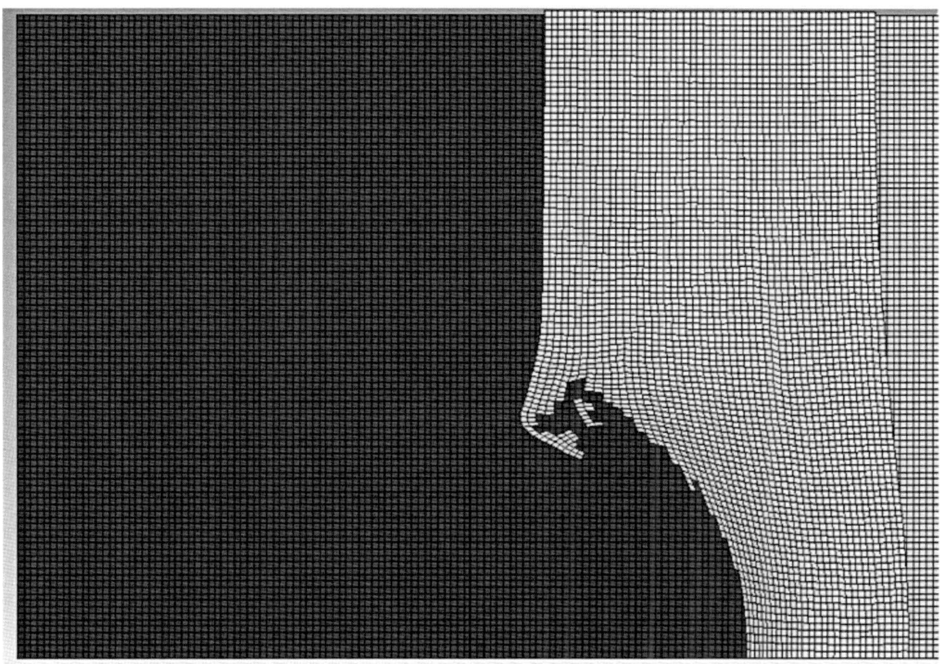

# 모듈 5. Concrete Ground Explosion 7)

1) 구조 계획

① 모듈의 목표

- 오일러 솔버 적용 사례
- 강철 타겟에 충돌하는 초고속 구리 제트 모델링.

② 해석 절차 :

- AUTODYN을 단독으로 시작한다.
- 2D 축 대칭을 사용하여 문제를 설정한다.
- 문제를 해결한다.
- 결과를 확인한다.
- 결과의 애니메이션을 만든다.

③ 모델링 개요 (단위 : mm)

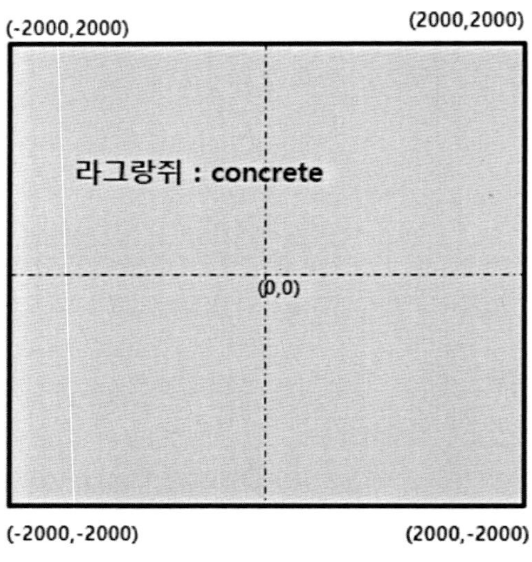


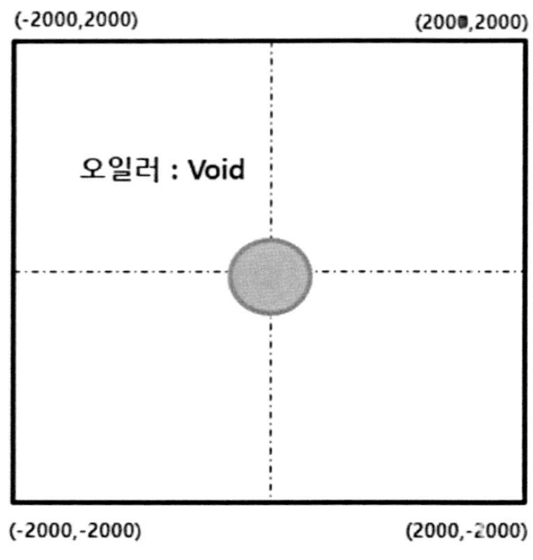


그림에 표시된 Euler 문제를 설정합니다.
왼쪽 가장자리에서 구리의 연속 제트를 공급하려면 흐름 경계가 필요합니다.

---

7) 폭발 위치가 터널 파쇄영역에 미치는 영향에 관한 연구. 수원대학교 토목공학과. 김도형. 2011년12월

전송 경계는 모델에서 파동을 전파하는 데 사용됩니다.
350사이클에서 문제를 마무리하고 10사이클마다 저장 파일을 만듭니다.
생성된 저장 파일을 사용하여 결과의 간단한 슬라이드쇼를 만듭니다. (재료 위치 플롯, 속도 벡터 플롯 등)

2) 구조해석

[1] AUTODYN 실행

(1) Start > AUTODYN 시작
AUTODYN stand alone을 시작한다. (autodyn·exe를 더블 클릭하십시오)

> C: \Program Files \ANSYS Inc\v161 \aisol\AUTODYN \winx64 \autodyn.exe

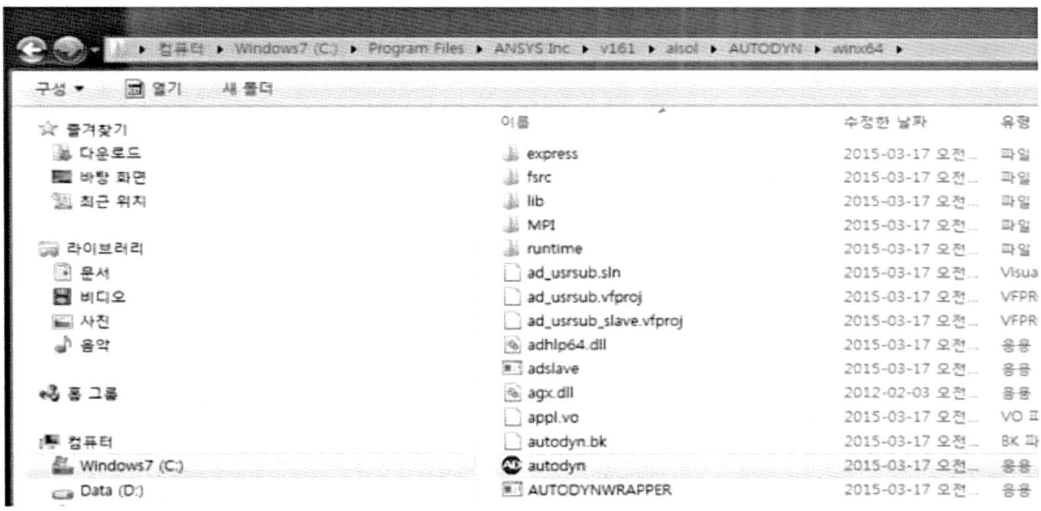


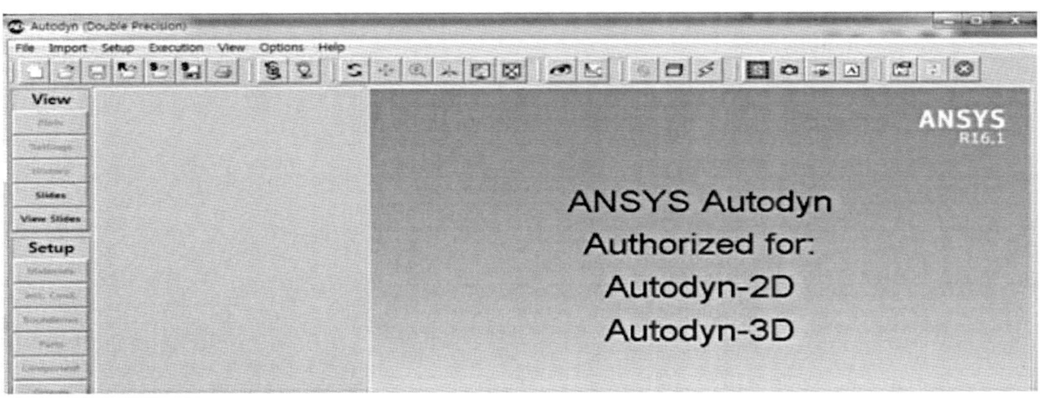

(2) Start > 프로젝트 시작

① 새로운 프로젝트 시작
② 찾아보기 프로젝트 폴더
③ Ident를 입력하십시오. : 2D fragment Impact 및 설명
④ 선택 2D 축 대칭설정

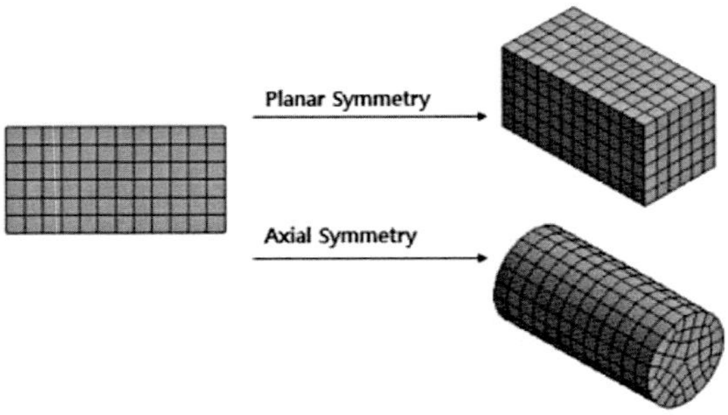


⑤ 단위의 기본 설정 유지
⑥ 선택을 클릭한다.

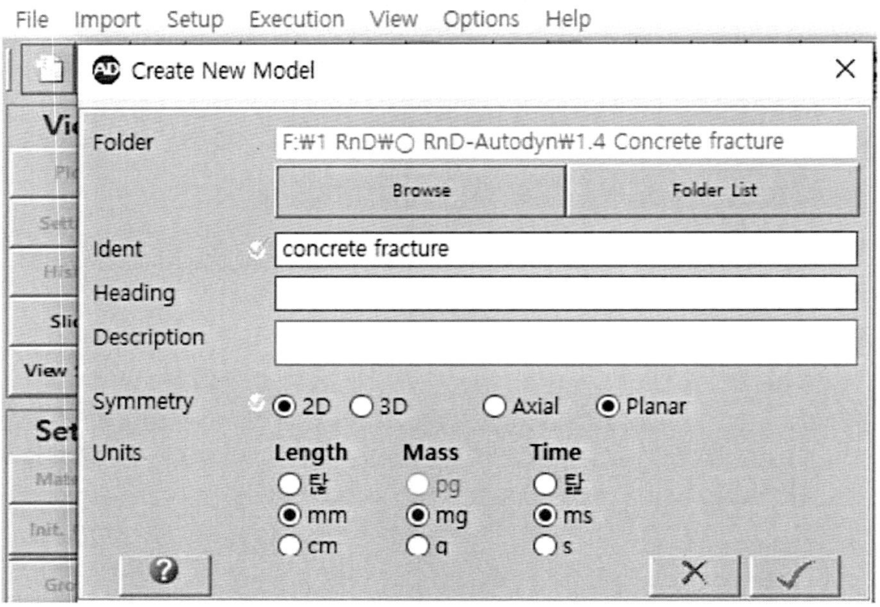

(3) Material > 재료 검색

(3.1) 라이브러리에서 재료 데이터 검색

① 메뉴에서 "Material" 를 클릭하고 "Load"로 재료 데이터를 불러온다

② 라이브러리에서 다음 자료를 선택한다. :

TNT, CONC-35MPA

③ 데이터를 선택 확인한다.

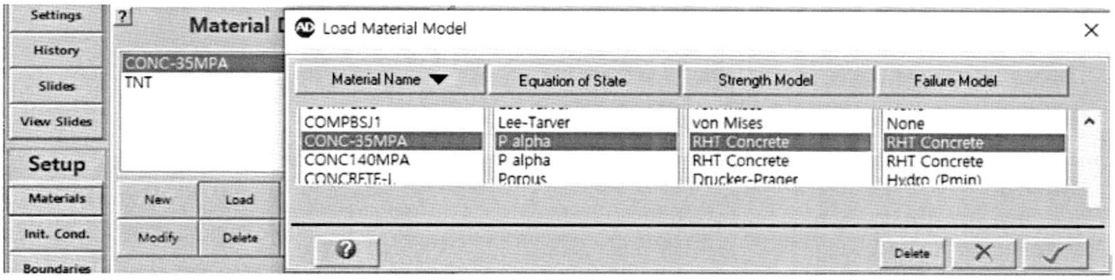


(3.2) 재료 모델의 성분을 개선한다.

각각의 재료에 Erosion을 2로 설정한다.

이 물성을 설정해야 재료가 파손되고, 메쉬가 끊어지게 된다.

① 개선할 대상을 선택한다.

② Modify를 클릭한다

③ 파업 창에서 데이터를 수정한다. Erosion 2.0

④ 데이터를 수용한다.

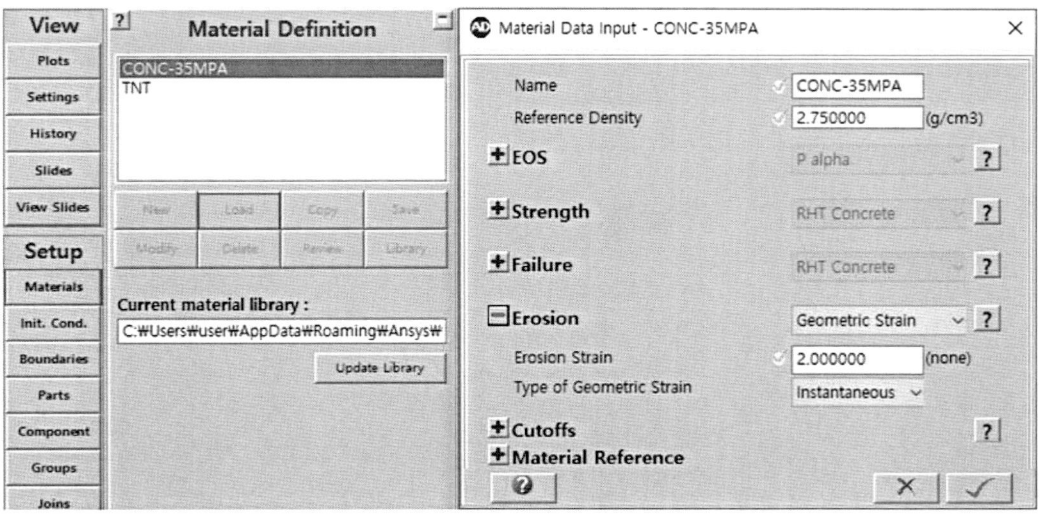


(4) 초기조건을 생성

→ 설정 내용 없음

(5) 경계조건 정의

① Boundary를 선택한다.

② 대화 상자에서 New 를 선택한다

③ Boundary Name을 기록한다 : Outflow

④ Type을 정한다 : Flow_out

sub option을 정한다 : Flow_out(Euler)

⑤ Preferred Material을 설정한다 : ALL_EQUAL

⑥ 데이터를 수용한다.

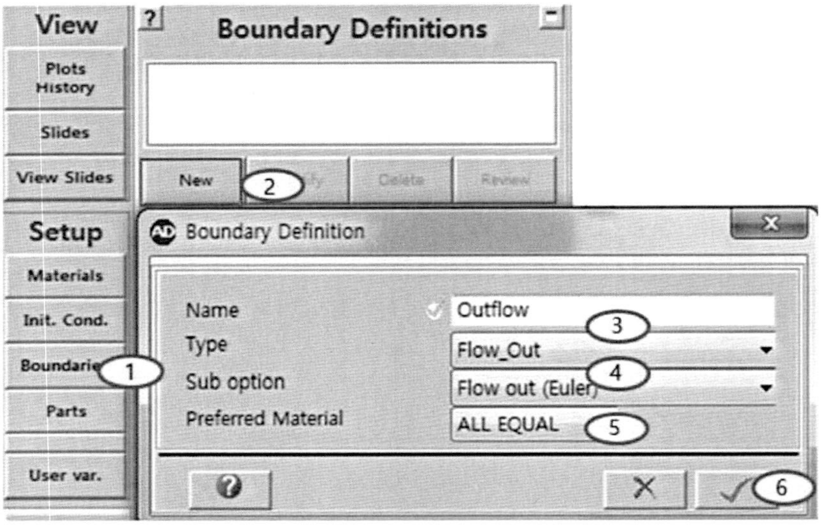

(6.1) 라그랑지 파트 생성 (concrete)

① Parts를 선택한다.

② 대화 상자에서 "New"를 선택

③ 팝업창의 Part Name을 입력한다 : conc-structure

④ Solver를 선택한다 : Lagrange

⑤ Definition을 설정하다. : Part Wized

⑥ 다음 단계로 이동

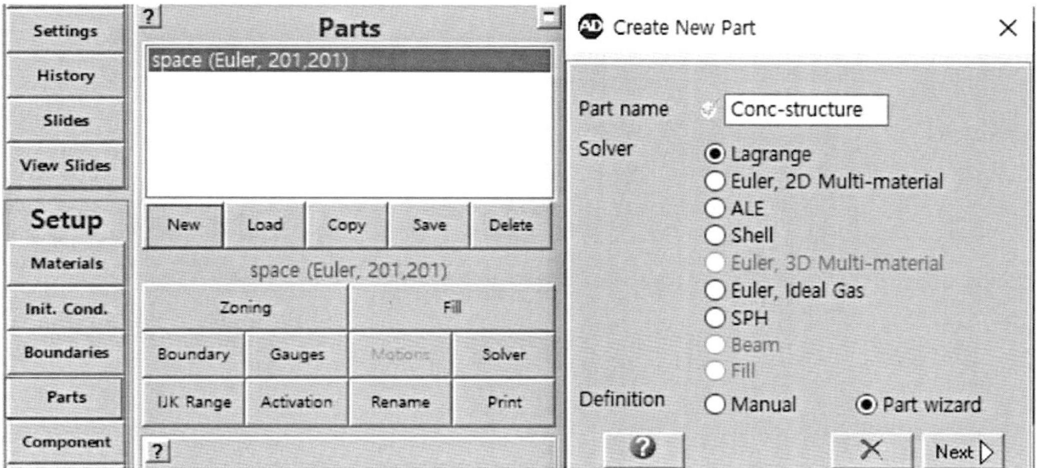


⑦ Predef를 선정한다. : Box

⑧ Geometry를 정의한다 : 원점 (-2000,2000) 폭 (4000, 4000)

⑨ 다음 단계로 이동한다.

⑩ Cell의 크기를 입력한다: I=200, J=200

⑪ 다음 단계로 이동한다.

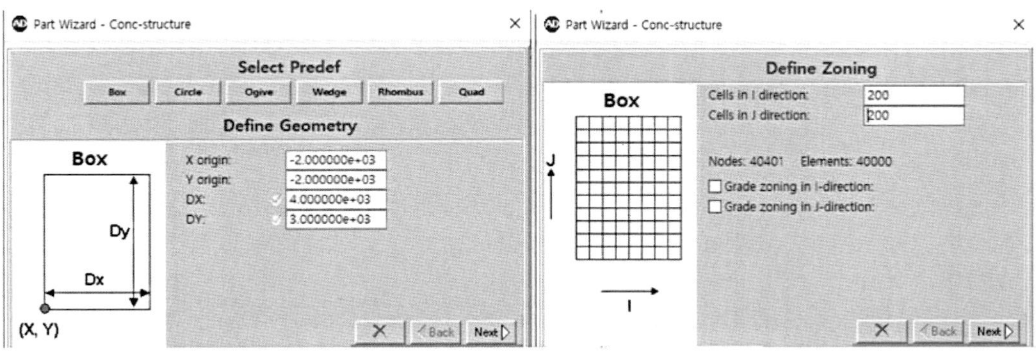

⑫ Fill Part에서 Fill with Initial Condition Set을 선택하지 않는다.
⑬ Material을 선택한다. : CONC-35MPA
⑭ 데이터를 수용한다.

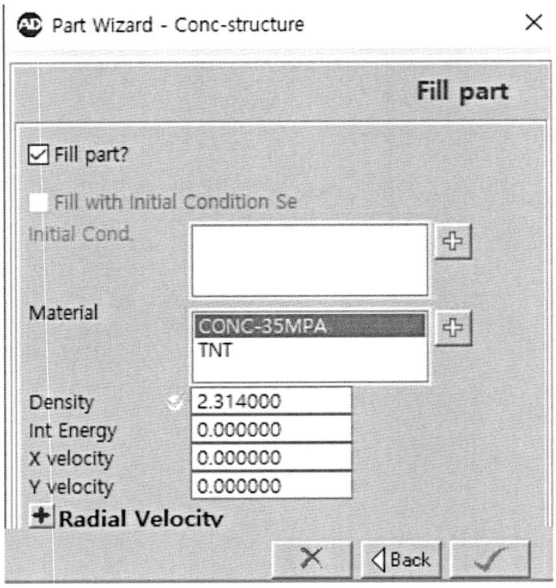


⑭ Plot 화면에서 확인한다.

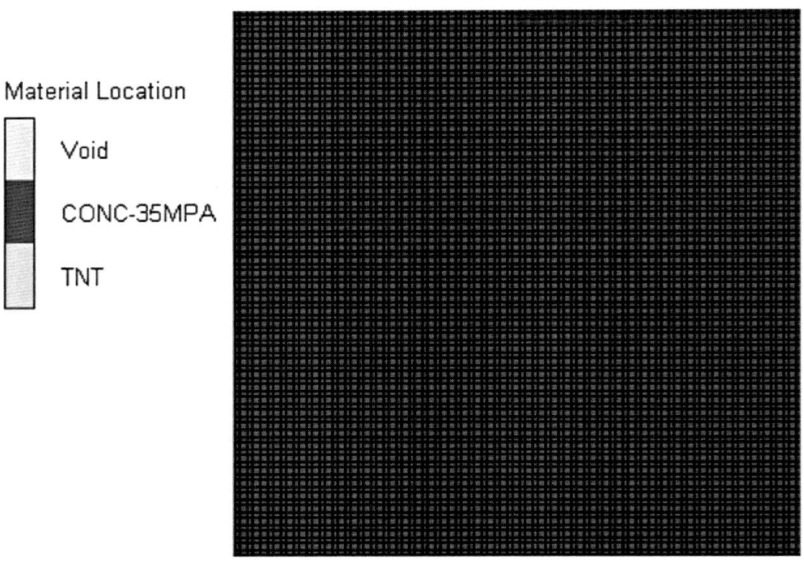

(6.2) 오일러 파트 생성 (space)

① Parts를 선택한다.

② 대화 상자에서 "New"를 선택

③ 팝업창의 Part Name을 입력한다 : space

④ Solver를 선택한다 : Euler, 2D

⑤ Definition을 설정하다. : Part Wized

⑥ 다음 단계로 이동

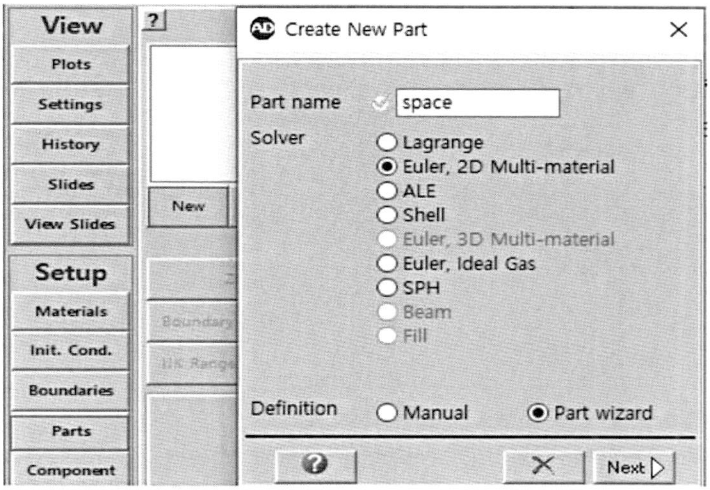


⑦ Predef를 선정한다. : Box

⑧ Geometry를 정의한다 : 원점 (-2000,2000) 폭 (4000, 4000)

⑨ 다음 단계로 이동한다.

⑩ Cell의 크기를 입력한다: I=200, J=200

⑪ 다음 단계로 이동한다.

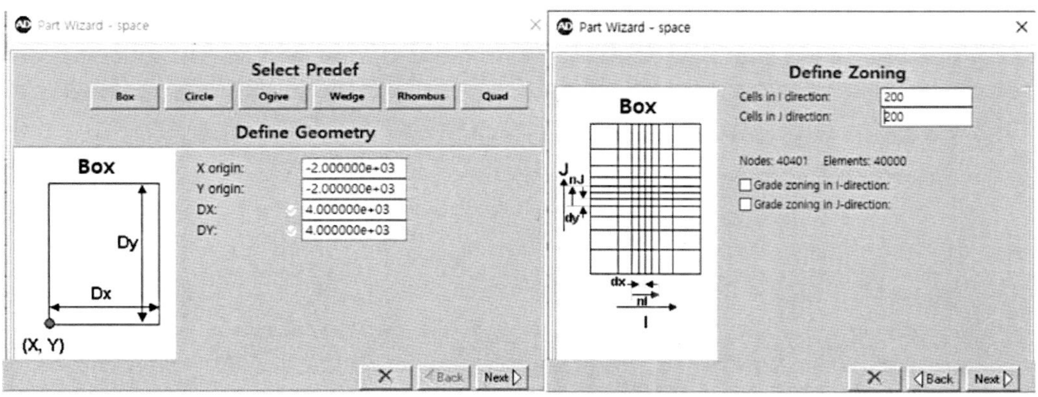

⑫ Fill Part에서 Fill with Initial Condition Set을 선택하지 않는다.
⑬ Material을 선택한다. : Void
⑭ 데이터를 수용한다.

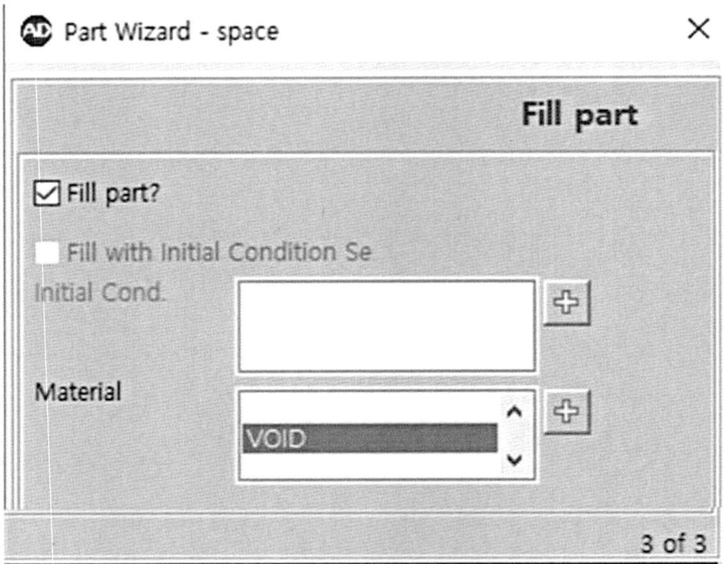


⑭ Plot 화면에서 확인한다.

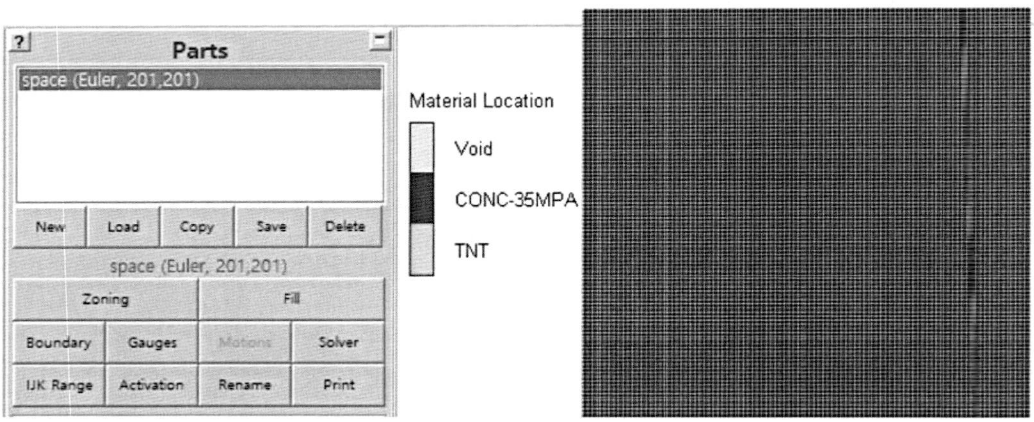

(6.3) 파트에 다른 재료(TNT) 채우기

① 탐색 표시 줄에서 "부품"을 선택하십시오.

② 채우기(Fill) 선택한다.

③ Fill by Geometry space를 선택한다 : Ellipse

④ 팝업 메뉴에서 Fil Ellipse을 정의한다 :

⑤ 초기조건을 설정한다. : 설정하지 않음.

⑥ 재질(Material)을 설정한다 : TNT

⑦ 데이터 수용한다.

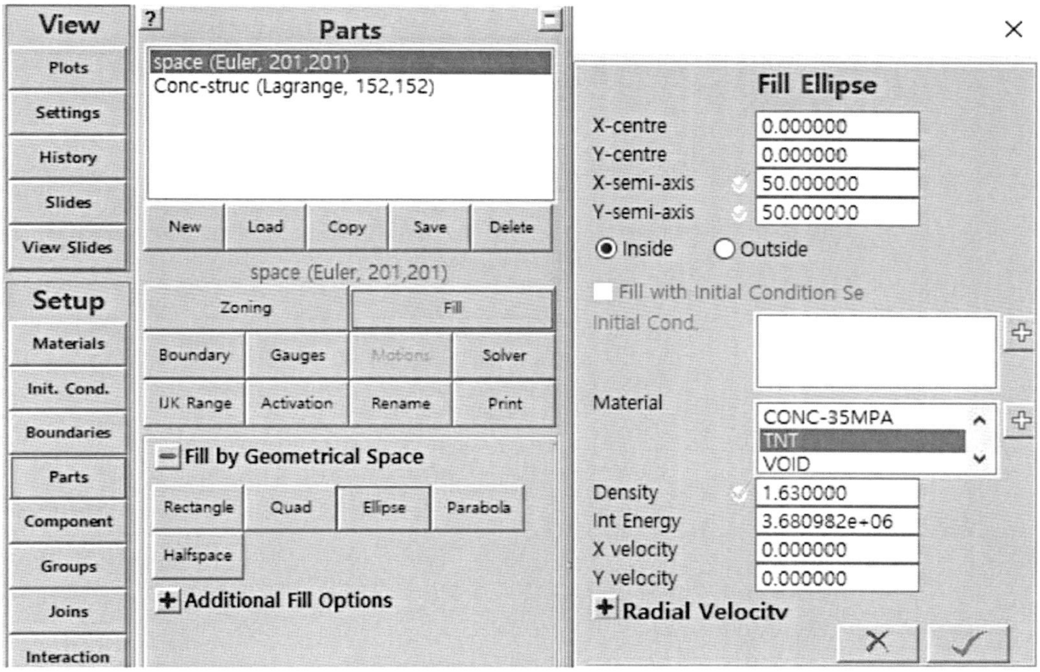

⑧ 설정 결과 확인

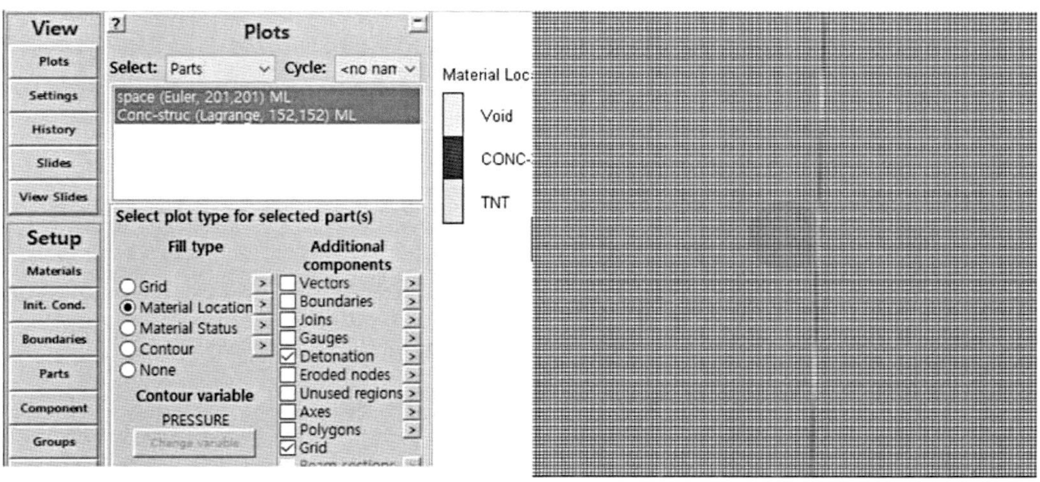

(6.4) 경계조건 설정

① 네비게이션 바에서 “Parts"를 클릭하고 Part를 선택한다. : space

② “Boundary"를 선택하십시오

③ Apply Boundary에서 I Line 선택

데이터 입력 : I =1, J = 1~201

Boundary : Outflow

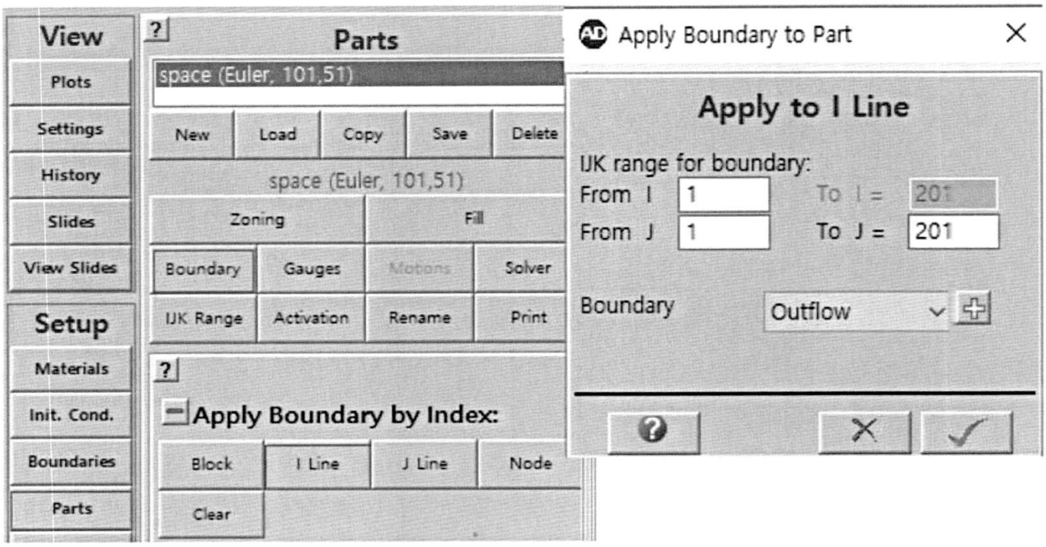


① 네비게이션 바에서 “Parts"를 클릭하고 Part를 선택한다. : space

② “Boundary"를 선택하십시오.

③ Apply Boundary에서 I Line 선택

데이터 입력 : I =201, J = 1 ~ 201

Boundary : Outflow

① 네비게이션 바에서 “Parts"를 클릭하고 Part를 선택한다. : space

② “Boundary"를 선택하십시오.

③ Apply Boundary에서 J Line 선택

데이터 입력 : I =1 ~ 201, J = 201

Boundary : Outflow

(7) Interaction

① Interaction을 클릭한다.

② Lagrange-Lagrange

③ Type을 설정한다. : External Gap

④ Calculate를 클릭한다.

AUTODYN은 계산을 해서 Gap Size를 제공한다. : 1.001

⑤ 나머지는 Default를 수용한다.

⑥ Euler-Lagrange를 클릭한다.

⑦ Type을 설정한다. : Automatic(polygon free)

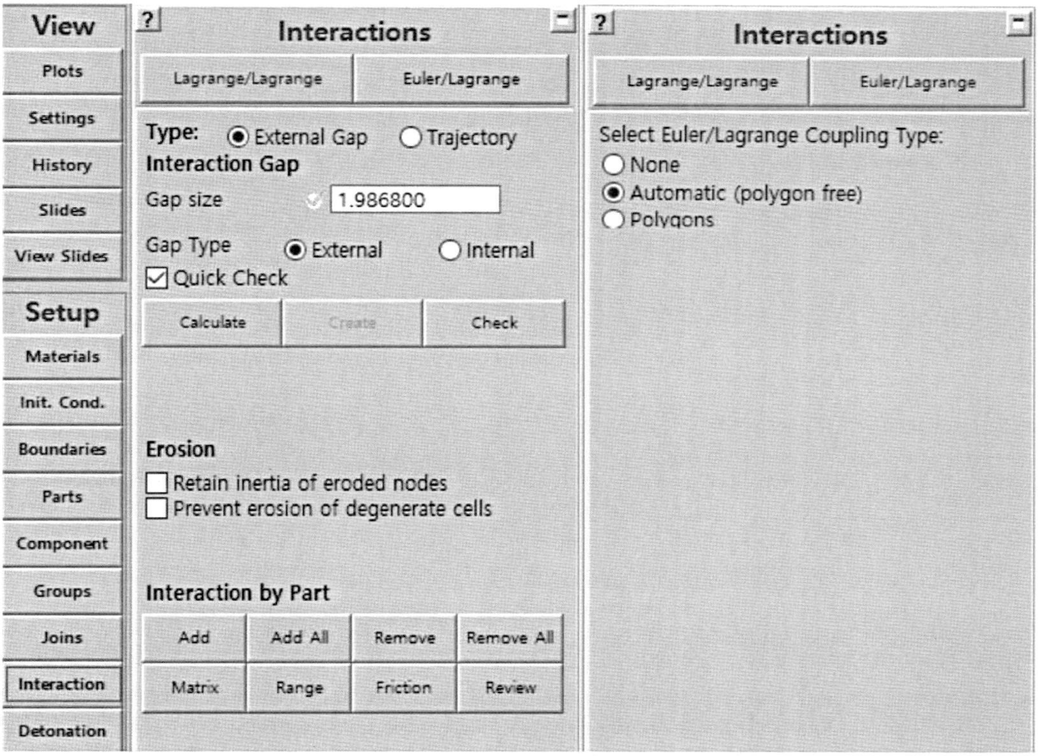

(8) Component - 설정하지 않음

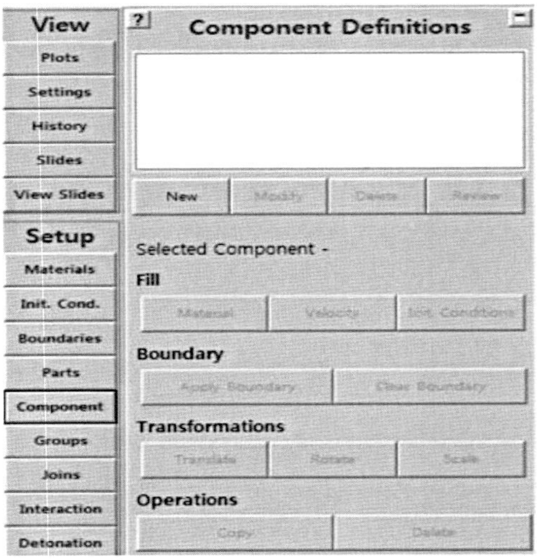


(9) Group - 설정하지 않음

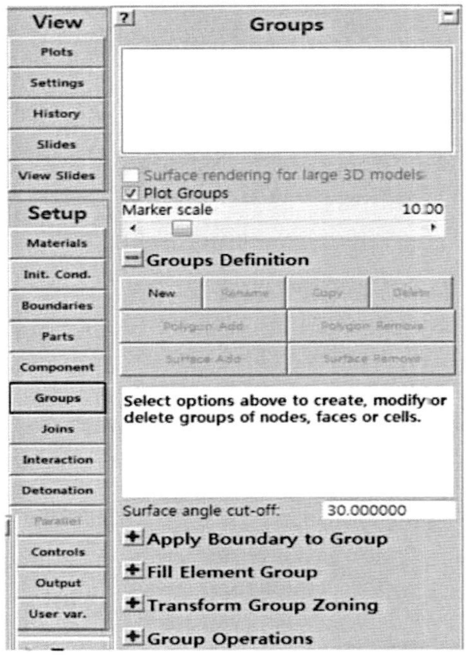


(10) Joints - 설정하지 않음.

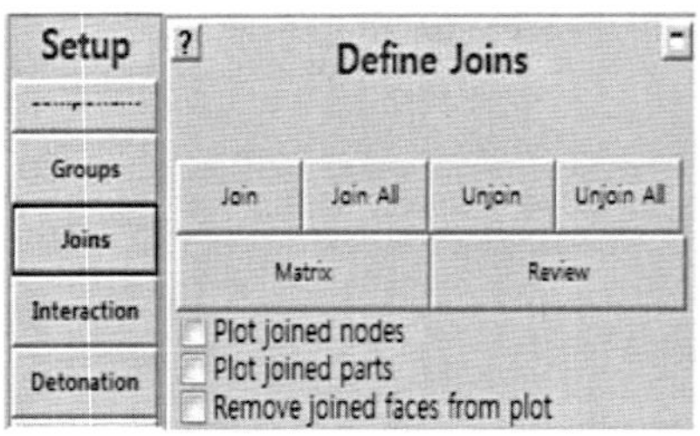


(11) Parallel-설정하지 않음.

(12) 폭발 지점 정의

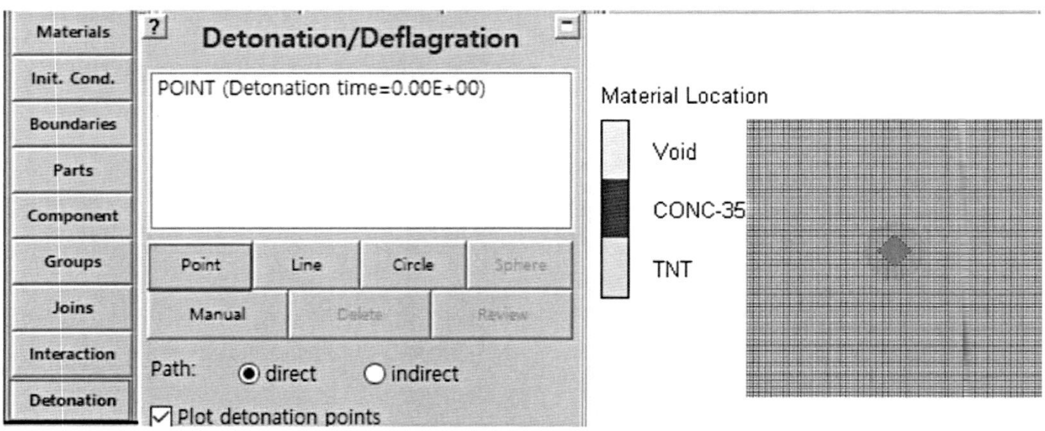

(13) 솔루션 컨트롤 설정

① 탐색 표시 줄에서 “Controls"을 선택하십시오.

② 사이클 제한에 큰 숫자를 입력하고 0.07sec 시간 제한

③ Wrapup Criteria에서

- Cycle Limit : 999999 - Time Limit : 5.0
- Energy Fraction : 0.5

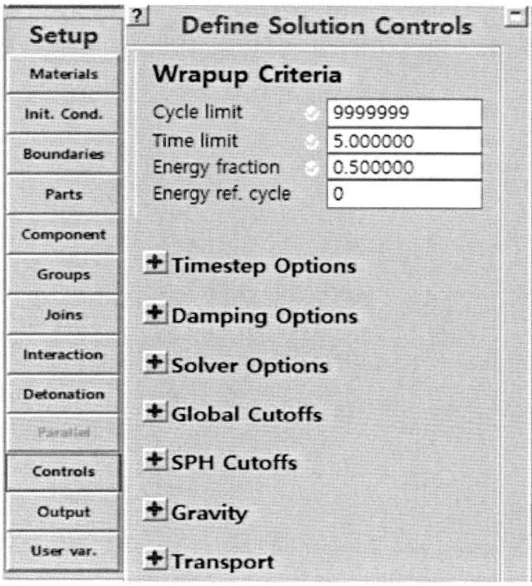


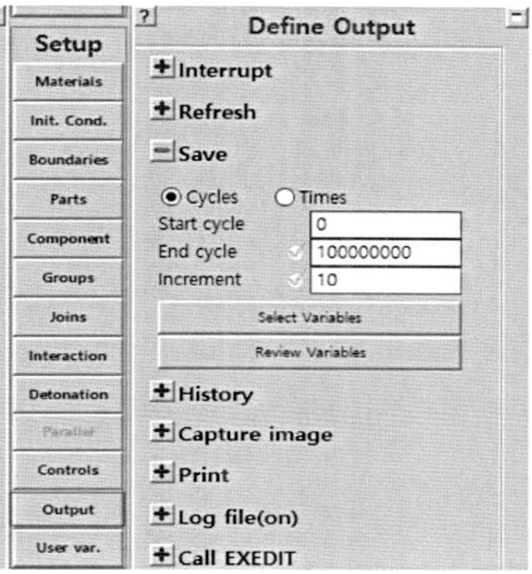


(14) 결과저장설정

① 탐색 표시 줄에서 “Output"을 선택하십시오.

② 저장 시간 설정:

- Start cycle : 0.0
- End cycle : 1e6
- Increment : 10

(15) user var. –설정하지 않음

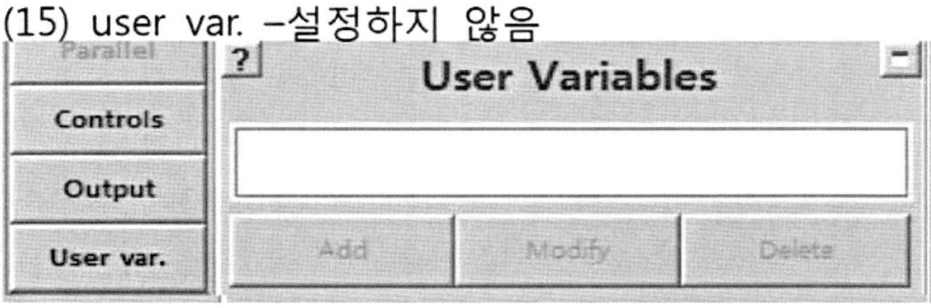

(16) 해석실행

① 데이터 저장

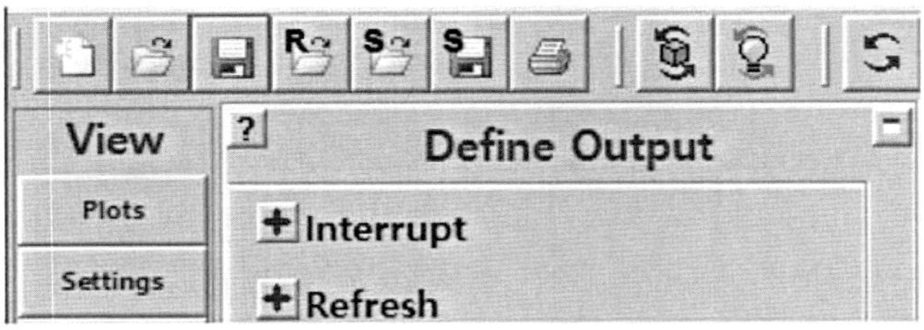


② 해석결과

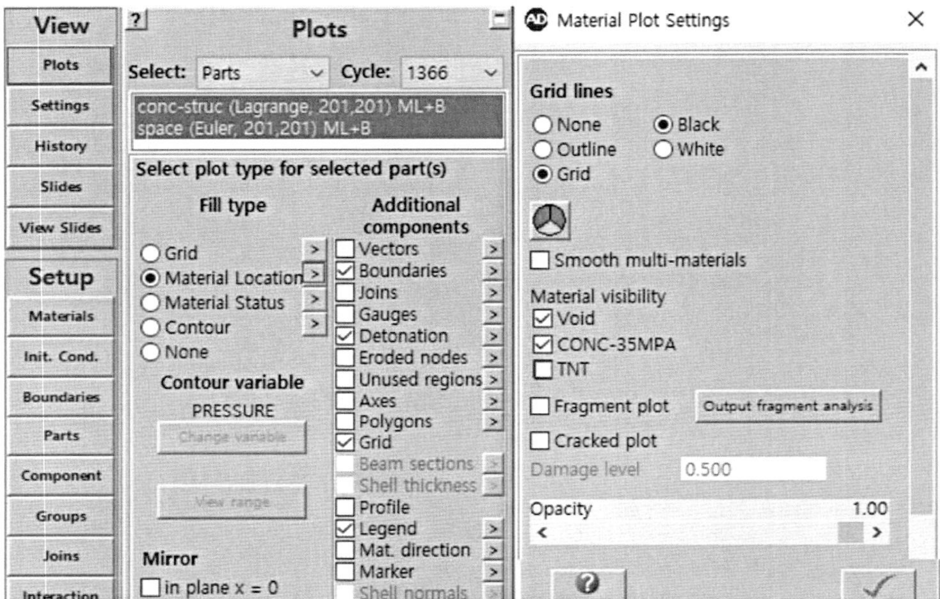


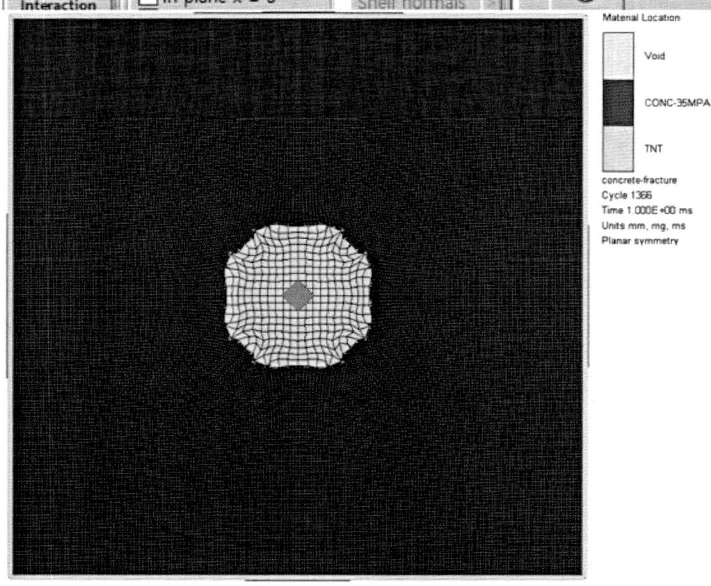

(17) 해석결과 분석

① TNT를 삭제한다. Concrete Part만 도시한다.

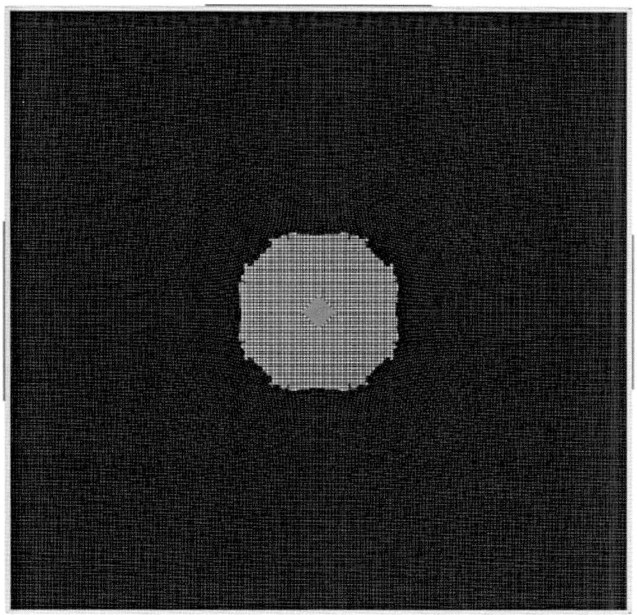

② TNT 폭발 4msec 후 상황.

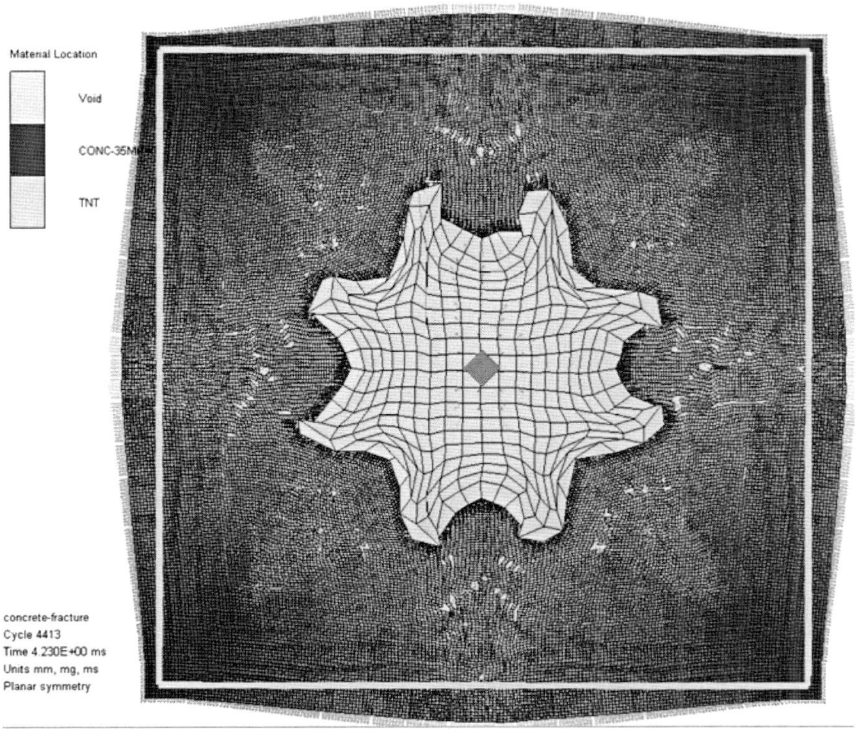

③ 시간에 따른 콘크리트량의 변화

**Material Summary ( Ident 0 - concrete-fracture )**

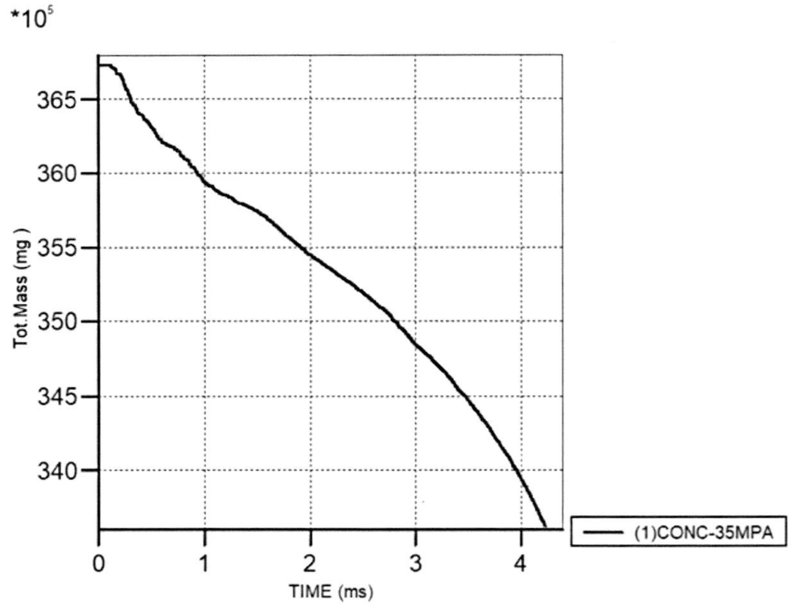


④ 해석결과를 Text file로 변환하여 데이터를 가공한다.

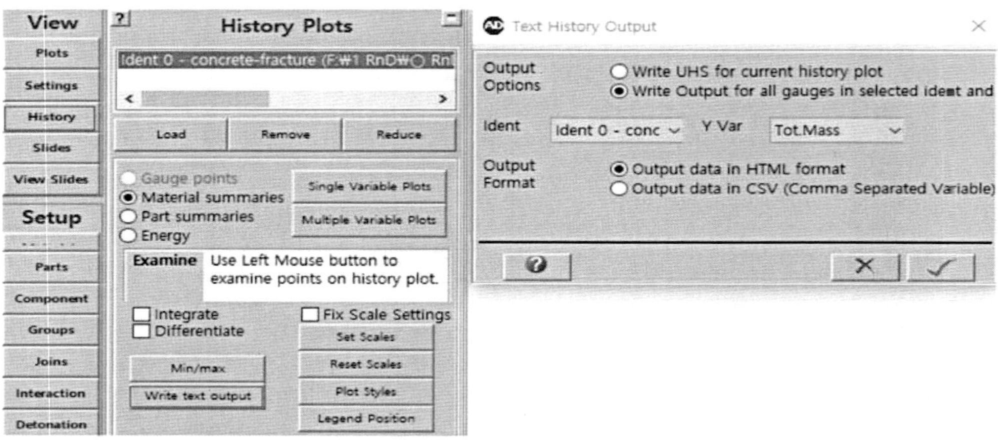


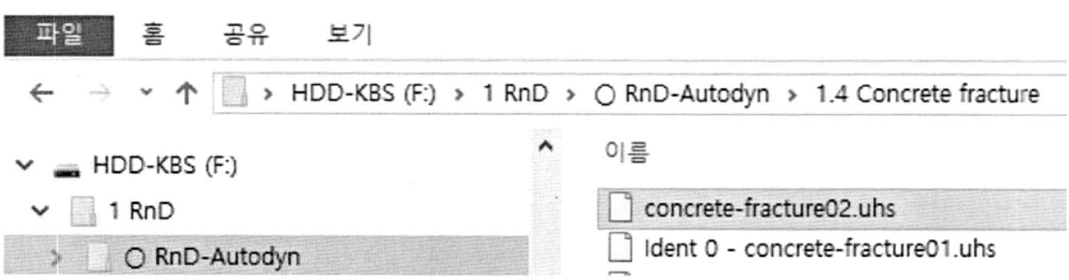

하기 엑셀 파일을 사용하여 데이터를 가공하여 필요한 정보를 만들어낸다.

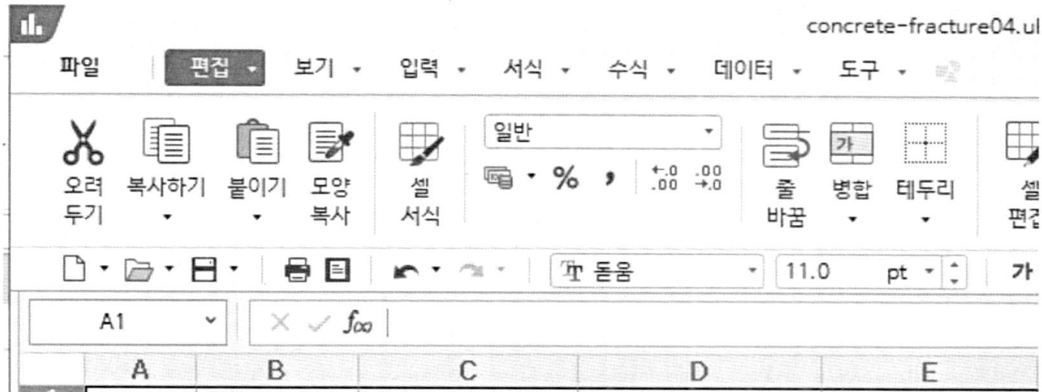


| | A | B | C | D | E |
|---|---|---|---|---|---|
| 1 | | TIME | ALL-Tot.Mass | Conc-Tot.Mass | TNT-Tot.Mass |
| 2 | 1 | 0.00E+00 | 3.69E+07 | 3.67E+07 | 2.06E+05 |
| 3 | 2 | 1.17E-03 | 3.69E+07 | 3.67E+07 | 2.06E+05 |
| 4 | 3 | 2.45E-03 | 3.69E+07 | 3.67E+07 | 2.06E+05 |
| 5 | 4 | 3.81E-03 | 3.69E+07 | 3.67E+07 | 2.06E+05 |
| 6 | 5 | 5.16E-03 | 3.69E+07 | 3.67E+07 | 2.06E+05 |
| 7 | 6 | 6.50E-03 | 3.69E+07 | 3.67E+07 | 2.06E+05 |
| 8 | 7 | 7.82E-03 | 3.69E+07 | 3.67E+07 | 2.06E+05 |
| 9 | 8 | 9.11E-03 | 3.69E+07 | 3.67E+07 | 2.06E+05 |
| 10 | 9 | 1.04E-02 | 3.69E+07 | 3.67E+07 | 2.06E+05 |

## 모듈 6. Landmine explosion in a car 8)

1) 구조 계획 : 문제의 정의

① 모듈의 목표 :

자동차 하부에 설치된 지뢰의 폭발이 자동차에 미치는 영향을 해석한다.

② 해석 절차 :

○ Material 설정 : AIR, TNT, WATER (Explicit Dynamic Data)

○ Boundary condition : Outflow Euler boundary

○ Detonation : (0, 150)

○ Simulation : wrapup criteria : 1000 cycles

Output : 50 cycles

○ Wrapup Criteria : Cycle limit 2000, Time limit 2.0

Energy Fraction 0.1

○ Output의 Save Time : start time 0.0, End time 2.0 Increments : 0.4

③ 모델링 개요 (단위 : mm)

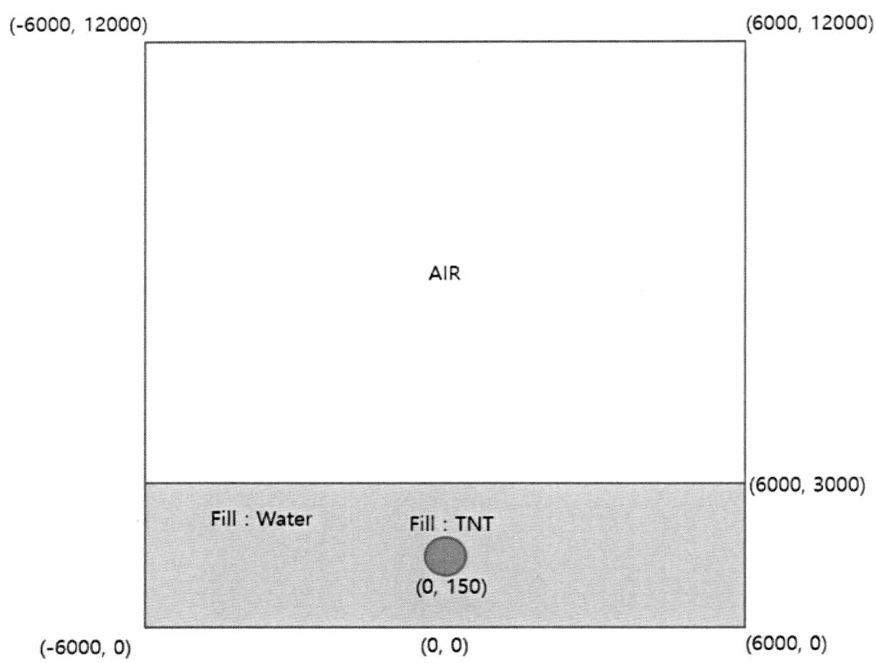


8) **ANSYS AUTODYN 1D-Wedge, workshop 11 Min Blast**

2) 구조해석

[1] Explicit Dynamics 설정

(1) Start Workbench > Explicit Dynamics 시작

① Workbench를 시작한다.

② Workbench에서 Explicit Dynamics 을 시작한다.

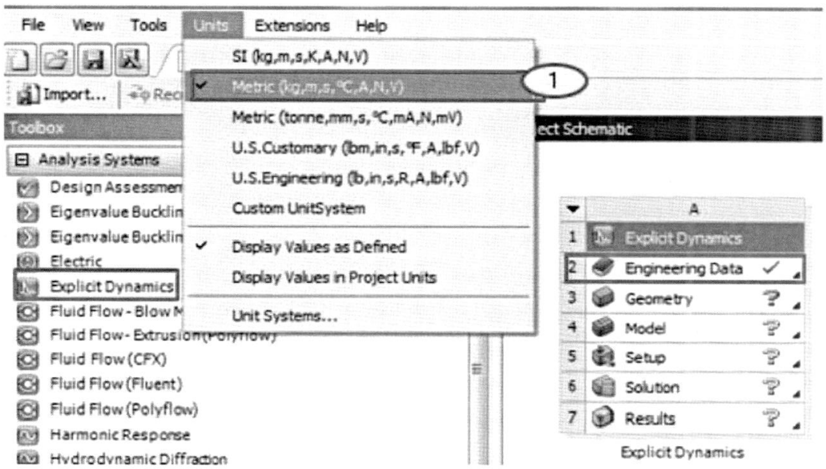


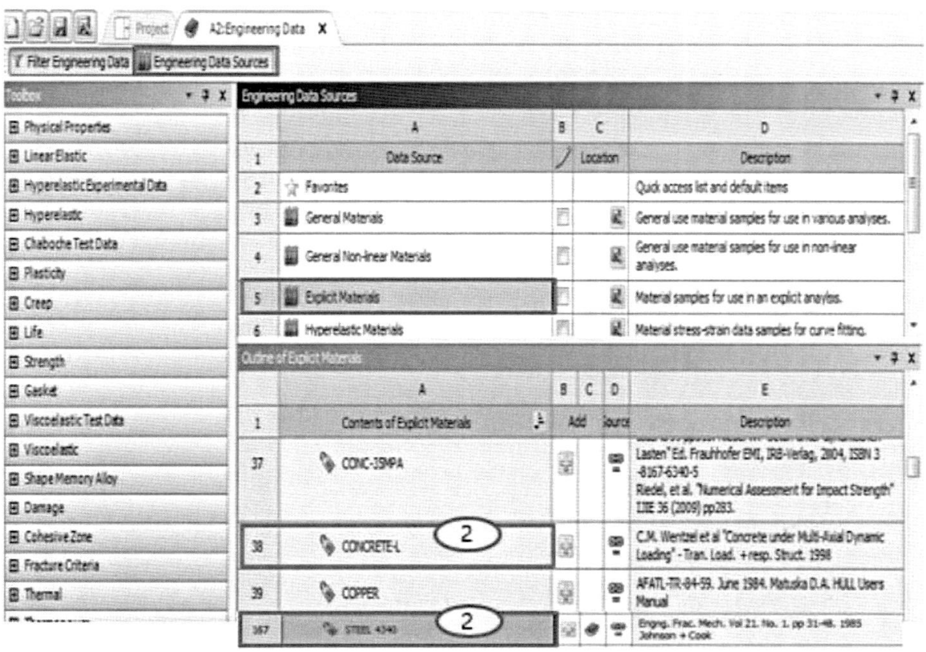

(2) 재료의 데이터 물성을 설정한다.

STEEL 4340과 CONCRETE-L를 설정한다.

① Engineering Data를 더블클릭하여 Engineering Data Source로 진입한다.

② Engineering Data Source에서 Explicit Materials Data Source이서 STEEL 4340과 CONCRETE-L를 가져온다. (Add의 +를 클릭한다.) 재료를 가져오면 Add 옆에 책 모양의 아이콘이 생성된다.

(a) STEEL 4340

Plastic Strain Failure를 추가하고 EPS를 0.05로 설정한다.

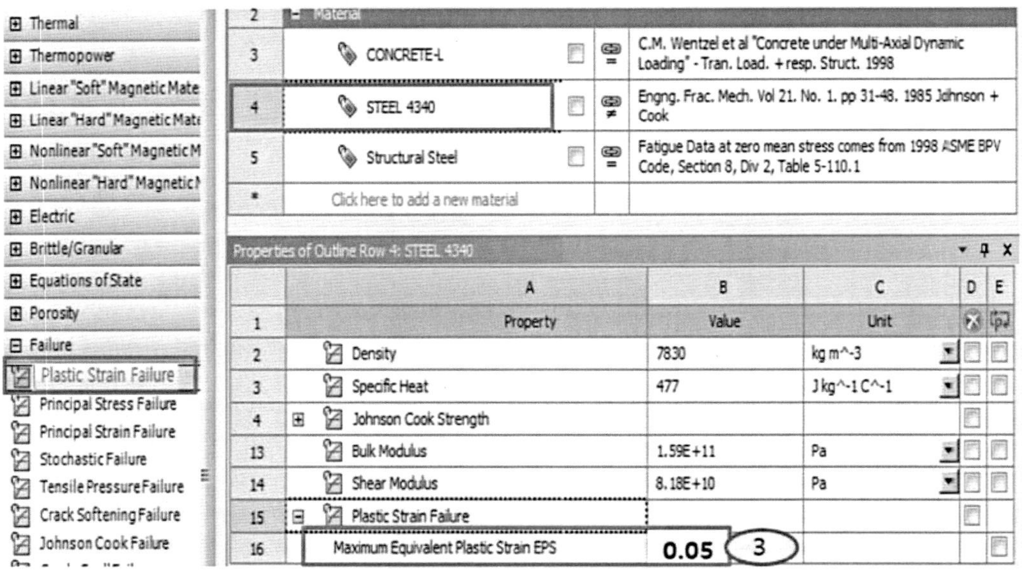


(b) CONCRETE-L

| 3 | CONCRETE-L | | Explicit_Materials.xm | C.M. Wentzel et al "Concrete under Multi-Axial Dynamic Loading" - Tran Load. + resp. Struct. 1998 |
|---|---|---|---|---|

Properties of Outline Row 3: CONCRETE-L

| | A | B | C |
|---|---|---|---|
| 1 | Property | Value | Unit |
| 2 | Material Field Variables | Table | |
| 3 | Density | 2440 | kg m^-3 |
| 4 | Drucker-Prager Strength Piecewise | Tabular | |
| 5 | Scale | 1 | |
| 6 | Offset | 0 | Pa |
| 7 | Shear Modulus | 7.88E+09 | Pa |
| 8 | Tensile Pressure Failure | | |
| 9 | Maximum Tensile Pressure | -2.5E+06 | Pa |
| 10 | Compaction EOS Linear | | |
| 11 | Solid Density | 2440 | kg m^-3 |
| 12 | Compaction Path | Tabular | |
| 13 | Scale | 1 | |
| 14 | Offset | 0 | Pa |
| 15 | Linear Unloading | Tabular | |
| 16 | Scale | 1 | |
| 17 | Offset | 0 | m s^-1 |

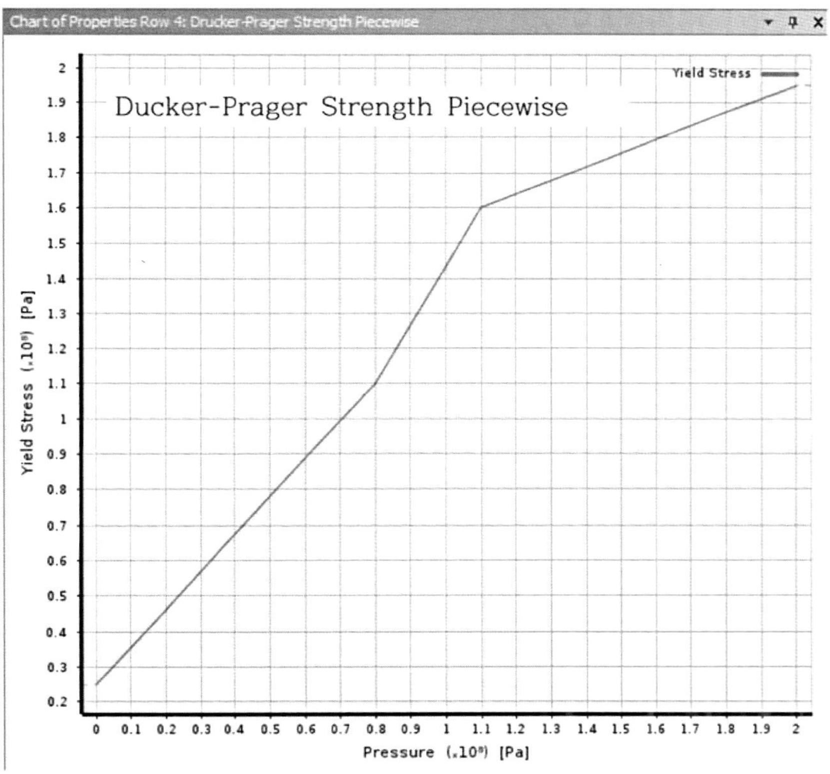

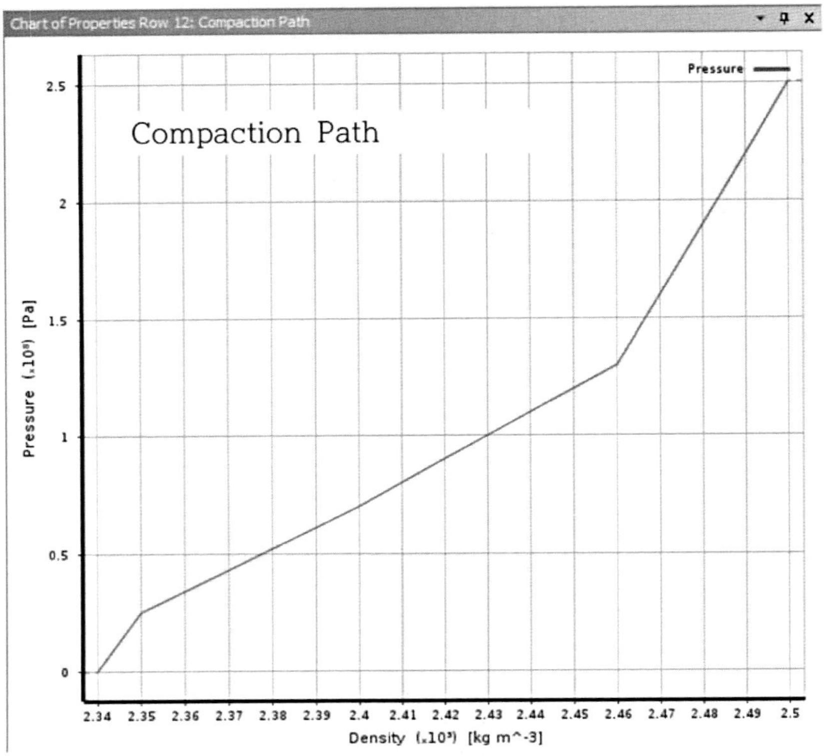
Chart of Properties Row 12: Compaction Path
Compaction Path
Pressure
Pressure (x10⁹) [Pa]
Density (x10³) [kg m^-3]

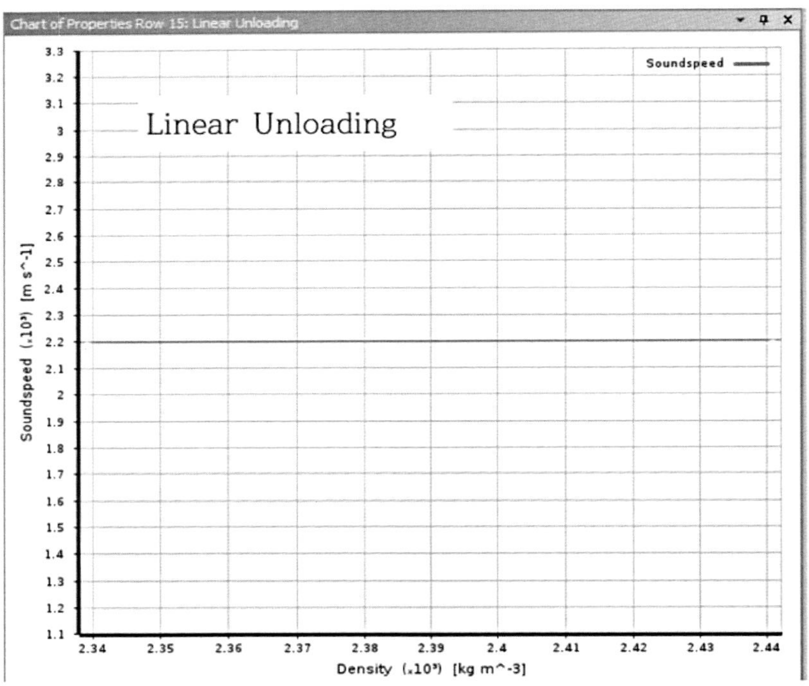
Chart of Properties Row 15: Linear Unloading
Linear Unloading
Soundspeed
Soundspeed (x10³) [m s^-1]
Density (x10³) [kg m^-3]

(3) Explicit dynamic에서 모델을 불러온다 : MinBlast.agdb

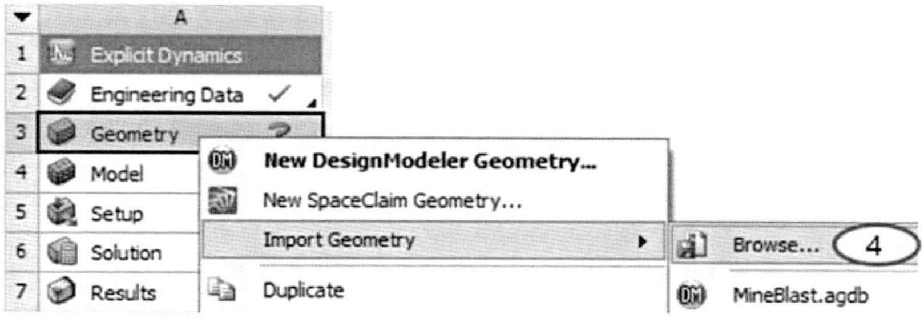


(4) Model을 실행한다.

⑤ Model을 실행한다.

⑥ Explicit dynamic의 단위를 확인한다.

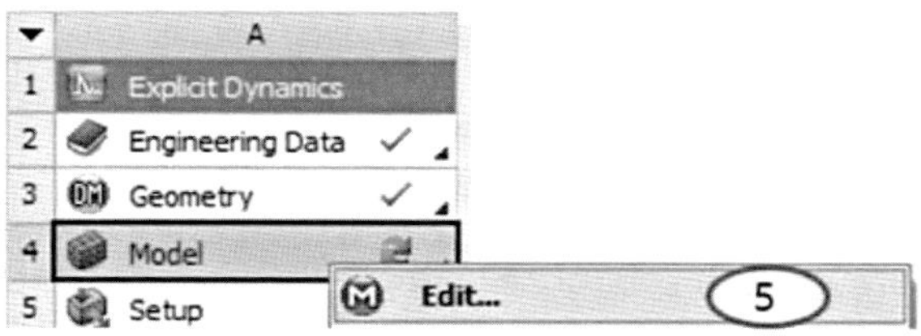


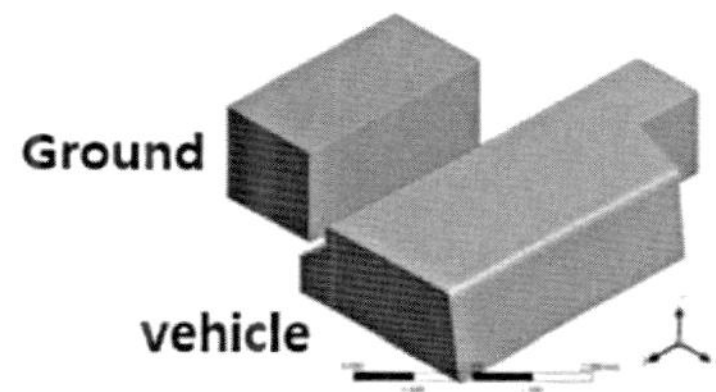


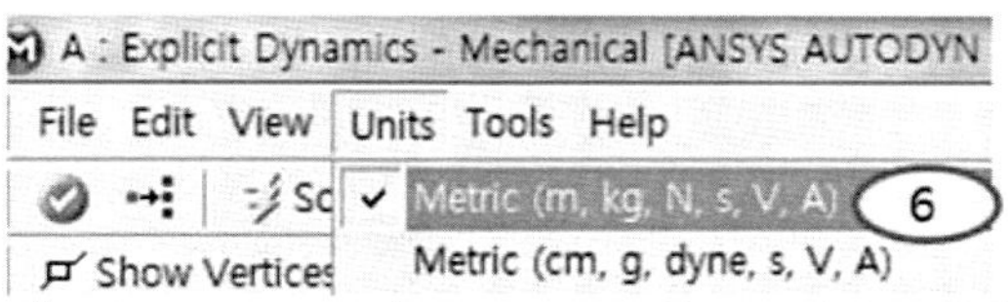


⑦ Geometry의 Vehicle에 물성을 대응시킨다. : Steel 4340

⑧ Geometry의 Ground에 물성을 대응시킨다. : CONCRETR-L

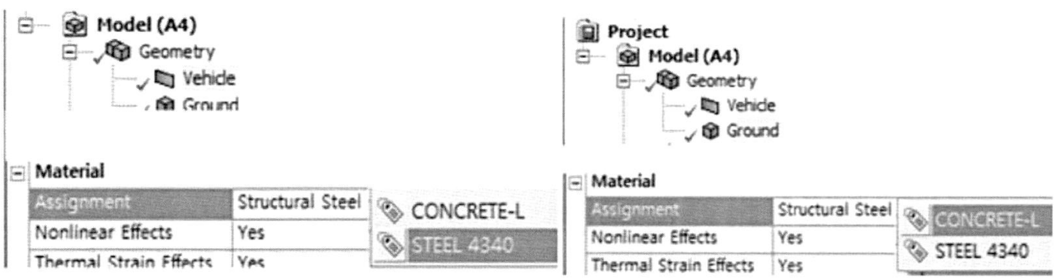

(5) 모델에 Symmetry를 적용한다.

①

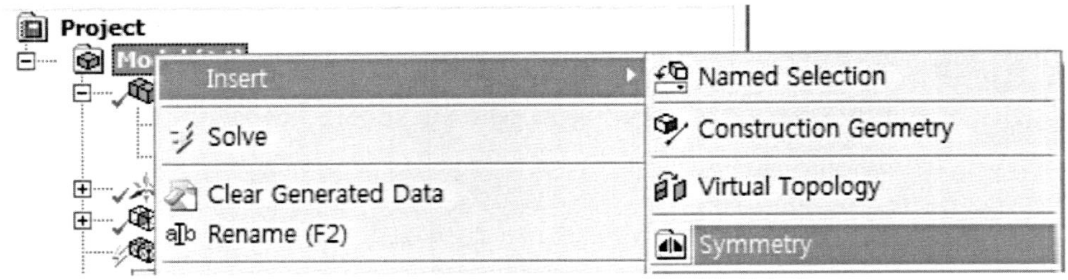


② 모델에 Symmetry Region을 설정한다.

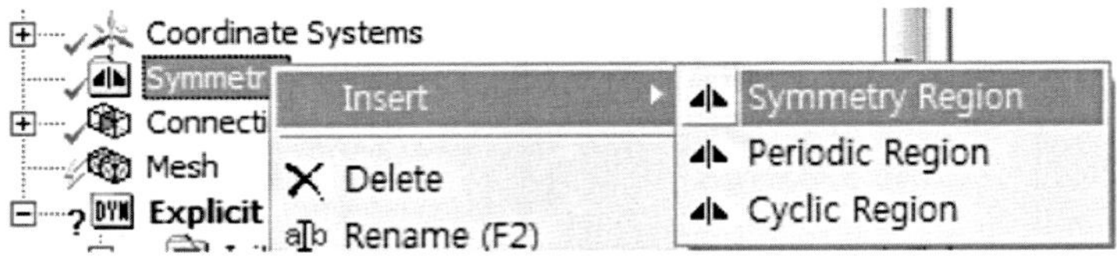


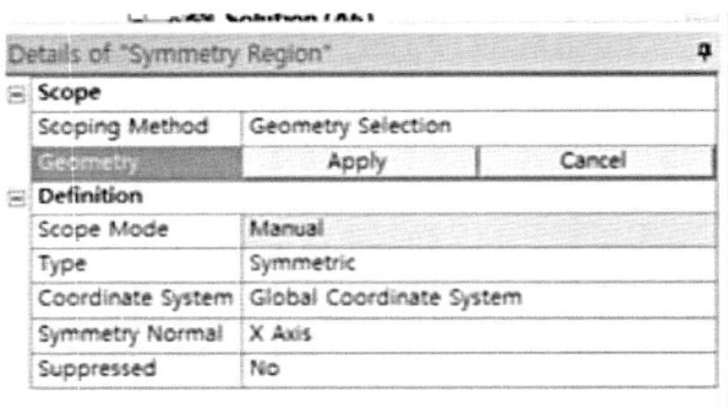

(6) Mesh를 설정한다.

① 모델의 메쉬를 설정한다 : Generate Mesh

② 모델의 메쉬를 상세히 한다.

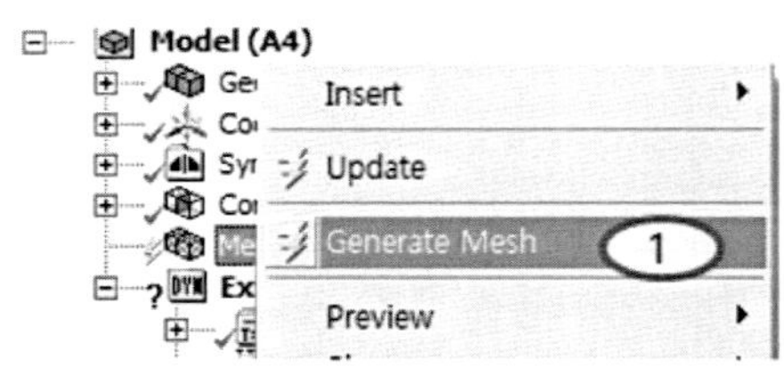


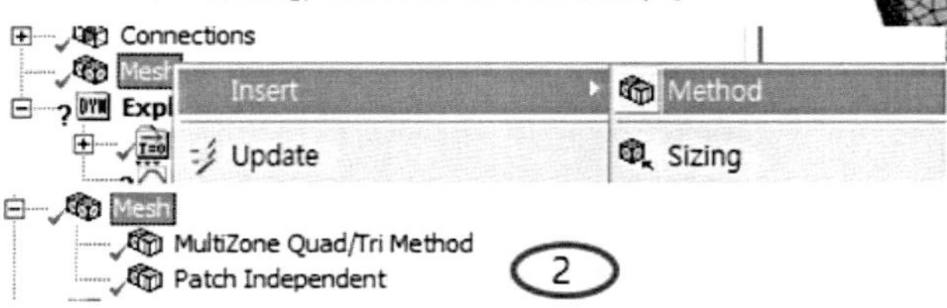


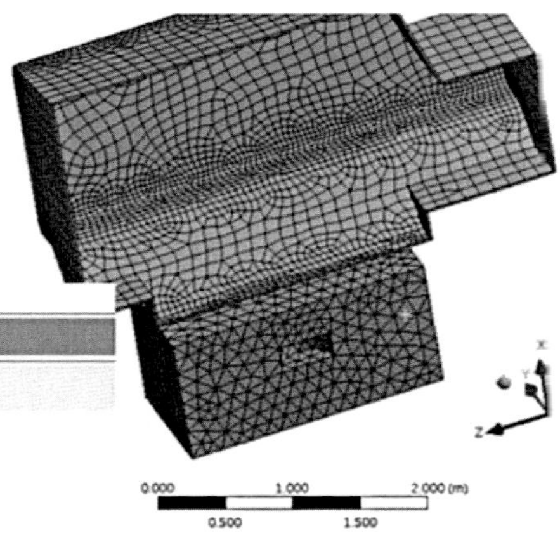

**Details of "MultiZone Quad/Tri Method" - Method**

| | |
|---|---|
| **Scope** | |
| Scoping Method | Geometry Selection |
| Geometry | 1 Body |
| **Definition** | |
| Suppressed | No |
| Method | MultiZone Quad/Tri |
| Surface Mesh Method | Program Controlled |
| Element Midside Nodes | Use Global Setting |
| Free Face Mesh Type | Quad/Tri |
| **Advanced** | |
| Preserve Boundaries | Protected |
| Mesh Based Defeaturing | On |
| Defeaturing Tolerance | 0.1 m |
| Sheet Loop Removal | No |
| Minimum Edge Length | 3.9252e-003 m |
| Write ICEM CFD Files | No |

**Details of "Patch Independent" - Method**

| | |
|---|---|
| **Scope** | |
| Scoping Method | Geometry Selection |
| Geometry | 1 Body |
| **Definition** | |
| Suppressed | No |
| Method | Tetrahedrons |
| Algorithm | Patch Independent |
| Element Midside Nodes | Use Global Setting |
| **Advanced** | |
| Defined By | Max Element Size |
| Max Element Size | 0.1 m |
| Feature Angle | 30.0 ° |
| Mesh Based Defeaturing | Off |
| Refinement | Proximity and Curvature |
| Min Size Limit | Default |
| Num Cells Across Gap | Default |

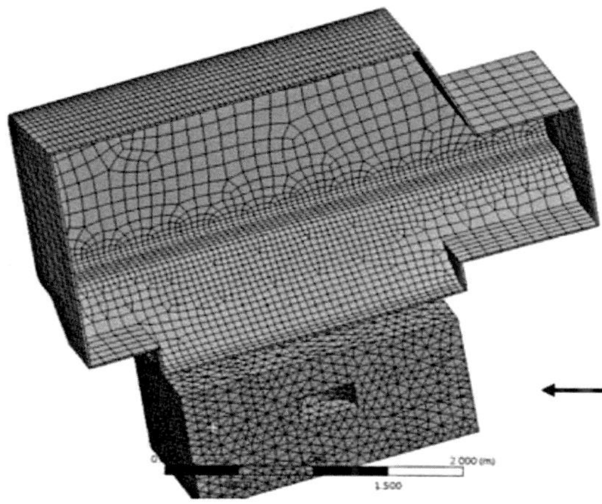

(7) 초기 조건을 설정한다.

① 초기 조건을 정의한다 : velocity를 1m/sec으로 설정한다.

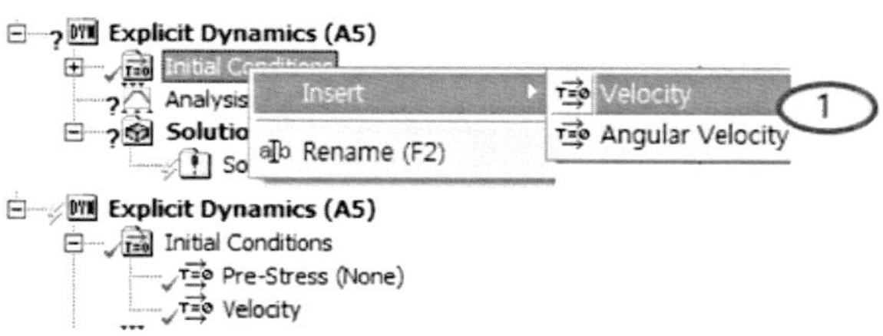


**Details of "Velocity"**

| | |
|---|---|
| **Scope** | |
| Scoping Method | Geometry Selection |
| Geometry | 1 Body |
| **Definition** | |
| Input Type | Velocity |
| Define By | Components |
| Coordinate System | Global Coordinate System |
| X Component | 1. m/s |
| Y Component | 0. m/s |
| Z Component | 0. m/s |
| Suppressed | No |

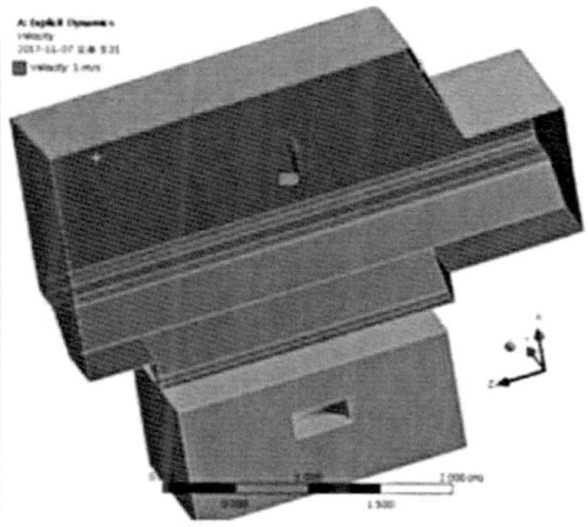

(8) Analysis를 설정한다.

① End Time을 0.002로 설정한다.

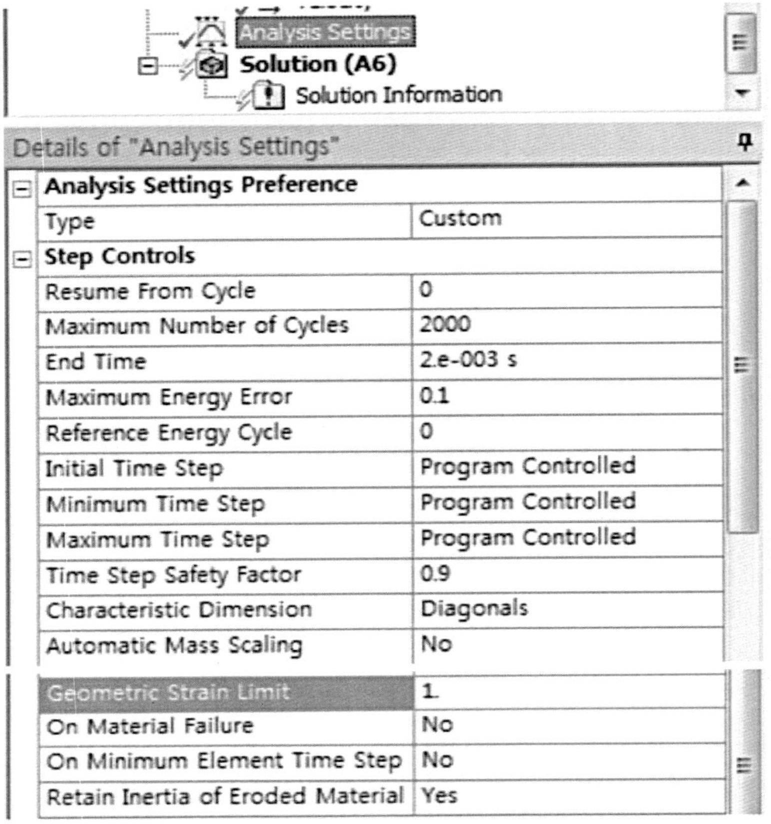


② 설정을 저장한다.

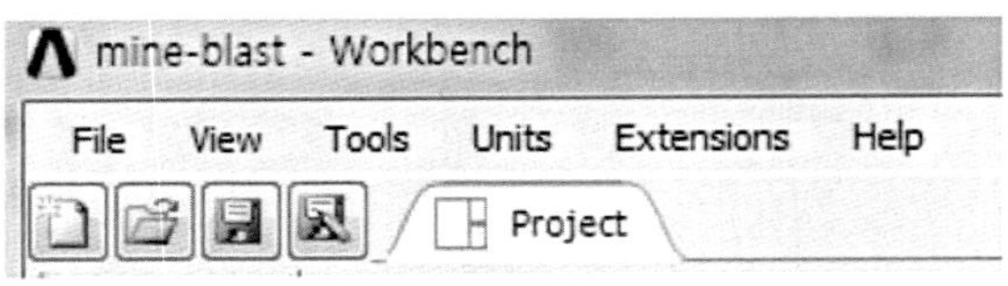

## [2] Autodyn 설정

(1) Autodyn과  Explicit Dynamic를 연결하기

① Workbench에서 Autodyn을 더블 클릭한다.

② Explicit Dynamic의 Setup을 드래그하여 Autodyn에 올려놓아 데이터를 연결시킨다

③ Autodyn의 Setup을 update를 수행한다.

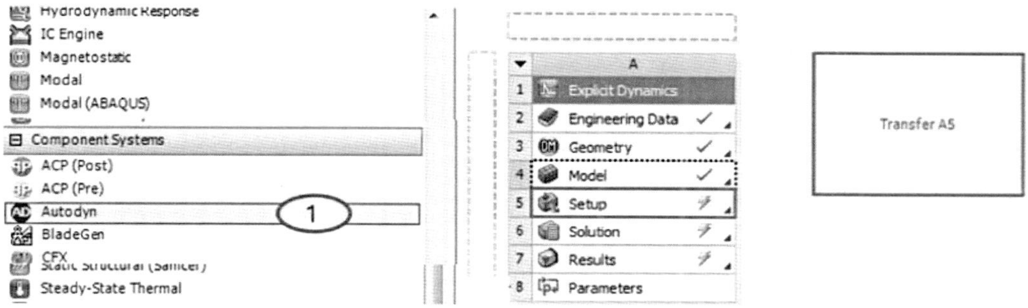


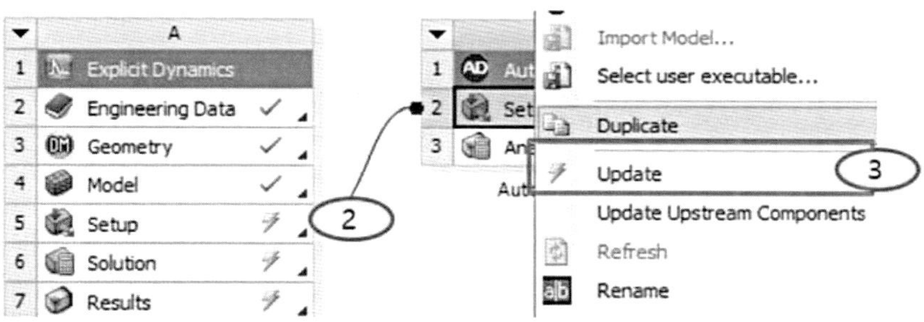


④ Autodyn에서 다음과 같은 모델이 나타난다.

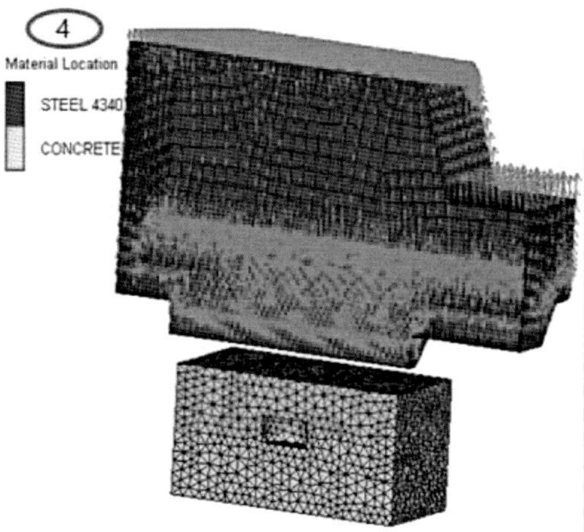


○ Fill Type : Material Location
Grid Lines : Grid Black
 - Material visibility : All
○ Additional Components
Vectors
Legend
Scale

(3) Material > 재료 검색

① 네비게이션 메뉴에서 Materials를 클릭한다.

② Load를 클릭한다.

③ 라이브러리에서 재료를 선택한다. : Air

④ 데이터를 수용한다.

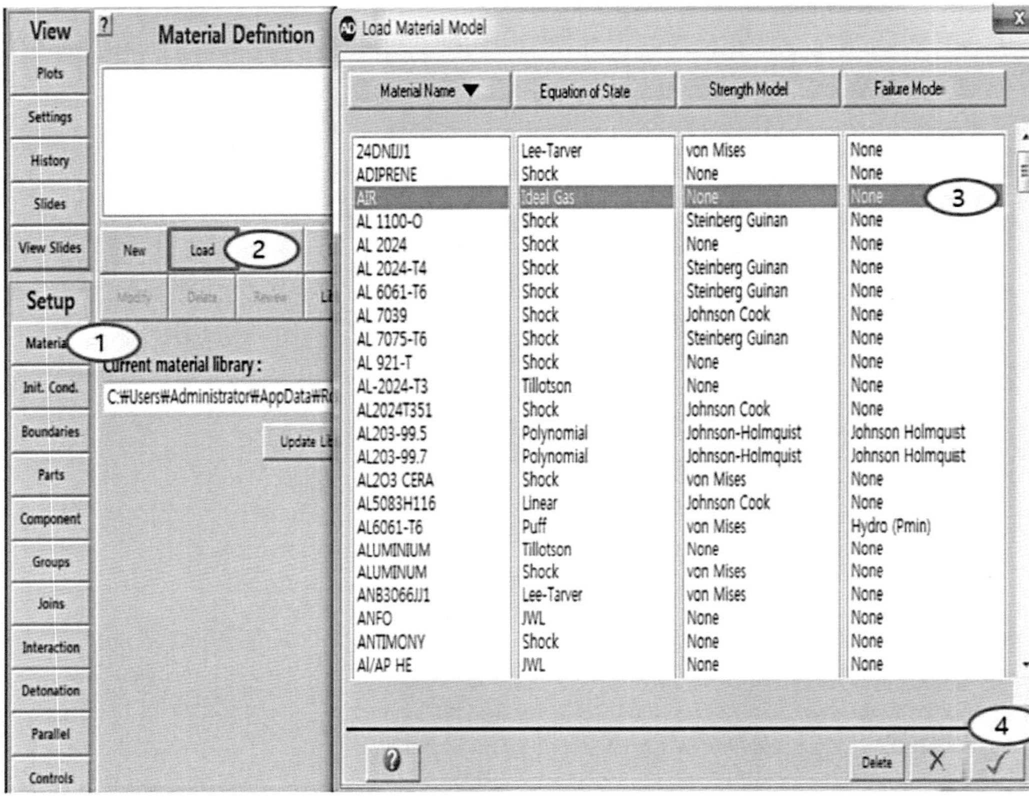


(4) 초기조건을 생성

① Navigation Bar 에서 Init. Cond.를 선택한다.

② Initial Conditions 패널에서 적용할 부재를 선택한다 : IC#1

③ Modify를 선택한다.

④ Include Material 을 선택한다 : STEEL4340

⑤ Velocity를 입력한다. : X =1.0

⑥ 데이터를 수용한다.

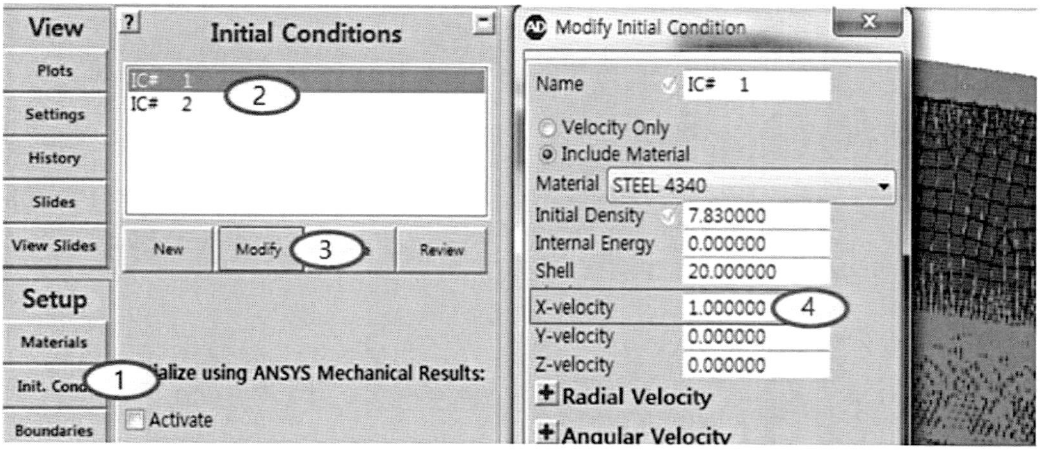


(5) 경계조건 정의

① 탐색 바에서 경계(Boundaries) 선택한다.

② 새로(New) 선택한다.

③ 경계 이름(Name)을 입력한다. : outflow

④ Type을 입력한다 : Flow_out, Sub option 을 입력한다.
: Flow_out(Eular)

⑤ Preferred Material을 입력한다. : ALL EQUAL

⑥ 데이터 수용한다.

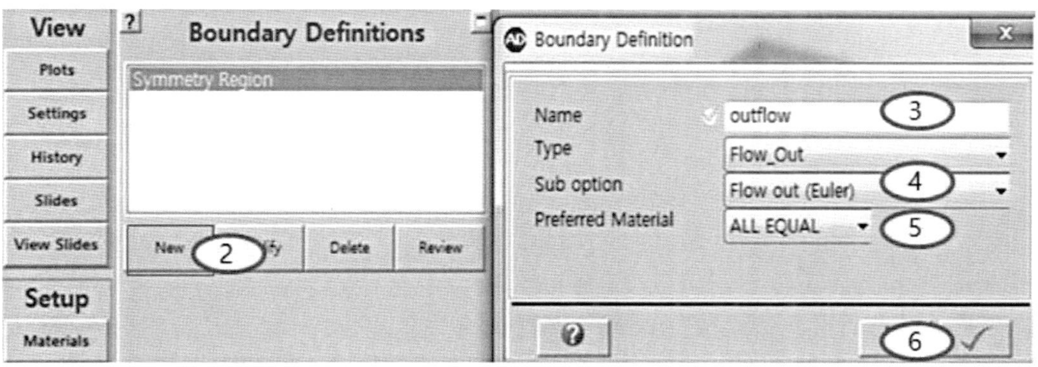


(6) 폭발을 위해서 Euler Part 생성

① Navigation Bar에서 Parts를 선택한다.

② Dialog Panel에서 New를 선택한다.

③ Part 이름을 등록한다. : "space"

④ Solver를 선택한다. : Euler Muti-material

⑤ Part Wizard를 선택한다.
⑥ 다음 단계로 진행한다.

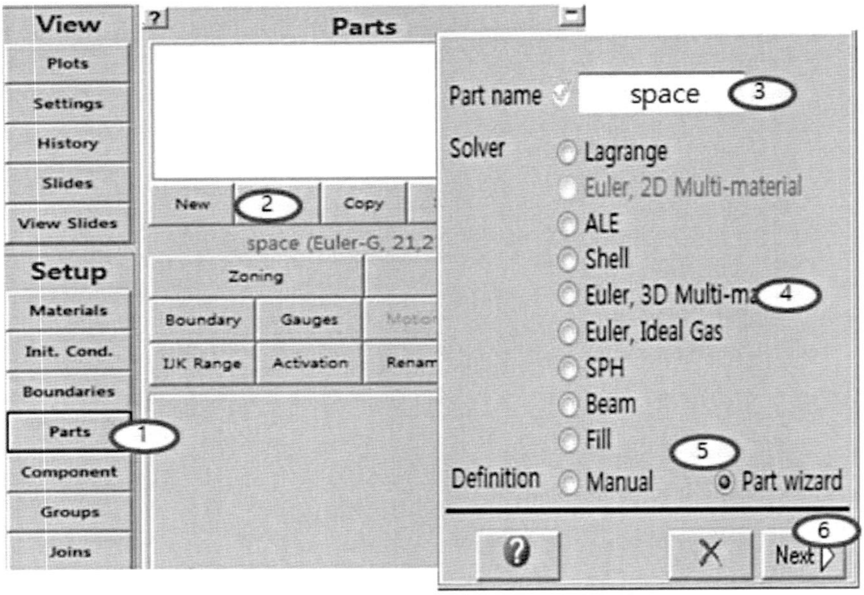


⑦ Box Predef를 선택한다. (default)
⑧ Origin xo, yo, zo 를 입력한다.
Size DX, DY, DZ 를 입력한다.
⑨ 다음단계로 진행한다.
⑩ Cell의 IJK 방향 :입력한다

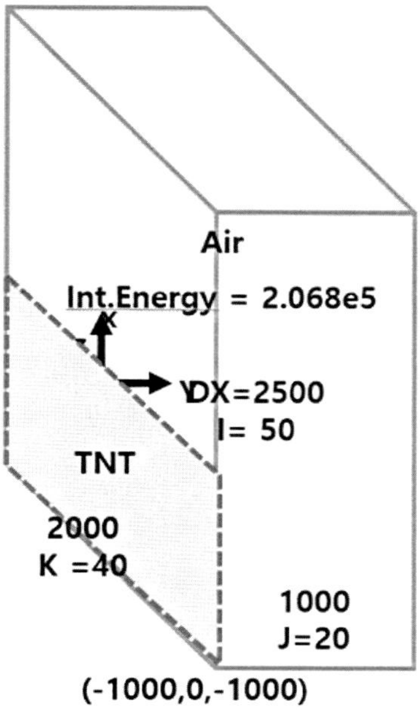
Air
Int.Energy = 2.068e5
DX=2500
I= 50
TNT
2000
K =40
1000
J=20
(-1000,0,-1000)

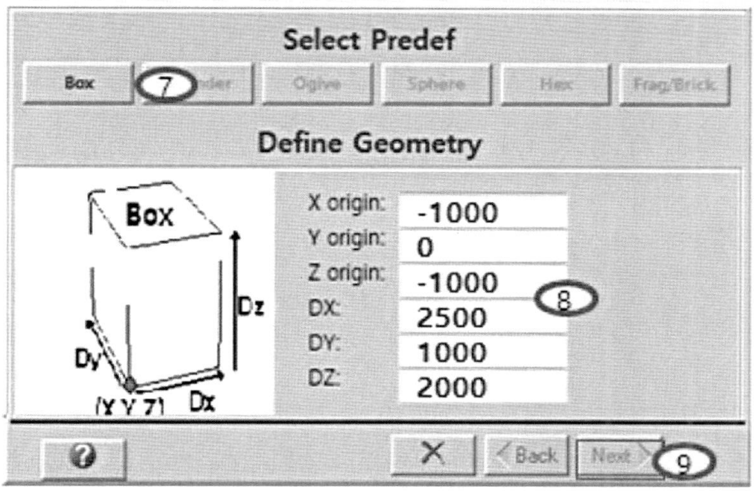
Select Predef
Box
7
Define Geometry
Box
Dz
Dy
Dx
X origin: -1000
Y origin: 0
Z origin: -1000
DX: 2500
DY: 1000
DZ: 2000
8
Back
Next
9

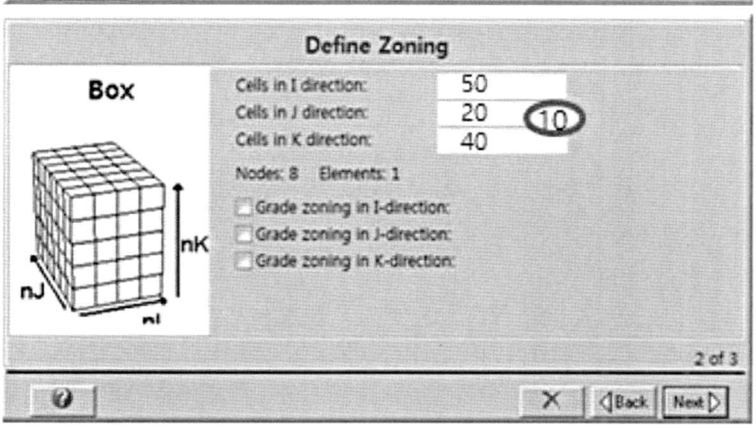
Define Zoning
Box
Cells in I direction: 50
Cells in J direction: 20
Cells in K direction: 40
10
Nodes: 8 Elements: 1
Grade zoning in I-direction:
Grade zoning in J-direction:
Grade zoning in K-direction:
nK
nJ
2 of 3
Back
Next

⑪ Material를 선정한다. : AIR
⑫ Int. Energy를 입력한다. : 2.058e5
⑬ 데이터를 수용한다.

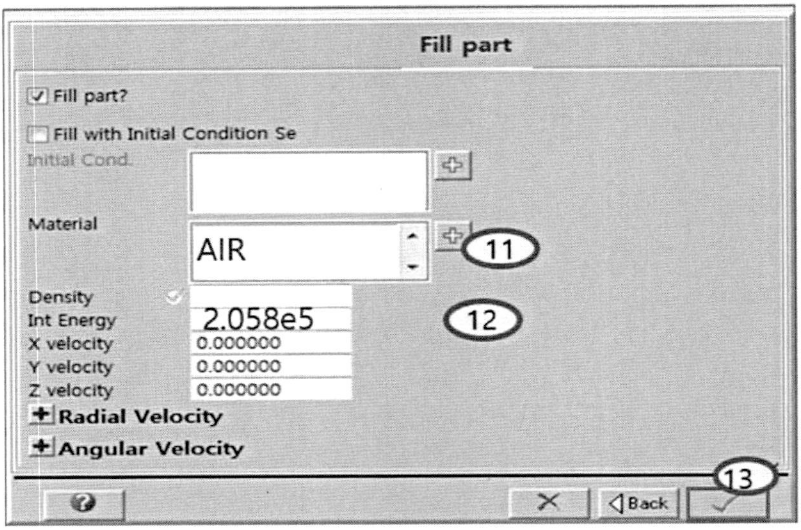


(6.2) 오일러 메쉬에 TNT 채우기
① 네비게이션 메뉴에서 "부품"을 선택하십시오.
② 채우기(Fill) 선택한다.
③ Fill by Index space를 선택한다. : Block
④ I,J,K Range 입력한다: I : 2 ~20
J : 1 ~`20
K : 2 ~40
⑤ 재질(Material)을 설정한다. : TNT
⑥ 데이터 수용한다.

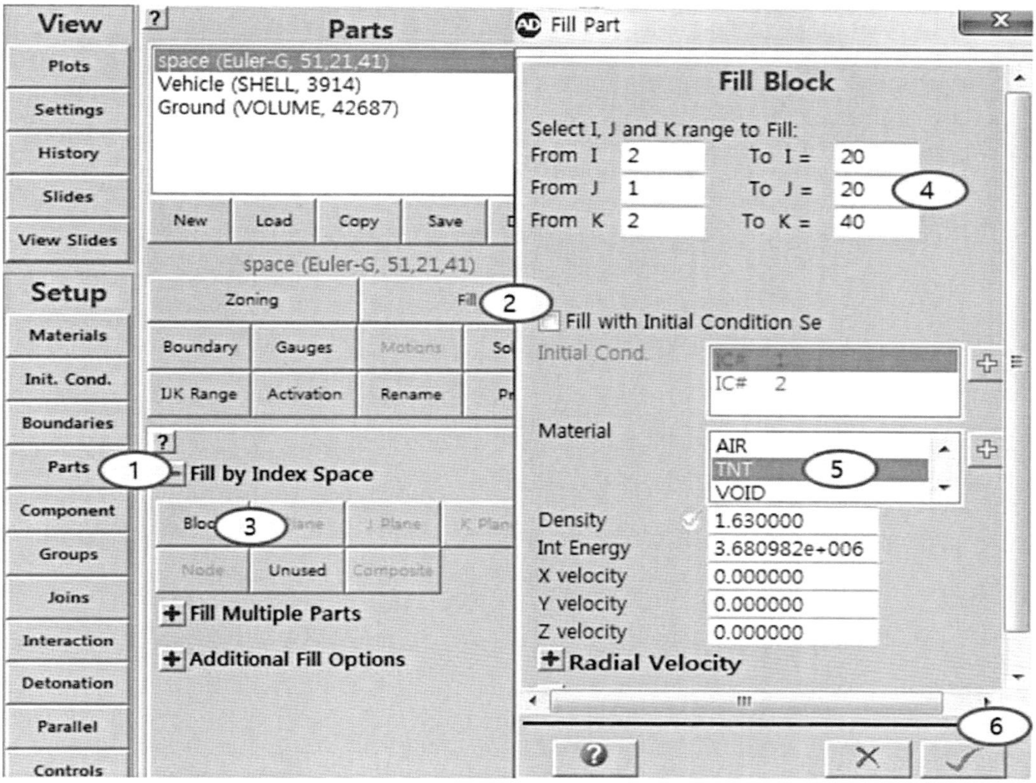


! TNT를 선택하면 Int Energy에 3.680982e+006 이 자동으로 입력된다.

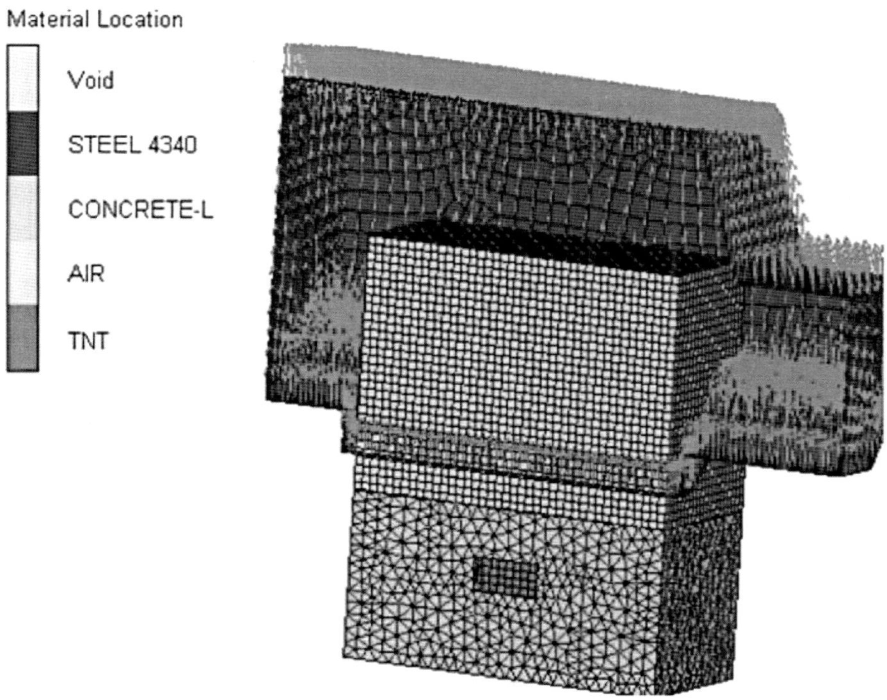

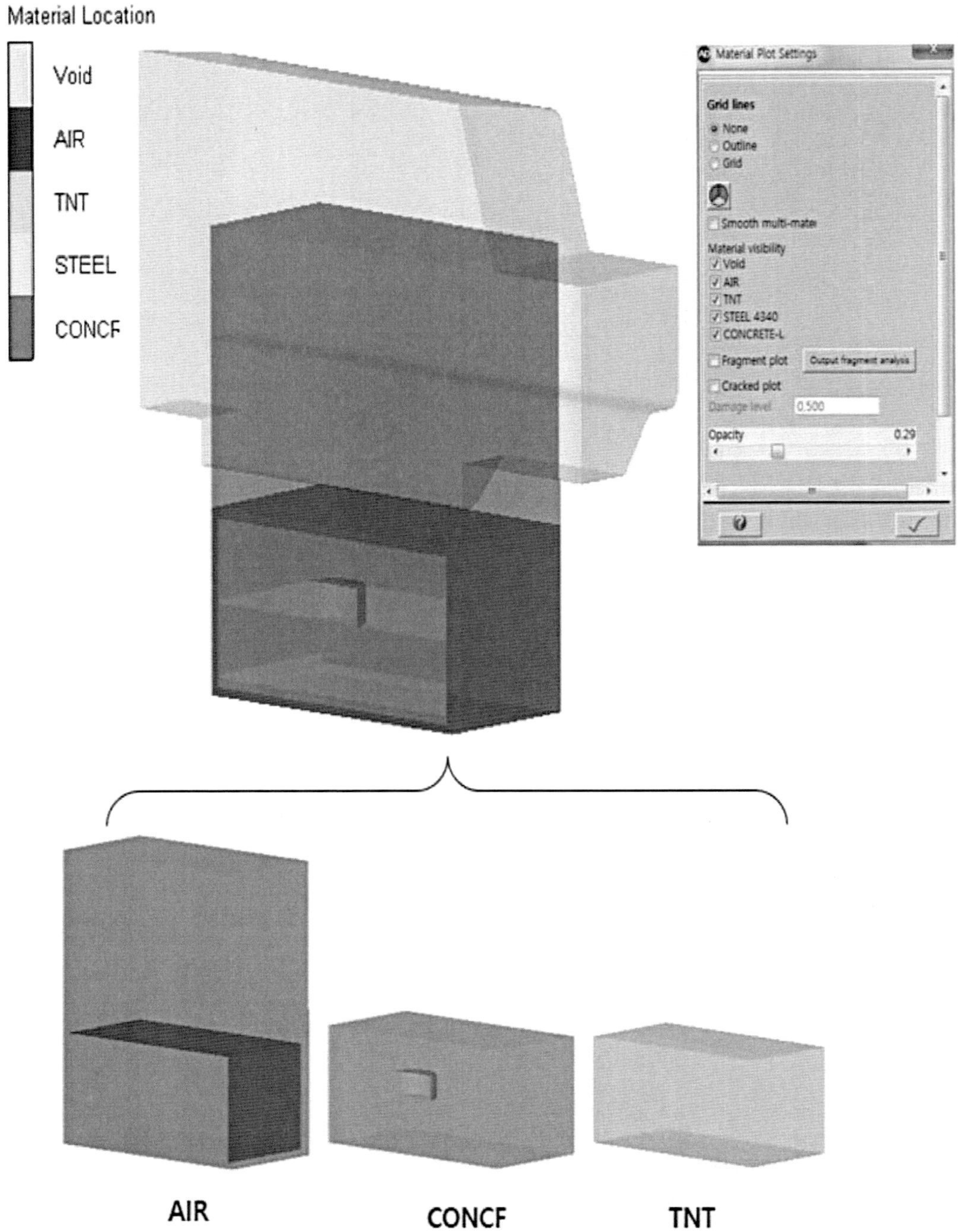
Material Location
Void
AIR
TNT
STEEL
CONCF
Material Plot Settings
Grid lines
None
Outline
Grid
Smooth multi-mate
Material visibility
Void
AIR
TNT
STEEL 4340
CONCRETE-L
Fragment plot
Output fragment analysis
Cracked plot
Damage level
0.500
Opacity
0.29
AIR
CONCF
TNT

(6.3) 유출 경계 적용

① 내비게이션 메뉴에서 Parts를 선택하십시오.

② 경계(Boundary) 선택한다.

③ 차단(Block) 선택한다.

④ 기본값을 사용하여 전체 메쉬에 유출 경계를 적용한다.

: I = 1-51, J = 1-21, K = 1-41

⑤ 지우기(Clear)를 선택한다.

⑥ ground의 모든 내부면에서 경계를 제거합니다.

: I = 2-50, J = 1-20, K = 2-40

⑦ 데이터 승인한다.

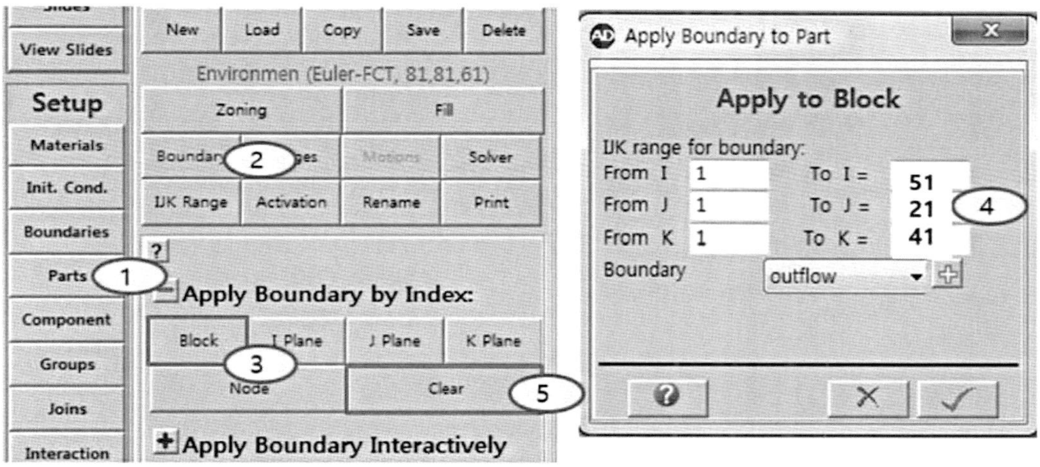


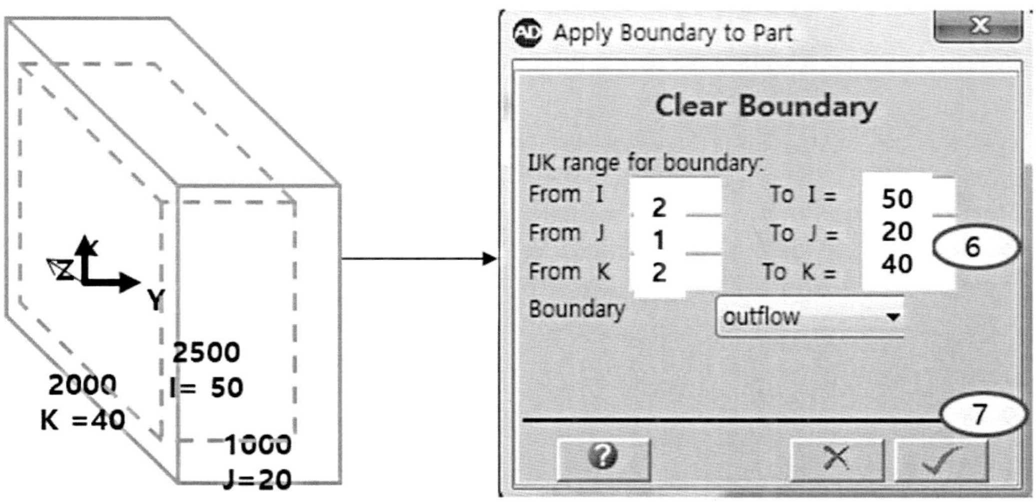

(7) Euler-Lagrange 상호작용 설정

① Navigation Bar에서 Interaction을 선택한다.

② Euler/Lagrange를 선택한다.

③ Full Coupled를 선택한다.

④ End Time을 설정한다 : 0.5 ms

⑤ Euler-Lagrange/Shell Interactions의 옵션을 선택한다. : Manual

⑥ 적용항목을 선택한다 : Select

⑦ 팝업 메뉴에서 Select Parts 를 선택한다 : Add all

⑧ 설정을 닫는다.

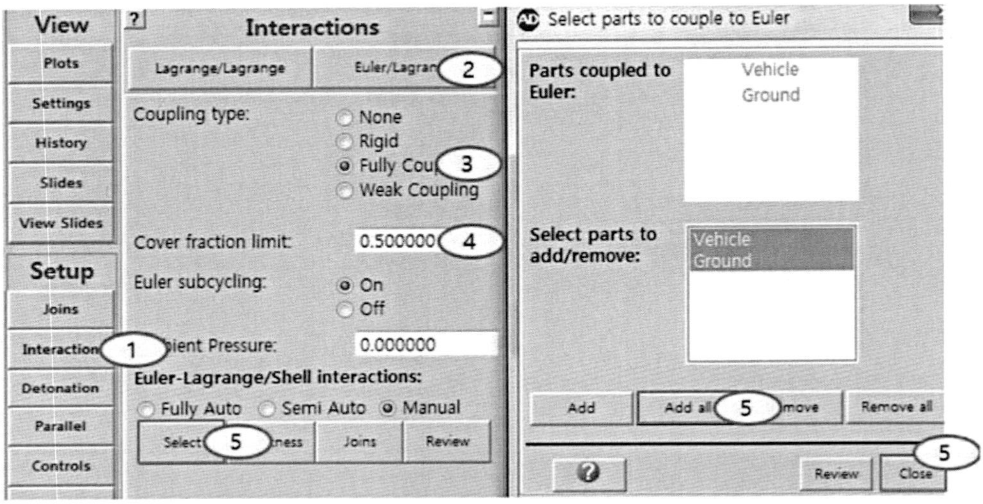


⑨ 적용 항목을 선택한다. : Select

⑩ Select Part를 선택한다. : Vehicle

⑪ Coupling을 입력한다 : 100

⑫ Apply를 클릭한다. ( 반드시 실시해야 함)

⑬ 설정을 닫는다.

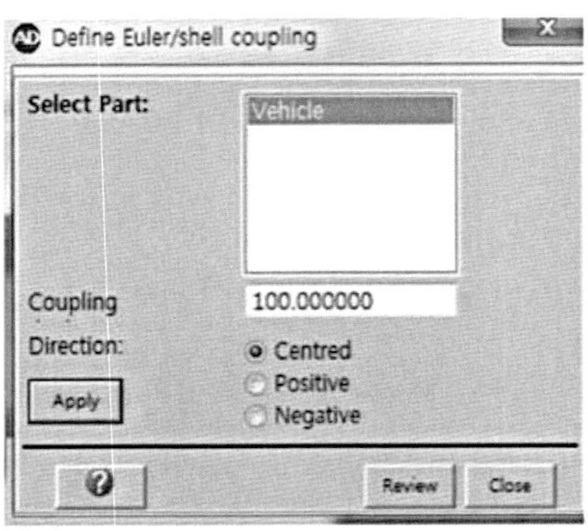

(8) Component - 설정하지 않음

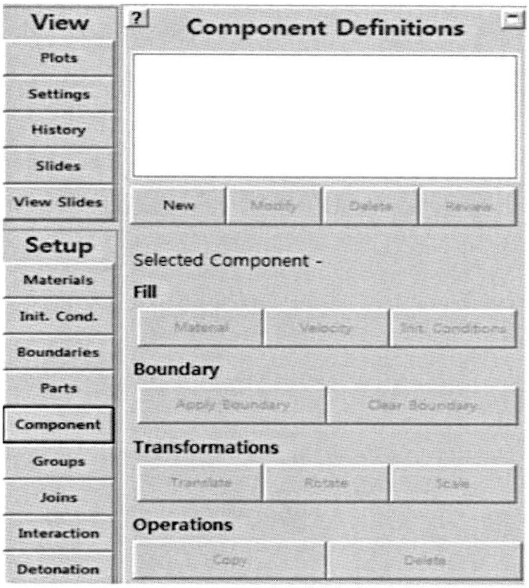


(9) Group - 설정하지 않음

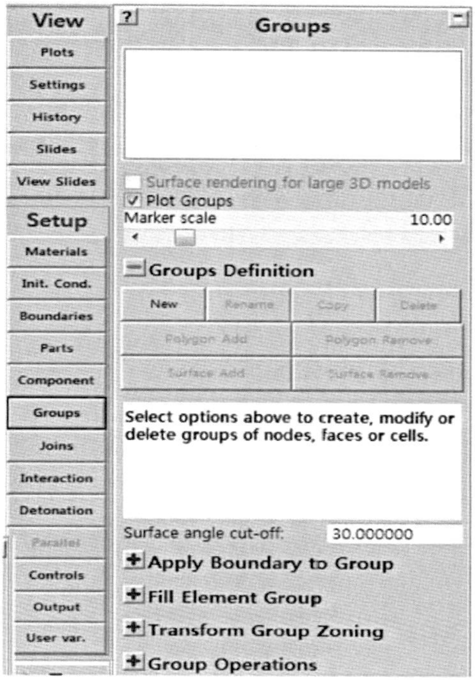


(10) Joints - 설정하지 않음.

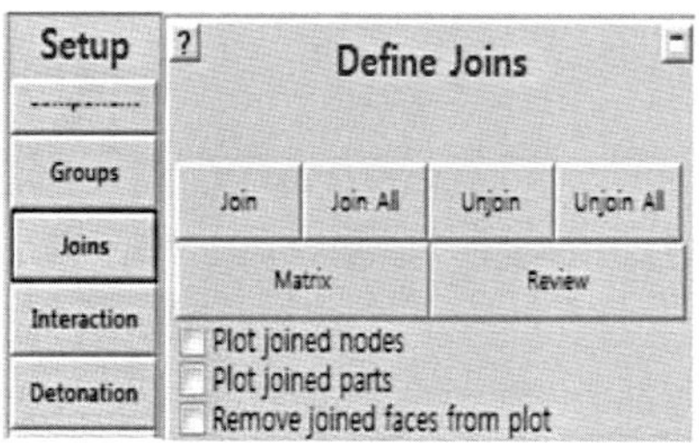


(11) Parallel-설정하지 않음.

(12) TNT에 대한 폭발 지점 정의

① 내비게이션 메뉴에서 "Detonation"을 선택한다.

② 점(Point)를 선택한다.

③ 데이터를 입력한다 : (X, Y, Z)= (-300, 0, 0)

④ 데이터를 수용한다.

⑤ "Plot detonation points"를 체크하여 점의 위치를 확인하십시오.

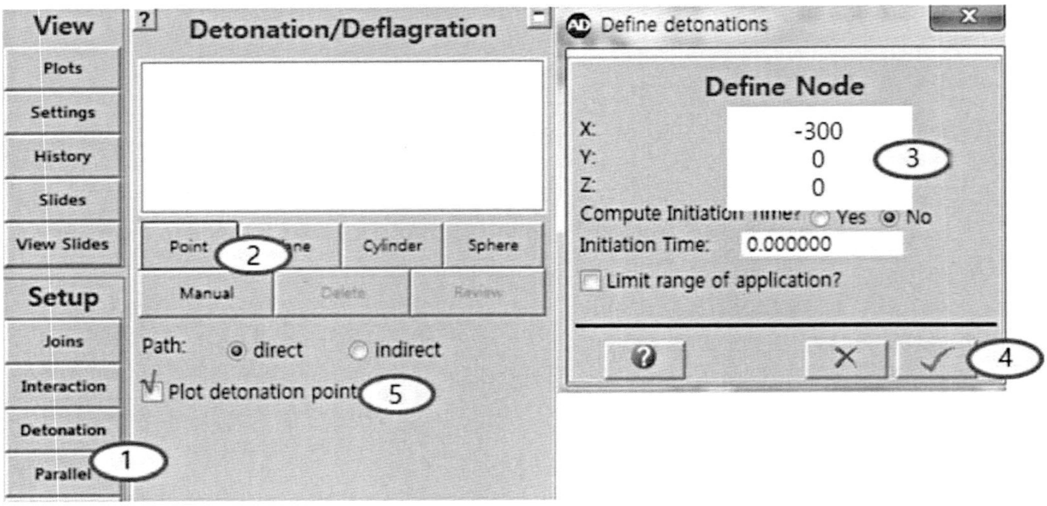


⑥ 결과 화면으로 다음과 같이 나타난다. (빨간색 점이 나타난다.)

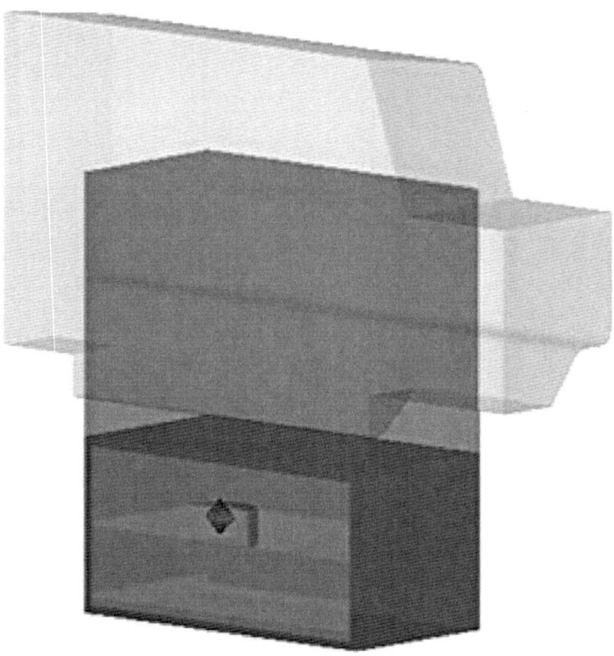

(13) 솔루션 및 출력 제어 설정

① 탐색 표시 줄에서 "컨트롤"을 선택하십시오.

② Wrapup Criteria에서

- Cycle Limit (사이클 제한 설정) : "1000.0"ms -> 1.0 S

(이것은 폭풍이 도시의 environment를 통해 전파되는데 걸리는 시간입니다)

- Time Limit : 1000 - Energy Fraction : 0.05

(14) 결과저장설정

③ 탐색 표시 줄에서 "출력"을 선택한다.

○ Times를 선택한다

- Start Time : 0.0 - End times : 25.0 - Increment : 0.4

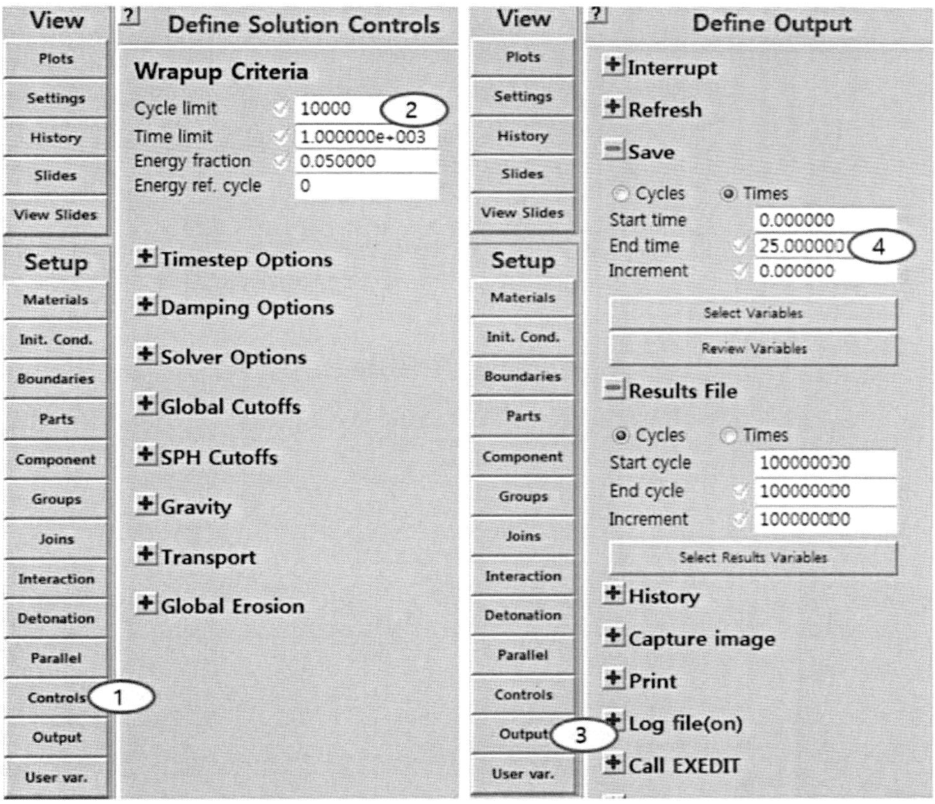


(15) user var. -설정하지 않음

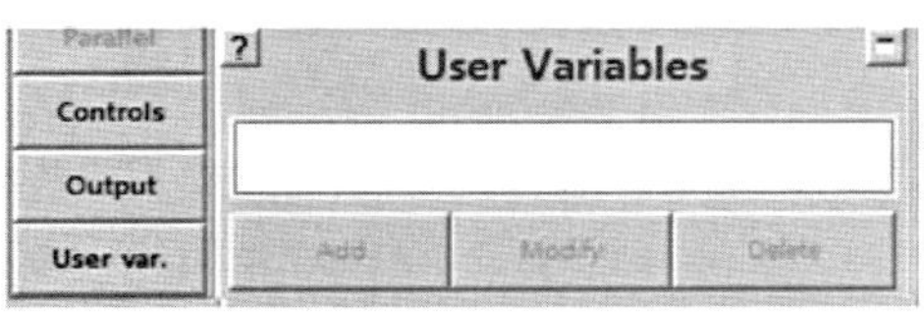

(16) 해석실행

① 데이터 저장

② 문제 해결

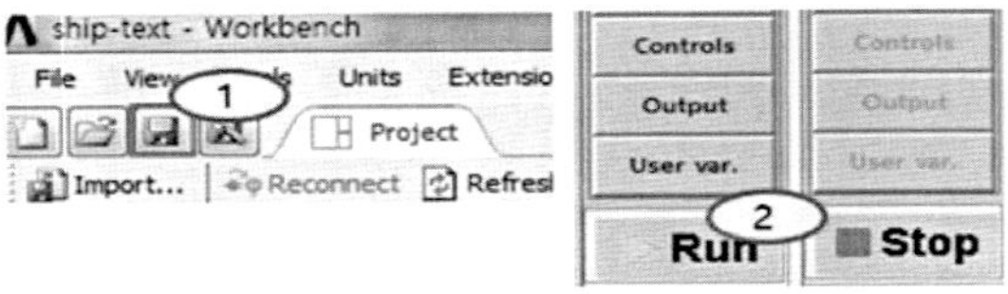


해석결과

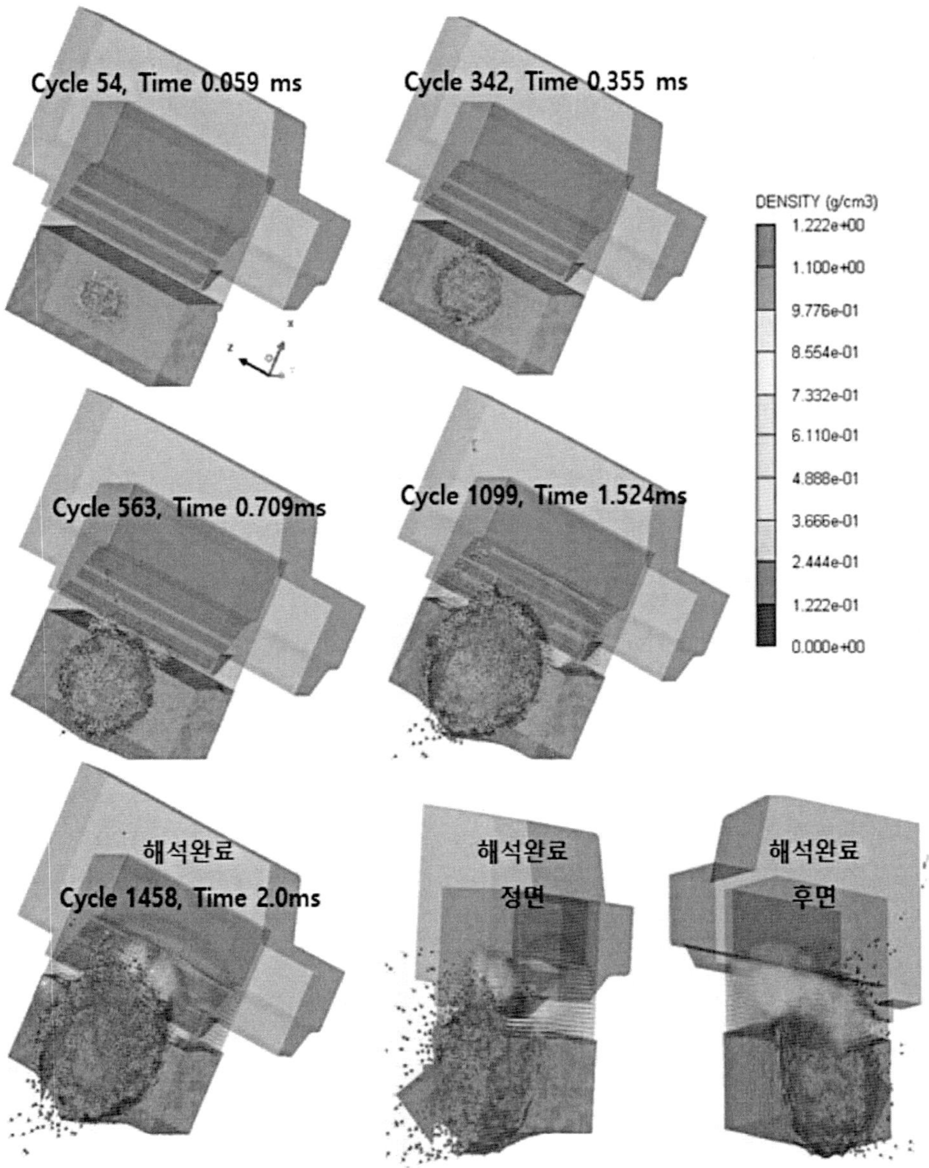

# 3 폭풍파 이해하기

1) 폭발하중의 해석[9)]

(1) CONWEP

Kingery와 Bulmash (1984)는 폭발물을 구 형태로 가정하여 공기 중에서 변수로 정의하는 식을 제안하였다. 그리고 이 식이 컴퓨터에서 프로그램화되어서 압력이력을 생성하는 것이 CONWEP 프로그램이다. CONWEP(ConWEP Hyde, D.W., 1988)은 미국에서 TM 5-855-1에 기술된 하중 예측방법을 기본으로 개발한전산 프로그램이다. CONWEP은 아래 식(2.12)과 식(2.13)을 사용하여 산출한다. 다양한 조건에 대한 폭발 압력 등을 수치적으로 구할 수 있지만 미국에서 개발된 CONWEP 프로그램은 국내에서 사용이 허가되어 있지 않다. 그에 따라 국내에서는 LS-DYNA에 내장된 LOAD_BLAST 명령어를 사용하여 간접적으로 CONWEP 하중을 재하할 수 있다. 그러나 이러한 두 가지 경우는 구조물과 상호 작용이 고려되지 않고 계산된 압력하중이 구조물에 재하되어서 하중이 과대평가 될 수 있다. 또한 TNT 폭발물에 의한 폭발압력이 구형이나 반구형으로 대기를 전파하는 경우에 한정되어 있어서 다른 폭발물의 경우 환산 계수를 사용해야 한다. 특히 폭발물이 방향성을 지니거나 폭발 압력이 수중이나 지중에서 전달되는 경우에는 사용하기가 적절하지 않다.

(2) AUTODYN

AUTODYN은 다양한 종류의 폭약 모델을 제공하며, 복잡한 형상의 폭약의 폭발 순서를 자동으로 계산해준다. 폭약의 에너지가 임계 에너지에 도달할 때 자동적으로 폭발이 발생되는 Lee-Tarvar 모델도 제공하고 있다.

2) 폭발 특성

폭발이란 압력의 급격한 발생 또는 방출로 인해 발생하는 폭발음과 파괴를 동반한 가스의 팽창 현상을 의미한다. 폭발에는 자연적 폭발, 물리적 폭발, 화학적 폭발 등 다양한 형태가 존재하지만, 본 연구에서 폭발은 화학적폭발, 그 중에서도 TNT에 의한 폭발로 그 범위를 제한한다. 화학류는 어떠한

9) 폭발하중을 받는 일방향 패널의 동적 거동에 관한 연구, 경희대, 조은선, 2016년 2월 석사논문 P16

에너지가 가해지면 급속한 화학변화를 일으키고 이때에 다량의 결과 기체를 발생시킨다. 이때 발생한 다량의 기체는 높은 열에 의해 급속 팽창하게 되므로 주위의 매체에 매우 높은 압력을 가하게 되며, 이때의 압력을 폭발 압력이라 하고, 구조물에 폭발하중으로 가해지게 된다.

폭발반응은 반응이 전달되는 메커니즘과 속도의 차이에 의해 폭연 (deflagration)과 폭굉(detonation)으로 구분된다.

폭연은 주로 넓게 분포된 옅은 가스의 폭발로 인해 발생하는 폭발반응의 형태로, 일부분의 연소에 의해 발생한 열이 곧바로 인접부분을 점화하며 반응을 전파시킨다. 반응전파속도는 수백 m/s 정도로 충격파가 발생하지 않아 화재 위험을 제외하면 구조물에 주는 피해는 미미하다.

일반적으로 화약류의 폭발로 인해 생기는 폭발반응의 형태는 폭굉으로, 폭발속도가 2,000 m/s ~ 8,000 m/s에 달하며 빠른 폭발반응으로 인해 반응의 선두에 충격파를 형성한다. 이 충격파가 도달한 화약류의 미반응 부분이 급격한 압력, 밀도, 온도 상승을 일으키며 연쇄반응을 일으키는 방아쇠 작용을 한다. 대표적 폭발물인 TNT는 폭발속도가 약 7,000 m/s 가량인 고성능 화약(high explosive)이다.10)

| Type | Velocity | Example |
|---|---|---|
| 연소 (combustion) | 0.001 | Fuse |
| 폭연 (deflagrations) | 300 ~ 800 | Black Powder |
| 폭발 (Exlosive ) | 1,000 ~ 2,000 | Ammonium nitrate explosive |
| 폭굉 (detonation) | 2,000 ~ 8,000 | TNT |
| 폭발 속도에 따른 폭발물의 구분 | | |

폭발물 해석에 사용하는 TNT는 비중이 1654 $Kg/m^3$ 이고, 폭풍파의 전파 속도는 6.95Km/sec 이다. 폭발물의 양에 대하여 AUTODYN에서 정보를 입력할 때는 부피로 입력되어야 하므로 TNT의 양을 부피로 환산하여 입력한다. 수치 해석을 수행하기 위하여 모델링 및 경계조건이 부여 되면 해석을 수행하는 시간을 입력하게 된다.  구조물이 폭풍파의 영향을  충분히

10) U.S. Department of Defense. (2008). "Unified Facilities Criteria(UFC) Structures to resist the effects of accidental explosions", UFC 3-340-02.

받는 시간을 고려하여 해석시간을 설정하게 된다. 해석시간을 너무 길게 잡으면 시간의 낭비가 발생되고 너무 짧게 잡으면 폭풍파의 영향을 충분히 받기 전에 해석이 종료될 수 있다. 해석시간은 ms단위로 입력을 하는데 하기 그림을 참조하여 폭발물과 구조물 사이의 거리에 해당하는 폭풍파의 도달 시간을 계산하고 여유시간을 주는 것이 바람직하다.

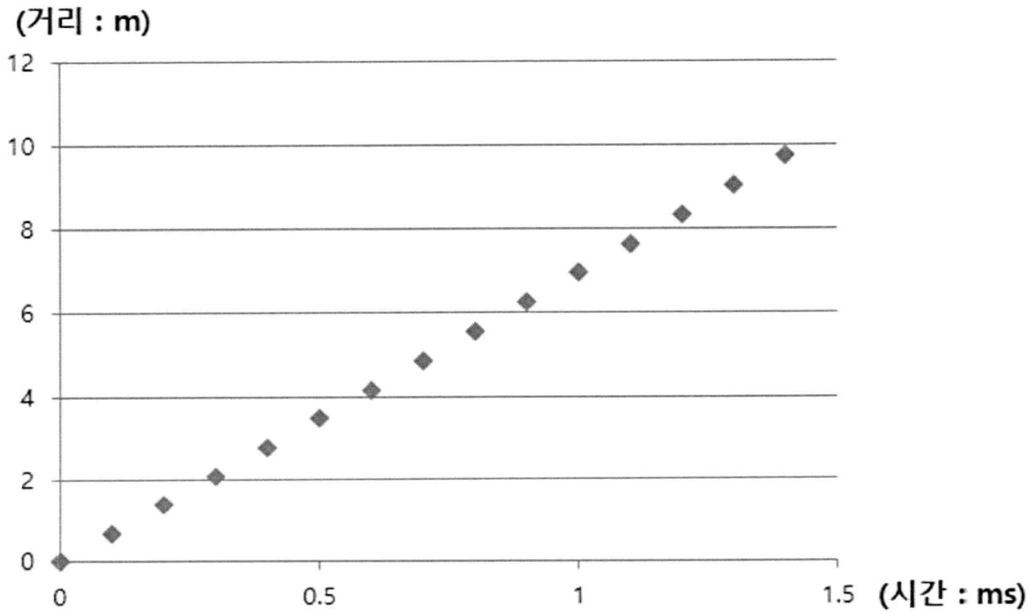


폭발물질(화약)의 특징

종류 : TNT, 무게 : 125 Kg, 비중 : 1654 Kg/$m^3$

부피 : 0.0751 $m^3$ , 반지름 : 0.262 m,

속도 : 6.95Km/sec

폭발물 실험에서 폭발 과정을 초고속 카메라로 획득한 영상은 다음과 같다. 그림은 폭발물의 폭발 에너지에 의해 발생한 압력 변화 (Pressure Disturbance)가 사방으로 퍼져나가는 충격파(Shock Wave)를 확인할 수 있다.[11]

11) 김남혁. (2015). "김남혁 폭발하중을 받는 슬라이딩 방폭문의 구조적 안정성에 대한 연구", 석사학위논문 서울과학기술대학교 산업대학원 , pp. 34

TNT 폭발물의 폭발과정 (초고속카메라 2,000 fps)

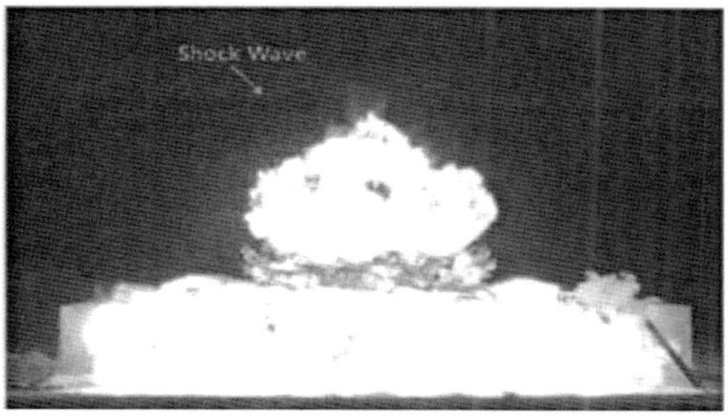


TNT 124kg의 Shock Wave

비선형 동적 해석이 가능한 AUTODYN 프로그램을 통해 압력전달 물질을 유체로 고려하는 Euler solver로 수행되는 해석을 통해 폭발 압력을 산정한다. Autodyn에서는 폭발하중 모델링의 편의성 및 효율성을 확보하기 위해서 그림과 같이 1D-Wedge를 사용한다.[12)]

1D-Wedge의 장점은 일정거리 만큼 폭발압력을 미리 계산함으로서 해석시간을 단축 시킬수 있고 조밀한 요소(mesh)을 가지므로 해석의 정확성을 향상시킬 수 있다.

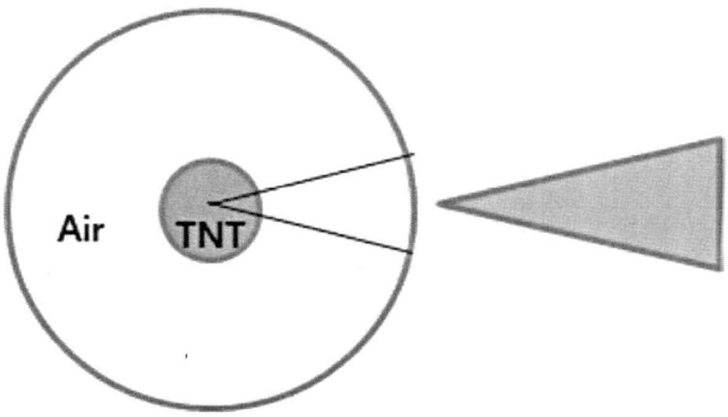


12) Showichen Adisak, Numerical analysis of vehicle bottom structures subjected to anti-tank mine explosions, PhD Thesis, Cranfield University, 311page, 2008

1D-Wedge를 사용하기 위해서는 Autodyn-2D의 2D-Euler-Multi-Material 솔버를 이용해 계산하고자 하는 폭발거리 중 반사가 일어나기 전까지 공기를 만드는데, 이유는 1D-Wedge에서는 반사파를 계산하지 못하고 입사파만 계산할 수 있기 때문이다.

그리고 원하는 폭발 형태를 반구형 혹은 구형이라 가정한 다음 폭발물의 질량을 계산해 반지름 길이 만큼 입력해 주고, 일정 시간 동안 해석을 수행해 폭발 압력파를 계산하는 과정을 거친다. 해석시간은 원하는 최대거리에 폭발파가 닿기 전까지 수행해야 하는데, 폭발파가 최대거리에 닿게 되면 최대거리 경계면에서 폭발파의 반사가 발생해 결과에 큰 영향을 미치기 때문이다. 이와 같은 과정을 통해 계산된 압력파는 1D 환경에서 거리에 따른 폭발 하중을 산정하는 목적으로 쓸 수 있고, 2D 또는 3D 모델의 특정 조건에 맵핑하여 사용할 수도 있다.[13)]

13) Remennikov A M, A Review of Methods for Predicting Bomb Blast Effects on Buildings, Journal of Battlefield Technology, Vol.6 No.3 pp1-6, 2003

## 모듈 7. Wedge spherical blast [14]

1) 구조해석 계획

① 모듈의 목표

-

- 도시폭파 해석 모형에 사용하는 구형 폭풍파를 만드는 방법을 방법을 소개한다. 일반적으로 폭발해석을 수행할 때는 해석을 효율적으로 하기 위하여 폭발물 폭파가 구조물에 영향을 주기 전까지 별도로 해석을 하고 구조물의 해석에 결과를 불러와서 해석을 수행하는 방법을 취하고 있다.
본 모듈에서는 구형 폭풍파를 2차원 축 대칭 모형을 수행한다.

② 해석 절차 :

- 독립 실행 형 AUTODYN 시작한다
- 2D 축 대칭을 사용하여 문제 설정한다
- 재료 목록에서 Air와 TNT를 가져온다.
- 폭발물을 2D Multi material Euler Wedge predef 모델로 한다.
- Detonation point는 (0,0)
- 해석시간은 50m로 설정한다.
  (50ms는 폭풍파가 약 350m에 도달하는 시간임)
  해석은 약 3500 cycle에 종료한다.
- 해석결과를. fill 파일로 저장한다 : 파일 이름 = urban_blast_wedge.fil
- 해석을 수행한다.

③ 모델링 개요 (단위 : mm)

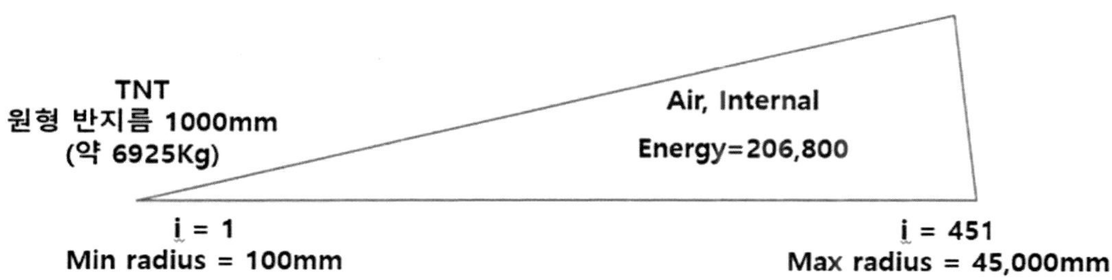


14) ANSYS AUTODYN 1D-Wedge, workshop 12 Urban Blast

2) 구조해석

(1) Start > AUTODYN 시작

AUTODYN standalone을 시작하십시오 (autodyn.exe를 더블 클릭하십시오)

> C: \Program Files \ANSYS Inc\v161 \aisol\AUTODYN \winx64 \autodyn.exe

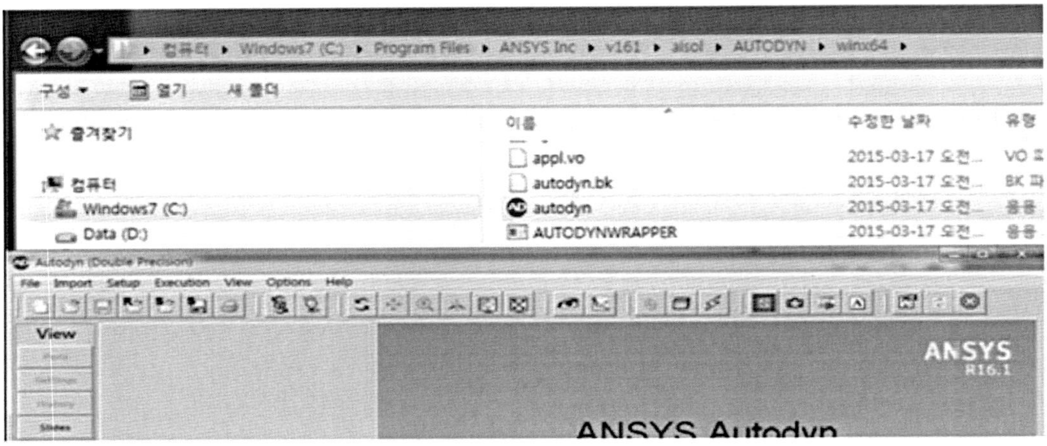


(2) Start > 프로젝트 시작

① 새로운 프로젝트 시작

② 찾아보기 프로젝트 폴더

③ Ident를 입력하십시오. : "Spherical_blast" 및 제목

④ 선택 2D 축 대칭 설정한다.

⑤ 단위의 기본 설정 유지한다.

⑥ 선택을 클릭한다.

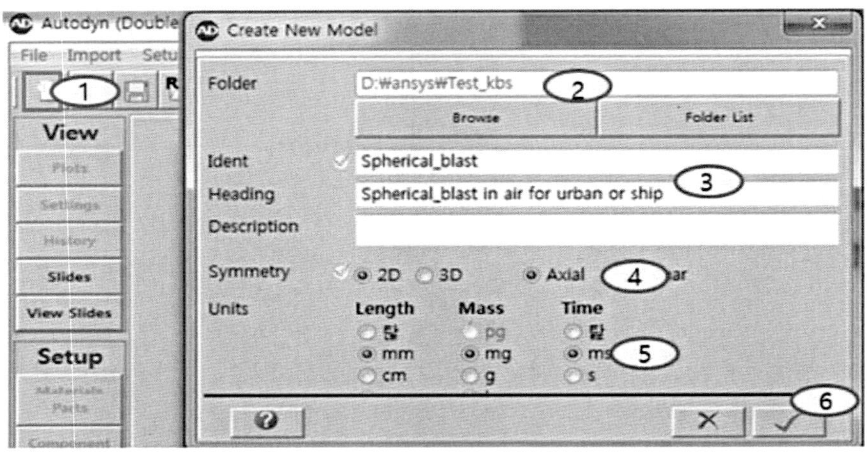

(3) Material > 재료 검색

(3.1) 라이브러리에서 재료 데이터 검색

① 메뉴에서 "Material" 를 클릭하고 "Load"로 재료 데이터를 불러온다

② 라이브러리에서 다음 자료를 선택 하십시오 :

공기, TNT

③ 데이터를 선택 확인한다.

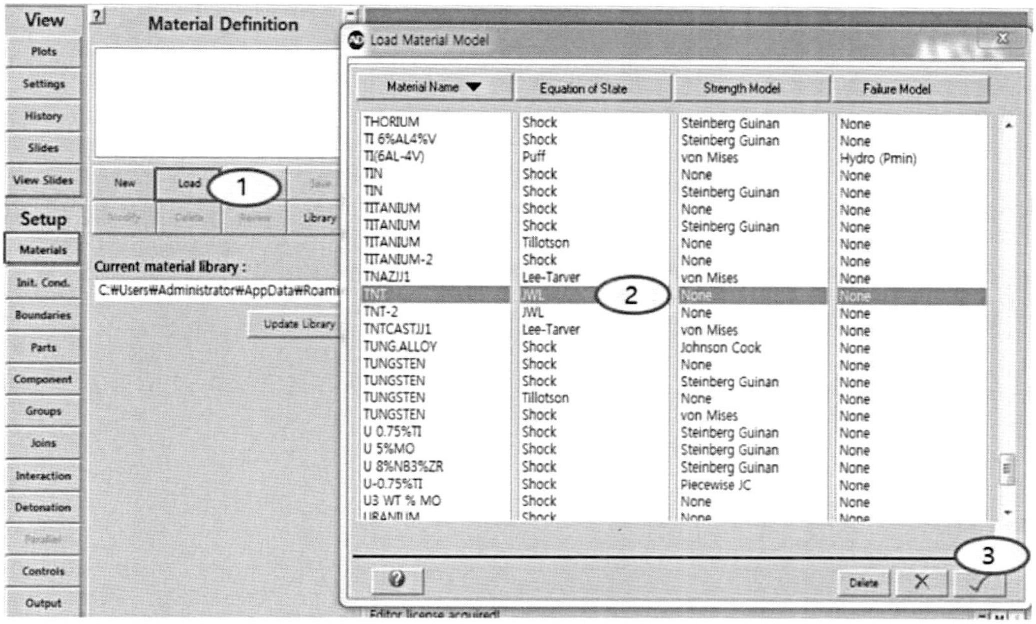

※ 라이브러리에서 여러 개를 선택하려면 CONTROL + Click을 통하여 여러 가지를 선택할 수 있다.

④ 결과 확인하면 다음과 같이 보인다.

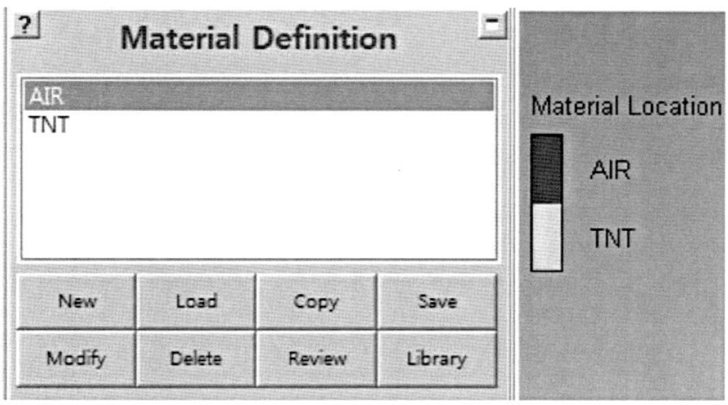

(4) 초기 조건 생성 - 설정하지 않는다.

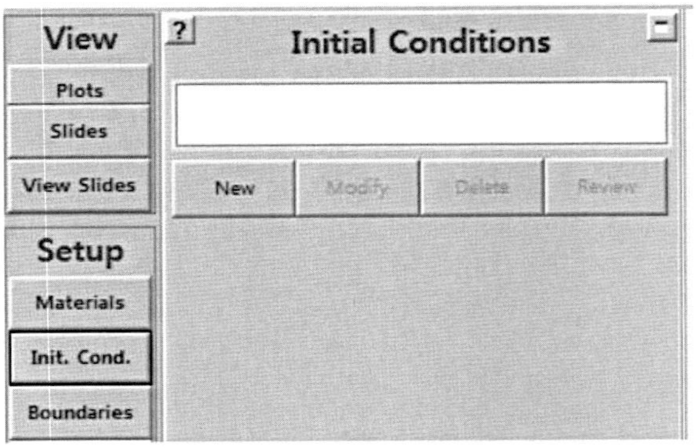


(5) 경계조건 정의
- 본 모델에서 사용하지 않음

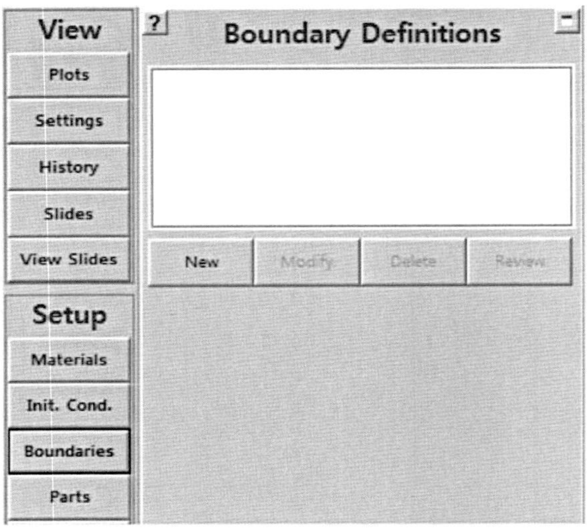


(6.1) 오일러 파트 생성
① Parts를 선택한다.
② 대화 상자에서 "New"를 선택
③ 팝업창의 Part Name을 입력한다 : space
④ Solver를 선택한다 : Euler 2D Multi
⑤ Definition을 설정하다. : Part Wized
⑥ 다음 단계로 이동

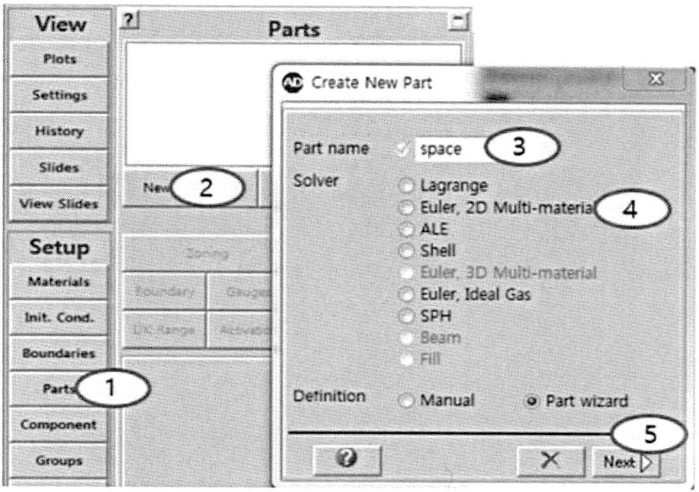


⑦ Predef를 선정한다. : Wedge

⑧ 최소반지름, 최대 반지름을 입력한다 : 100, 45000

⑨ 다음 단계로 이동한다

⑩ 반경의 셀 수를 입력한다. : 450

⑪ 다음 단계로 이동한다

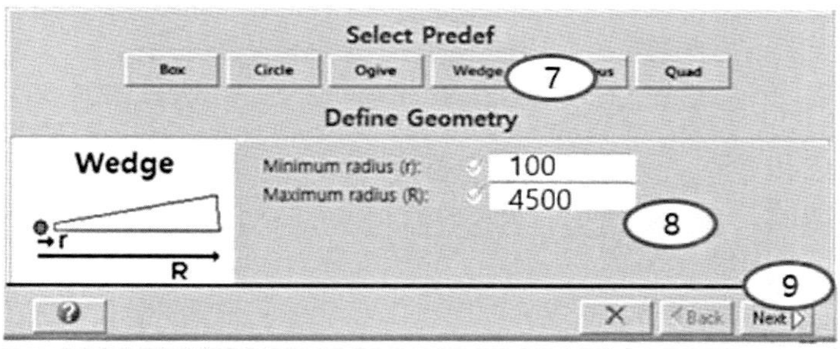


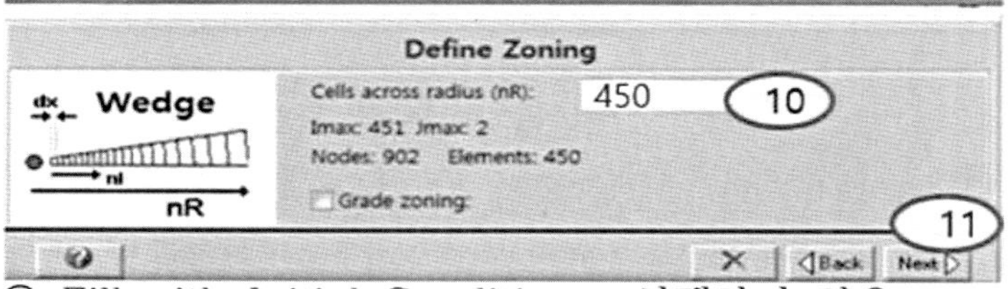


⑫ Fill with Initial Condition : 선택하기 않음

⑬ Material을 선택한다. : Air

⑭ 공기의 내부에너지를 입력 : 2.068e5

⑮ 데이터를 수용한다.

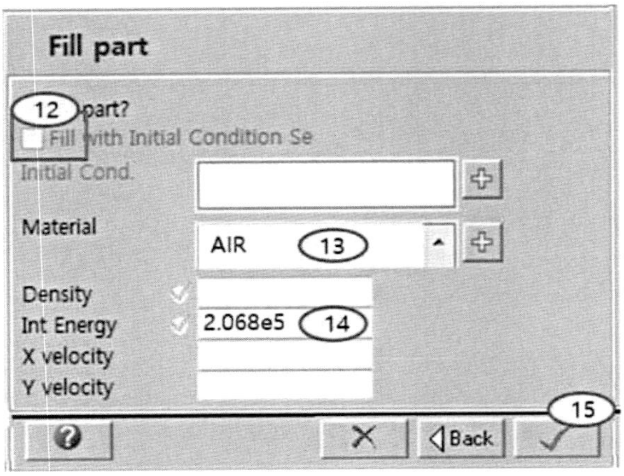


→ 결과 화면

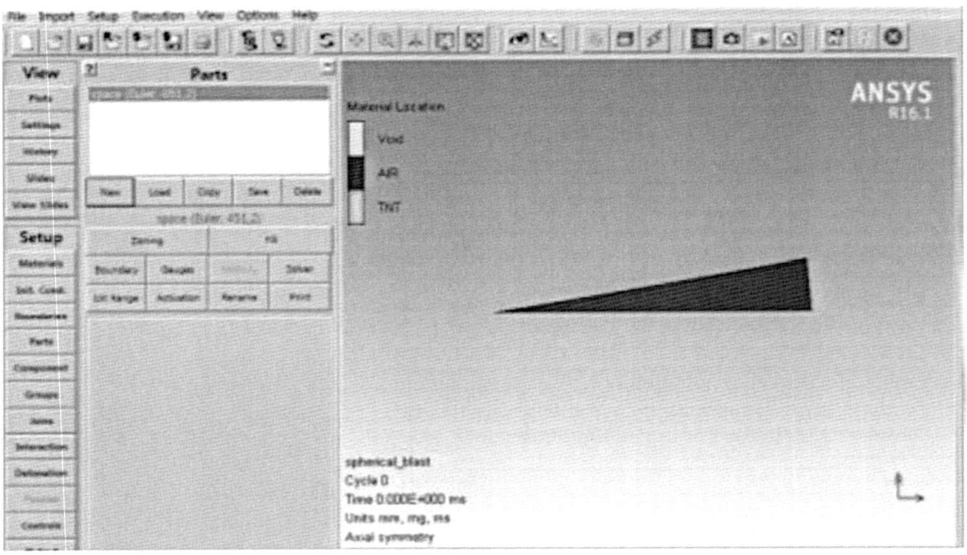


(6.2) 오일러 파트 생성

① Parts를 선택한다.

② 채우기 선택

③ 타원 채우기 옵션을 선택하십시오.

④ 타원의 x와 y 반지름을 입력한다 : 1000.0(즉, 원)

⑤ 재질(Material)을 선택한다 : TNT.

⑥ 데이터 수용한다.

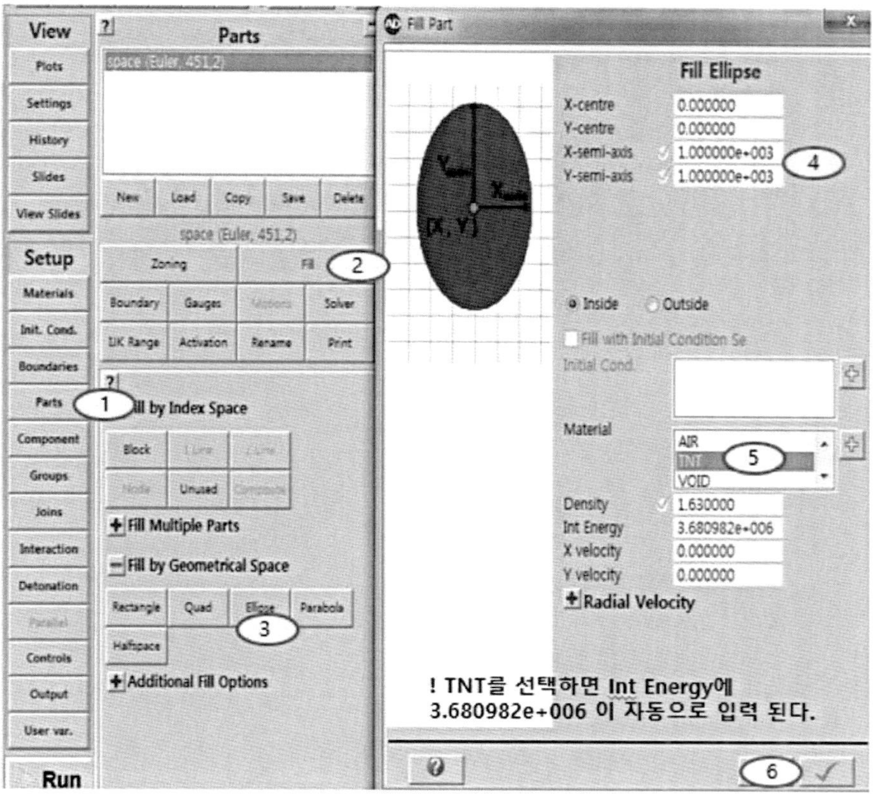


⑦ 결과 화면으로 다음과 같이 나타난다.

- 녹색 TNT가 보인지 않는 경우에는 줌인을 하면 볼 수 인다.

(줌인은 마우스의 스크롤을 사용한다)

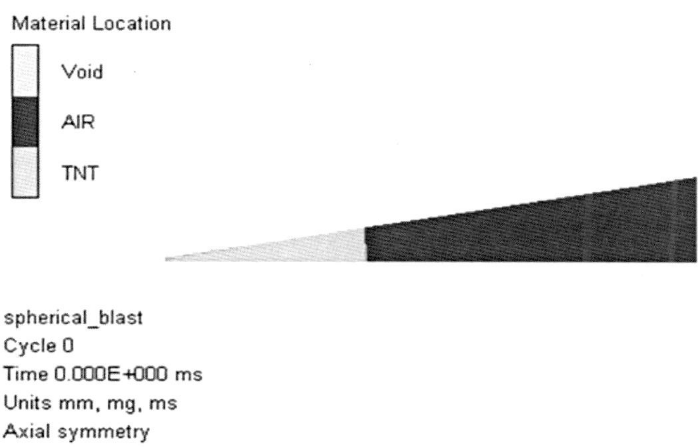

(7) Interaction

① Interaction을 클릭한다. - 선택하지 않는다.

② Euler-Lagrange를 클릭한다.

③ 선택하지 않는다.

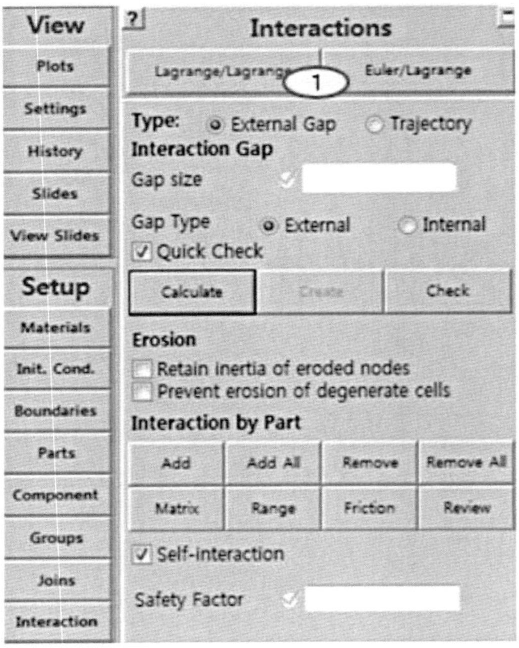


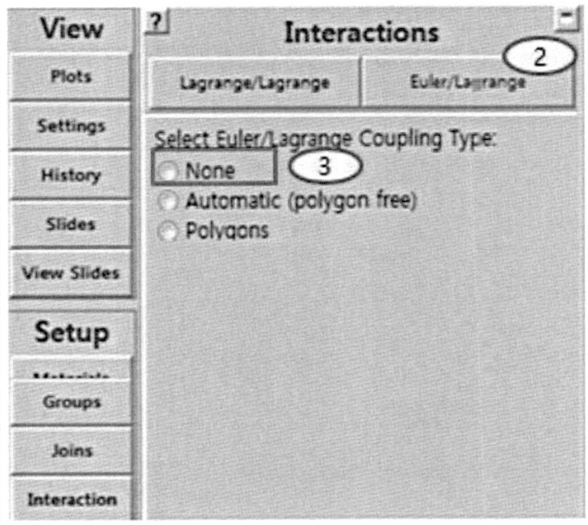


(8) Component - 설정하지 않음

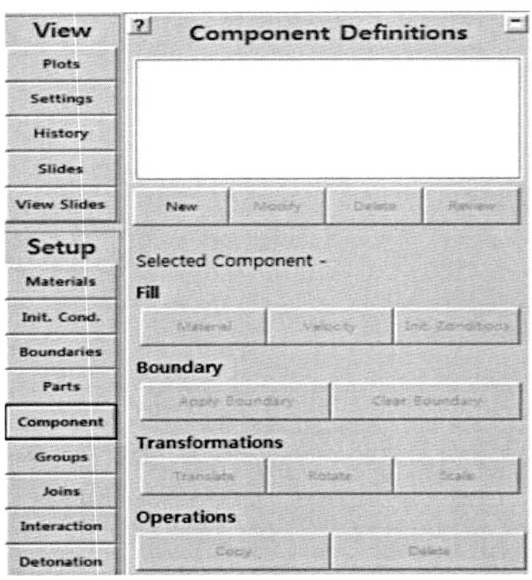


(9) Group - 설정하지 않음

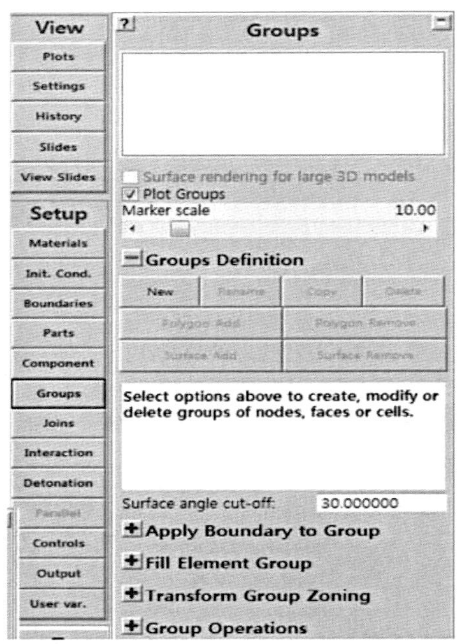

(10) Joints - 설정하지 않음. (11) Parallel-설정하지 않음.

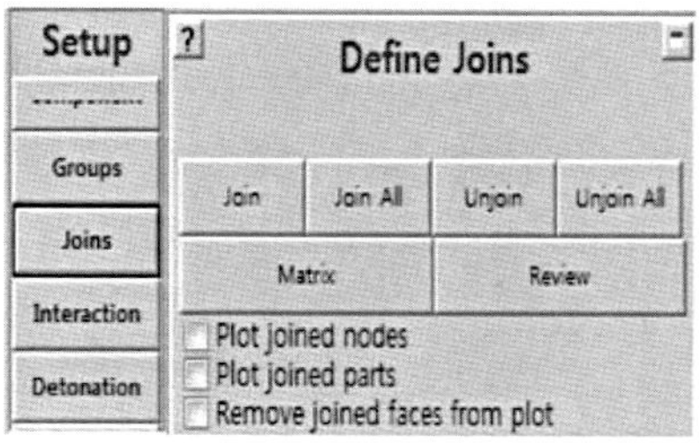

(12) TNT에 대한 폭발 지점 정의

① 탐색 표시 줄에서 "Detonation"을 선택하십시오.

② 점(Point) 선택한다.

③ Node 점을 입력한다. x, y = ( 0, 0 )

④ "Plot detonation points"를 체크하여 점의 위치를 확인하십시오.

⑤ 데이터를 수용한다

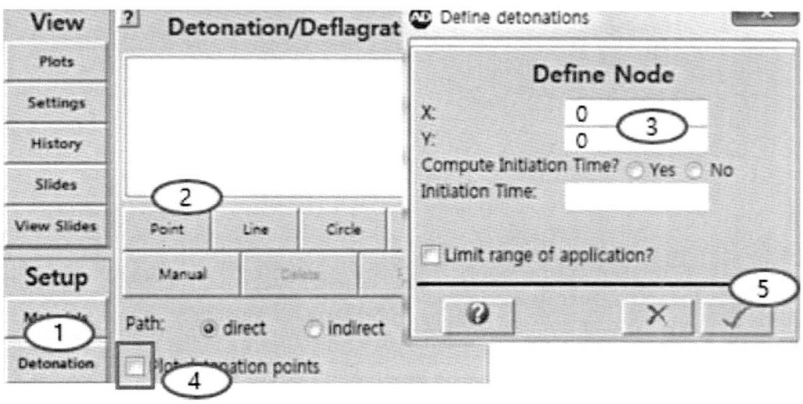


(13) 솔루션 컨트롤 설정

① 탐색 표시 줄에서 “Controls"을 선택하십시오.

② 사이클 제한에 큰 숫자를 입력하고 "50.0"ms 시간 제한

(이것은 폭풍이 전파하는 데 걸리는 시간입니다 반경 45m까지)

③ Wrapup Criteria에서

- Cycle Limit : 99999
- Time Limit : 50ms
- Energy Fraction : 0.05

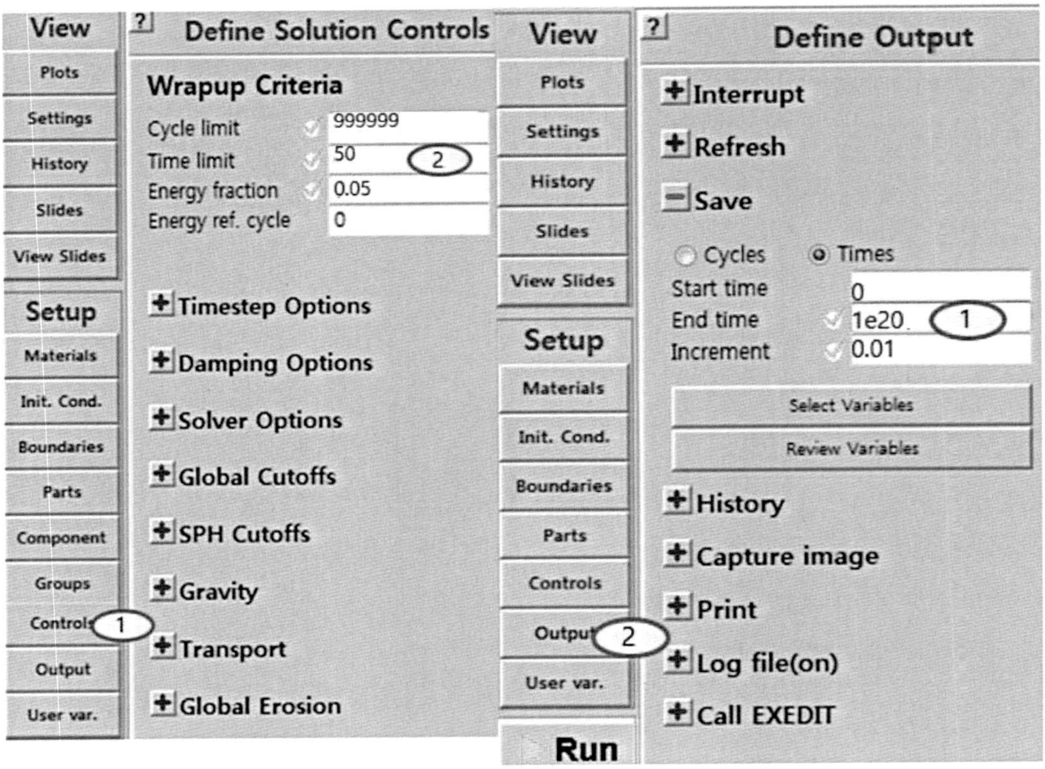


(14) 결과저장설정

① 탐색 표시 줄에서 "Output"을 선택하십시오.

② 저장 시간 설정:

- Start Time : 0.0
- End times : 1e20 ,
- Increment : 0.01 ms

(15) user var. -설정하지 않음

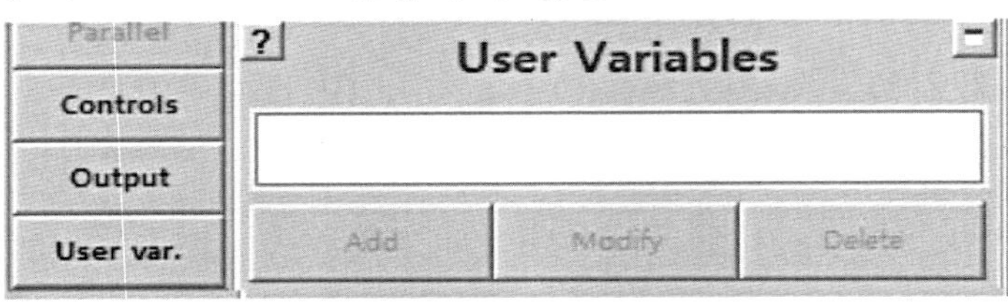

(16) 해석실행

① 데이터 저장

② 문제 해결

해결하는 동안 보기가 자동으로 업데이트됩니다.

최신 솔루션 표시

폭풍파가 외각 반지름에 도달하며 해석이 거의 완료 된 것

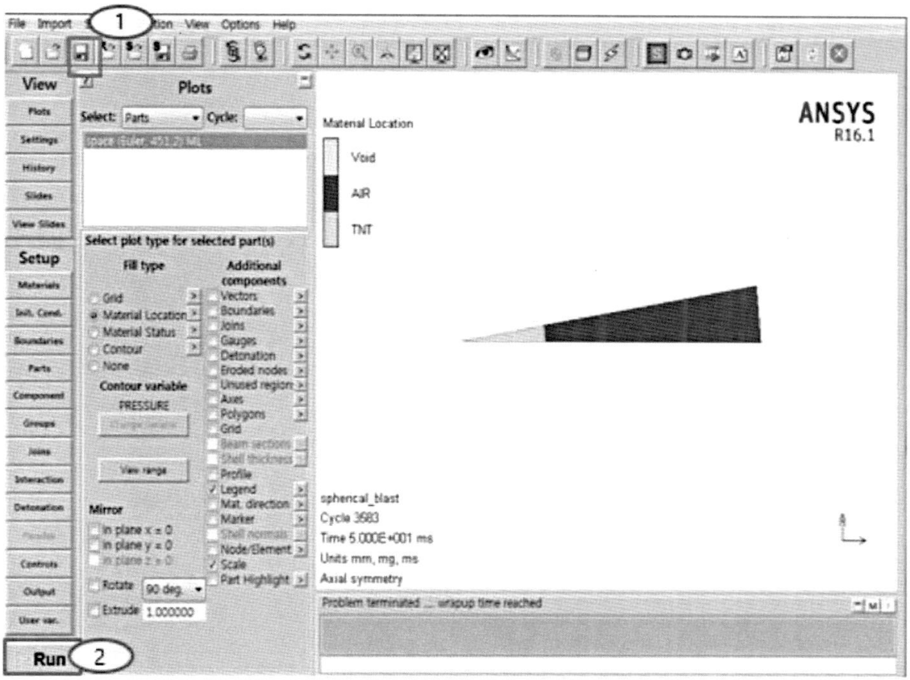

※ Wrapup Criteria에서 Cycle Limit : 999999, Time Limit : 50 ms 로 설정되어 Cycle3683에서 해석을 종료되었음.

(17) 해석 결과 분석

플롯 설정로드 변경하기

① Rotate를 변경한다 : 360도

② Fill type을 선택한다 : Contour

③ 그래픽 화면을 왼쪽 마우스를 누르고 회전시킨다.

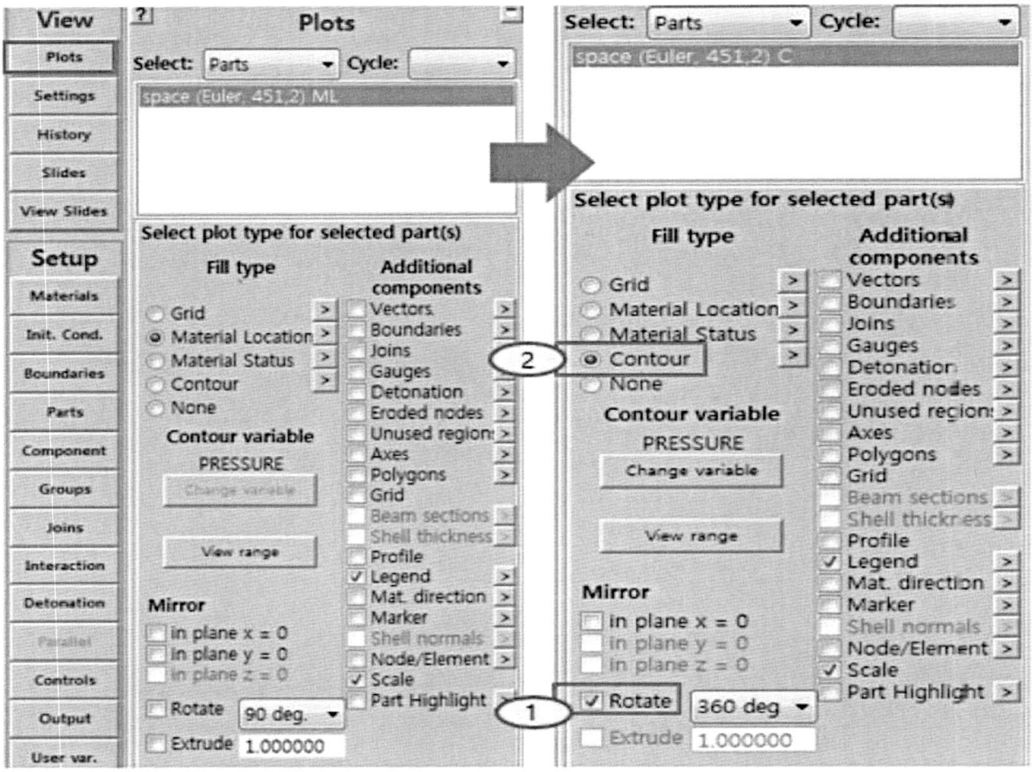


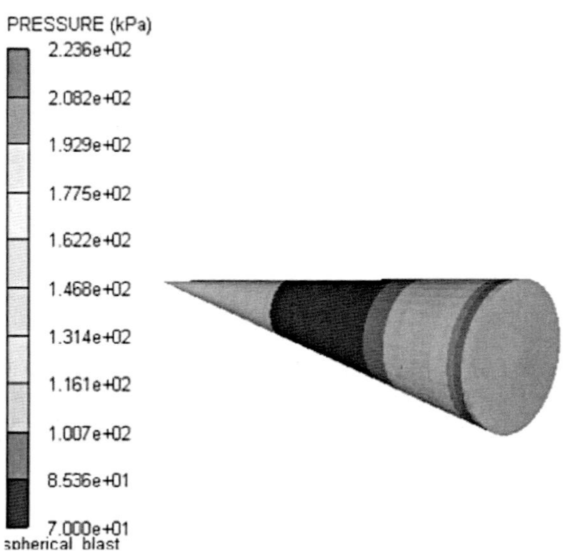

---- 참고 ----------------------------------------------

플롯 설정로드하기 채우기 (3D보기)-이미 만들어 놓은 Setting 파일을 가져옴

① 플롯 설정 파일을 불러 온다 : "spherical_blast.set "

② "압력"의 "등고선"플롯이 지정되었음을 주목하십시오

③ 로드 된 플롯 설정은 모델을 360도 회전시켜 3D뷰를 제공합니다.

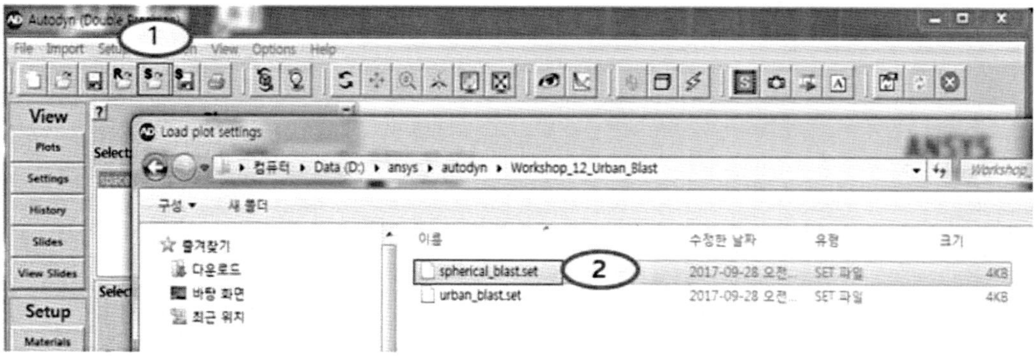


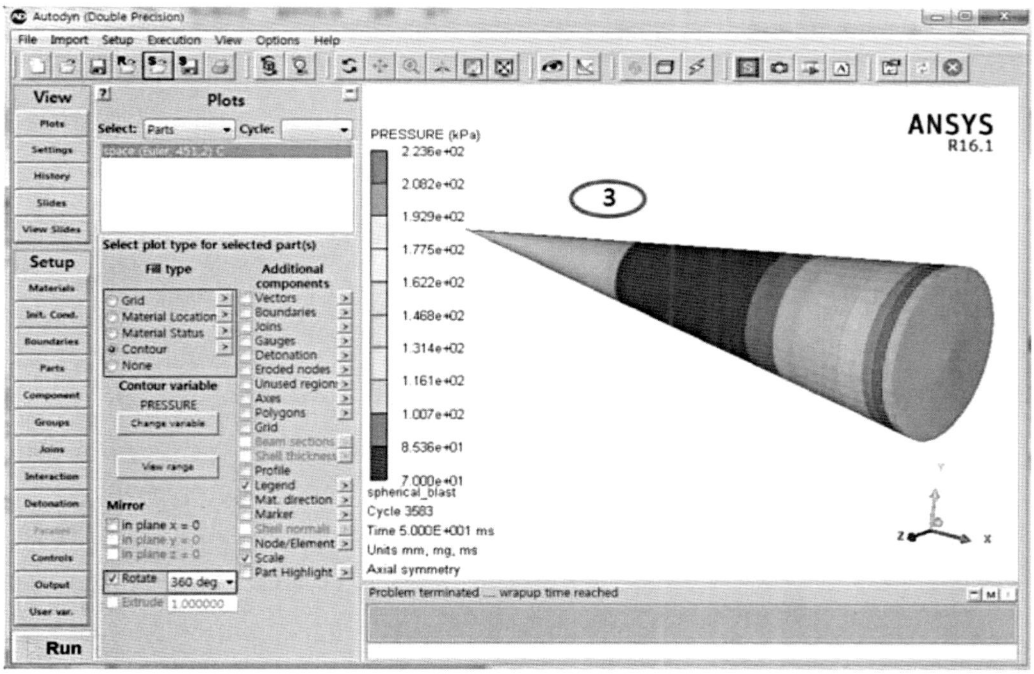


-------------------------------------------------------

(17.2) 솔루션을 재 작성 파일 (.file)에 작성하십시오.

① 탐색 표시 줄에서 "부품"을 선택하십시오.

② "채우기"를 선택하십시오.

③ "데이터 파일"

④ "데이터 파일 쓰기"를 선택하십시오.

⑤ 기본값 유지

⑥ 데이터 수용

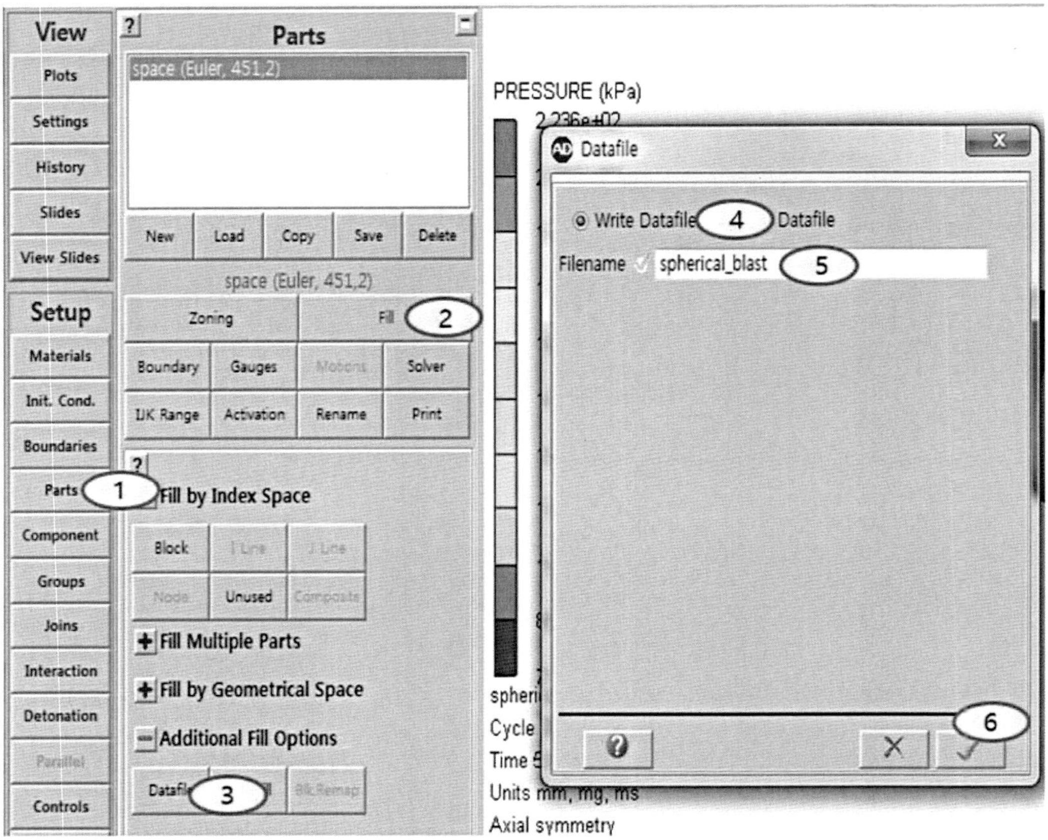

# 모듈 8. Square TNT Blast on Planner

1) 구조해석 계획

① 모듈의 목표

- 오일러 2D (Euler 2D Multi) 솔버 적용사례
- 구형 폭풍파를 만드는 방법을 방법을 소개한다.

일반적으로 폭발해석을 수행할 때는 해석을 효율적으로 하기 위하여 폭발물 폭파가 구조물에 영향을 주기 전까지 별도로 해석을 하고 구조물의 해석에 결과를 불러와서 해석을 수행하는 방법을 취하고 있다.

본 모듈에서는 구형 폭풍파를 2차원 축 대칭 모형을 수행한다.

② 해석 절차 :

- 독립 실행 형 AUTODYN 시작한다
- 2D 축 대칭을 사용하여 문제 설정한다
- 재료 목록에서 Air와 TNT를 가져온다.
- 폭발물을 2D Multi material Euler Wedge predef 모델로 한다.
- Detonation point는 (1800,0)

해석시간은 12m로 설정한다. ( 12ms는 폭풍파가 약 84m에 도달하는 시간임)

- 해석을 수행한다
- 해석결과를 .fill 파일로 저장한다 : 파일 이름 = urban_blast.fill

③ 모델링 개요 (단위 : mm)

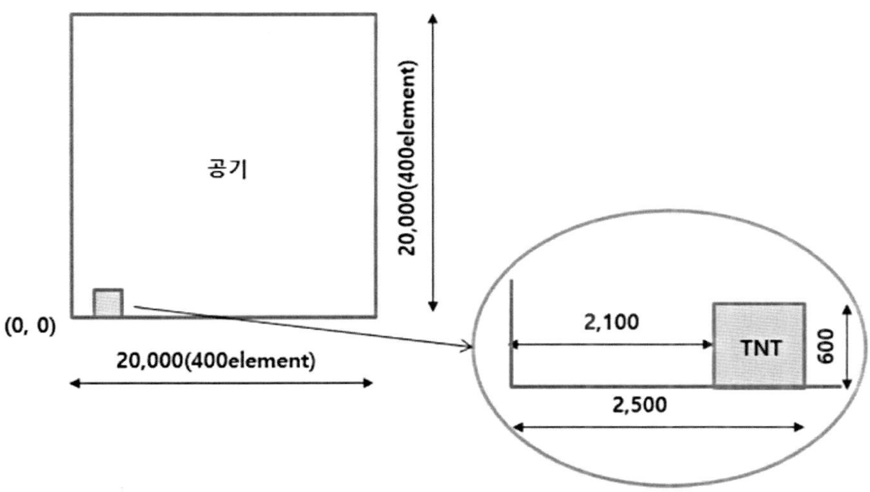

2) 구조해석

(1) Start > AUTODYN 시작

AUTODYN standalone을 시작하십시오 (autodyn.exe를 더블 클릭하십시오)

> C: \Program Files \ANSYS Inc\v161 \aisol\AUTODYN \winx64 \autodyn.exe

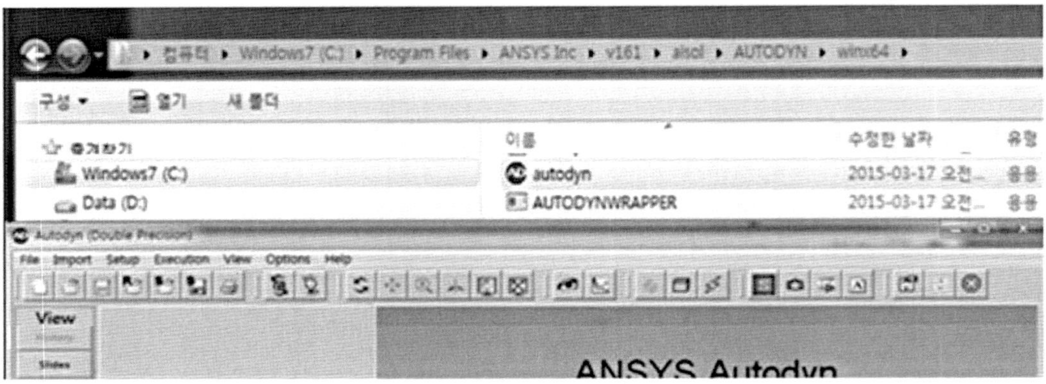


(2) Start > 프로젝트 시작

① 새로운 프로젝트 시작

② 찾아보기 프로젝트 폴더

③ Ident를 입력하십시오. : **"Square TNT Blast" 및 제목**

④ 선택 2D 축 대칭

⑤ 단위의 기본 설정 유지 (정확도를 위해 권장됨)

⑥ 선택을 클릭한다.

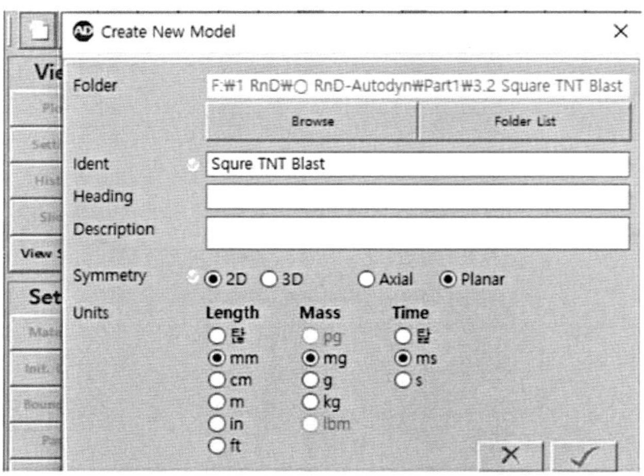

(3) Material > 재료 검색

(3.1) 라이브러리에서 재료 데이터 검색

① 메뉴에서 "Material" 를 클릭하고 "Load"로 재료 데이터를 불러온다

② 라이브러리에서 다음 자료를 선택 하십시오 :

공기, TNT

③ 데이터를 선택 확인한다.

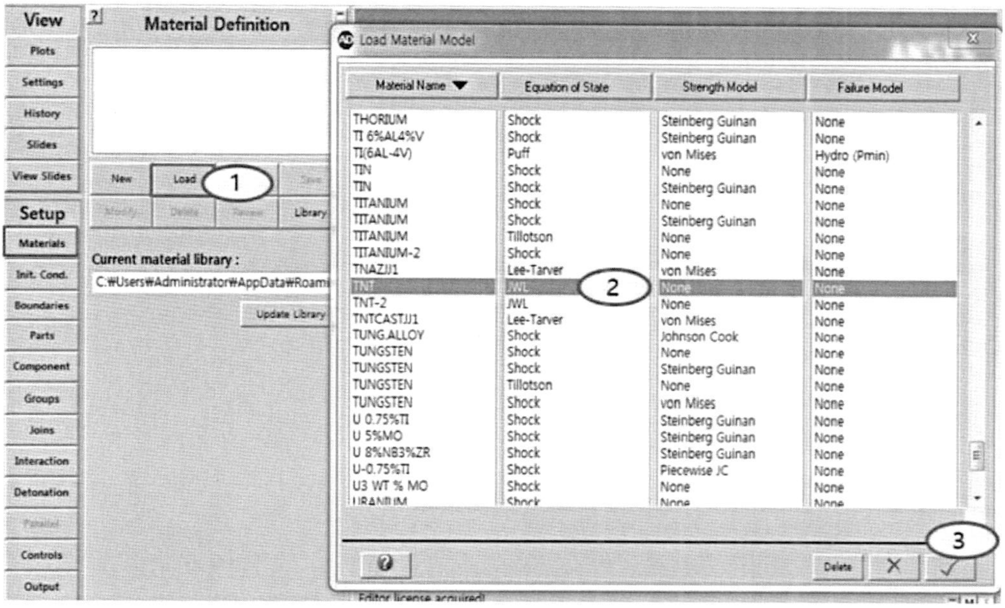

※ 라이브러리에서 여러 개를 선택하려면 CONTROL + Click을 통하여 여러 가지를 선택할 수 있다.

④ 결과 확인하면 다음과 같이 보인다.

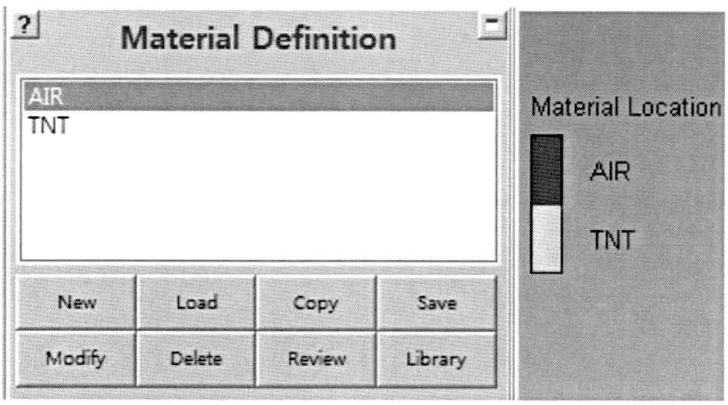

(4) 초기 조건 설정 - 설정하지 않는다.

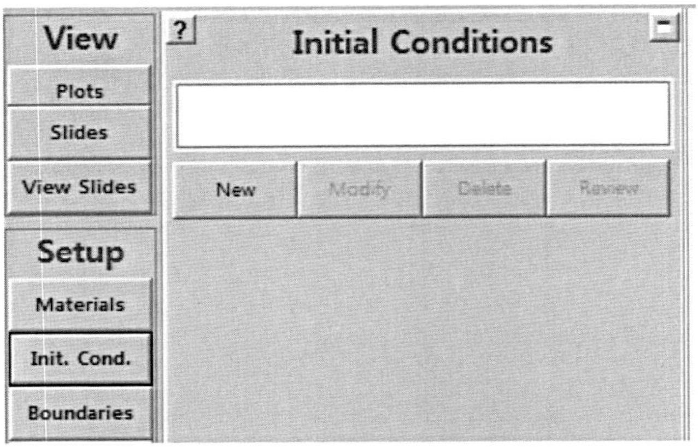


(5) 경계조건을 정의한다.

- 본 모델에서 사용하지 않음

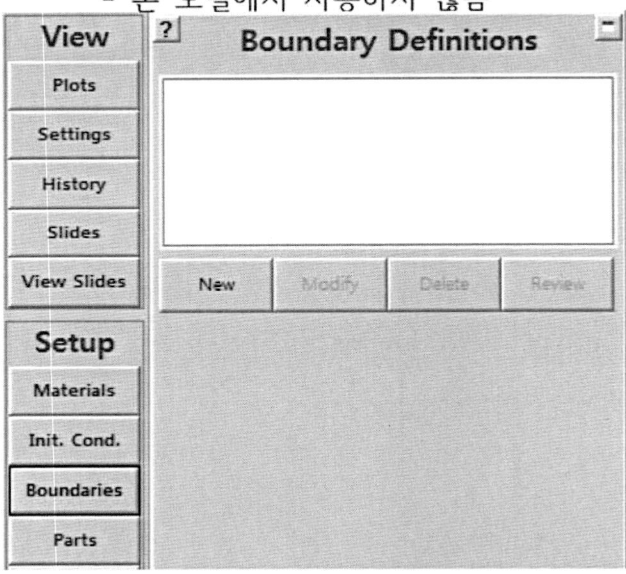


(6.1) 오일러 파트 생성

① Parts를 선택한다.

② 대화 상자에서 "New"를 선택

③ 팝업창의 Part Name을 입력한다 : space

④ Solver를 선택한다 : Euler 2D Multi

⑤ Definition을 설정하다. : Part Wized

⑥ 다음 단계로 이동

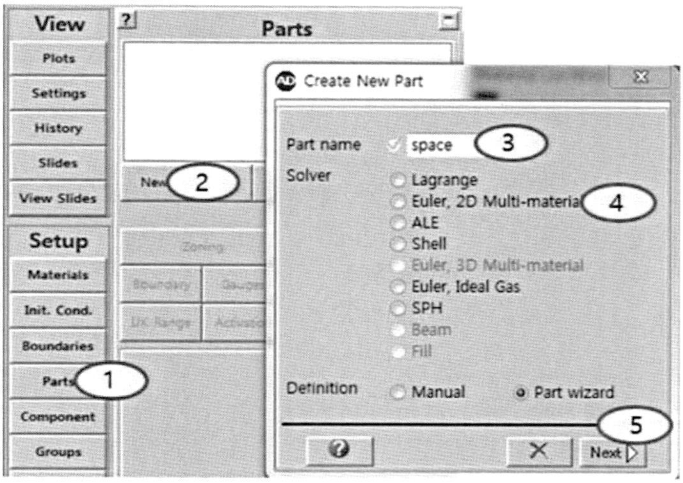


⑦ Predef를 선정한다. : Box
⑧ Geometry를 정의한다. : 원점 (0,0) 폭 (20000, 20000)
⑨ 다음 단계로 이동한다
⑩ Cell의 크기를 입력한다. : I=400, J=400
⑪ 다음 단계로 이동한다.

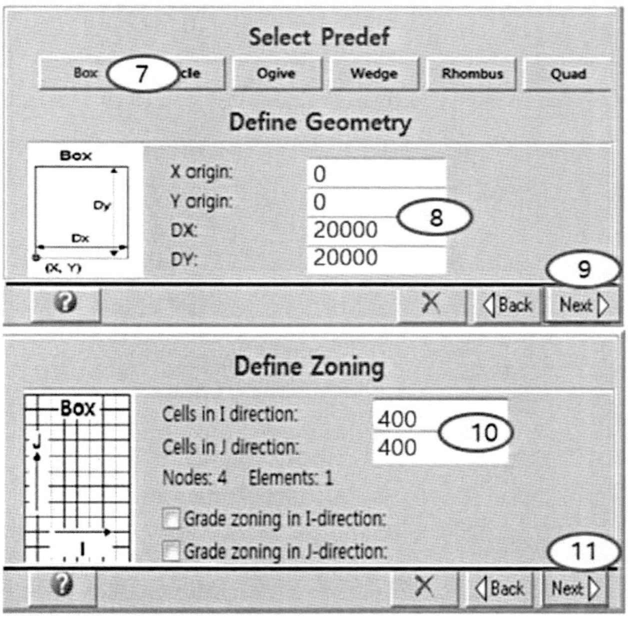


⑫ Fill with Initial Condition : 선택하기 않음
⑬ Material을 선택한다. : Air
⑭ 공기의 내부에너지를 입력 : 2.068e5
⑮ 데이터를 수용한다.

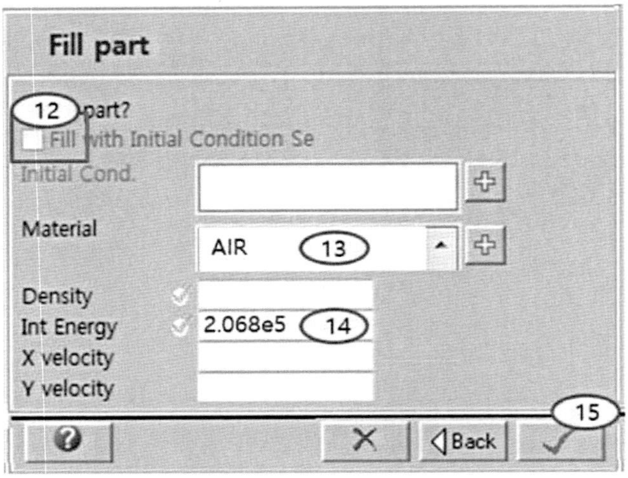


(6.2) 오일러 메쉬에 TNT 채우기

① 탐색 표시 줄에서 "부품"(Parts)을 선택하십시오.

② 채우기(Fill) 선택한다.

③ Rectangle 채우기 옵션을 선택하십시오.

④ 좌표값 ( 1500,0) (2100,600) 을 입력한다.

⑤ 재질에 "TNT"를 선택하십시오.

( 자동으로 int Energy 3.680982e6 이 입력된다)

⑥ 데이터 수용

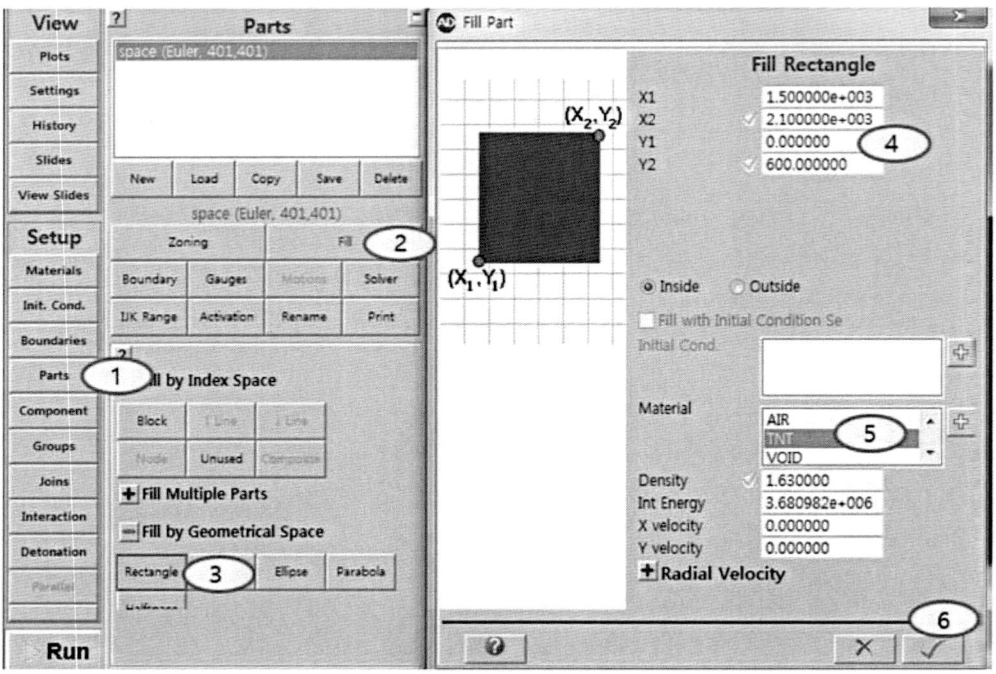

⑦ 결과화면으로 다음과 같이 나타난다.

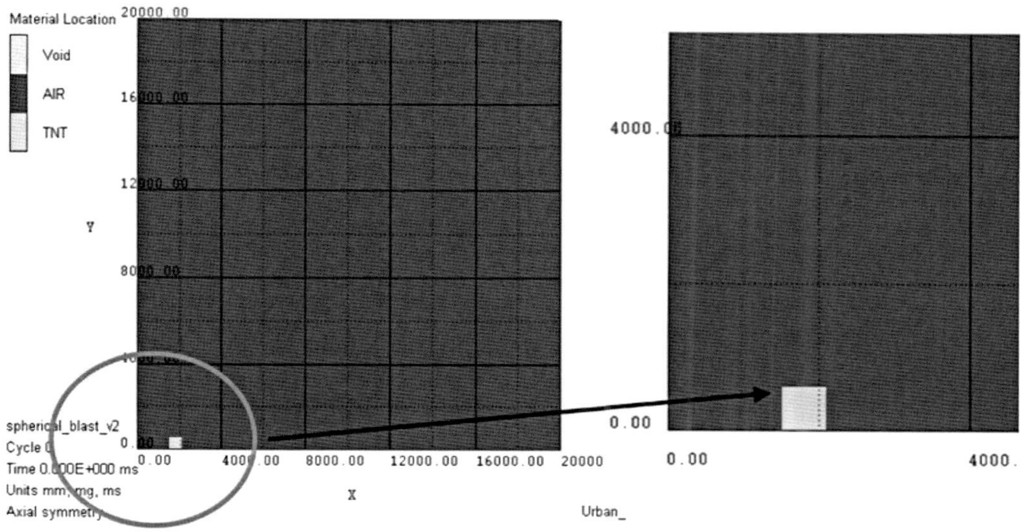


(7) Interaction :

① Interaction을 클릭한다. - 선택하지 않는다.

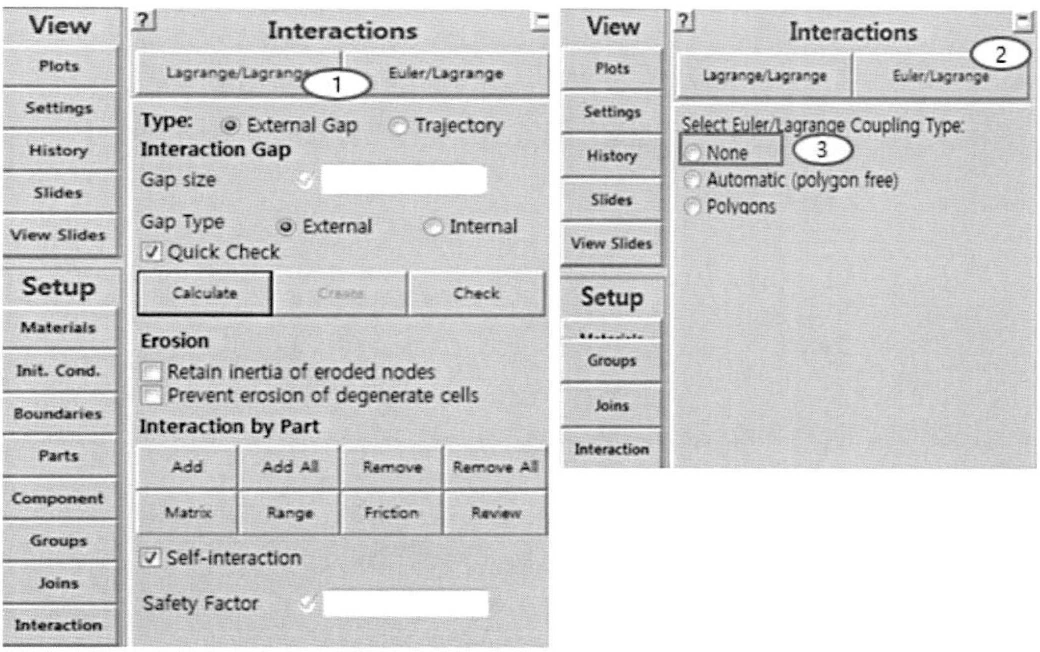


② Euler-Lagrange를 클릭한다.

③ 선택하지 않는다.

(8) Component - 설정하지 않음

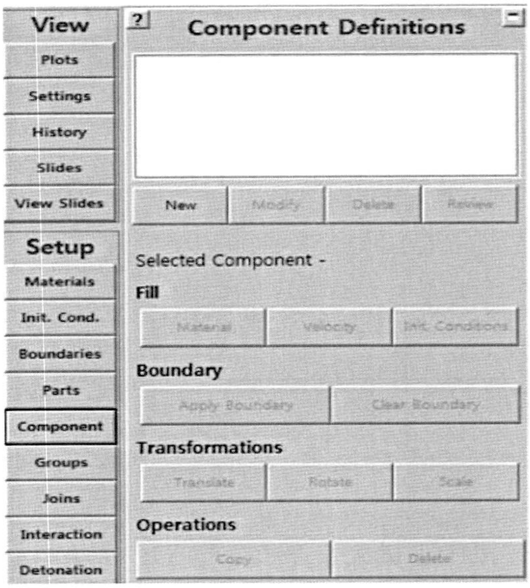


(9) Group - 설정하지 않음

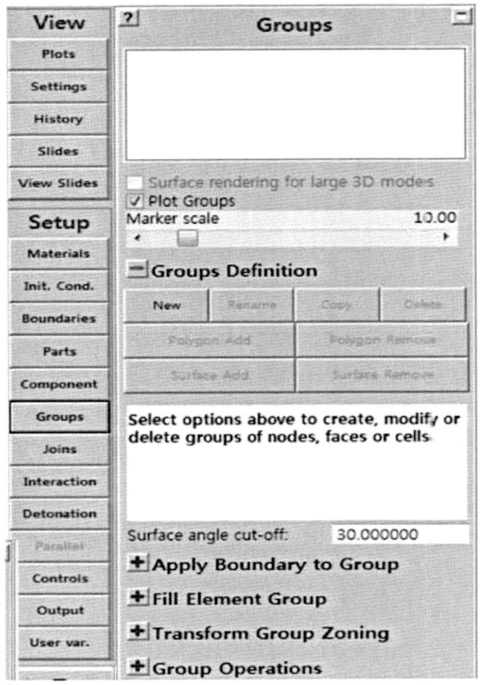


(10) Joints - 설정하지 않음.

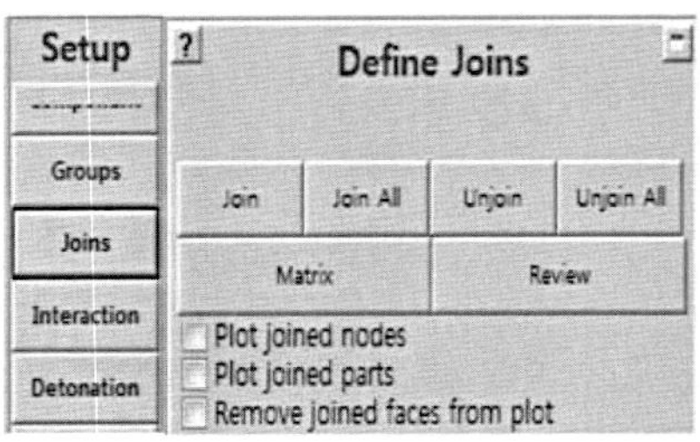


(11) Parallel-설정하지 않음.

(12) TNT에 대한 폭발 지점 정의

① 탐색 표시 줄에서 "Detonation"을 선택하십시오.

② 점(Point) 선택한다.

③ Node 점을 입력한다. x, y = ( 1800, 0 )

④ "Plot detonation points"를 체크하여 점의 위치를 확인하십시오.

⑤ 데이터를 수용한다.

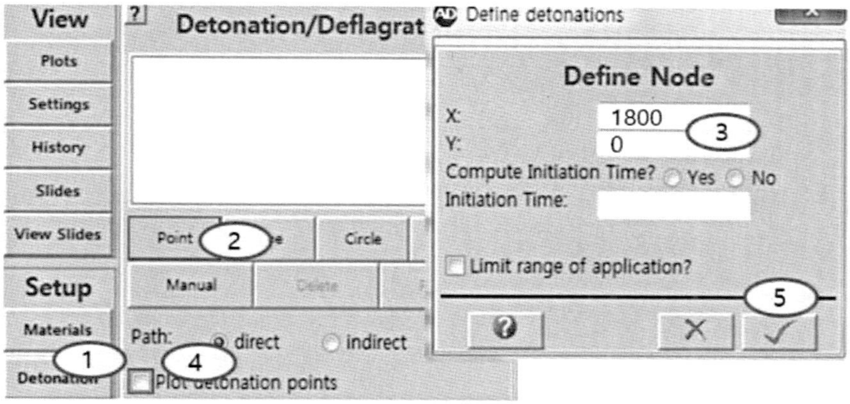
View
Plots
Settings
History
Slides
View Slides
Setup
Materials
Detonation
Detonation/Deflagrat
Point
Circle
Manual
Path:
direct
indirect
Plot detonation points
Define detonations
Define Node
X:
1800
Y:
0
Compute Initiation Time?
Yes
No
Initiation Time:
Limit range of application?
1
2
3
4
5

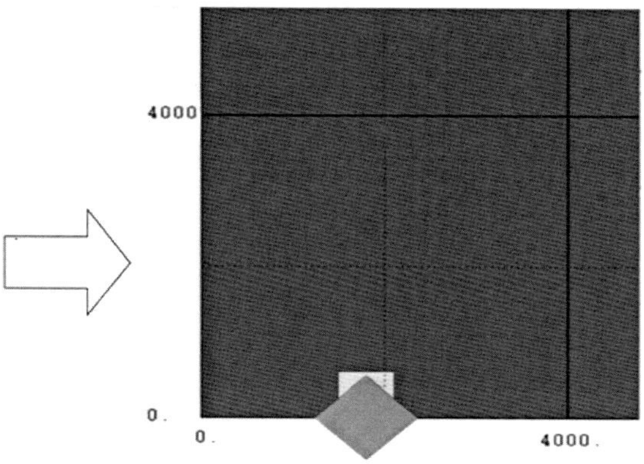
4000
0.
0.
4000.

(13) 솔루션 컨트롤 설정

① 탐색 표시 줄에서 “Controls"을 선택하십시오.

② 사이클 제한에 큰 숫자를 입력하고 "50.0"ms 시간 제한

(이것은 폭풍이 전파하는 데 걸리는 시간입니다 반경 45m까지)

③ Wrapup Criteria에서

- Cycle Limit : 99999
- Time Limit : 50ms
- Energy Fraction : 0.05

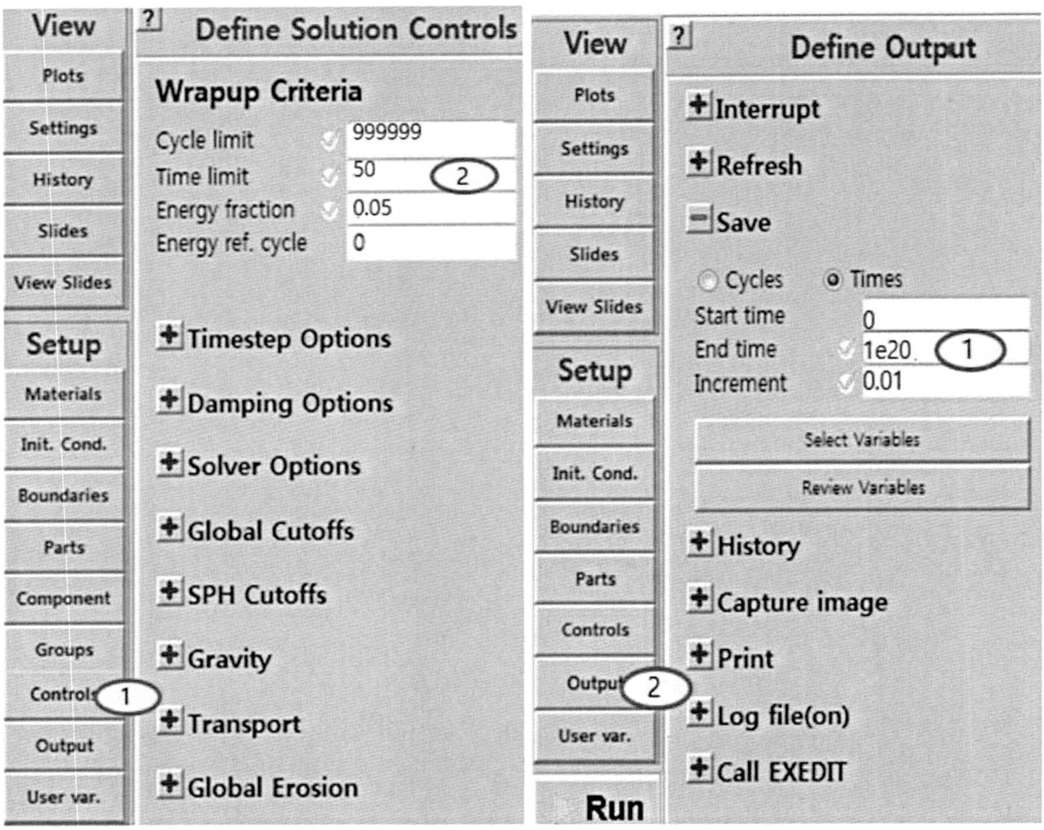


(14) 결과저장설정

① 탐색 표시 줄에서 “Output"을 선택하십시오.

② 저장 시간 설정:

- Start Time : 0.0
- End times : 1e20 ,
- Increment : 0.01 ms

(15) user var. -설정하지 않음

(16) 해석실행

① 데이터 저장

② 문제 해결

해결하는 동안 보기가 자동으로 업데이트됩니다.

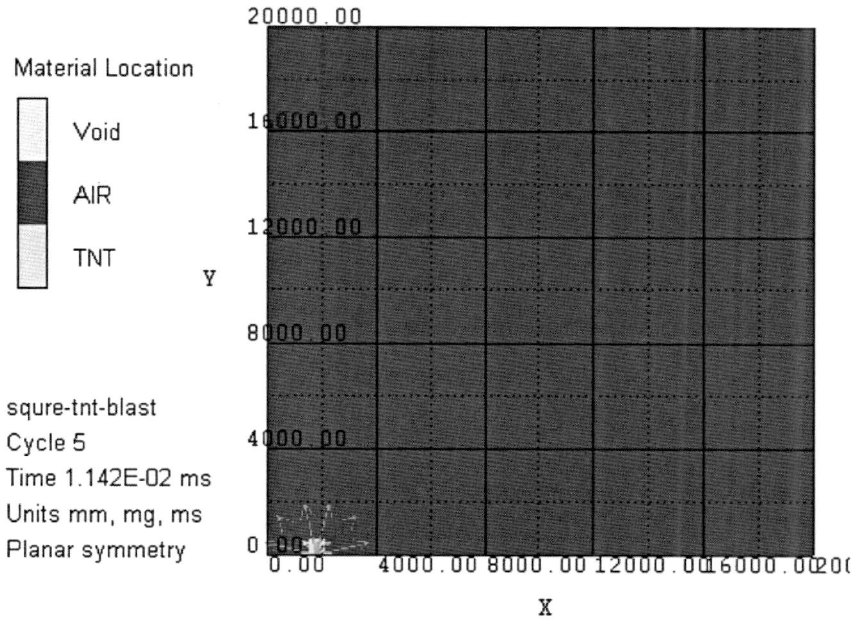

(17) 해석 결과 분석

① TNT 전파 현황 (사각형 외각은 유체가 나갈 수 없도록 막혀 있음)

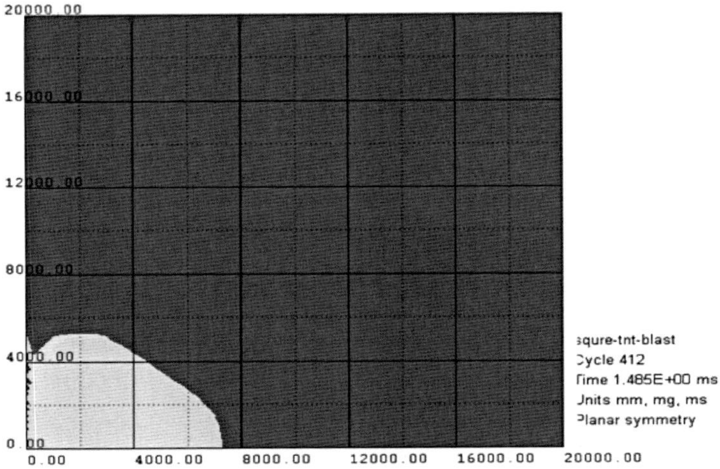


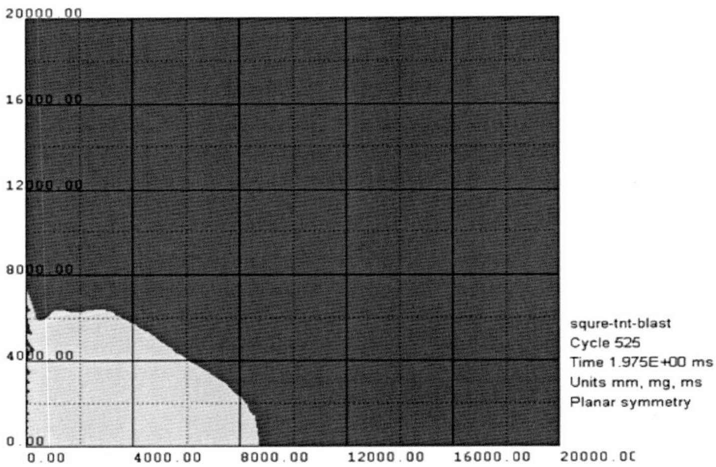


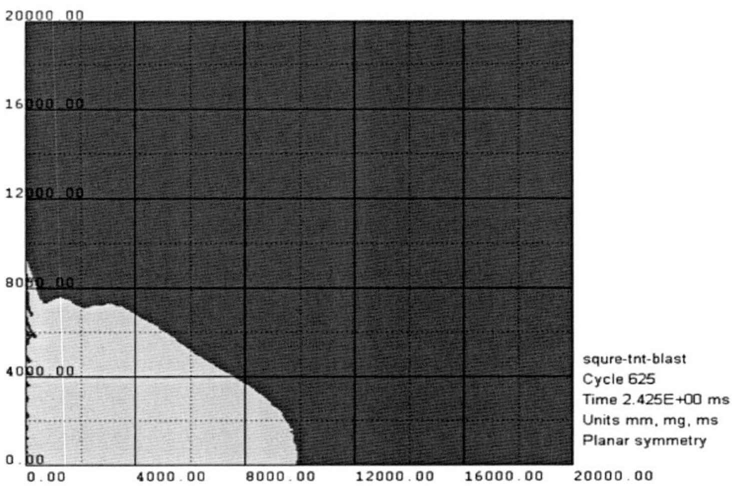

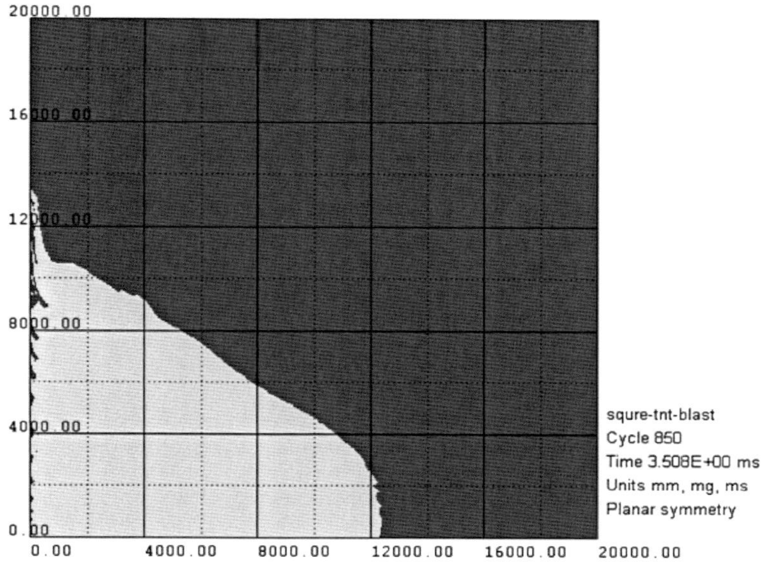

20000.00
16000.00
12000.00
8000.00
4000.00
0.00
0.00
4000.00
8000.00
12000.00
16000.00
20000.00
squre-tnt-blast
Cycle 850
Time 3.508E+00 ms
Units mm, mg, ms
Planar symmetry


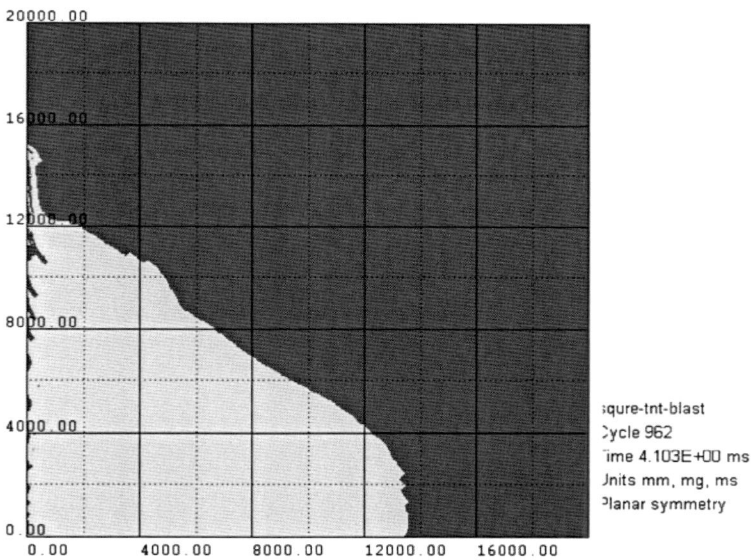

20000.00
16000.00
12000.00
8000.00
4000.00
0.00
0.00
4000.00
8000.00
12000.00
16000.00
squre-tnt-blast
Cycle 962
Time 4.103E+00 ms
Units mm, mg, ms
Planar symmetry

② TNT 질량의 변화

- 밀도는 1.630000e-04 g/cm$^3$

  설정된 TNT는 600 x 600mm이며, 질량은 586.8g 된다.

- 측정된 TNT 질량은 586.8g이다.

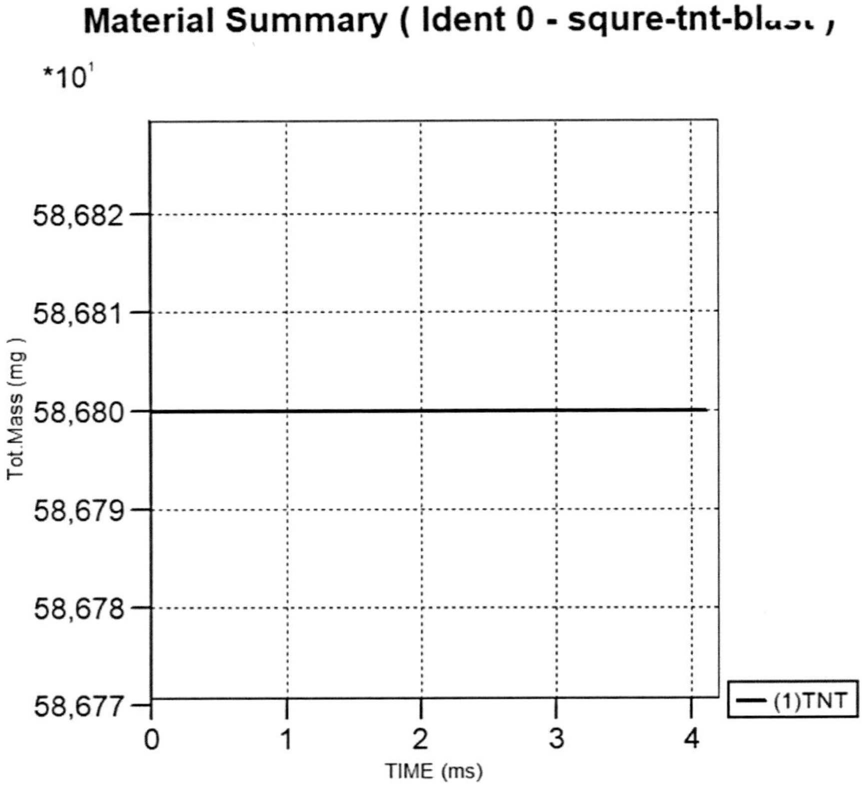

# 4 도시폭파 모형

## 모듈 9. Storm wave explodes in the city 15)

1) 구조 계획

① 모듈의 목표

-

- 도시환경에서의 폭풍파 영향을 해석을 한다.

2D-축대칭 문제에서 폭풍파를 모델링하고 , 도시모델에 폭풍파를 불러와 해석을 진행한다. 도시 모형은 ANSYS AUTODYN Manual에서 제공하는 파일을 사용하여 해석한다.

② 해석 절차 :

-폭발의 도시 지역을 모델링하기 위해 3D 문제를 설정한다. ("Buildingg.blk")

-2D 모델의 결과를 초기 조건으로 3D 모델에 다시 맵핑 합니다. ("Spherical_blast.fil")

- Wrapup Criteria : Cycle limit 1000 ms, Time limit 2.0 Energy Fraction 0.1

- Output의 Save Time : start time 0.0, End time 2.0 Increments : 0.1

-3D solve를 실행하십시오.

③ 모델링 개요 (단위 : mm)

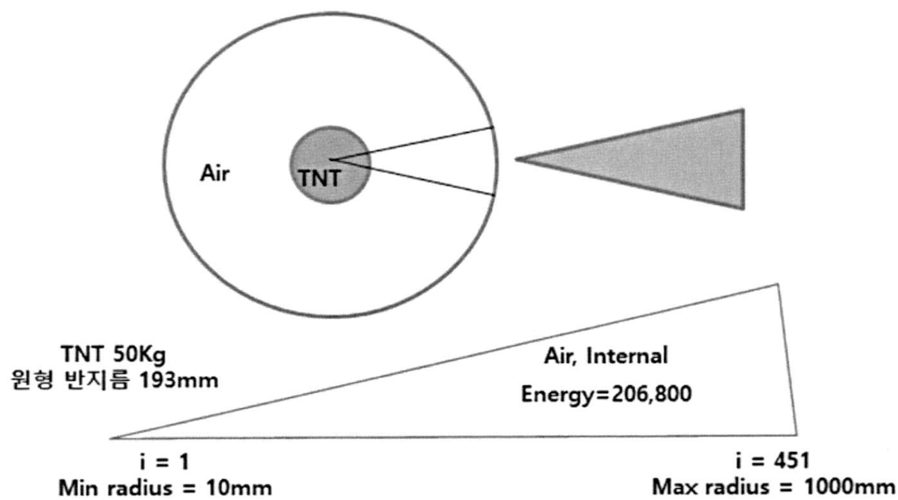


15) ANSYS AUOTODYN Urban-Blast (I) : Workshop 12

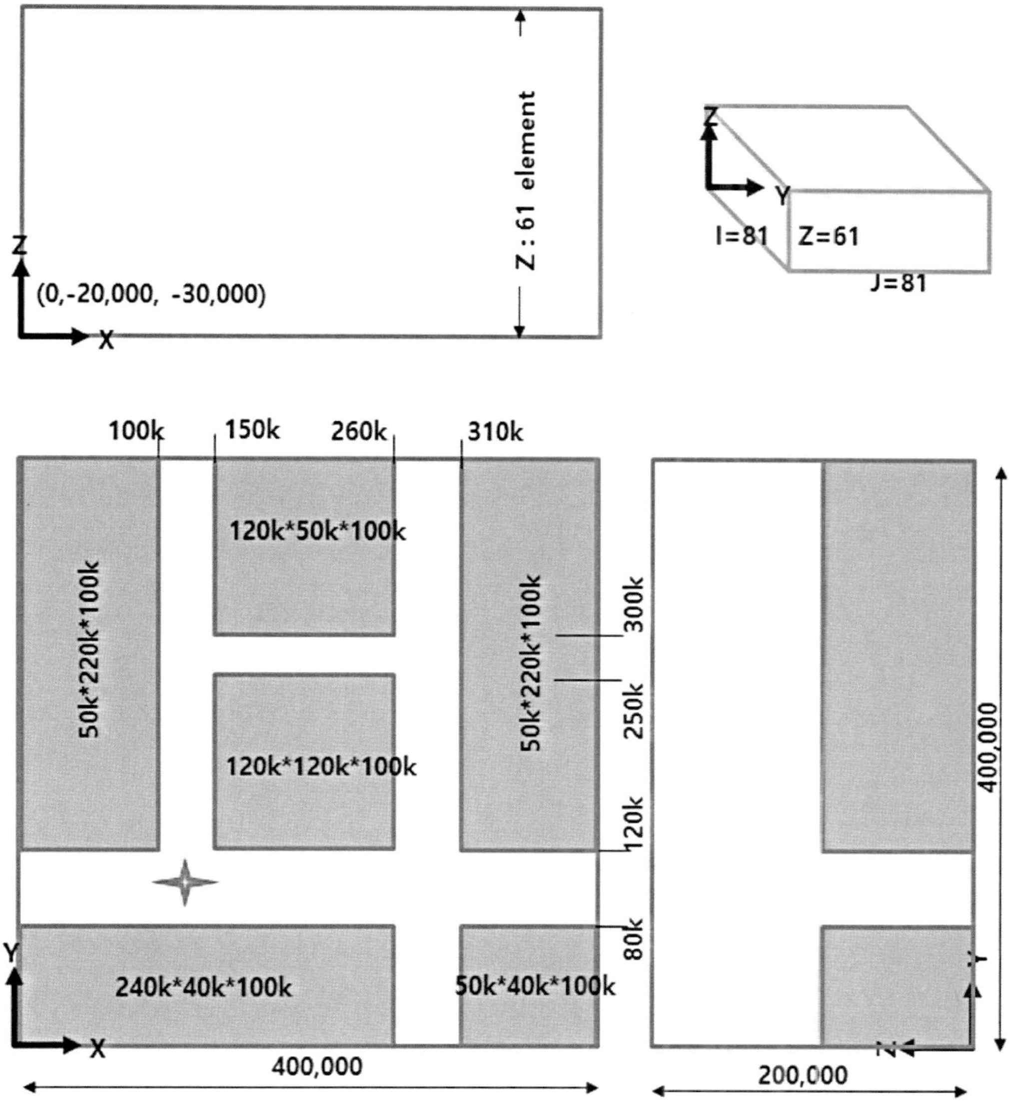

Z : 61 element
Z
(0,-20,000, -30,000)
X
Z
Y
I=81
Z=61
J=81
100k
150k
260k
310k
120k*50k*100k
50k*220k*100k
120k*120k*100k
50k*220k*100k
300k
250k
120k
80k
240k*40k*100k
50k*40k*100k
Y
X
400,000
400,000
200,000
Y
N

2) 구조해석

[1] Explicit Dynamics 설정

(1) 프로젝트의 모델링 생성

① Workbench를 연다.

② Toolbox에서 Analysis Systems에 있는 Explicit Dynamic을 더블 클릭한다

③ Project Schematic에서 프로젝트의 이름을 변경한다 : “3D-urban-v1”

④ Geometry를 더블 클릭한다. 모델을 디자인한다.

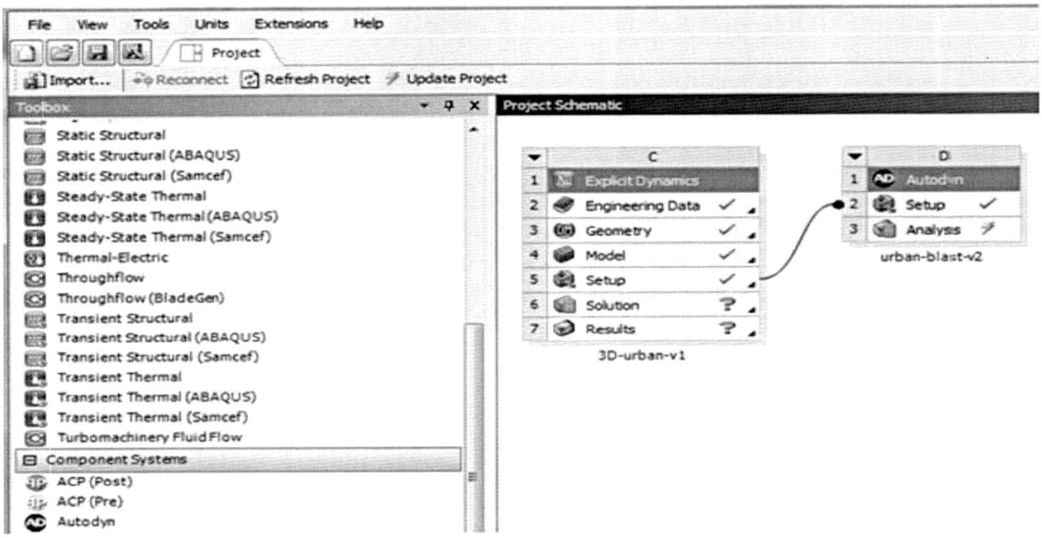

(2) 프로젝트의 시작

① Outline에서 모델을 선택하고 Geometry에서 Solid를 선택한다.

Detail of Solid에서 Stiffness Behavior를 변경한다 : Rigid

(해석에서 건물의 거동은 고려하지 않는다.)

② Mesh를 설정 한다 : 자동 설정을 실행한다

③ Explicit Dynamic에서 최소한의 경계조건을 부여한다 : 중력을 부여한다.

④ Workbench에서 설정을 저장한다.

⑤ Project Schematic에서 프로젝트의 이름을 변경한다 : “3D-urban-v1”

⑥ Geometry를 더블 클릭한다. 모델을 디자인한다.

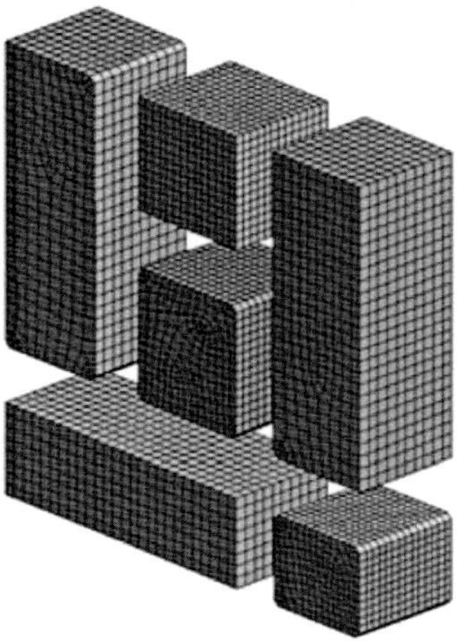

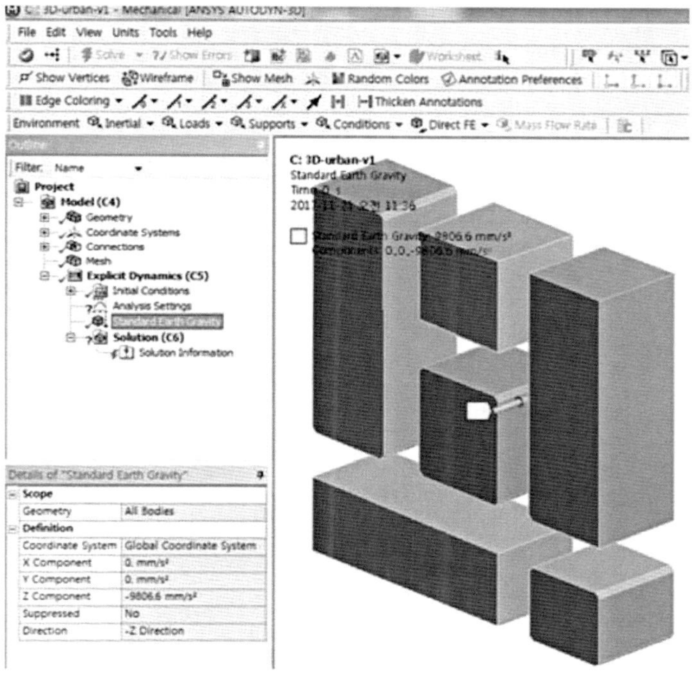

[2] Autodyn 설정

(1) Autodyn과 Explicit Dynamic를 연결하기

① Workbench의 Toolbox에서 Autodyn을 더블클릭한다.

② Project Schmatic에서 Explicit Dynamics에서 setup을 드래그하여 Autodyn의 Setup에 올려놓는다. (그림과 같이 선이 연결된다)

③ Audotdy의 Setup을 RMB하여 Update를 실행한다.

④ Autodyn화면이 열린다.

(2) Start > 프로젝트 시작

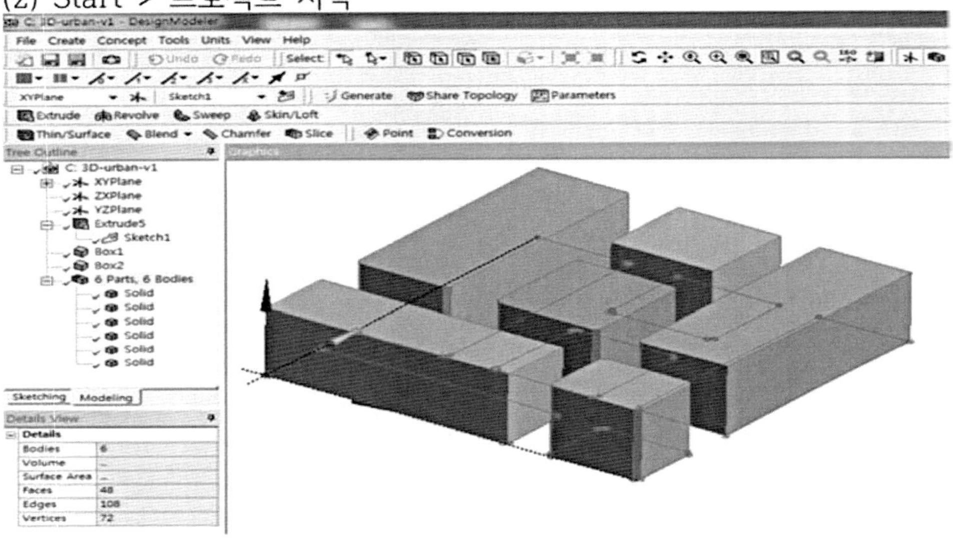

(3) Material > 재료 검색

라이브러리에서 재료 데이터 검색

① 메뉴에서 "Material" 를 클릭하고 "Load"로 재료 데이터를 불러온다.

② 라이브러리에서 다음 자료를 선택한다. : 공기, TNT

③ 데이터를 선택 확인한다.

% 라이브러리에서 여러 개를 선택하려면 CONTROL + Click을 통하여 여러 가지를 선택할 수 있다.

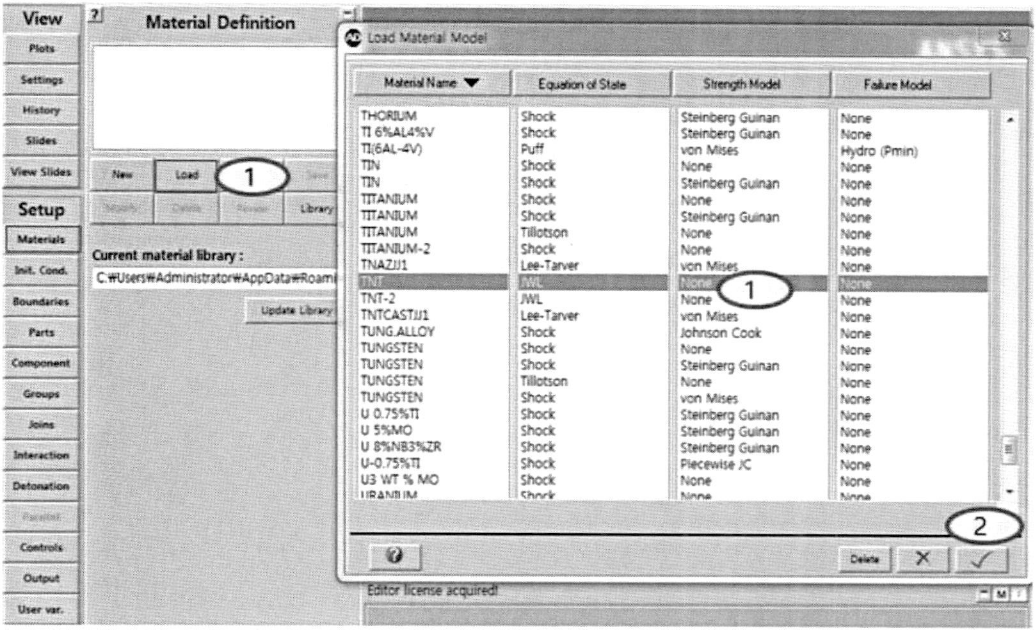


④ 결과 확인하면 다음과 같이 보인다.

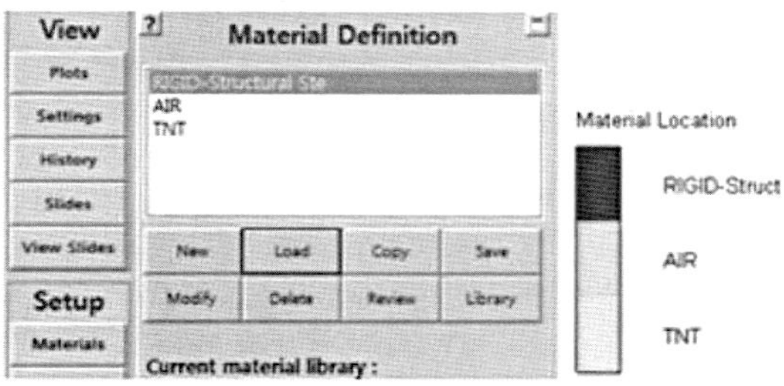

(4) 초기조건 생성

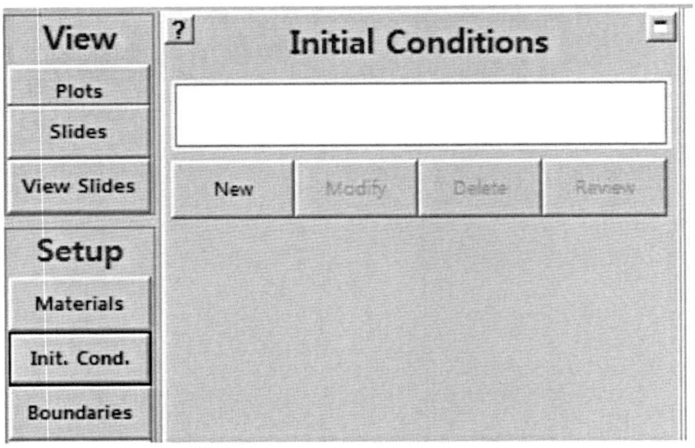


(5) 경계조건 정의

① Boundary를 선택한다.

② 대화 상자에서 New 를 선택한다

③ Boundary Name을 기록한다 : Outflow

④ Type을 정한다 : Flow_out

sub option을 정한다 : Flow_out(Euler)

⑤ Preferred Material을 설정한다 : ALL_EQUAL

⑥ 데이터를 수용한다.

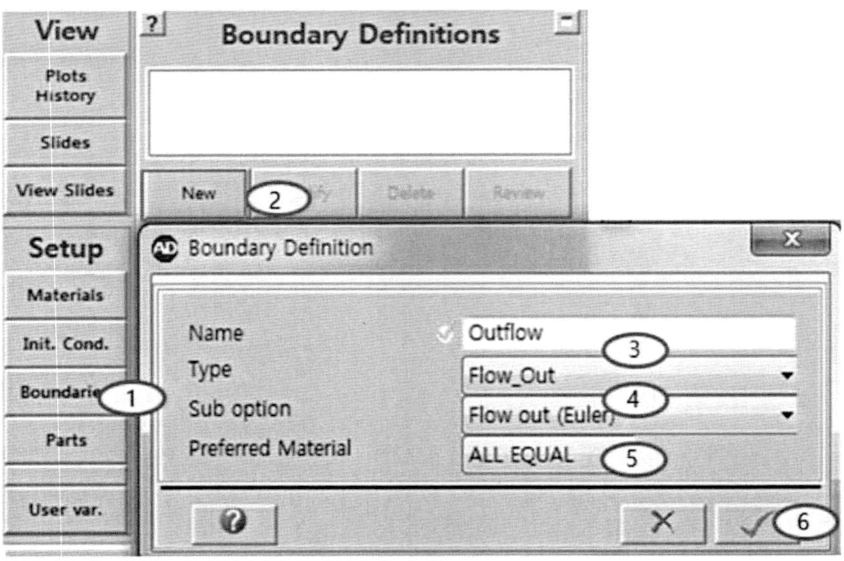

(6.1) 오일러 파트 생성

① Parts를 선택한다.

② 대화 상자에서 "New"를 선택

③ 팝업창의 Part Name을 입력한다. : space

④ Solver를 선택한다 : Euler Multi-material

⑤ Definition을 설정하다. : Part Wized

⑥ 다음 단계로 이동

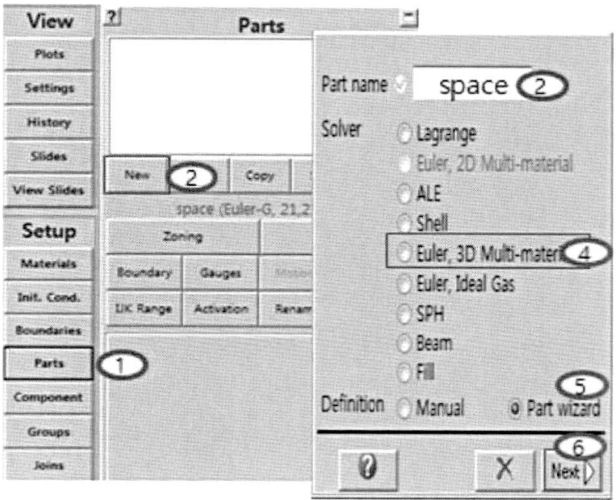


⑦ Predef를 선정한다. : Box

⑧ Geometry를 정의한다 : Origin xo, yo, zo 를 입력한다.
Size DX, DY, DZ 를 입력한다.

⑨ 다음 단계로 이동한다

⑩ Cell의 IJK 방향 :입력한다.

⑪ 다음 단계로 이동한다.

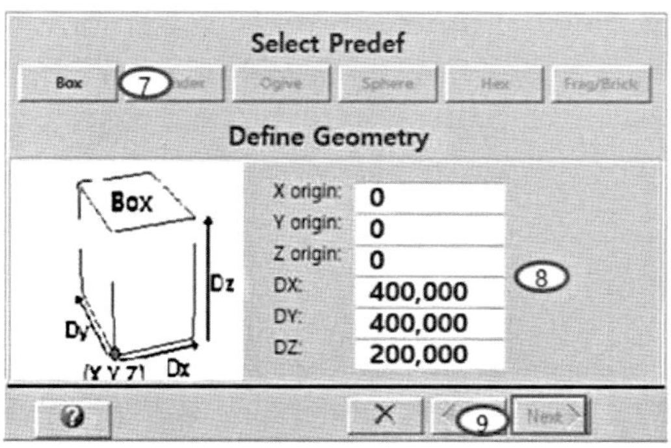


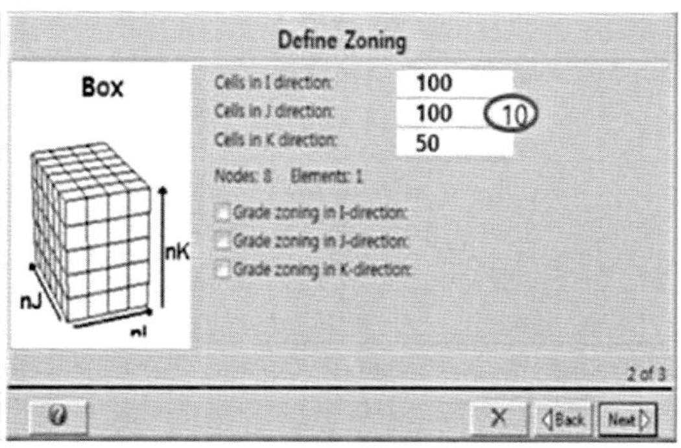

⑫ Fill Part에서 Fill with Initial Condition Set을 선택한다
⑬ Material을 선택한다. : AIR
⑭ Internal Energy를 입력한다. : 2.068e5
⑮ 데이터를 수용한다.

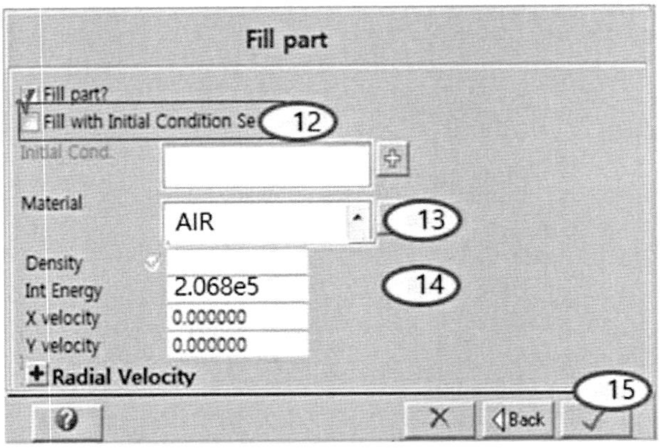


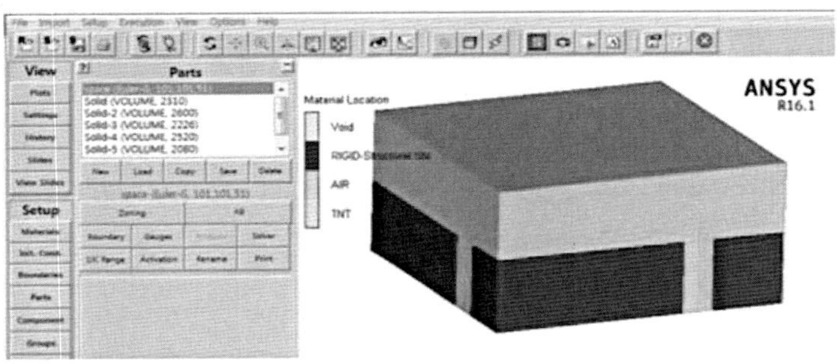

(6.2) 구형 폭발 결과를 3D로 다시 매핑

① 탐색 표시 줄에서 "부품"을 선택한다.

② 데이터 파일 선택 (채우기)

③ 데이터 파일 읽기 선택한다.

④ File을 선택한다 : TNT50-Spgerical-blast

⑤ 재 맵핑 원점을 (125000, 100000, 10000)

⑥ 재배치할 재료로 Air와 TNT를 선택한다.

⑦ 데이터를 수락합니다. (모든 경고 메시지에 예라고 답함).

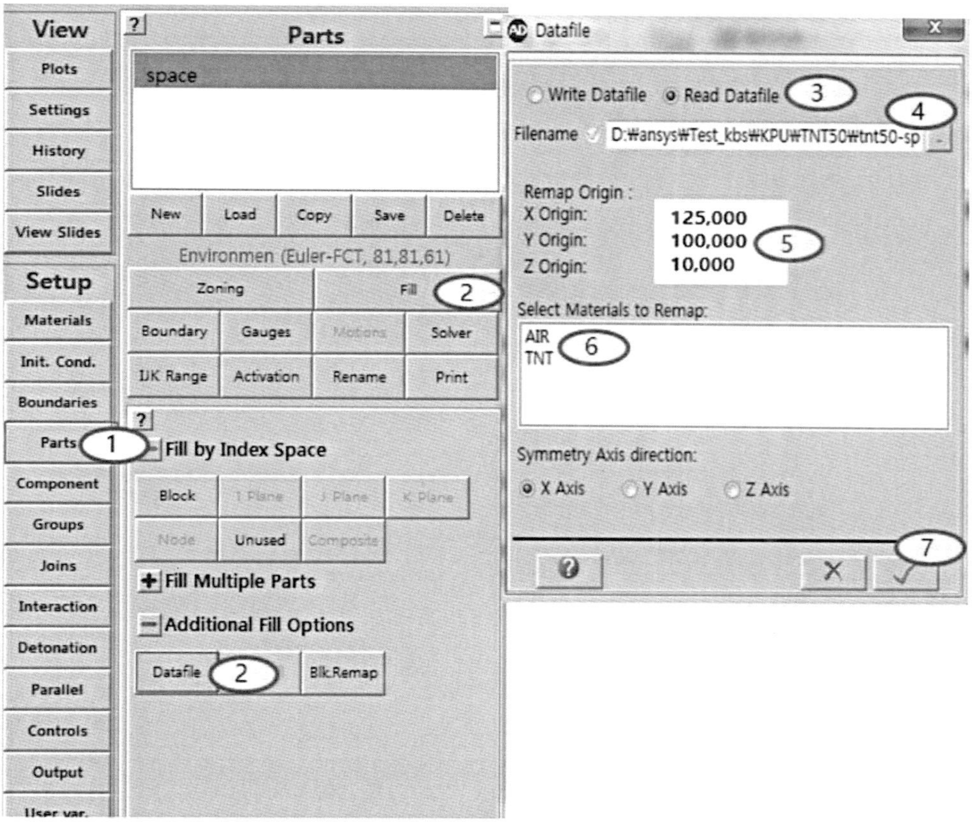


⑧ 결과 화면으로 다음과 같이 나타난다.

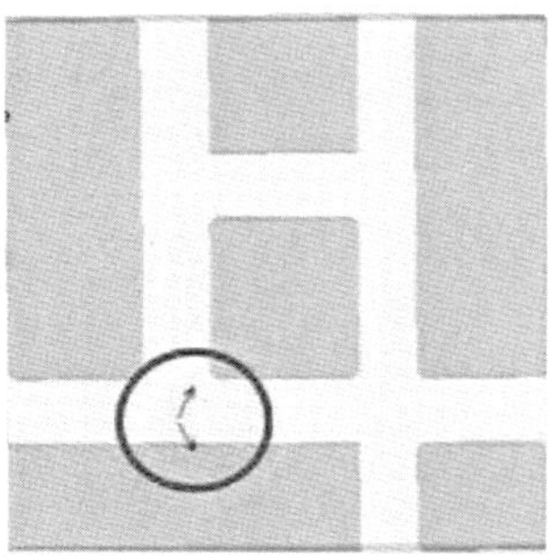

(6.3) 경계조건 설정

① 내비게이션 바에서 " Parts"를 클릭하고 Part를 선택한다.

② "Boundary"를 선택한다.

③ 차단(Block) 선택한다.

④ 기본값을 사용하여 전체 메쉬에 유출 경계를 적용합니다.

⑤ 지우기(Clear)를 선택한다.

⑥ ground의 모든 내부면에서 경계를 제거합니다

: I = 2-80, J = 2-80, K = 1-60

⑦ 데이터를 승인한다

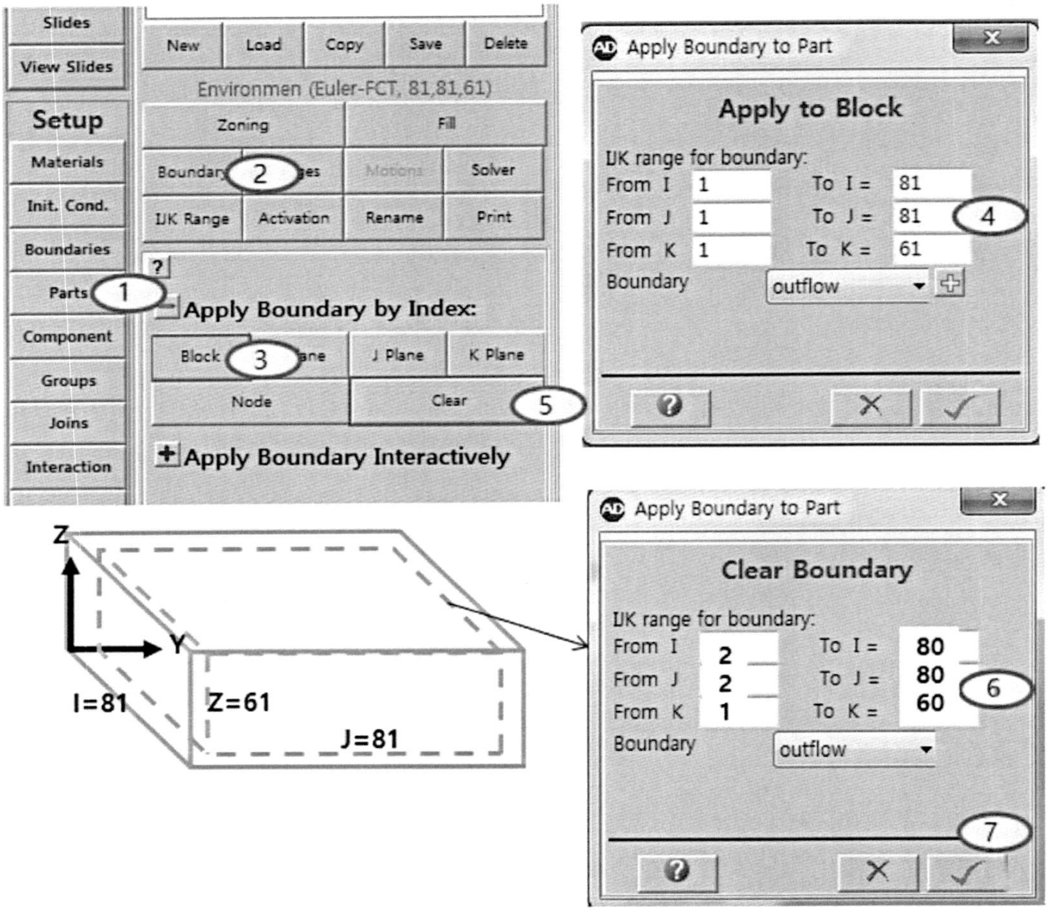

⑧ 결과 화면 확인

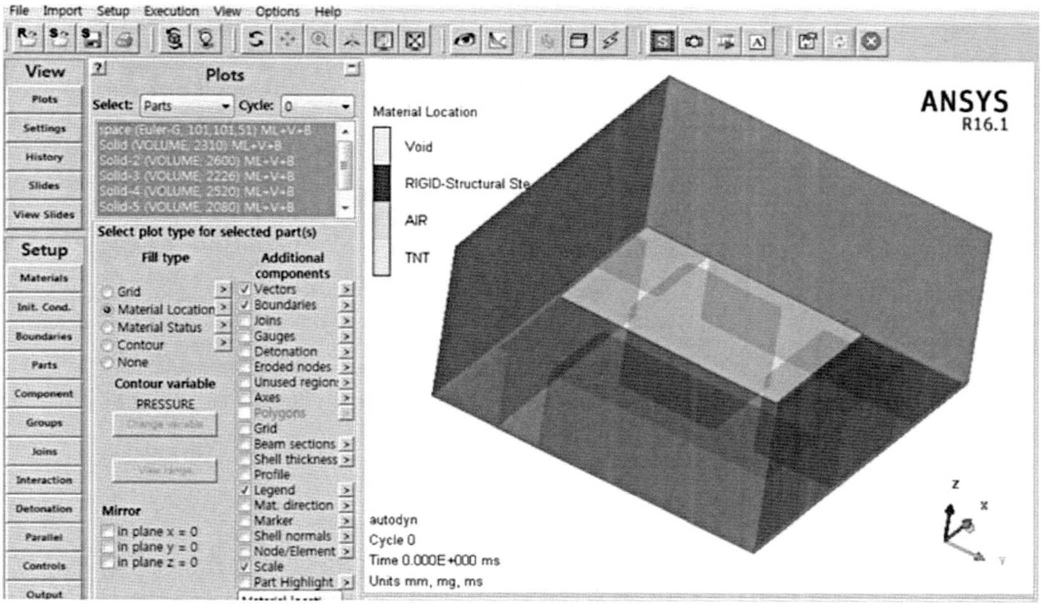

(7) Interaction 설정

① Interaction을 클릭한다.

② Lagrange-Lagrange :

- 설정을 변경하지 않음

③ Type을 설정한다. : External Gap

④ Calculate를 클릭한다.

AUTODYN은 계산을 해서 Gap Size를 제공한다 : 1.001

⑤ 나머지는 Default를 수용

⑥ Euler-Lagrange를 클릭한다.

- 설정을 변경하지 않음

⑦ Type을 설정한다. : None

⑧ Euler subcycling : On

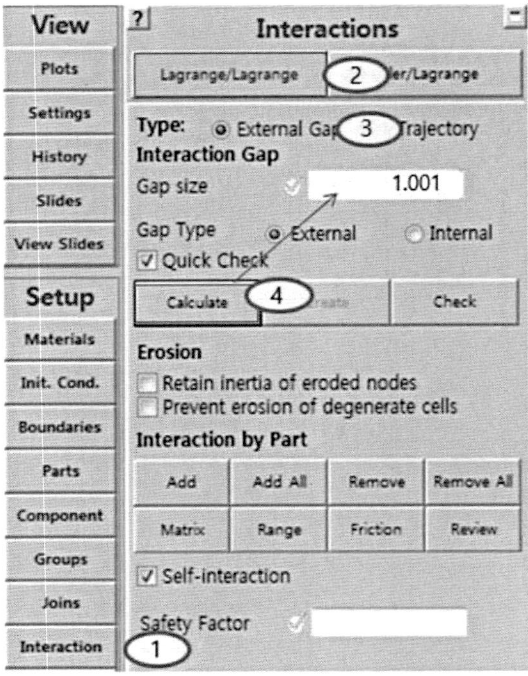


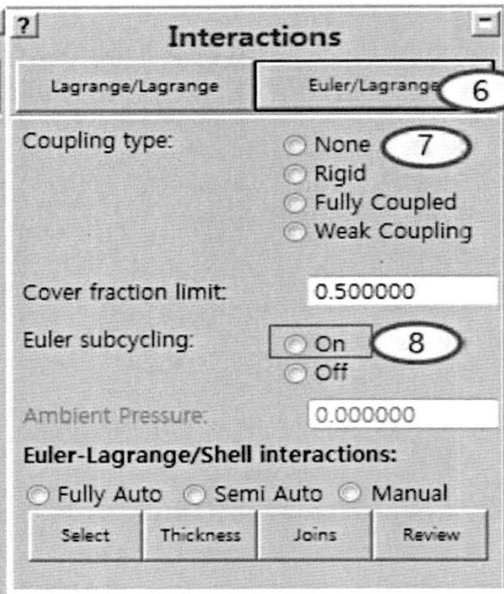


(8) Component - 설정하지 않음

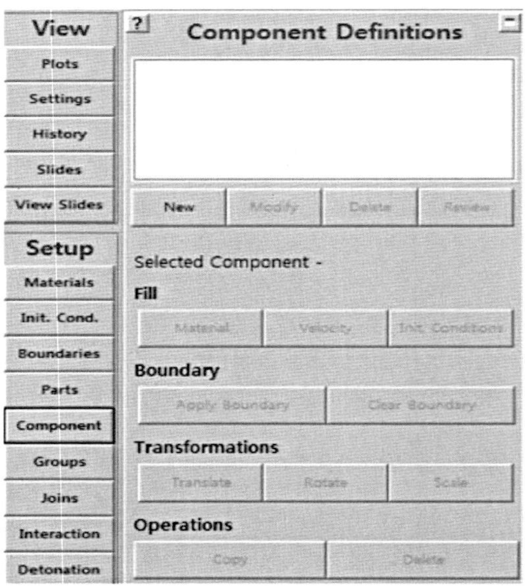


(9) Group - 설정하지 않음

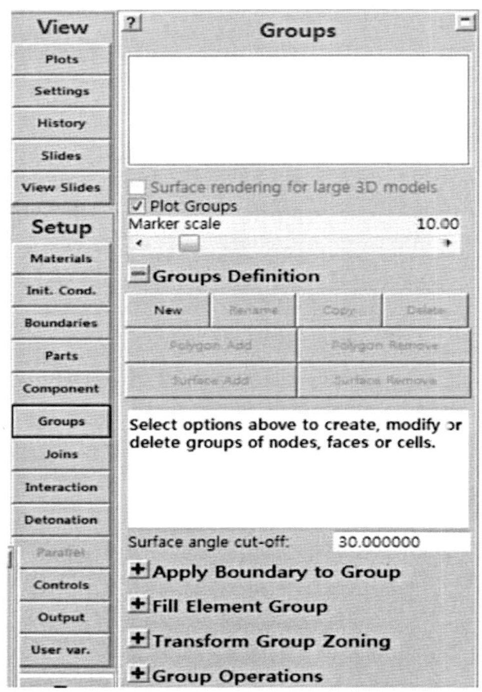

(10) Joints - 설정하지 않음. (11) Parallel-설정하지 않음.

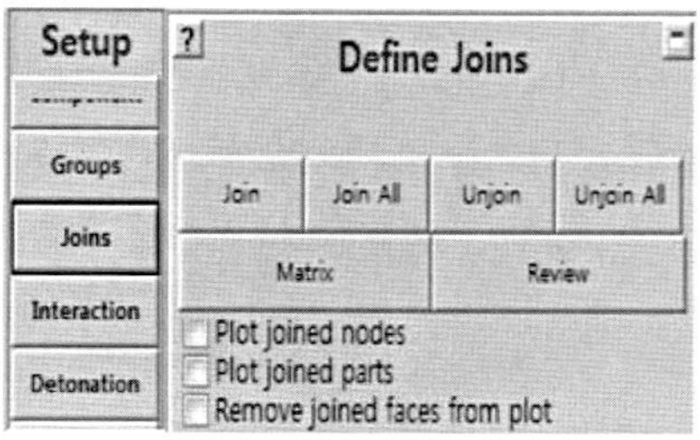

(12) TNT에 대한 폭발 지점 정의

① 탐색 표시 줄에서 "Detonation"을 선택한다.

② 점(Point) 선택한다.

③ Node 점을 입력한다. x, y = ( 0, 0 )

④ "Plot detonation points"를 체크하여 점의 위치를 확인하십시오.

⑤ 데이터를 수용한다.

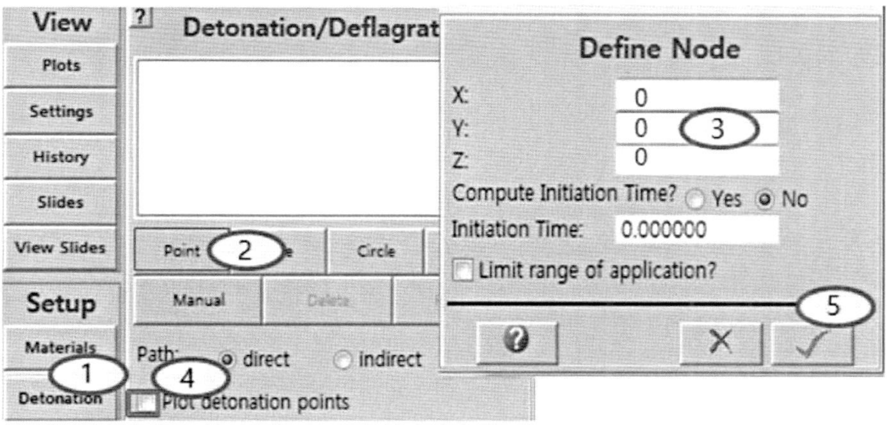

(13) 솔루션 컨트롤 설정

① 탐색 표시 줄에서 "Controls"을 선택한다.

② 사이클 제한에 큰 숫자를 입력하고 "50.0"ms 시간 제한
(이것은 폭풍이 전파하는 데 걸리는 시간입니다  반경 45m까지)

③ Wrapup Criteria에서

- Cycle Limit  : 99999          - Time Limit : 50ms
- Energy Fraction : 0.05

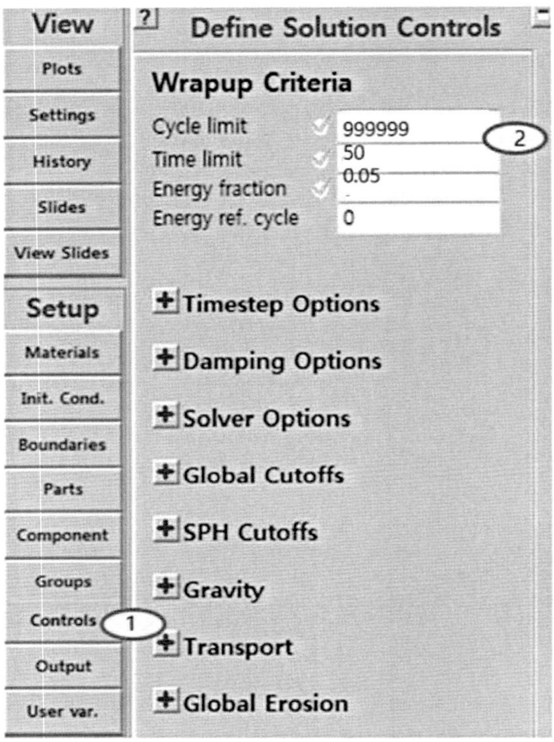

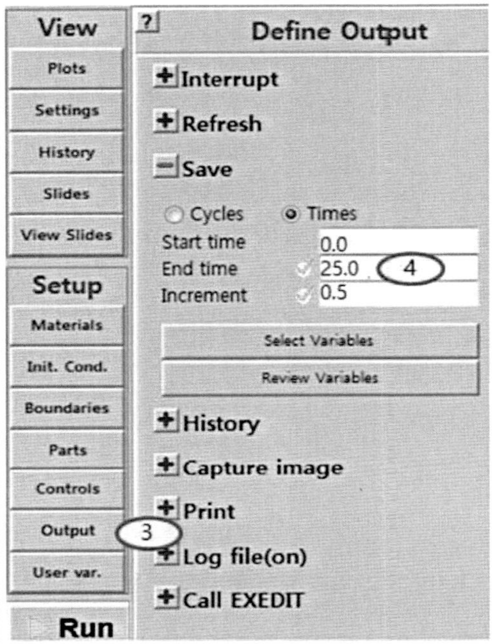


(14) 결과저장설정

① 탐색 표시하는 줄에서 "Output"을 선택한다.

② 저장 시간 설정:

- Start Time : 0.0
- End times : 25 ,
- Increment : 0.5 ms

(15) user var. -설정하지 않음

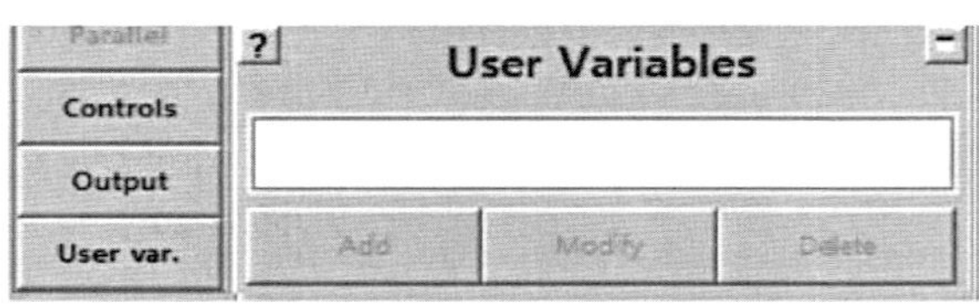

(16) 해석실행

① 데이터 저장

② 문제 해결

해결하는 동안 보기가 자동으로 업데이트됩니다.

(해결 과정에서 그래픽은 자동으로 업데이트되어 계산 중의 상태를 보여준다. 계산시간은 약 25분 정도 걸린다.
해석을 중지하려면 STOP을 누르면 되고, 계속 이어서 해석을 하려면 "RUN"버튼을 누르면 된다.)

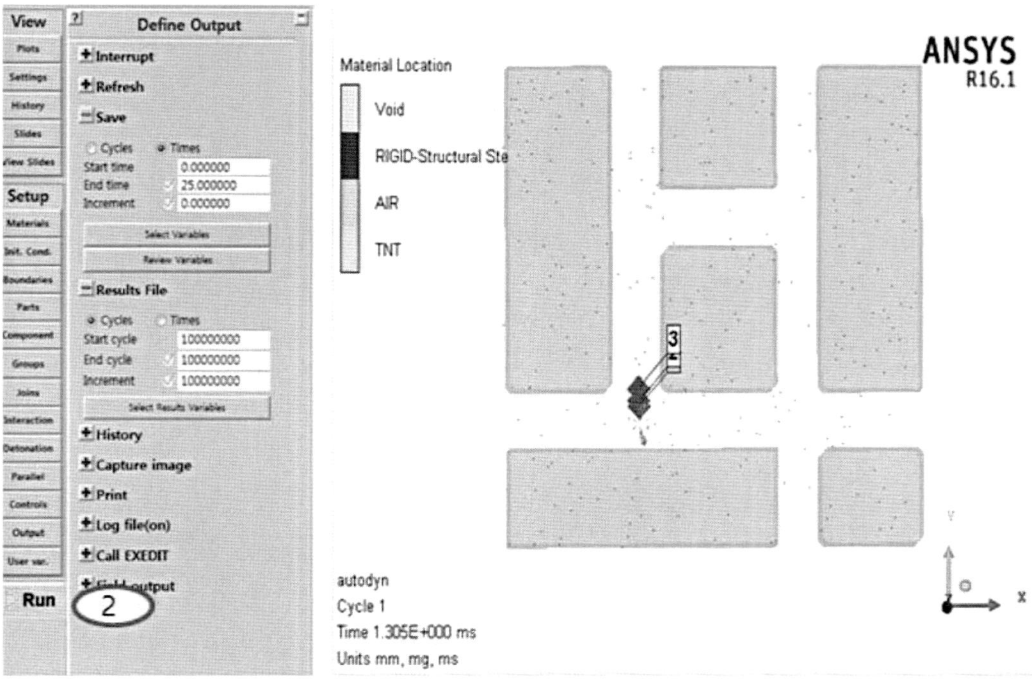

③ 결과 화면으로 다음과 같이 나타난다.

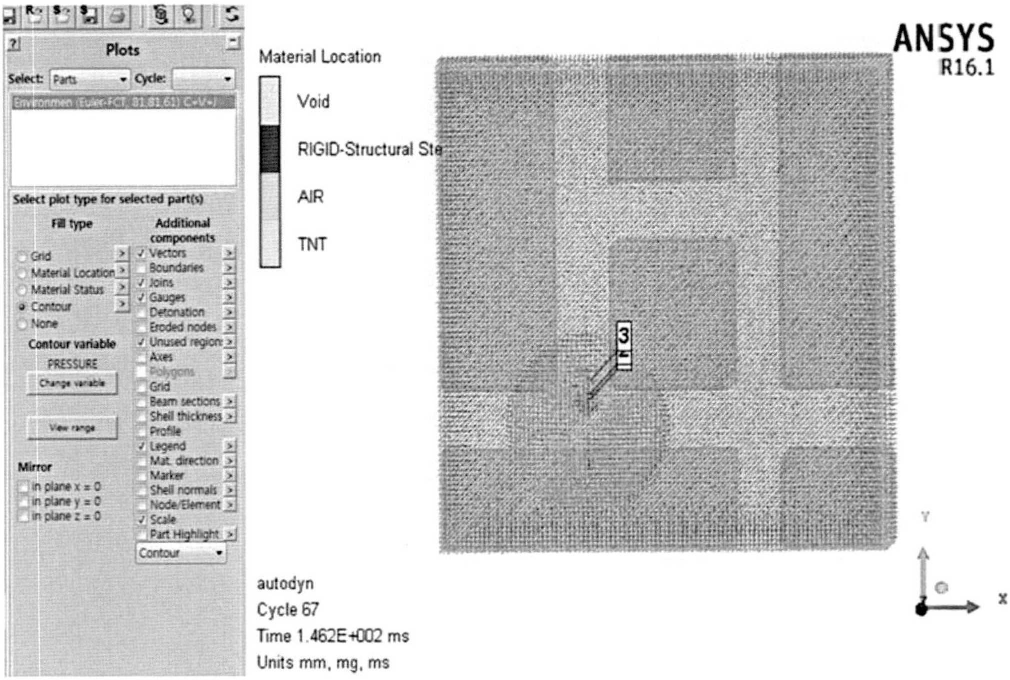


(17) 해석 결과 분석

① 해결이 완료되면 탐색 표시 줄에서 History를 선택한다.

② 단일 변수 플롯 선택 (Single Variable Plots)

③ 하나 이상의 게이지를 선택하여 봅니다.

④ Y 변수로 압력 선택

⑤ 데이터 수용한다.

⑥ 다른 옵션을 시도하십시오 :

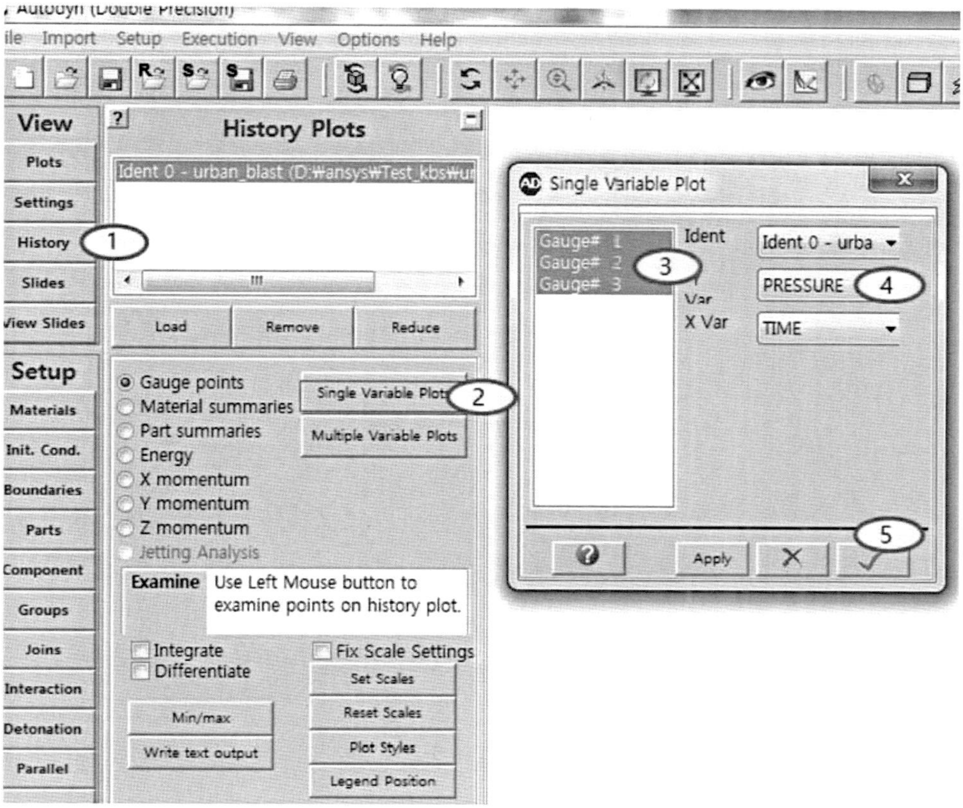


⑦ 결과 화면으로 다음과 같이 나타난다.

**Gauge History ( Ident 0 - urban_blast )**

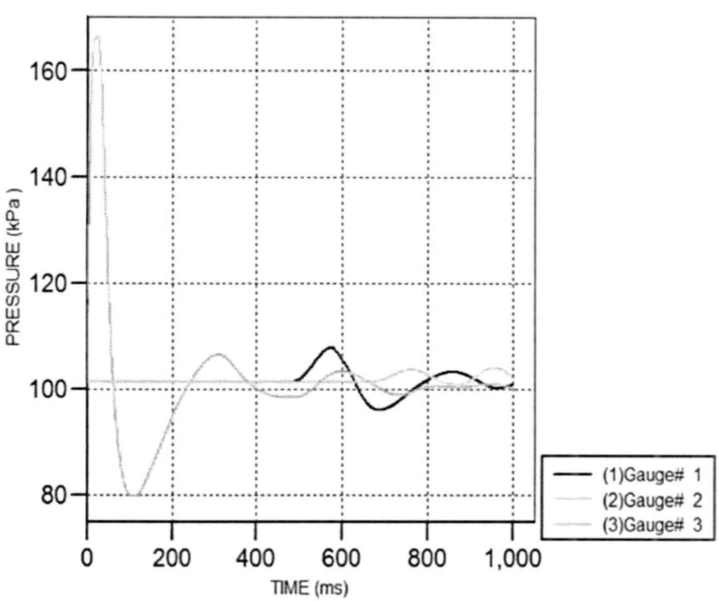

## 사례 2. Storm wave explodes in the city [16)]

1) 구조 계획

① 모듈의 목표

도시환경에서의 폭풍파 영향을 해석을 한다.
2D-축대칭 문제에서 폭풍파를 모델링하고 , 도시모델에 폭풍파를 불러와 해석을 진행한다. 도시 모형은 ANSYS AUTODYN Manual에서 제공하는 파일을 사용하여 해석한다.

② 해석 절차 :

-폭발의 도시 지역을 모델링하기 위해 3D 문제를 설정한다. ("Buildingg.blk")
-2D 모델의 결과를 초기 조건으로 3D 모델에 다시 매핑 합니다. ("Spherical_blast.fil")
- Wrapup Criteria : Cycle limit 1000 ms, Time limit 2.0 Energy Fraction 0.1
- Output의 Save Time : start time 0.0, End time 2.0 Increments : 0.1
-3D solve를 실행하십시오.

③ 모델링 개요 (단위 : mm)

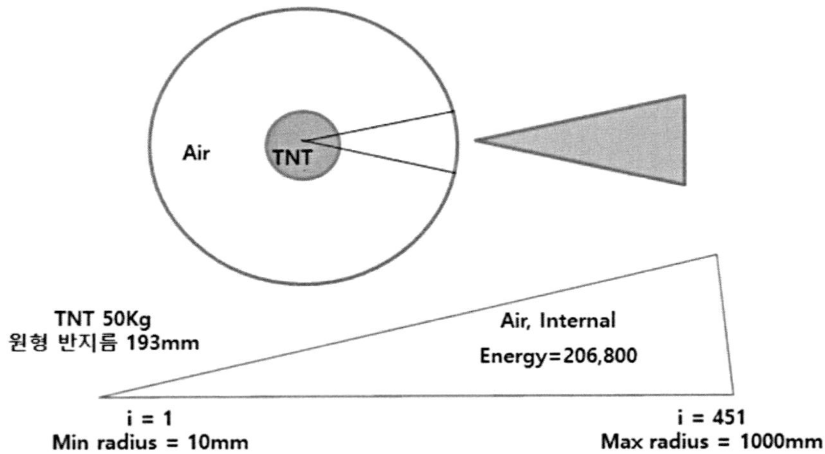


16) ANSYS AUOTODYN Urban-Blast(II) : Workshop 12

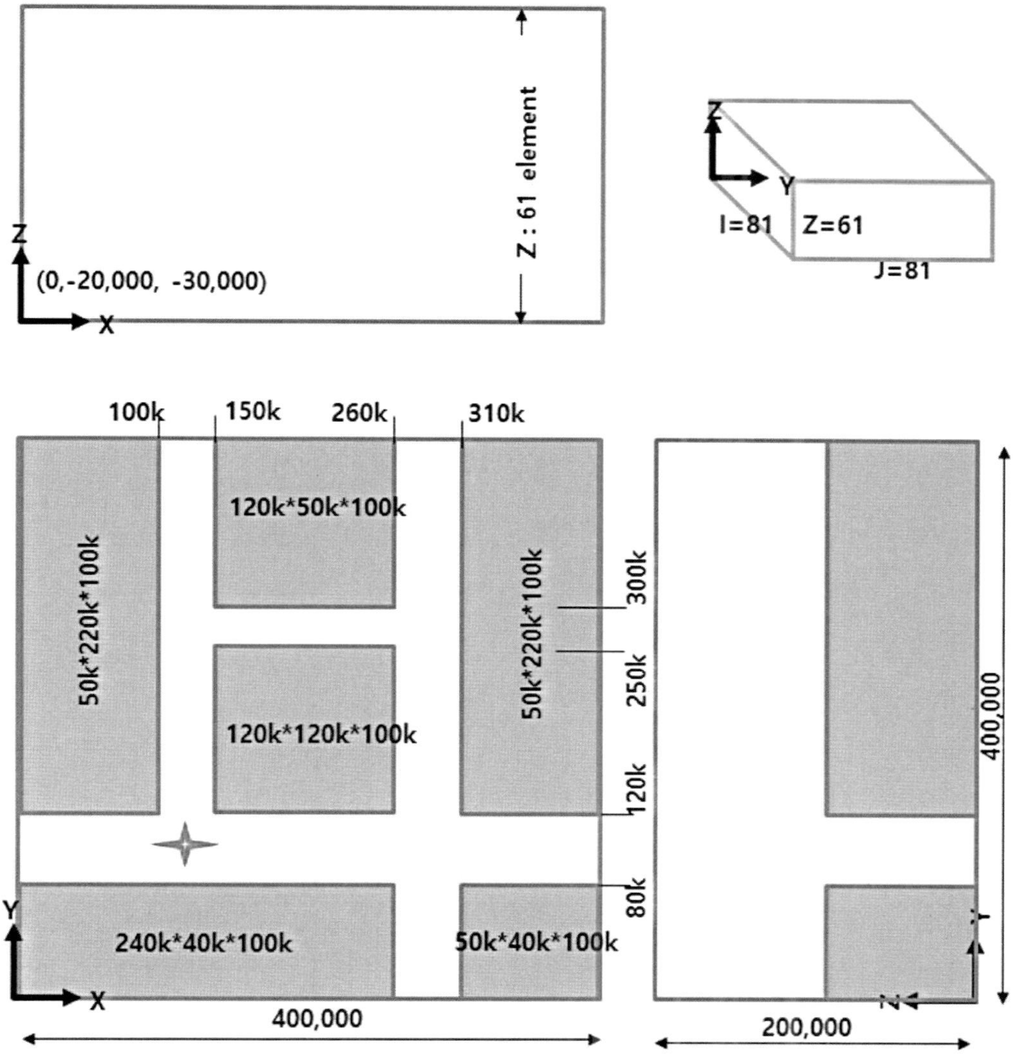
Z : 61 element
Z
(0,-20,000, -30,000)
X
Z
Y
I=81
Z=61
J=81
100k
150k
260k
310k
120k*50k*100k
50k*220k*100k
50k*220k*100k
120k*120k*100k
300k
250k
120k
80k
240k*40k*100k
50k*40k*100k
Y
X
400,000
400,000
200,000

2) 구조해석

[1] AUTODYN 실행

(1) 프로젝트 생성

① AUTODYN standalone을 시작하십시오 (autodyn.exe를 더블 클릭하십시오)

② C: \Program Files \ANSYS Inc\v161 \aisol\AUTODYN \winx64 \autodyn.exe

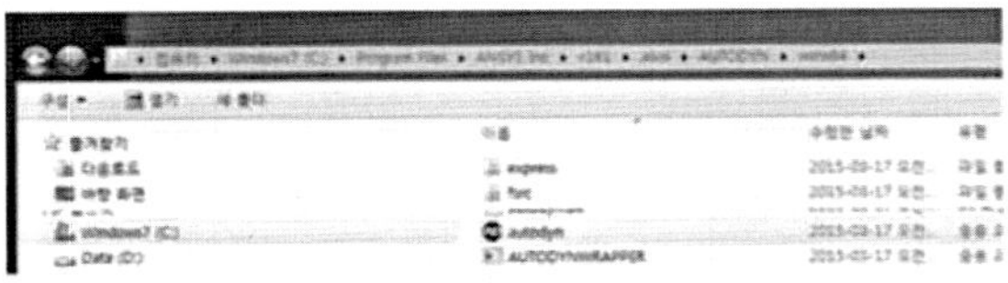

(2) 프로젝트의 시작

① 새로운 프로젝트 시작

② 찾아보기 프로젝트 폴더

③ Ident를 입력한다 : "urban_blast"

④ 선택 3D 축 대칭

⑤ 단위의 기본 설정 유지 (정확도를 위해 권장 됨)

⑥ 선택을 클릭한다.

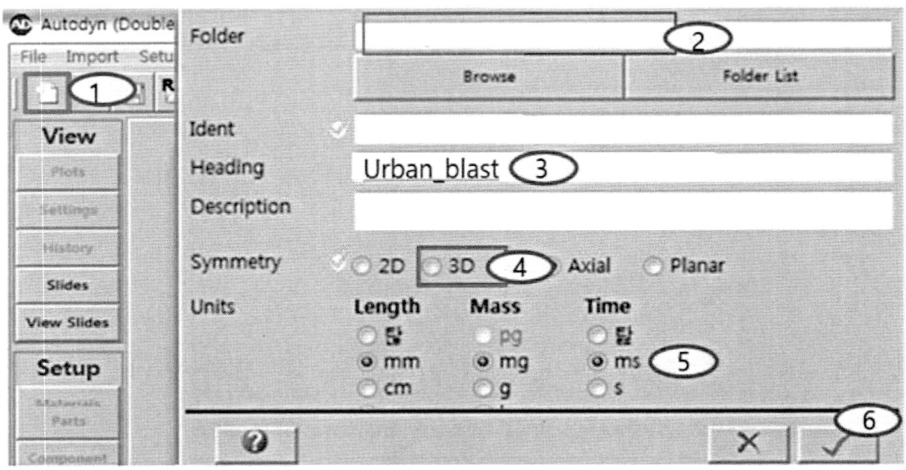

(3) Material > 재료 검색

(3.1) 라이브러리에서 재료 데이터 검색

① 메뉴에서 “Material” 를 클릭하고 “Load“로 재료 데이터를 불러온다

② 라이브러리에서 다음 자료를 선택 하십시오 :

공기, TNT, CONC

③ 데이터를 선택 확인한다.

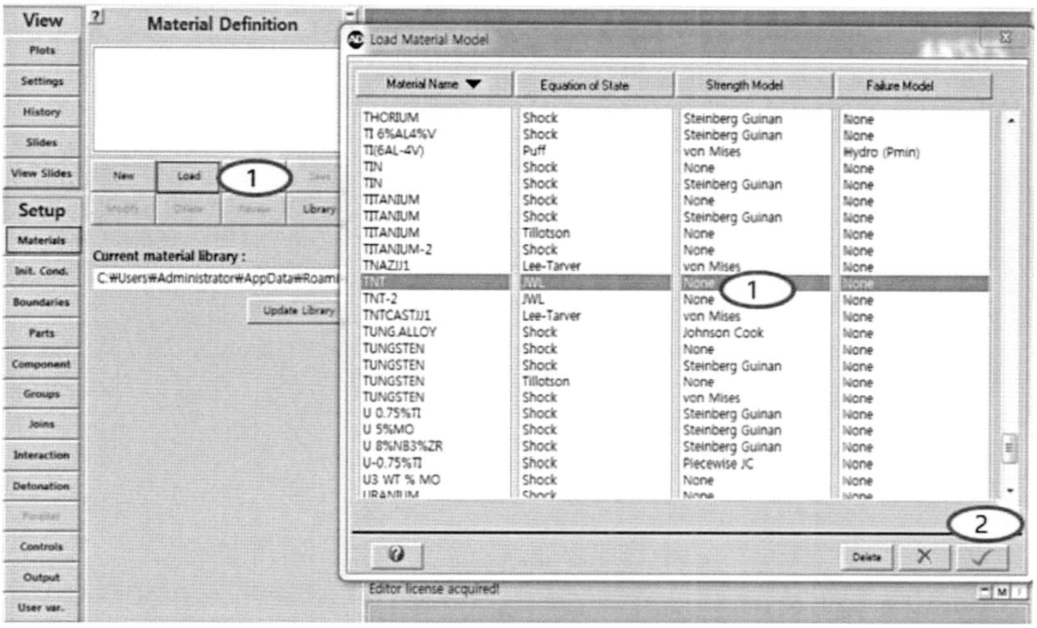


% 라이브러리에서 여러 개를 선택하려면 CONTROL + Click을 통하여 여러 가지를 선택할 수 있다.

(4) 초기 조건 생성 - 설정하지 않는다.

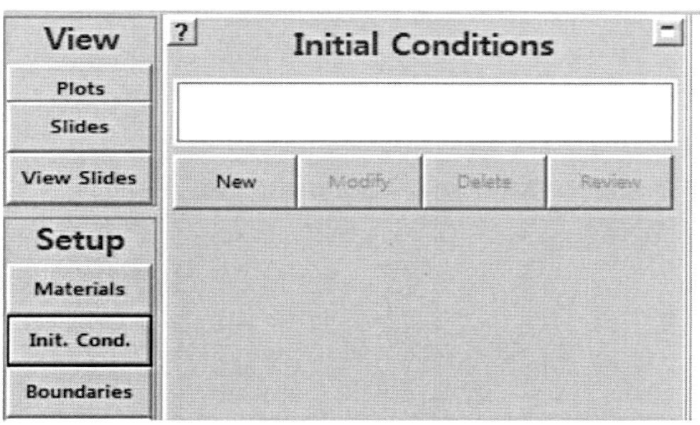

(5) 경계조건 정의

① Boundary를 선택한다.

② 대화 상자에서 New 를 선택한다

③ Boundary Name을 기록한다 : Outflow

④ Type을 정한다 : Flow_out

sub option을 정한다 : Flow_out(Euler)

⑤ Preferred Material을 설정한다 : ALL_EQUAL

⑥ 데이터를 수용한다.

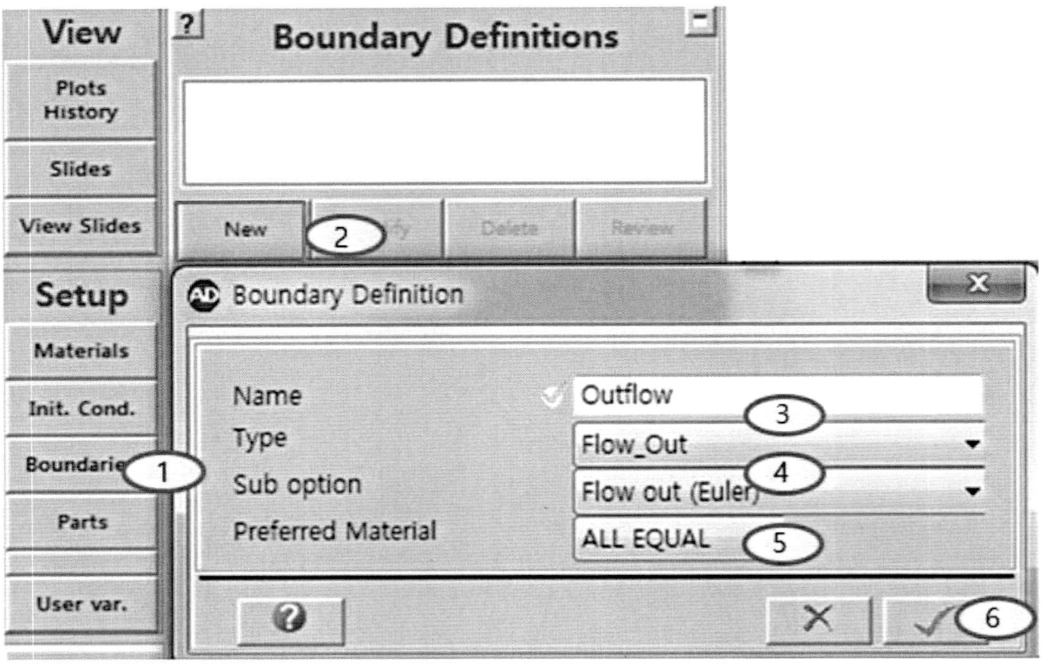


(6.1) 오일러 파트 생성

① Parts를 선택한다.

② 대화 상자에서 "New"를 선택한다.

③ 팝업창의 Part Name을 입력한다. : Environment

④ Solver를 선택한다. : "오일러, 이상 기체 솔버" Euler, Ideal Gas

⑤ Definition을 설정하다. : 수동(Manual)

⑥ 최대 (I, J, K) 지수 입력 한다 : (81, 81, 61) (이 범위 다음 단계에서 가져온 데이터)

⑦ 데이터 승인한다.

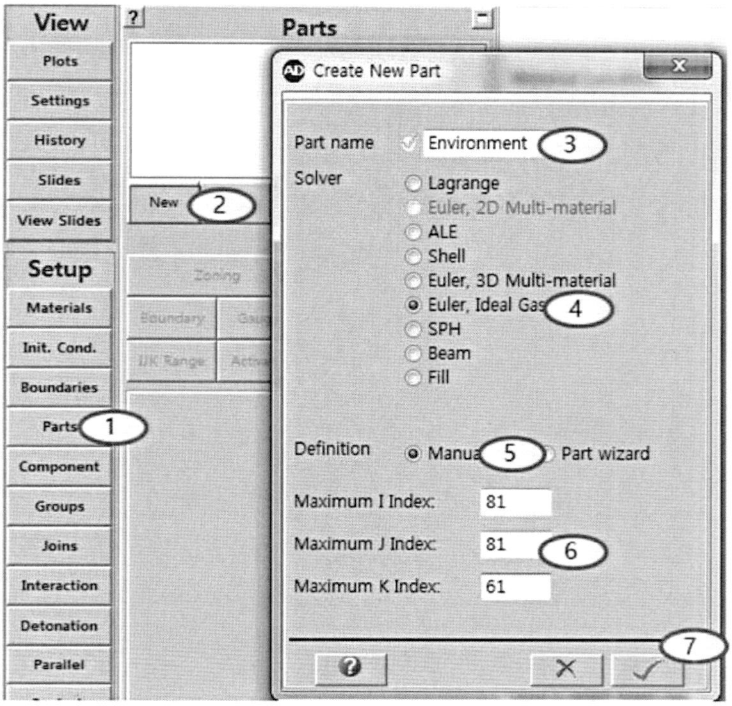


⑧ 결과 화면으로 다음과 같이 나타난다.

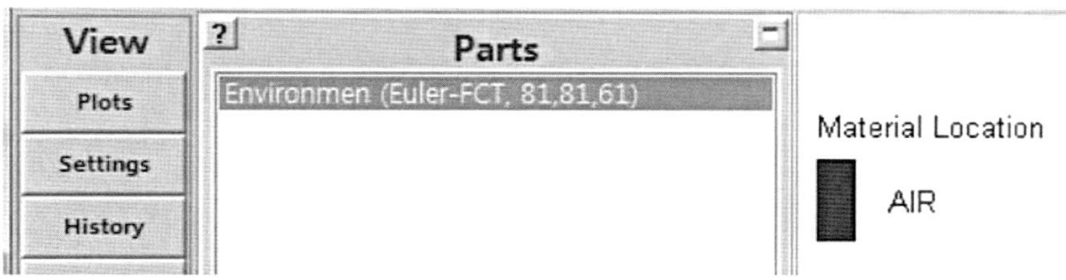

(6.2) 오일러 부품의 데이터 가져오기

① 구역(Zoning) 선택한다.

② 채우기 블록(Fill Block) 선택한다.

③ 파일 타입을 선택한다. : Explicit

④ 찾아보기 및 파일을 선택한다. : buildings.blk

⑤ 데이터 수용한다.

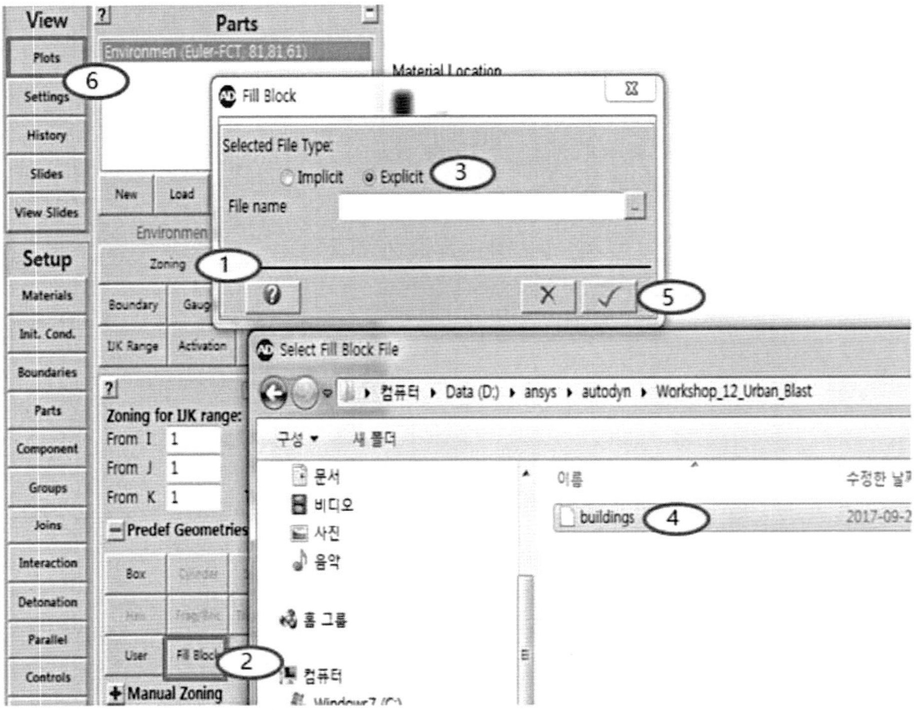


⑥ 결과 화면으로 다음과 같이 나타난다.

(그래픽 화면(view panel)에 아무것도 보이지 않는다.)

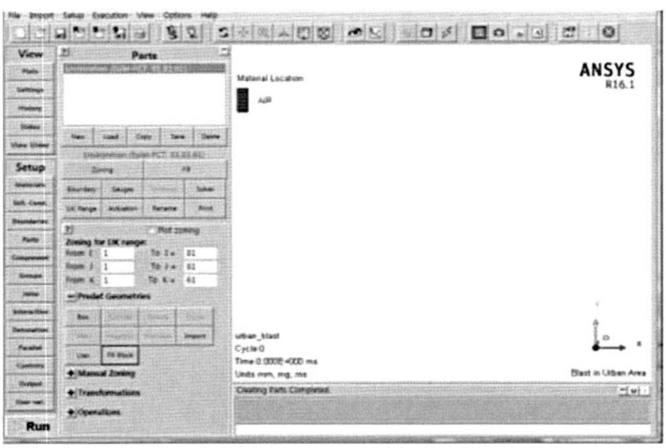


⑦ Plots을 선택하여 그래픽 환경을 조정해야 모델링을 볼 수가 있다.

(6.3) 구형 폭발 결과를 3D로 다시 맵핑

① 탐색 표시 줄에서 "부품"을 선택한다.

② 데이터 파일 선택 (채우기)한다.

③ 데이터 파일 읽기 선택한다.

④ "spherical_blast.fil"파일을 찾아 선택한다.

⑤ 재 맵핑 원점을 (30000.0, 225000.0, 0.0) 설정한다.

⑥ 재배치 할 재료로 Air와 TNT를 선택한다.

⑦ 데이터를 수락합니다 (모든 경고 메시지에 예라고 답함).

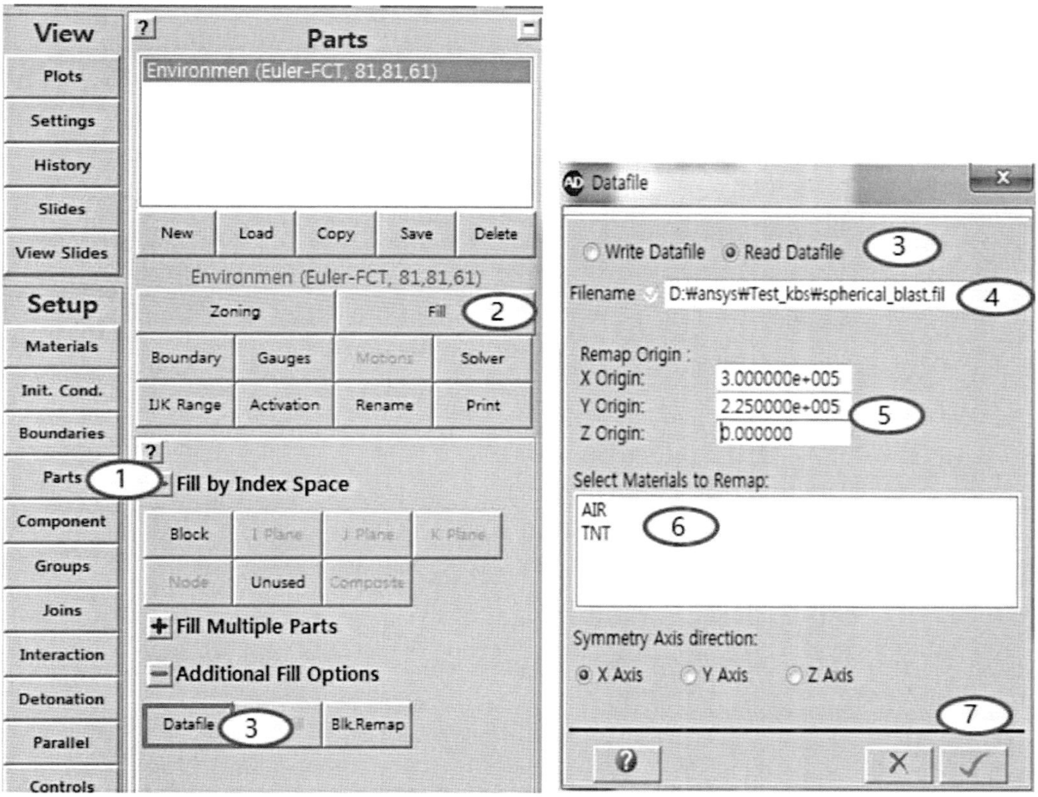


⑧ 결과 화면으로 다음과 같이 나타난다.

---- 참고 ------------------------------------------

Plot 설정하여 해석조건을 확인한다.

A Contour를 설정한다.

B Contour variable을 선정한다.

C Number of contours를 조정한다.

D Change variable을 선택하여 "Pressure"를 선택한다.

E Additional Components에서 " Vector", "Joints", "Gauges", "Unused regions" 선택

F. 결과 화면으로 다음과 같이 나타난다.

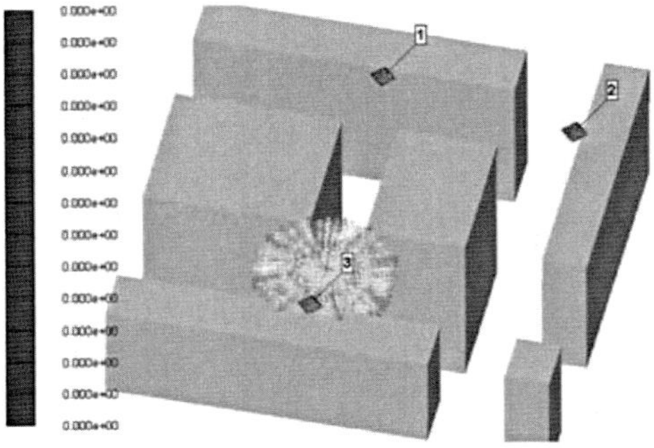

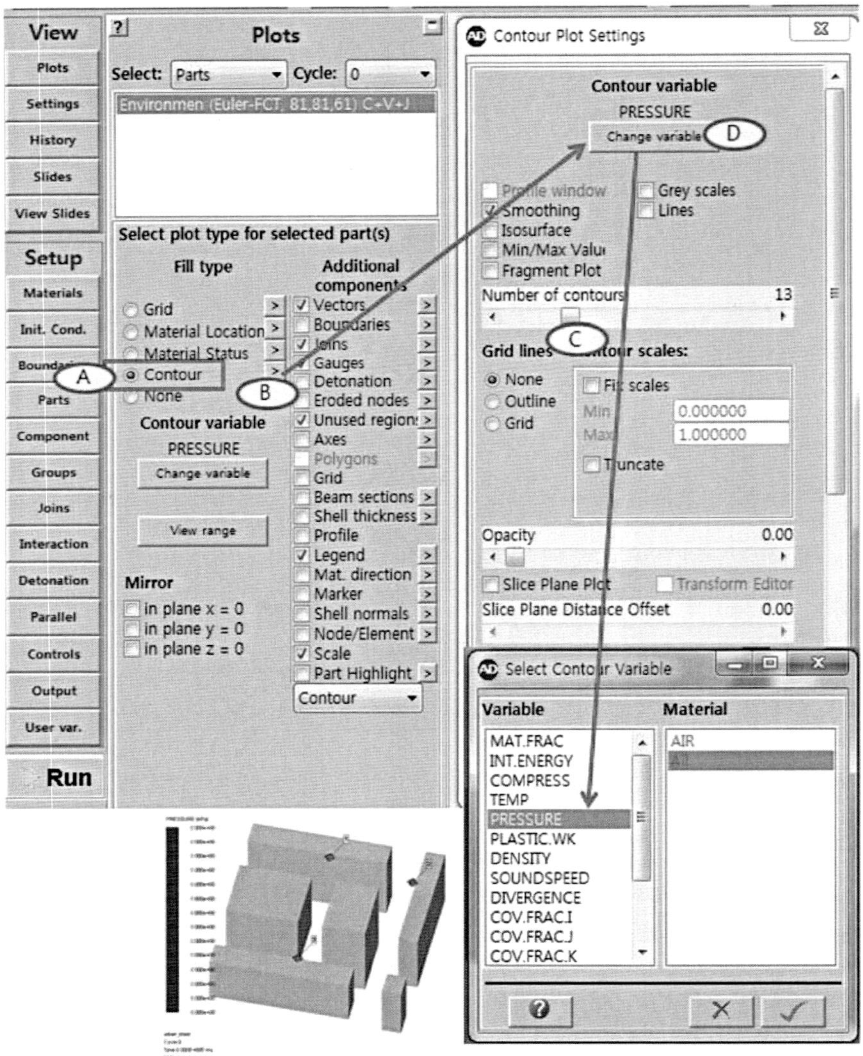

(6.4) 경계조건을 적용한다

① 네비게이션 바에서 " Parts"를 클릭하고 Part를 선택한다.

② "Boundary"를 선택하십시오

③ 차단(Block) 선택

④ 기본값을 사용하여 전체 메쉬에 유출 경계를 적용합니다.

⑤ 지우기(Clear)를 선택한다.

⑥ ground의 모든 내부면에서 경계를 제거합니다

: I = 2-80, J = 2-80, K = 1-60

⑦ 데이터를 승인한다

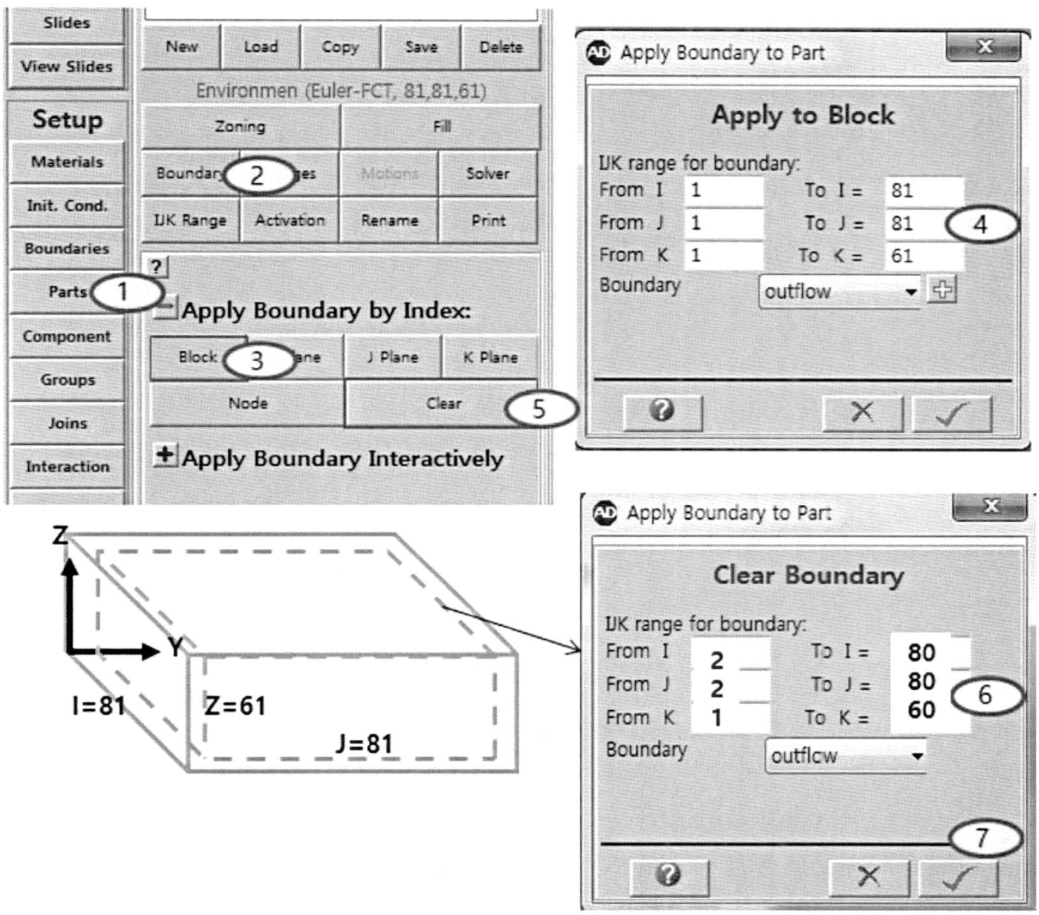

(7) Interaction

① Interaction을 클릭한다

② Lagrange-Lagrange :

- 설정을 변경하지 않음

③ Type을 설정한다. : External Gap

④ Calculate를 클릭한다.

AUTODYN은 계산을 해서 Gap Size를 제공한다 : 1.001

⑤ 나머지는 Default를 수용

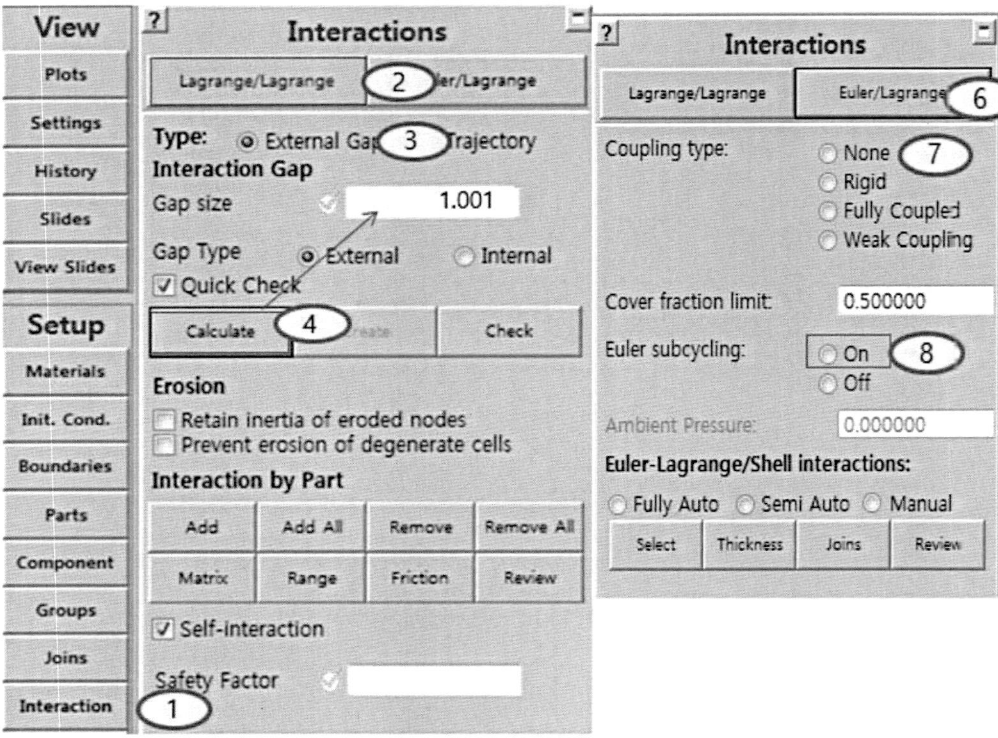


⑥ Euler-Lagrange를 클릭한다.

- 설정을 변경하지 않음

⑦ Type을 설정한다. : None

⑧ Euler subcycling : On

(8) Component - 설정하지 않음

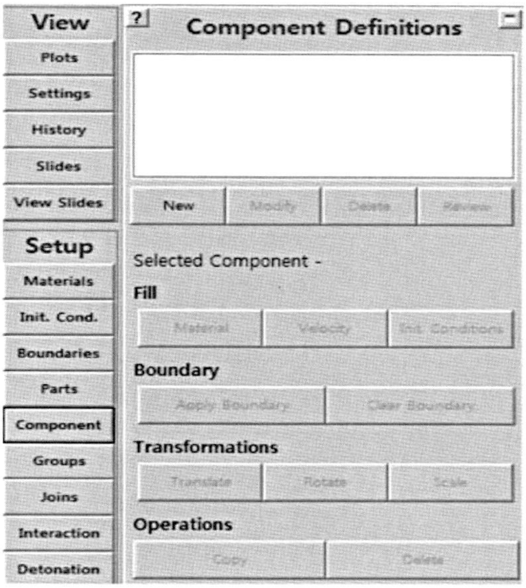


(9) Group - 설정하지 않음

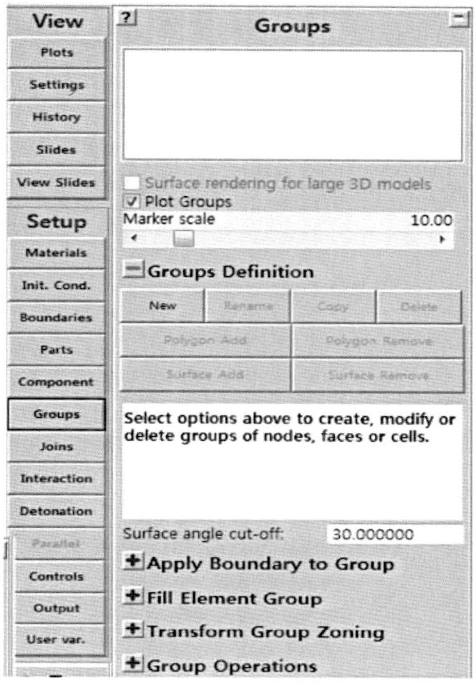


(10) Joints - 설정하지 않음.

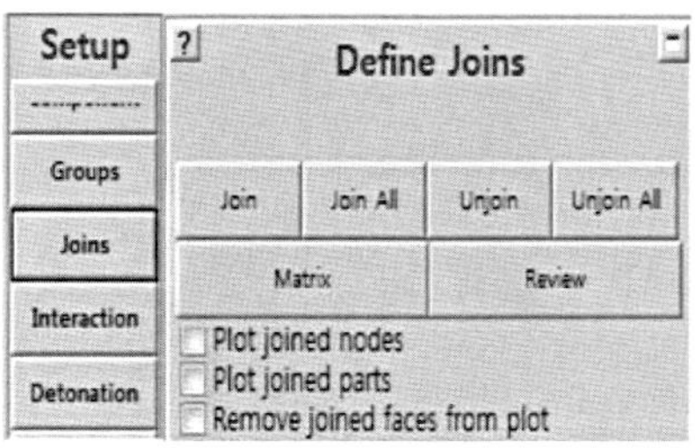


(11) Parallel-설정하지 않음.

(12) TNT에 대한 폭발 지점 정의

① 탐색 표시 줄에서 "Detonation"을 선택한다.

- 설정하지 않음

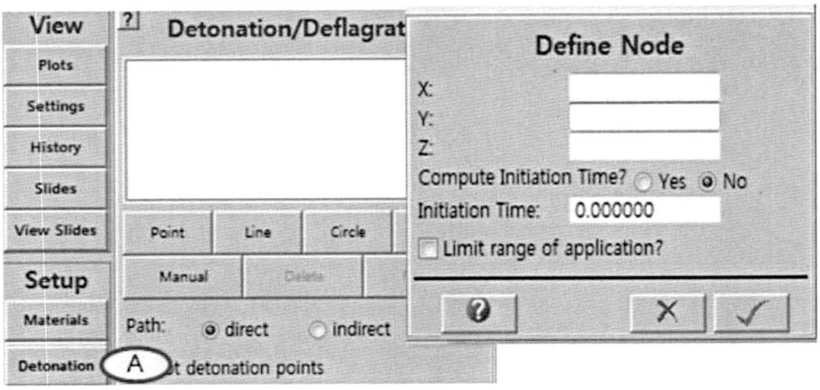


(13) 솔루션 컨트롤 설정

① 탐색 표시 줄에서 “Controls"을 선택한다.

② 사이클 제한에 큰 숫자를 입력하고 "50.0"ms 시간 제한

(이것은 폭풍이 전파하는 데 걸리는 시간입니다 반경 45m까지)

③ Wrapup Criteria에서

- Cycle Limit : "1000.0"ms -> 1.0 S
- Time Limit : 1000
- Energy Fraction : 0.05

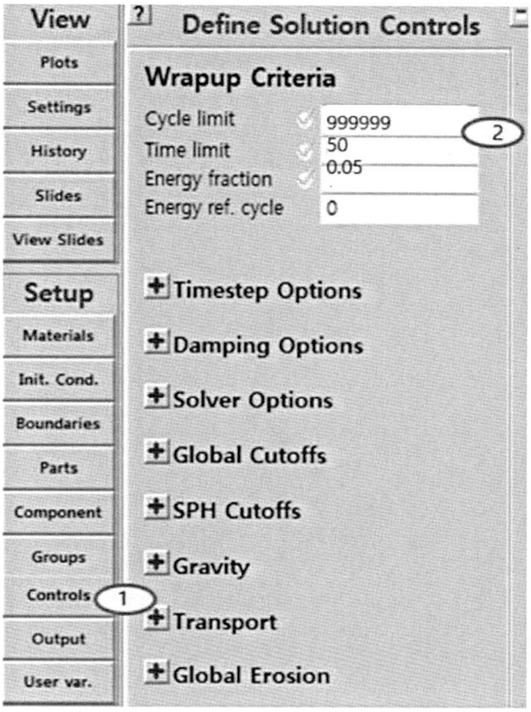


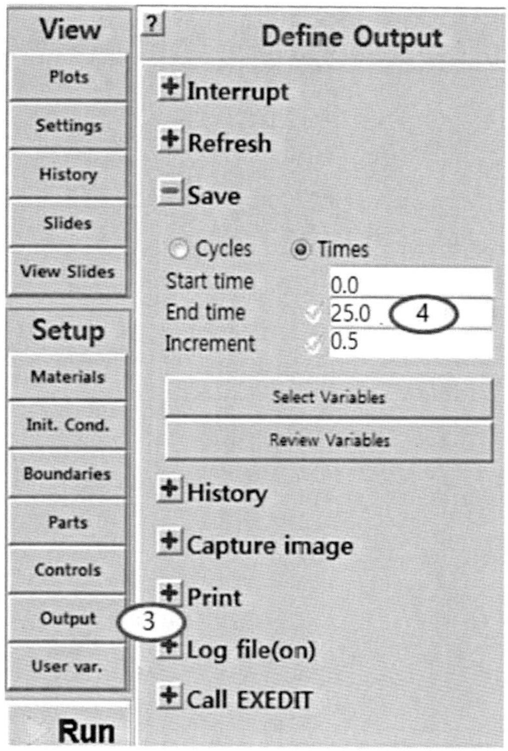


(14) 결과저장설정

① 탐색 표시 줄에서 “Output"을 선택한다.

② 저장 시간 설정:

- Start Time : 0.0
- End times : 25 ,
- Increment : 0.5 ms

(15) user var. -설정하지 않음

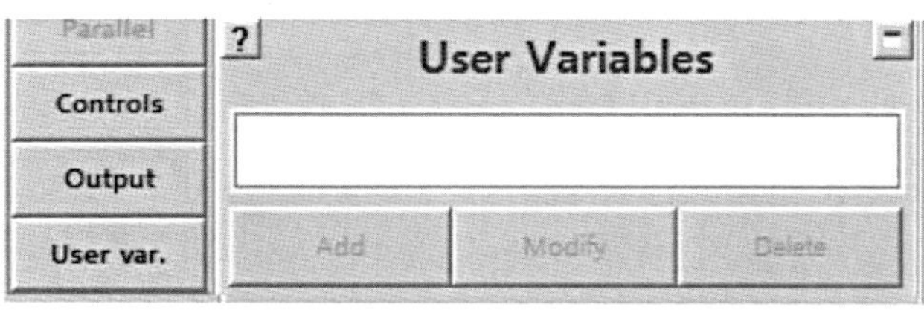

(16) 해석실행

① 데이터 저장

② 문제 해결

해결하는 동안 보기가 자동으로 업데이트됩니다.

(해결 과정에서 그래픽은 자동적으로 업데이트 되어 계산중의 상태를 보여준다.

계산시간은 약 25 분 정도 걸린다.

해석을 중지하려면 STOP 을 누르면 되고, 계속 이어서 해석을 하려면 “RUN”버튼을 누르면 된다.)

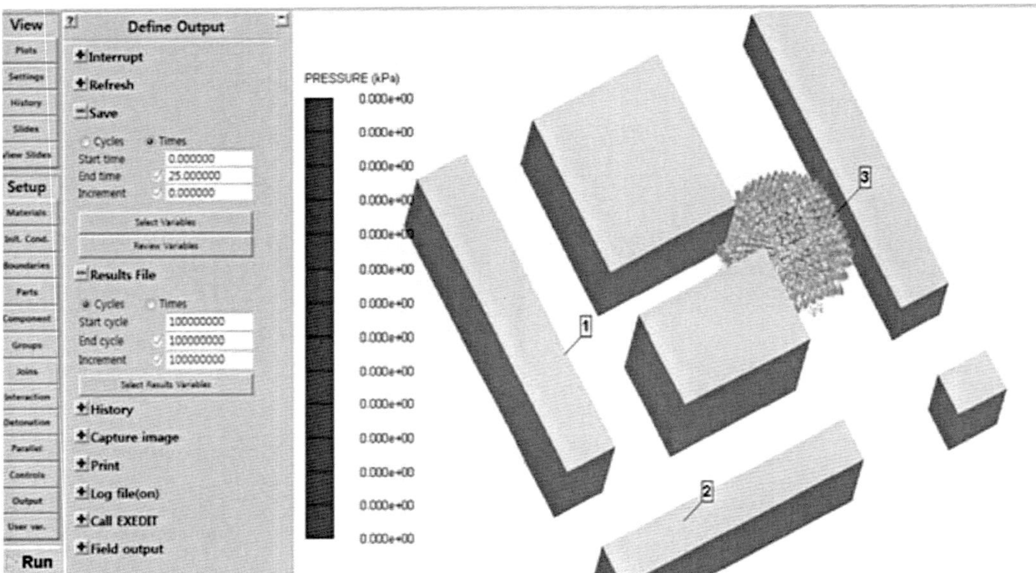


③ 결과 화면으로 다음과 같이 나타난다.

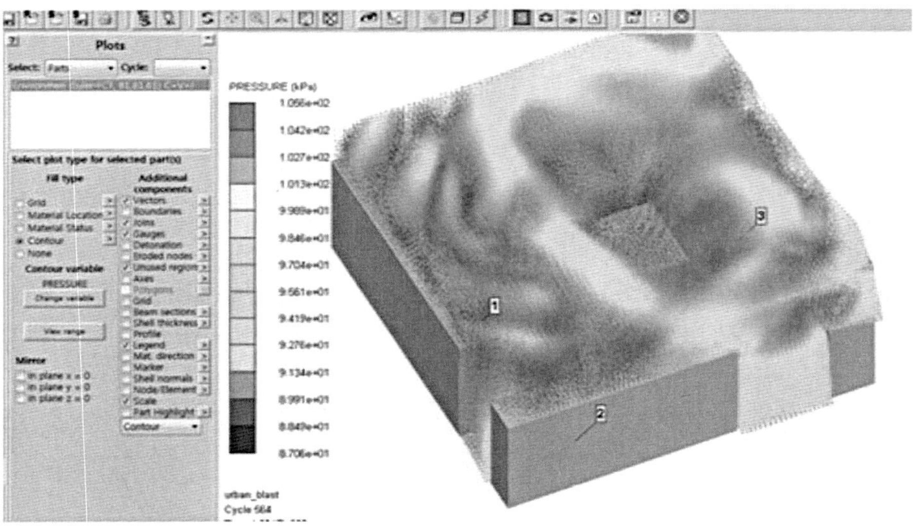

(17) 해석 결과 분석

① 해결이 완료되면 탐색 표시 줄에서 History를 선택한다.

② 단일 변수 플롯 선택 (Single Variable Plots)

③ 하나 이상의 게이지를 선택하여 봅니다.

④ Y 변수로 압력 선택

⑤ 데이터 수용한다.

⑥ 다른 옵션을 시도하십시오 :

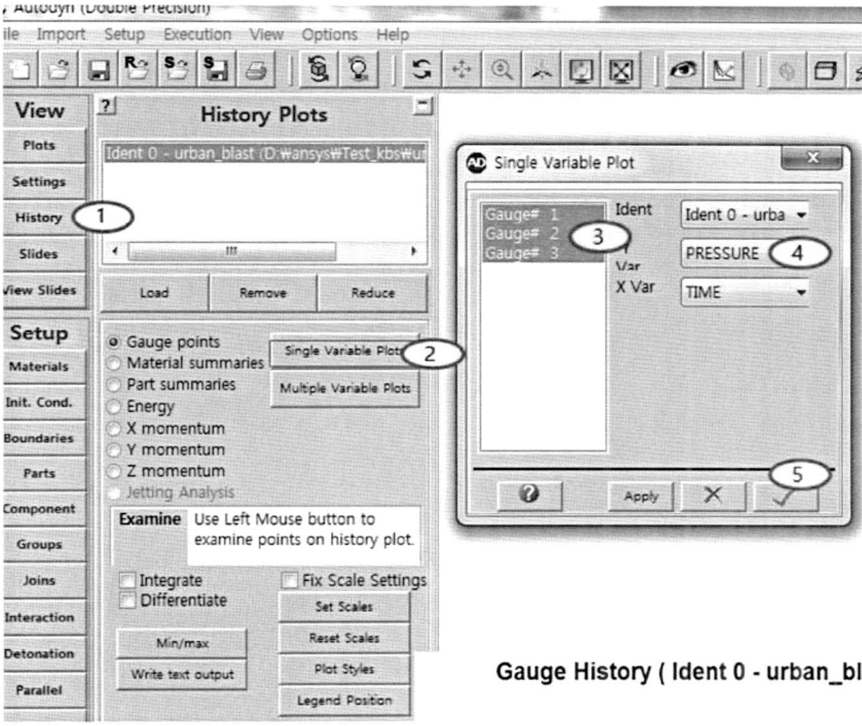

⑦ 결과 화면으로 다음과 같이 나타난다.

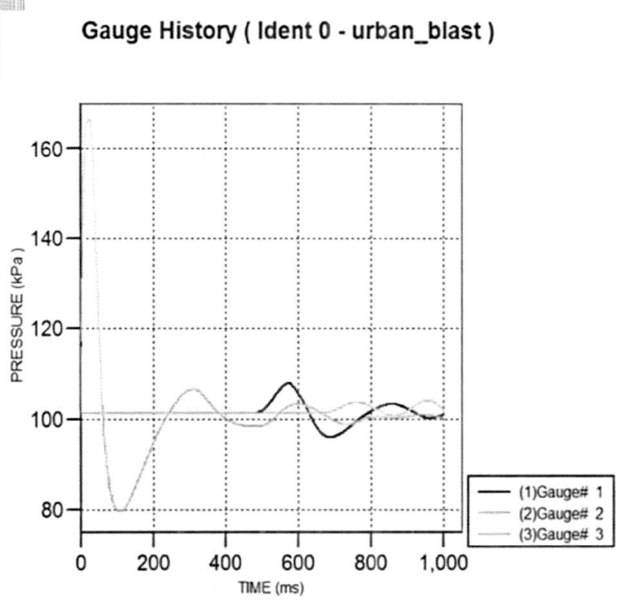

## 모듈 10. Impact of a blast wave on a high-rise building[17]

1) 구조 계획 : 문제의 정의

① 모듈의 목표 :

지표면에서 1m 높이에 TNT 50Kg을 기폭하고 15m, 20m, 25m,30m의 거리에 측정 센서를 설치하고 시간에 따른 압력의 변화를 관찰하고자 한다. 도시 건물의 영향에 따라서 폭풍 압력의 확산을 관찰하고자 한다.

② 해석 절차 :

-폭발의 도시 지역을 모델링하기 위해 3D 문제를 설정한다. ("Buildingg.blk")
-2D 모델의 결과를 초기 조건으로 3D 모델에 다시 매핑 합니다. ("Spherical_blast.fil")
- Wrapup Criteria : Cycle limit 1000 ms, Time limit 2.0 Energy Fraction 0.1
- Output의 Save Time : start time 0.0, End time 2.0 Increments : 0.1
-3D solve를 실행하십시오.

③ 모델링 개요 (단위 : mm)

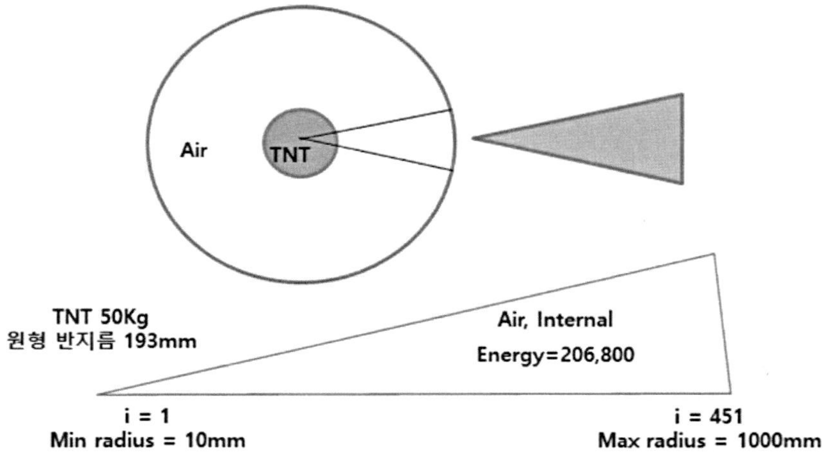


17) ANSYS AUOTODYN Urban-Blast(II) : Workshop 12

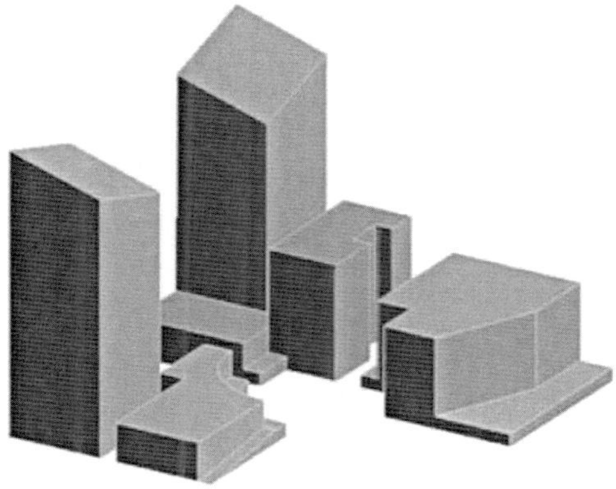

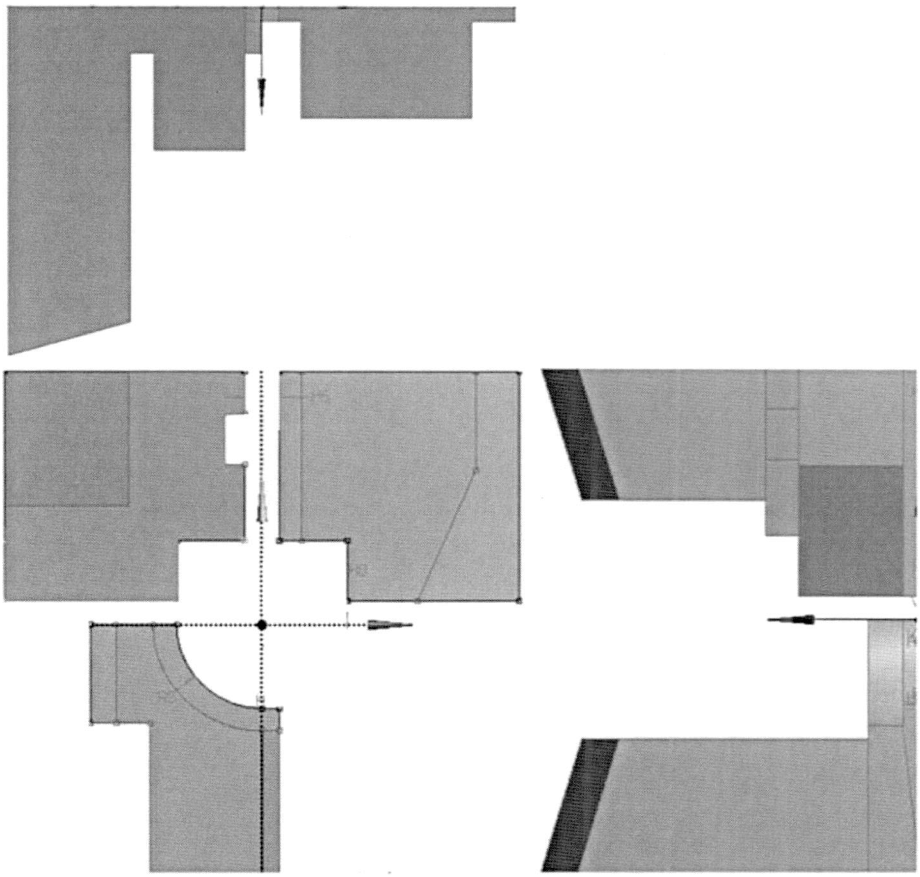

2) 구조해석 모델링 작성

(1) 형상 불러오기

① 모델을 가져온다 : "urbanEnvironment.agdb"

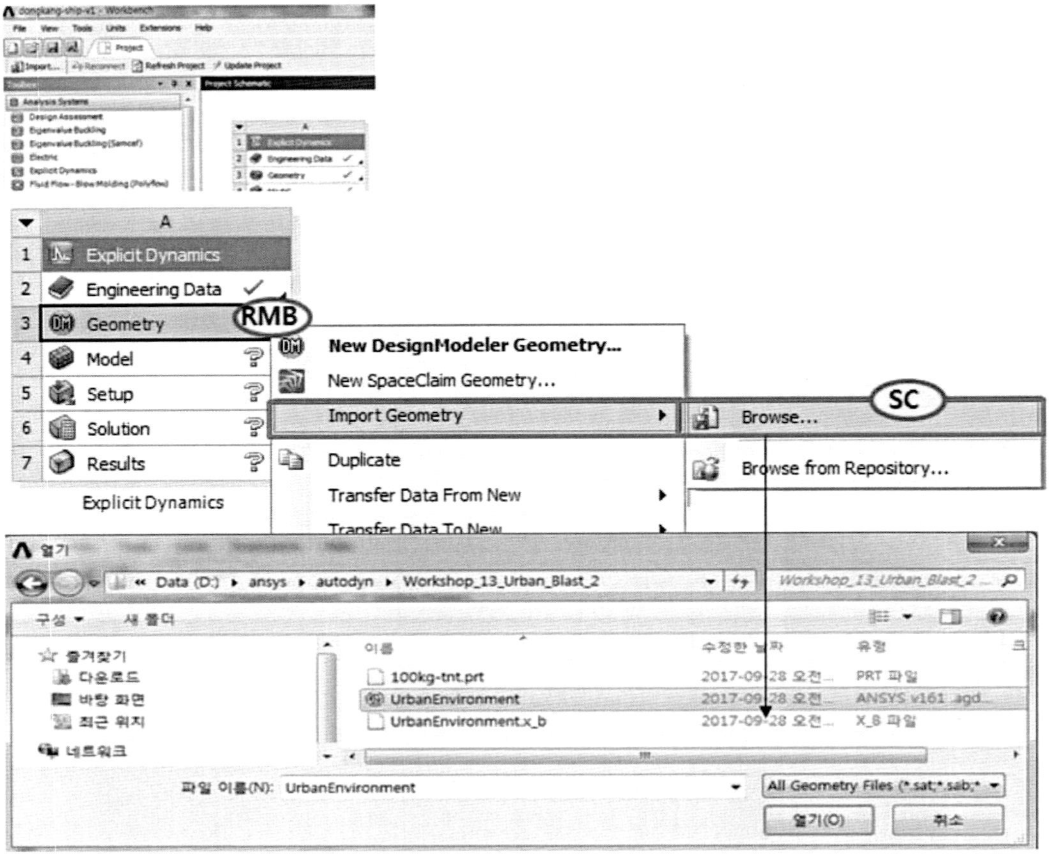


② 단계 - Workbench Mechanical에서 모델 편집

워크 벤치에서 모델을 선택하여 편집모드로 진입한다.

③ Explicit Dynamic-mechanical에서 단위계를 설정한다. -> MKS 단위계 선택

- mechanical은 워크 벤치에서 기본이 아니므로 여기에 있는 단위가 프로젝트 단위와 일치하지 않을 수 있습니다.

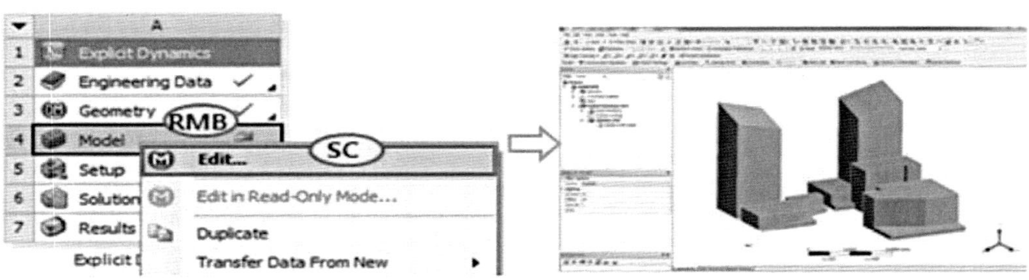

(2) 빌딩을 강체로 만듭니다.

① 기하학 아래(Geometry), 빌딩 몸체를 선택한다.

② 강성 거동(Stiffness Behavior)에 강성(Rigid)을 지정하십시오

- 빌딩을 강체로 보아 변형이 없는 것으로 가정하고 해석을 수행하고자 가정한다.

**- 빌딩의 내부는 모델링이 되어 있지 않고 외형만 모델링 되어 있다.**

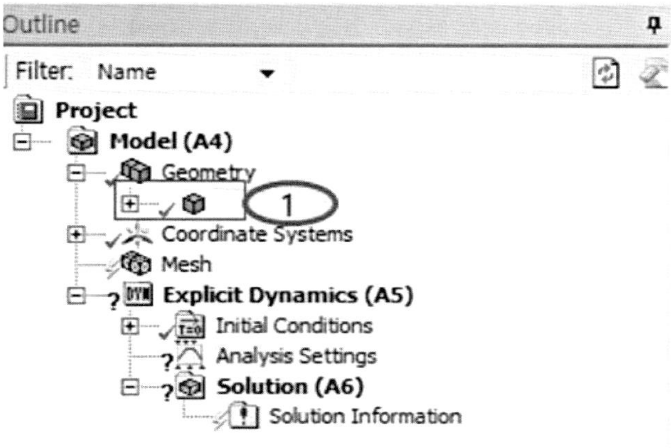


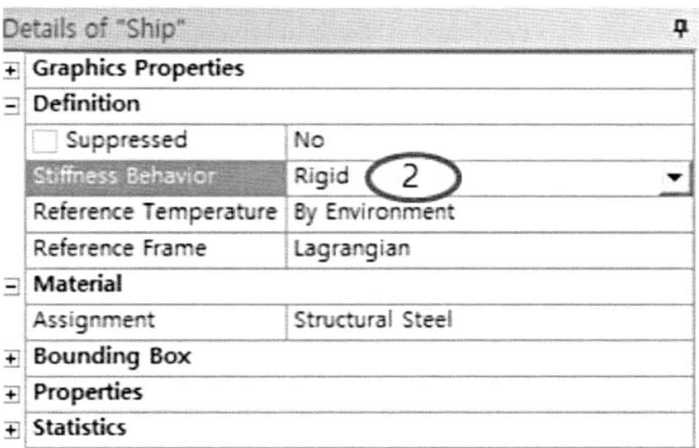

(3) 기본 메쉬 생성

① 기본 메쉬 생성

- 기본 메쉬 생성 작은 요소 크기는 중요하지 않다
  빌딩의 모체를 강체로 선언하였기 때문에 시간 단계를 제어하지 않다.

② 결과 화면으로 다음과 같이 나타난다.

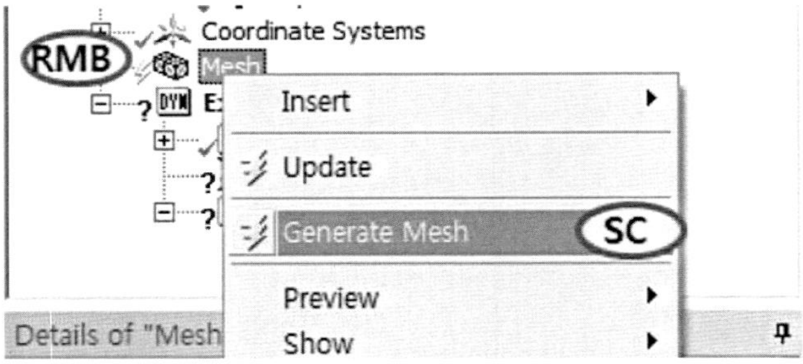


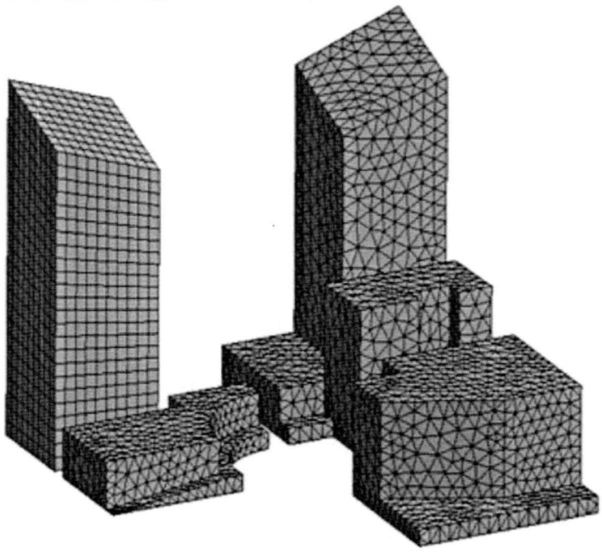

(4) 표준 지구 중력 적용

① 표준 지구 중력 삽입 (중력의 방향을 고려한다)

이것은 솔루션에 큰 영향을 미치지 않지만 AUTODYN은 적어도 강제 또는 초기 조건이 적용되지 않는 한 Explicit Dynamic에 연결할 수 없다.

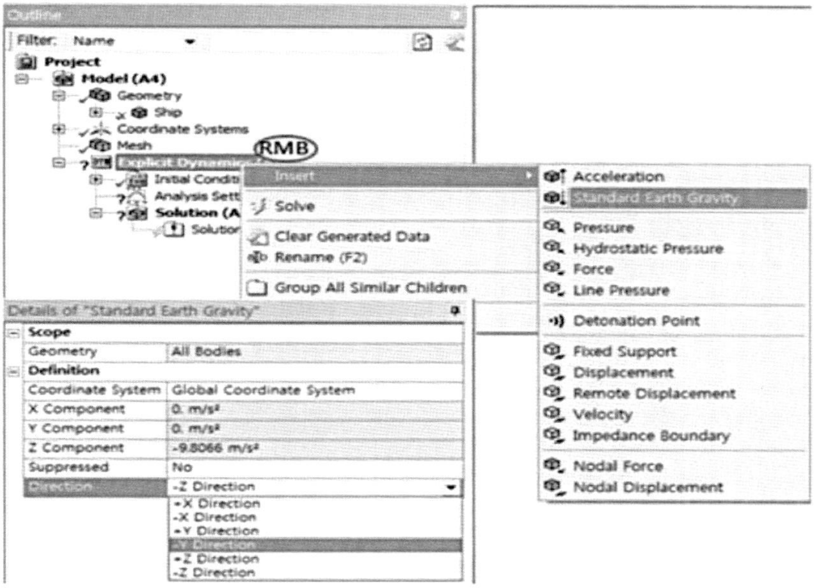


(4) 분석 설정을 정의

① 트리에서 분석 설정 (Analysis Setting) 선택한다.

② 자세히 보기에서 종료 시간(End Time)을 0.05 초로 설정합니다
나머지 기본 설정을 유지한다

③ 워크 벤치 프로젝트 페이지에 모델 저장

이 시점에서 프로젝트는 Explicit Dynamic에서 가능한 설정을 하였다.

이제 오일러 / 라그랑주 상호 작용 및 해석을 수행하기 위하여 설정을 완료하고, 설정을 AUTODYN으로 전송한다.

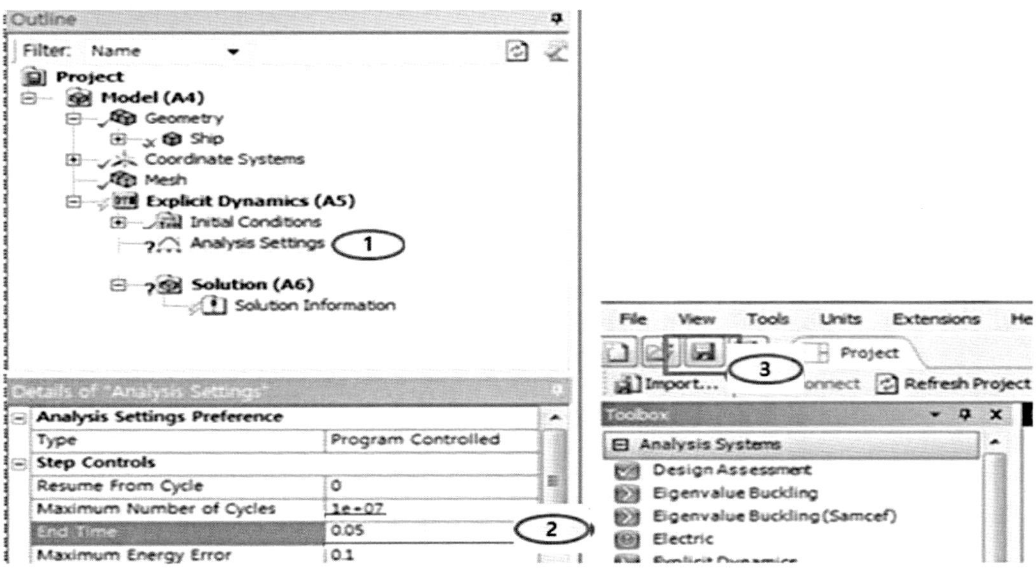

3) AUTODYN 프로젝트 만들기

(1) AUTODYN 프로젝트를 생성

① 워크 벤치의 프로젝트 페이지의 구성 요소(Tool Box) 아래에서 autodyn 구성 요소를 선택하여 프로젝트의 셋업(Setup) 셀로 끌어서 놓으십시오 이것은 AUTODYN 프로젝트를 생성합니다.

이 프로젝트는 다이내믹 프로젝트에 연결됩니다

② 다이내믹 프로젝트에 설정된 모델을 가져 와서 AUTODYN 프로젝트를 엽니다

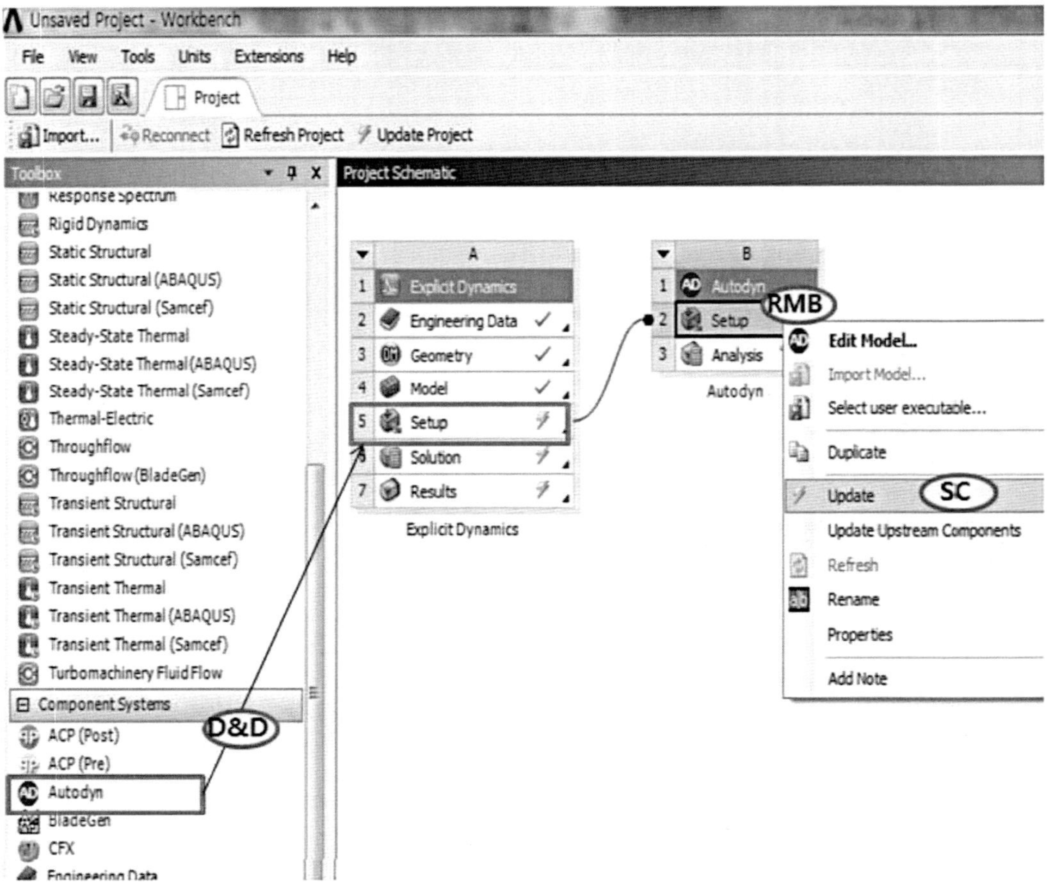


(2) 결과로 AUTODYN 화면이 나타나고

**그래픽화면에 빌딩이 나타난다.**

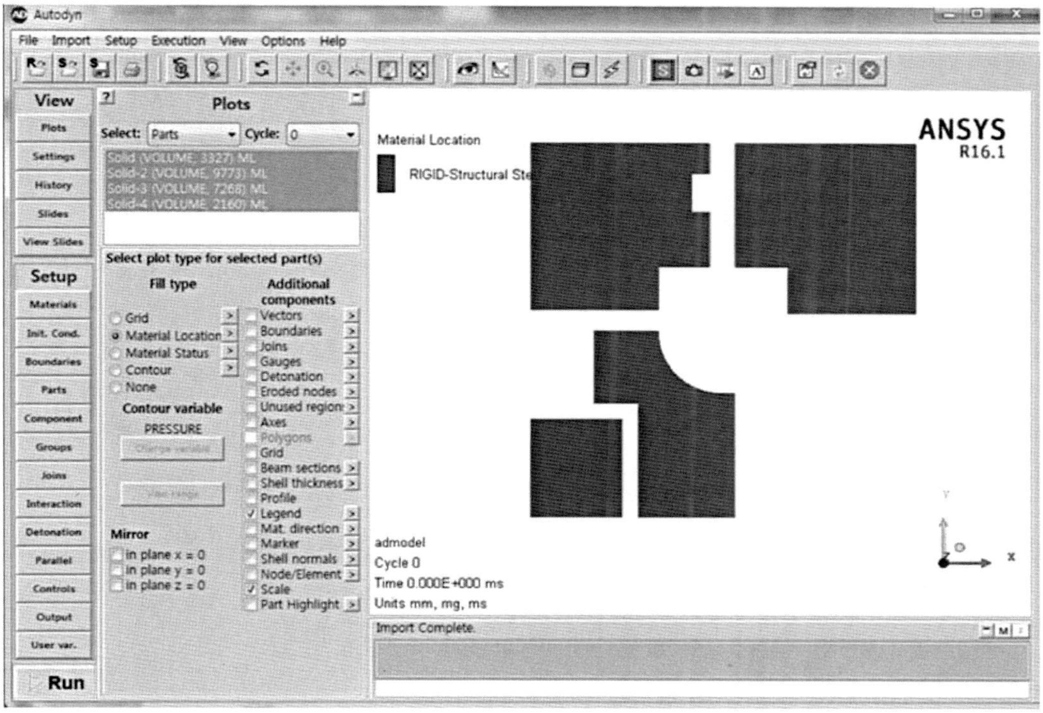
Autodyn
File Import Setup Execution View Options Help
View
Plots
Settings
History
Slides
View Slides
Setup
Materials
Init. Cond.
Boundaries
Parts
Component
Groups
Joins
Interaction
Detonation
Parallel
Controls
Output
User var.
Run
Plots
Select: Parts
Cycle: 0
Solid (VOLUME, 3327) ML
Solid-2 (VOLUME, 9773) ML
Solid-3 (VOLUME, 7268) ML
Solid-4 (VOLUME, 2160) ML
Select plot type for selected part(s)
Fill type
Grid
Material Location
Material Status
Contour
None
Contour variable
PRESSURE
Mirror
in plane x = 0
in plane y = 0
in plane z = 0
Additional components
Vectors
Boundaries
Joins
Gauges
Detonation
Eroded nodes
Unused region
Axes
Polygons
Grid
Beam sections
Shell thickness
Profile
Legend
Mat. direction
Marker
Shell normals
Node/Element
Scale
Part Highlight
Material Location
RIGID-Structural St
ANSYS
R16.1
admodel
Cycle 0
Time 0.000E+000 ms
Units mm, mg, ms
Import Complete.

(3) Material > 재료 검색

(3.1) 라이브러리에서 재료 데이터 검색

① 메뉴에서 "Material" 를 클릭하고 "Load"로 재료 데이터를 불러온다

② 라이브러리에서 다음 자료를 선택 하십시오 :

공기, TNT

③ 데이터를 선택 확인한다.

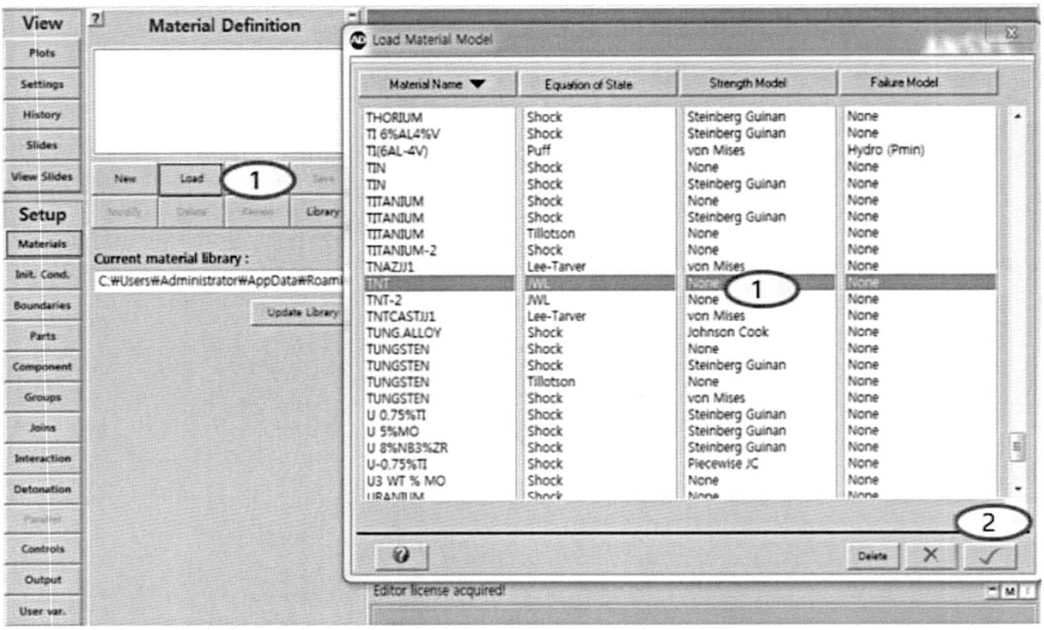


④ 결과로 그래픽 화면(view panel)에서 "Scale"에 AIR TNT 가 추가된 것을 확인할 수 있고 Material Definition에도 AIR TNT WATER가 추가된 것을 볼 수 있다.

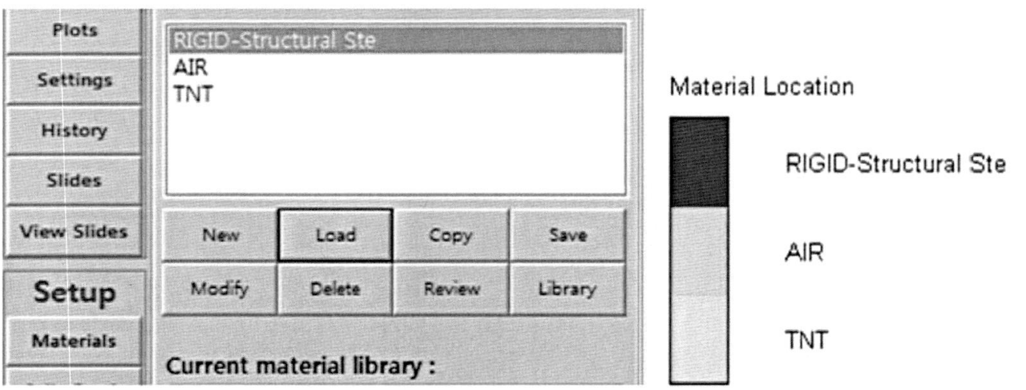

(4) 초기조건을 생성한다

① Navigation Bar 에서 Init. Cond.를 선택한다.

② Dialog Panel에서 New를 선택한다.

③ New Initial Condition에서 이름 등록 : Stillair

④ Include Material  선택 : AIR를

⑤ 데이터 입력 : Internal Energy : 206640.

⑥ 데이터를 수용한다.

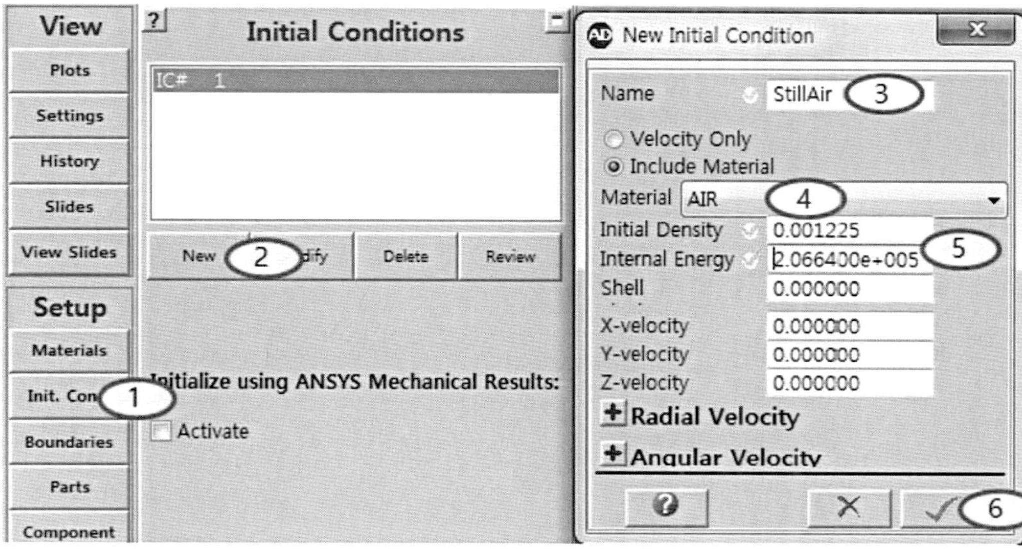


(5) 경계조건을 정의한다.

① Boundary를 선택한다.

② 대화 상자에서 New를 선택한다

③ Boundary Name을 기록한다 : Outflow

④ Type을 정한다 : Flow_out

sub option을 정한다 : Flow_out(Euler)

⑤ Preferred Material을 설정한다 : ALL_EQUAL

⑥ 데이터를 수용한다.

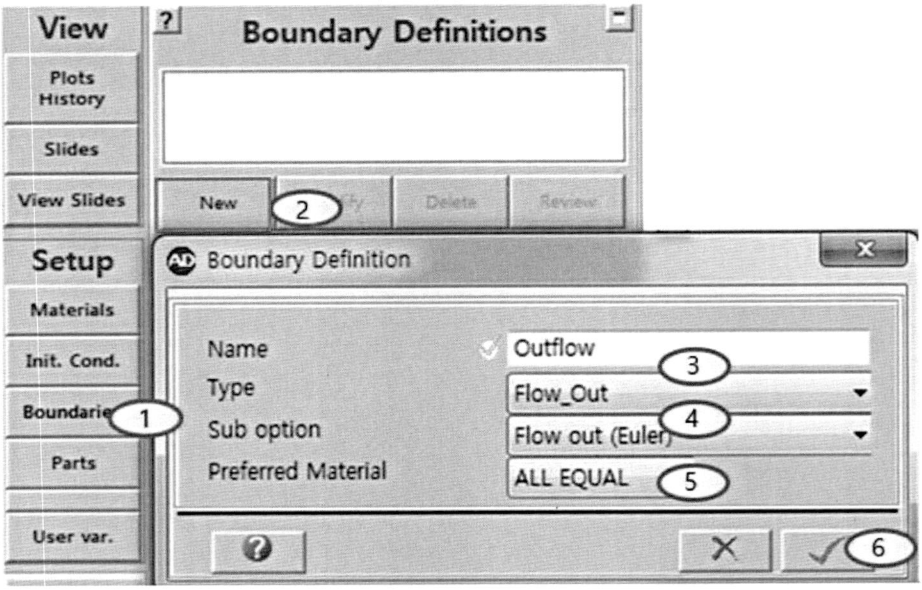


(6.1) 오일러 파트 생성

① Parts를 선택한다.

② 대화 상자에서 "New"를 선택

③ 팝업창의 Part Name을 입력한다. : space

④ Solver를 선택한다 :**Euler Muti-material**

⑤ **Part Wizard를 선택한다.**

⑥ **다음 단계로 진행한다.**

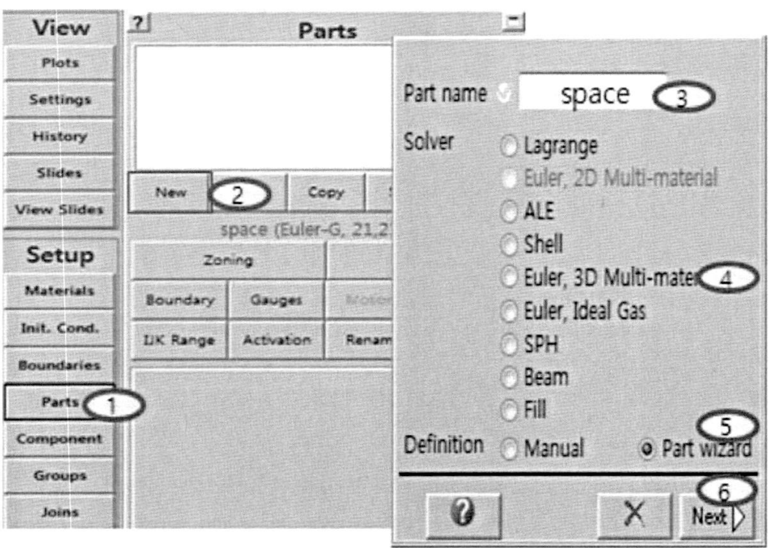

⑦ Box Predef를 선택한다. (default)
⑧ Origin xo, yo, zo 를 입력한다.
Size DX, DY, DZ 를 입력한다.
⑨ 다음단계로 진행한다.
⑩ Cell의 IJK 방향 : 입력한다
⑪ Intial Cond. 선택 : strillAir
⑫ Material 선택 : Air
⑬ Int. Energy를 입력한다. : 2.058e5
⑭ 데이터를 수용한다

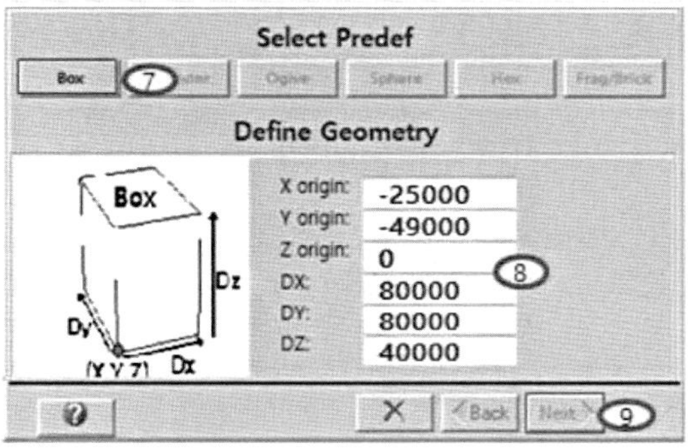


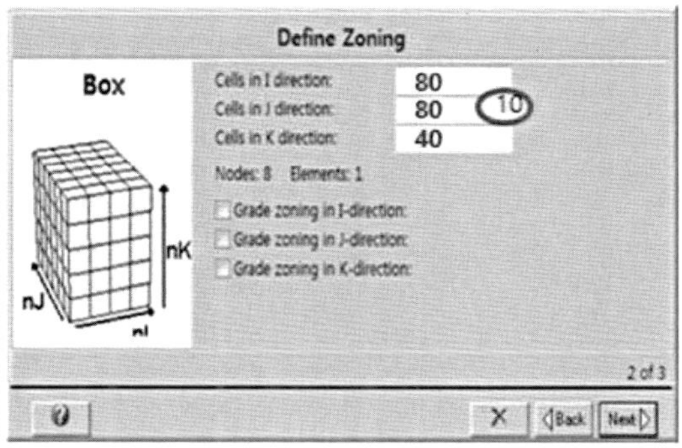


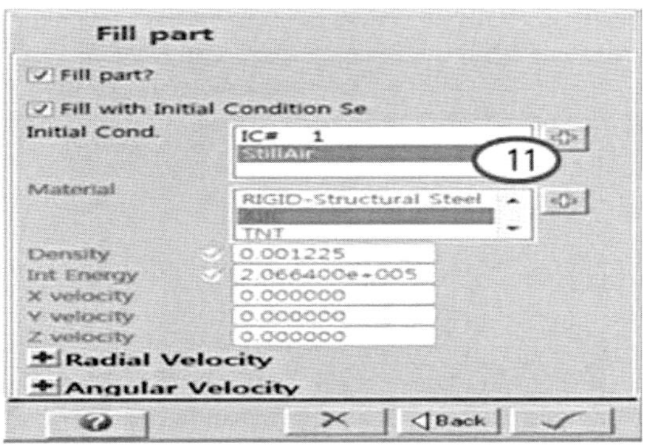

⑧ 결과 화면으로 다음과 같이 나타난다.

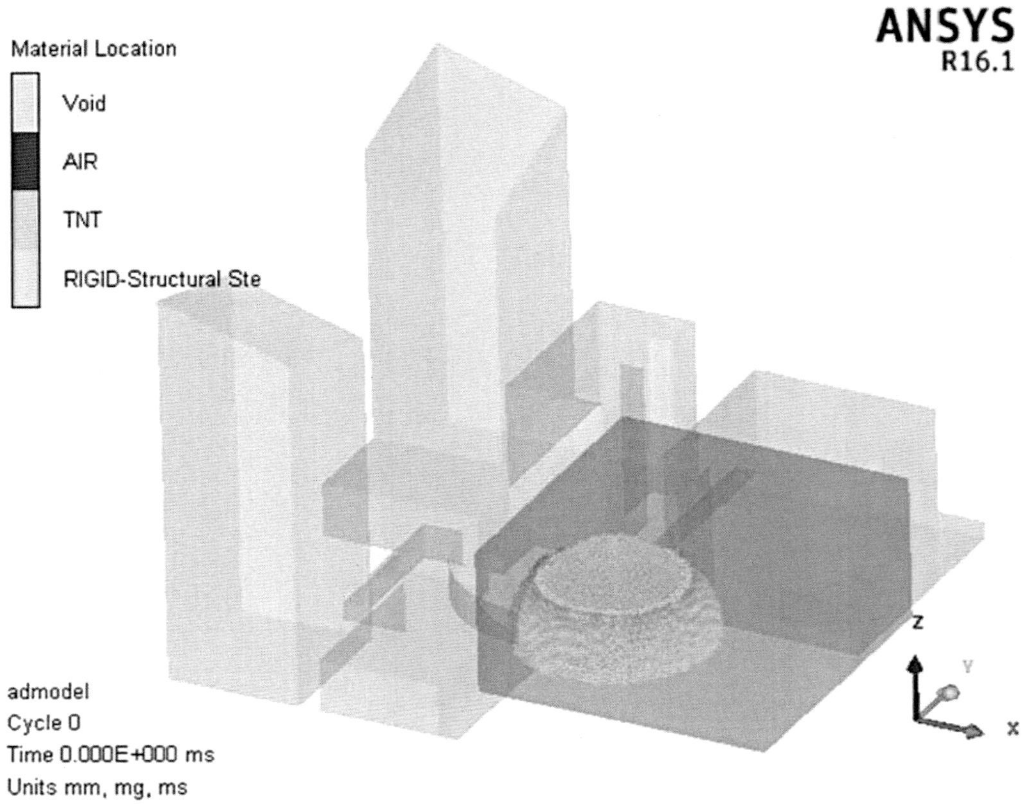

(7) Interaction :

① Interaction을 클릭한다

② Lagrange-Lagrange :

- 설정을 변경하지 않음

③ Type을 설정한다. : External Gap

④ Calculate를 클릭한다.

AUTODYN은 계산을 해서 Gap Size를 제공한다 : 1.001

⑤ 나머지는 Default를 수용

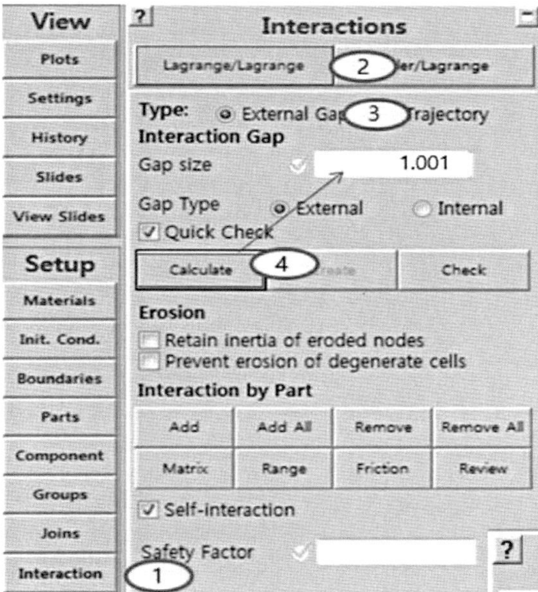


⑥ Euler-Lagrange를 클릭한다.

- 설정을 변경하지 않음

⑦ Type을 설정한다. : Fully Coupl

⑧ Euler subcycling : On

⑨ Euler-Lagrange/

shell interactions : Fully Auto

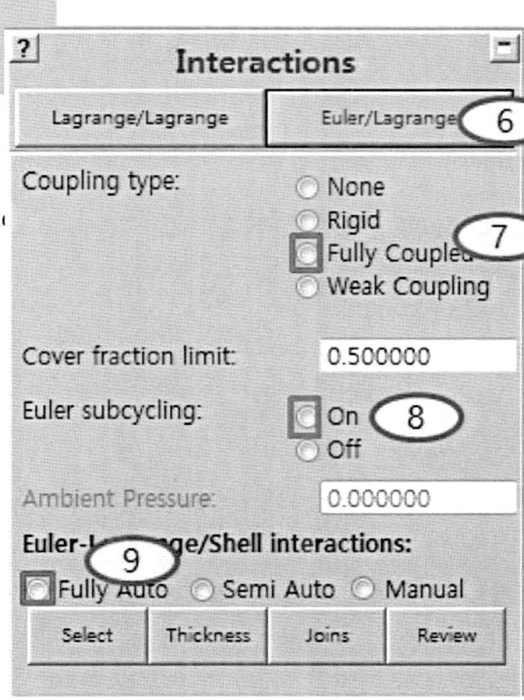

(8) Component - 설정하지 않음

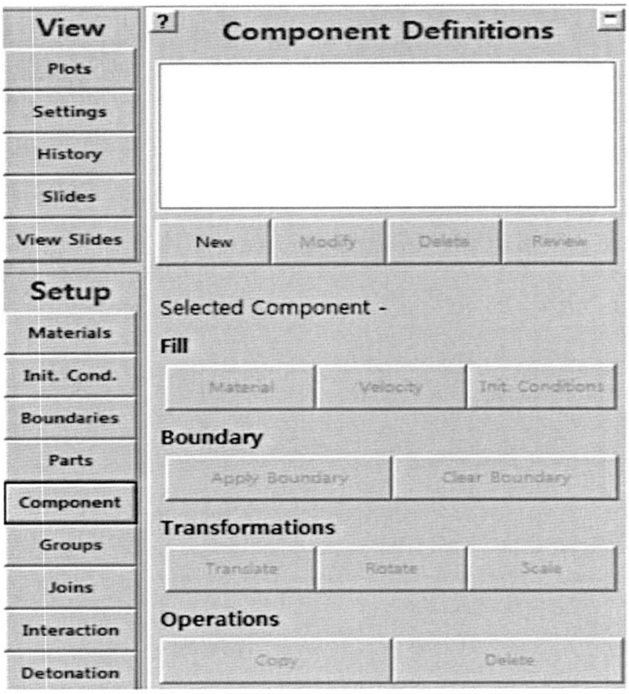


(9) Group - 설정하지 않음

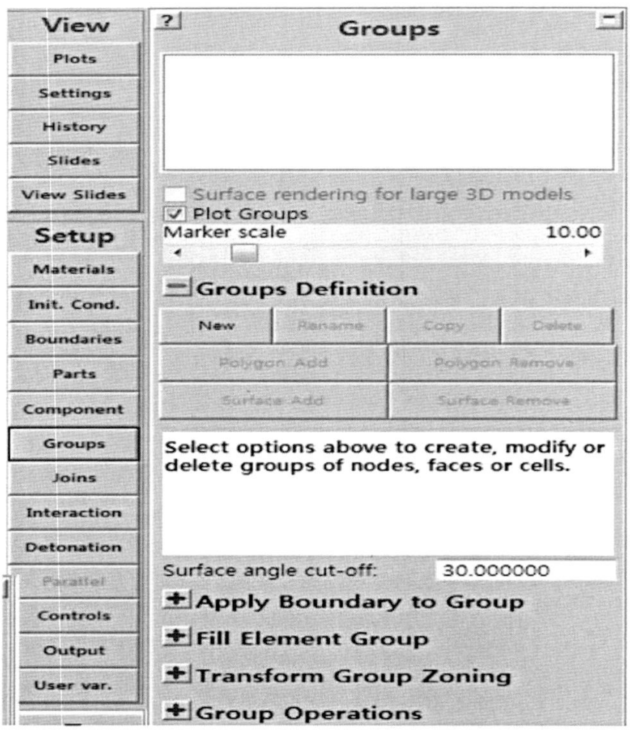

(10) Joints - 설정하지 않음

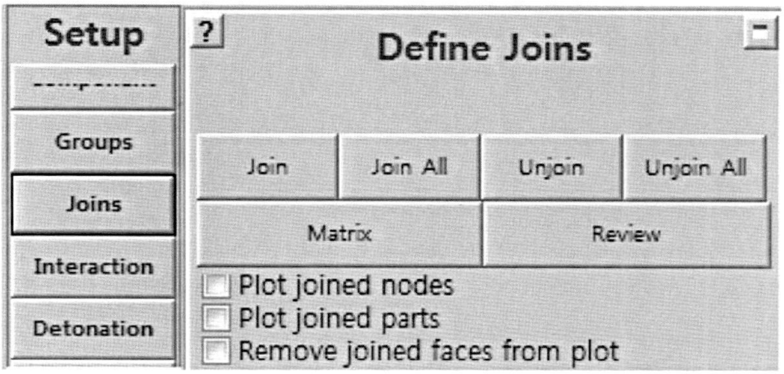


(11) TNT에 대한 폭발 지점 정의

① 탐색 표시 줄에서 "Detonation"을 선택한다.

- 설정하지 않음

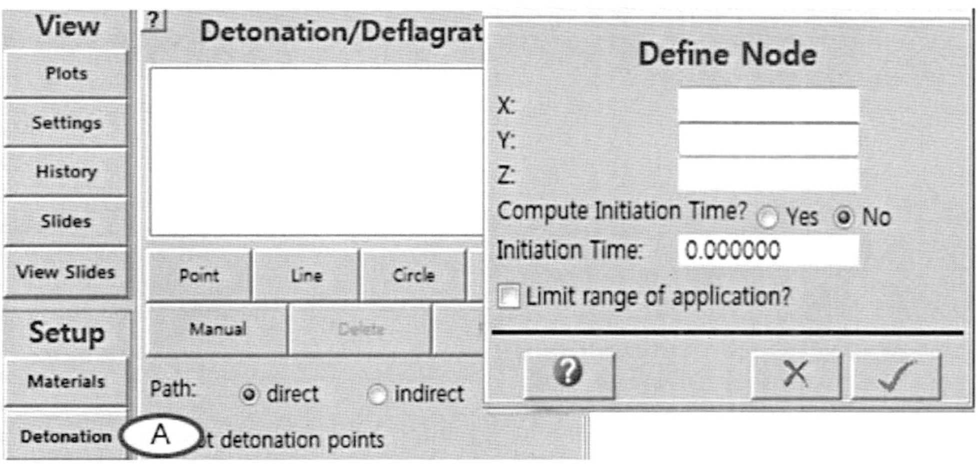

(12) Parallel-설정하지 않음

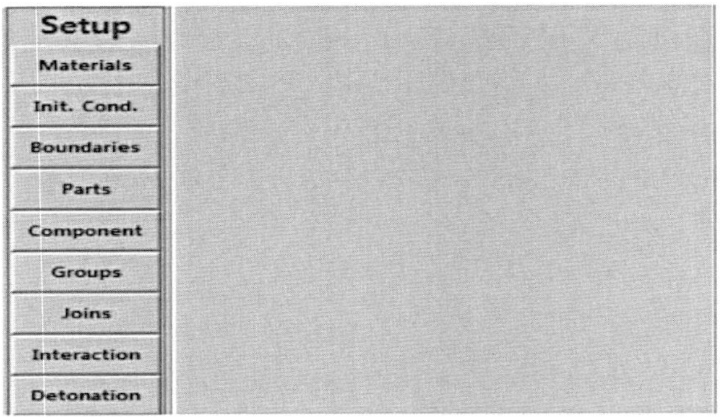


(13) 솔루션 컨트롤 설정

① 탐색 표시 줄에서 "Controls"을 선택한다.

② Wrapup Criteria에서

- Cycle Limit : "1000.0"ms -> 1.0 S
- Time Limit : 1000
- Energy Fraction : 0.05

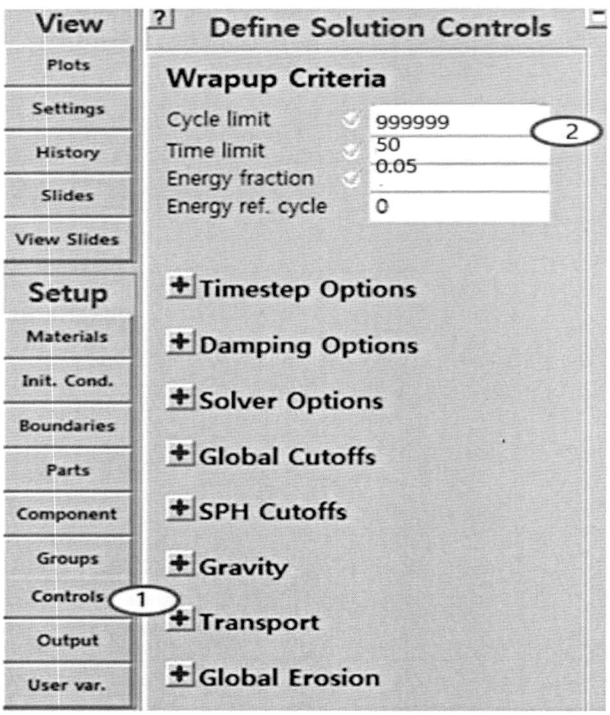

(14) 결과저장설정

① 탐색 표시 줄에서 "Output"을 선택한다.

② 저장 시간 설정:

- Start Time : 0.0
- End times : 25 ,
- Increment : 0.5 ms

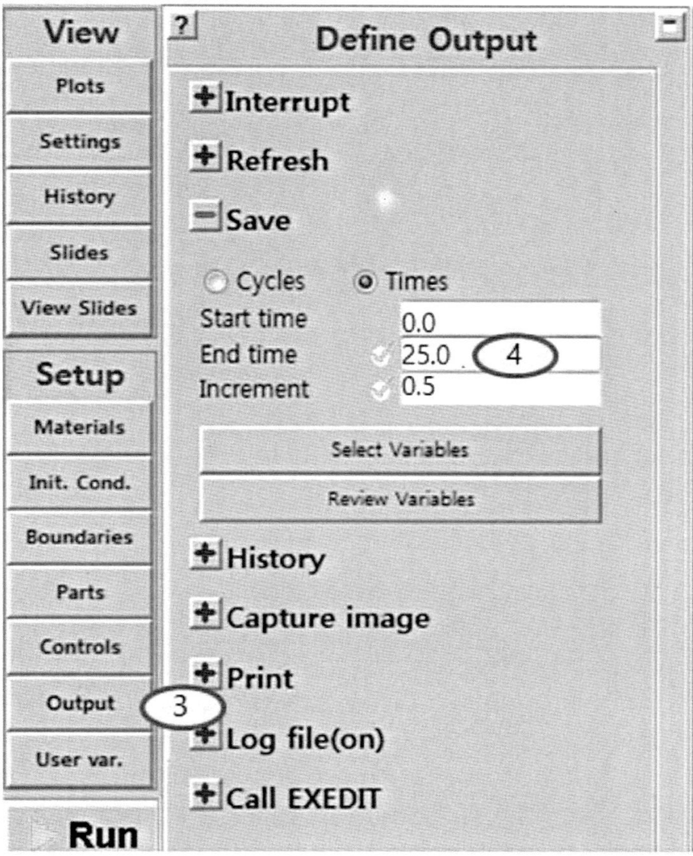


(15) user var. -설정하지 않음

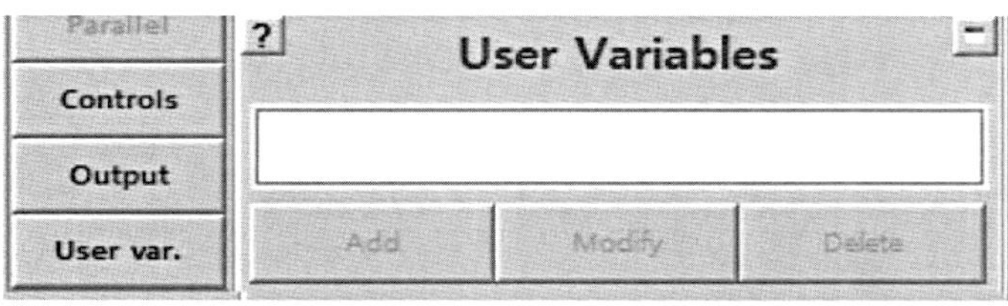

(16) 해석실행

① 데이터 저장

② 문제 해결

해결하는 동안 보기가 자동으로 업데이트됩니다.

(해결 과정에서 그래픽은 자동적으로 업데이트 되어 계산중의 상태를 보여준다.

계산시간은 약 25 분 정도 걸린다.

해석을 중지하려면 STOP 을 누르면 되고, 계속 이어서 해석을 하려면 "RUN"버튼을 누르면 된다.)

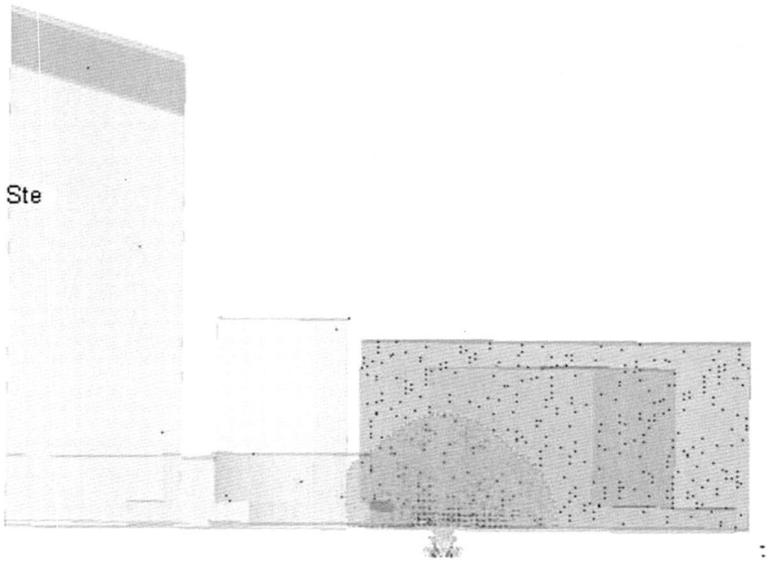


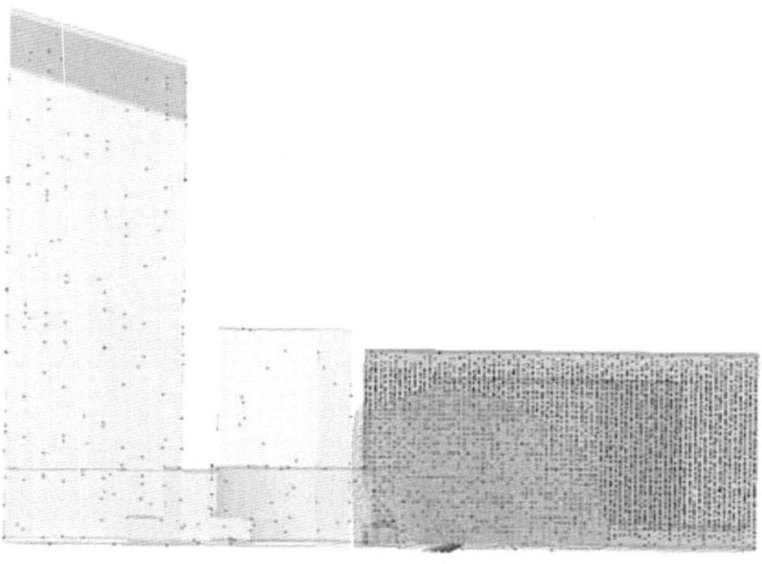

# 5 물의 간섭을 받는 폭발 모형

# 모듈 11. Ship Blast

1) 구조 계획

① 모듈의 목표

- 오일러 3D Multi 솔버를 적용한다.
- 구형 폭풍파가 전달되는 매개가 공기 뿐 아니라 물에서 어떻게 전파되는지를 고찰한다.

오일러 공간에 여러 가지 물질을 입력하는 방법을 알아본다.
폭풍파는 2D-Wedge 모형에서 만든 결과를 불러와 사용한다.
오일러 공간에 대한 메쉬를 전체적으로 균일하게 적용하지 않고 해석이 중요한 부분에 집중하여 메쉬를 세분화 하는 방법을 적용한다.
라그랑귀 파트는 Explicit Dynamic에서 통하여 불러오는 방법을 사용한다.

② 해석 절차 :

- Explicit Dynamic을 실행하여 Ship모델에 대한 메쉬와 중력 조건을 부여한다.
- Autodyn에서 오일러 공간을 만들고, Air, Water, TNT를 적용시킨다.
- 경계조건에 새로운 flow_out 조건을 부여 한다(모든 외각에 적용한다)
- Wrapup criteria : 50ms, Output file 저장 : 2.0ms

③ 모델링 개요 (단위 : mm)

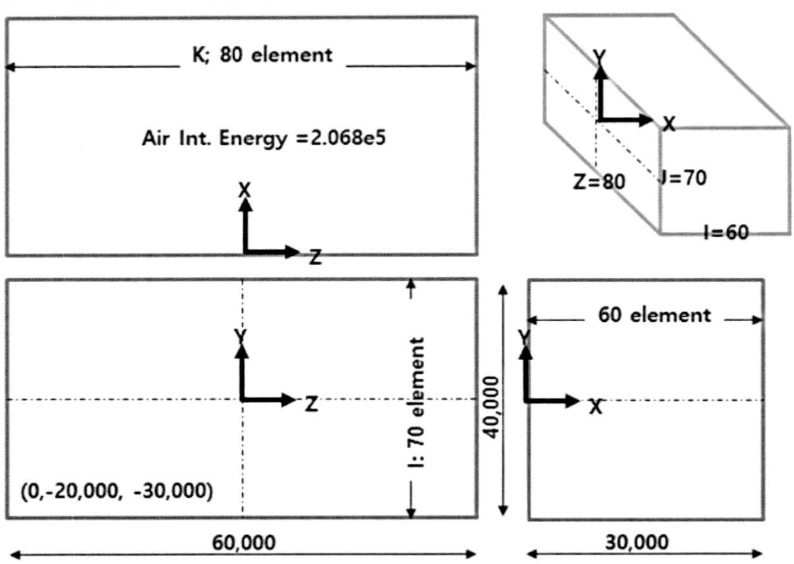

2) 구조해석 모델링 작성

[1] Explict Dynamics 설정

(1) 명시 적 동적 (ANSYS) 프로젝트 시작
① 명시 적 역학 (ANSYS) 프로젝트 만들기
② 프로젝트 단위로 MKS를 선택하고 Workbench에서 Native Applications을 요청하면 해당 값이 프로젝트 단위로 표시됩니다.

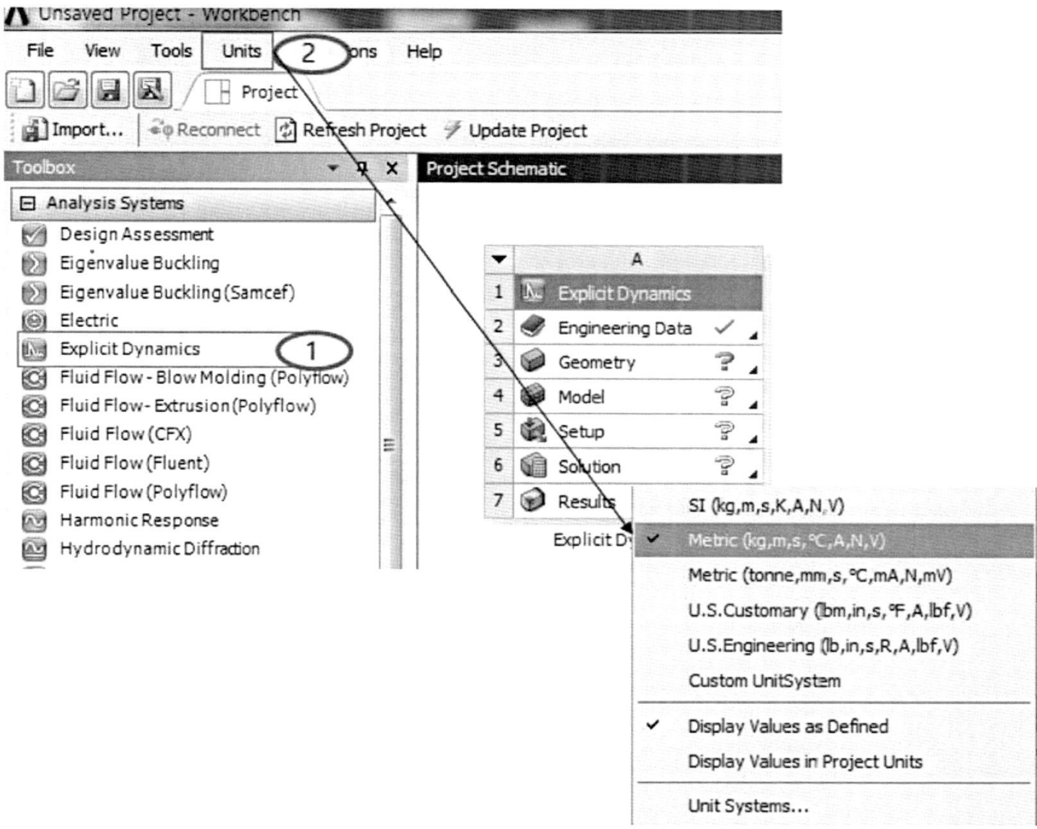

(2) 형상 불러오기

① 아래 그림과 같이 형상 데이터베이스 ship_blast.agdb를 가져옵니다.

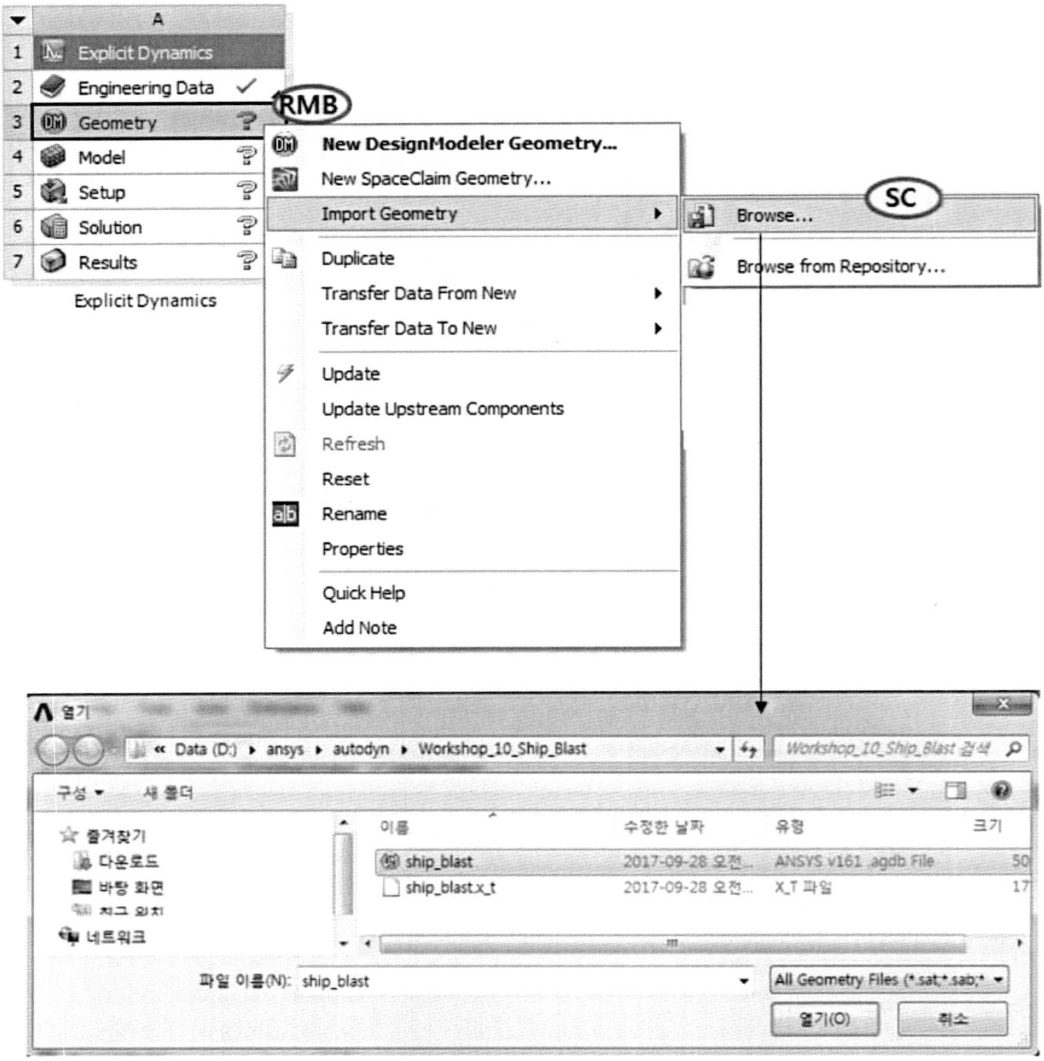


---- 참고 --------------------------------------------

ANSYS Workbench에서 사용하는 약어를 다음과 같이 정의한다.

DC : 마우스 왼쪽 버튼으로 더블 클릭

SC : 마우스 왼쪽 버튼으로 한 번 클릭

RMB : 마우스 오른쪽 버튼 선택

D & D : 드래그 앤 드롭 = 아이템을 드래그하여 새로운 위치로 드래그하여 마우스 왼쪽 버튼을 누르고 드래그 (즉, 복사 및 이동)

---------------------------------------------------

(3) Workbench Mechanical에서 모델 편집

A Workbench에서 모델을 선택하여 편집모드로 진입한다.

B Explicit Dynamic-mechanical에서 단위계를 설정한다. -> MKS 단위계 선택

- mechanical은 워크 벤치에서 기본이 아니므로 여기에 있는 단위가 프로젝트 단위와 일치하지 않을 수 있습니다.

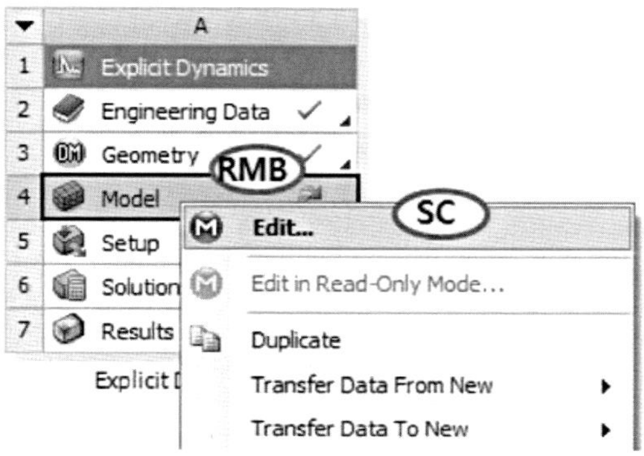


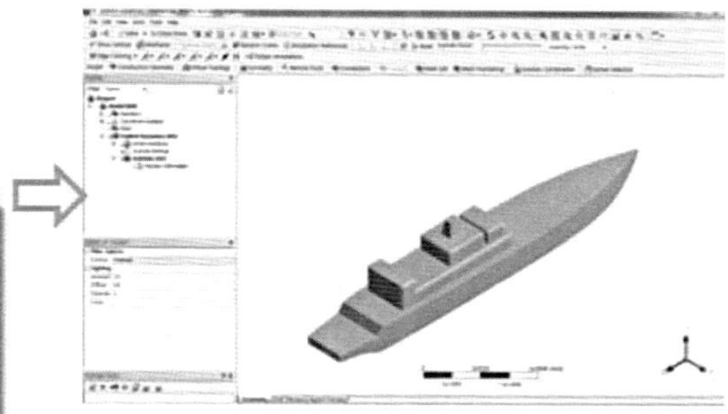

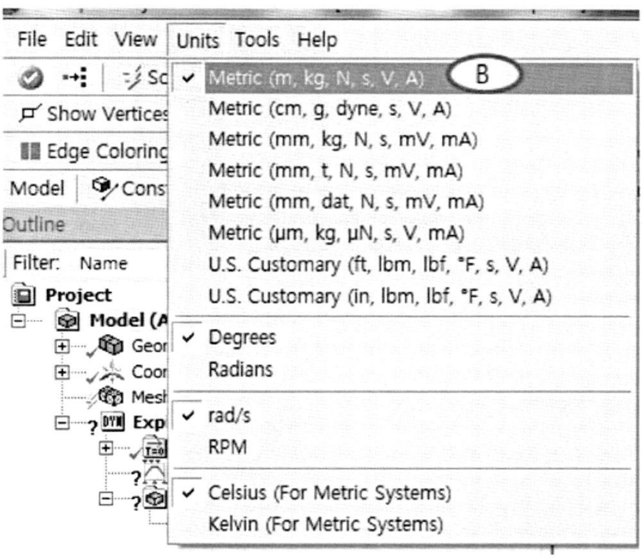

(4) 모델 설정 변경

① Geometry에서 배 몸체를 선택한다.

② 강성 거동(Stiffness Behavior)에 강성(Rigid)을 지정한다.

- 배를 강체로 보아 변형이 없는 것으로 가정하고 해석을 수행하고자 가정한다.
- 배의 내부는 모델링이 되어 있지 않고 외형만 모형화되어 있다.

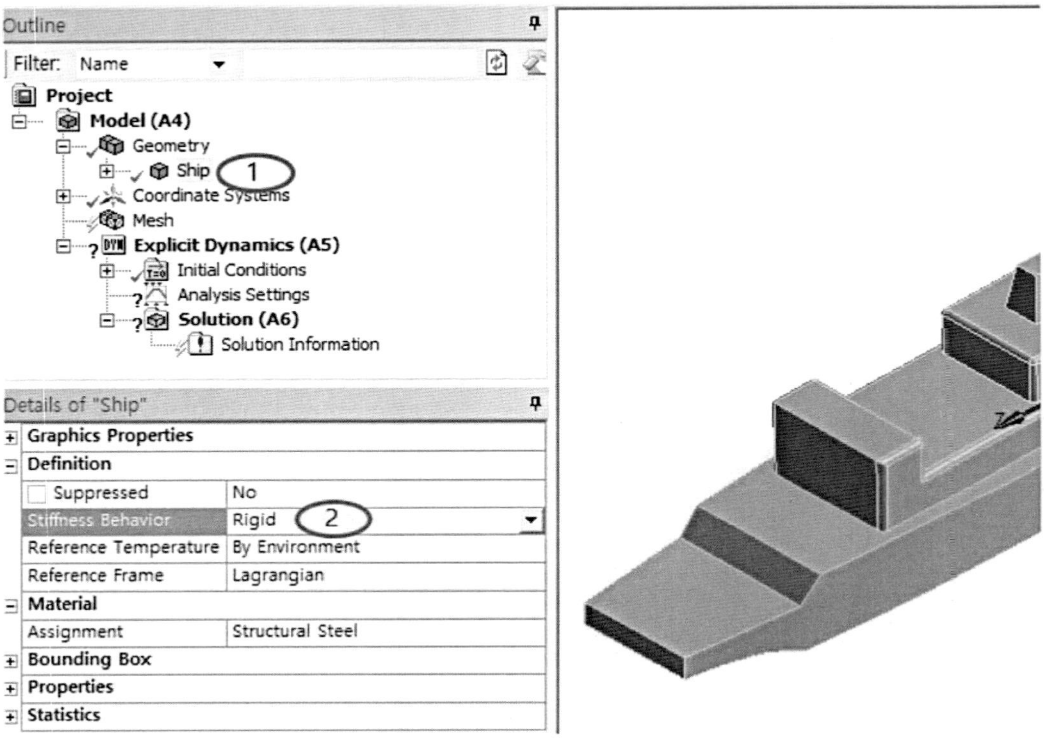


(5) 기본 메쉬 생성

① 기본 메쉬 생성

- 기본 메쉬 생성 작은 요소 크기는 중요하지 않다.
  배의 모체를 강제로 선언하였기 때문에 시간 단계를 제어하지 않는다.

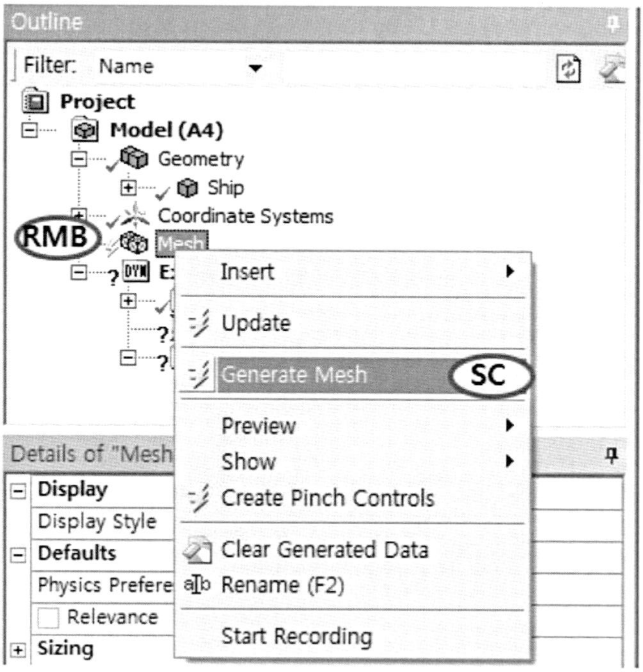


② 결과 화면으로 다음과 같이 나타난다.

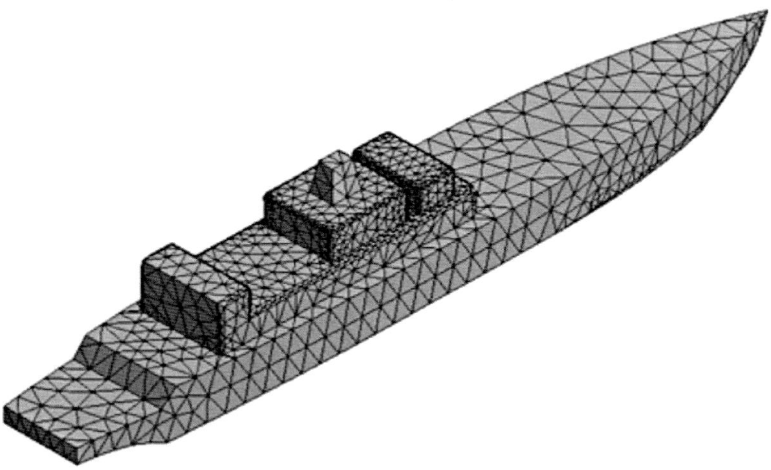

(6) 표준 지구 중력 적용

① 표준 지구 중력 삽입 (중력의 방향을 고려한다)
이것은 솔루션에 큰 영향을 미치지 않지만 AUTODYN은 적어도 강제 또는 초기 조건이 적용되지 않는 한 Explicit Dynamic에 연결할 수 없다.

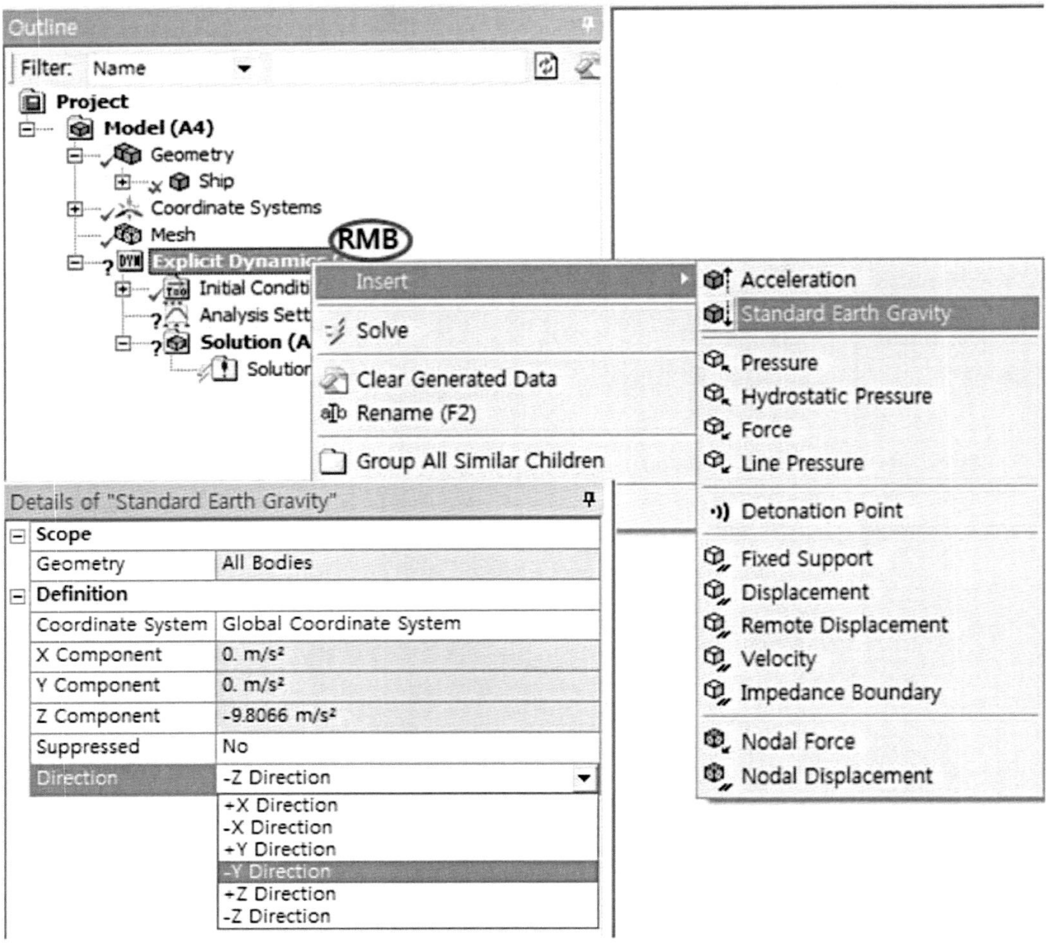

② 결과 화면으로 다음과 같이 나타난다.

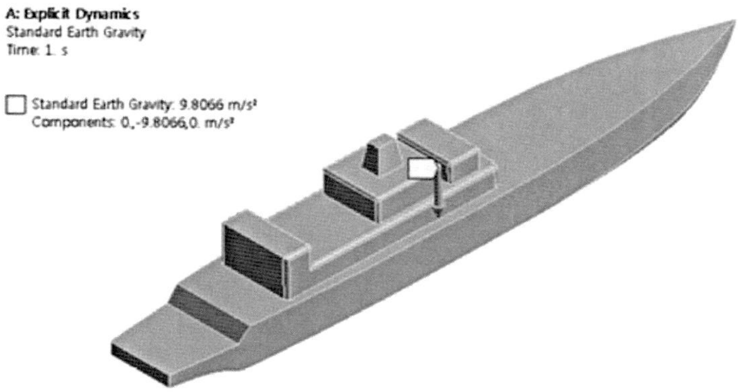


(7) Analysis를 설정한다.

① 트리에서 분석 설정 (Analysis Setting) 선택한다.

② 자세히 보기에서 종료 시간(End Time)을 0.05 초로 설정한다.

③ 나머지 기본 설정을 유지한다.

④ 워크 벤치 프로젝트 페이지에 모델 저장한다.

이 시점에서 프로젝트는 Explicit Dynamic에서 가능한 설정을 하였다. 이제 오일러 / 라그랑주 상호 작용 및 해석을 수행하기 위하여 설정을 완료하고, 설정을 AUTODYN으로 전송한다.

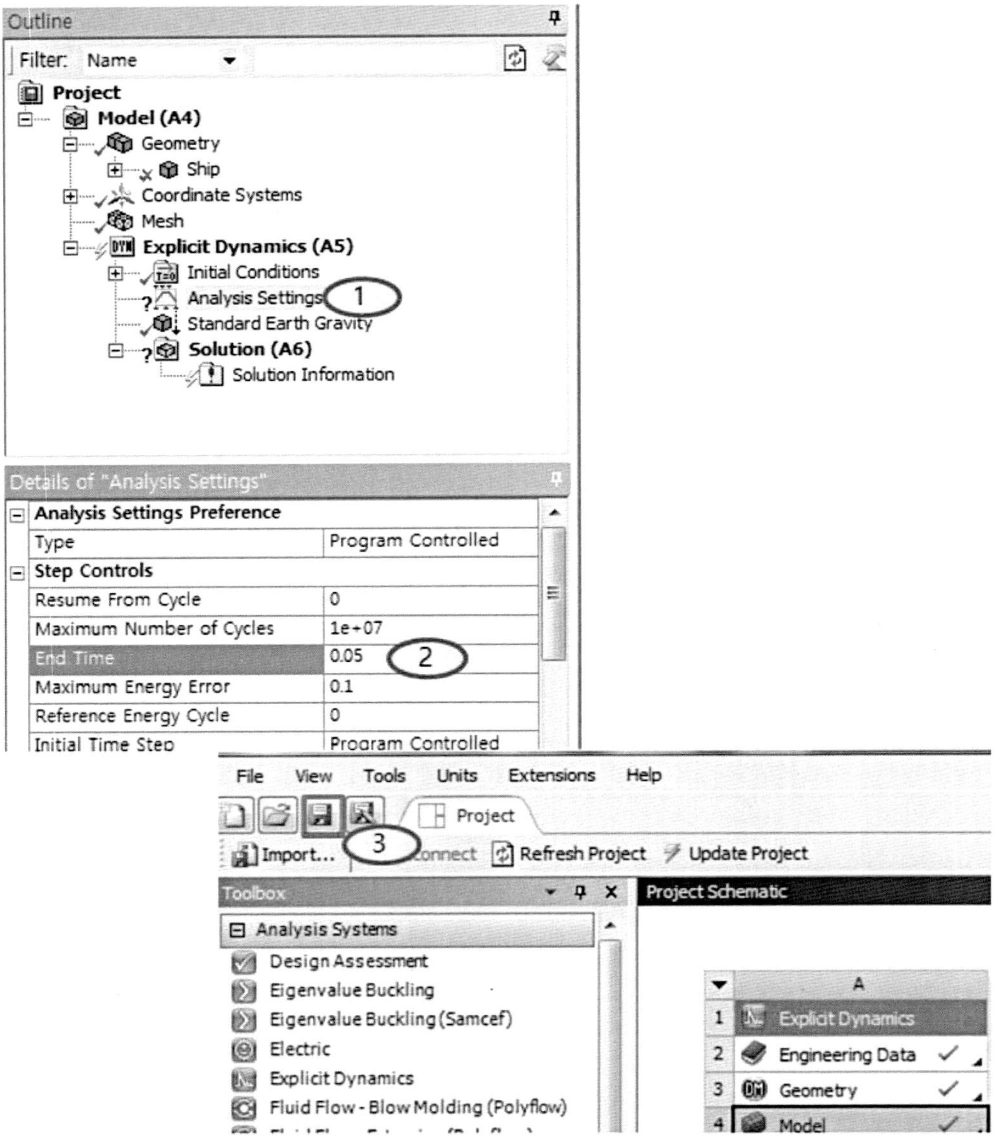
Outline
Filter: Name
Project
Model (A4)
Geometry
Ship
Coordinate Systems
Mesh
Explicit Dynamics (A5)
Initial Conditions
Analysis Settings
1
Standard Earth Gravity
Solution (A6)
Solution Information
Details of "Analysis Settings"
Analysis Settings Preference
Type
Program Controlled
Step Controls
Resume From Cycle
0
Maximum Number of Cycles
1e+07
End Time
0.05
2
Maximum Energy Error
0.1
Reference Energy Cycle
0
Initial Time Step
Program Controlled
File
View
Tools
Units
Extensions
Help
Project
3
Import...
Refresh Project
Update Project
Toolbox
Analysis Systems
Design Assessment
Eigenvalue Buckling
Eigenvalue Buckling (Samcef)
Electric
Explicit Dynamics
Fluid Flow - Blow Molding (Polyflow)
Project Schematic
A
1
Explicit Dynamics
2
Engineering Data
3
Geometry
4
Model

[2] Autodyn 설정

(1) AUTODYN 프로젝트 만들기

① 워크 벤치의 프로젝트 페이지의 구성 요소(Tool Box) 아래에서 autodyn 구성 요소를  선택하여 프로젝트의 셋업(Setup) 셀로 끌어서 놓으십시오

이것은 AUTODYN 프로젝트를 생성합니다.
이 프로젝트는 다이내믹 프로젝트에 연결된다.

(2) Autodyn에 모델 불러오기
① 다이내믹 프로젝트에 설정된 모델을 가져와서 AUTODYN 프로젝트를 Update한다.

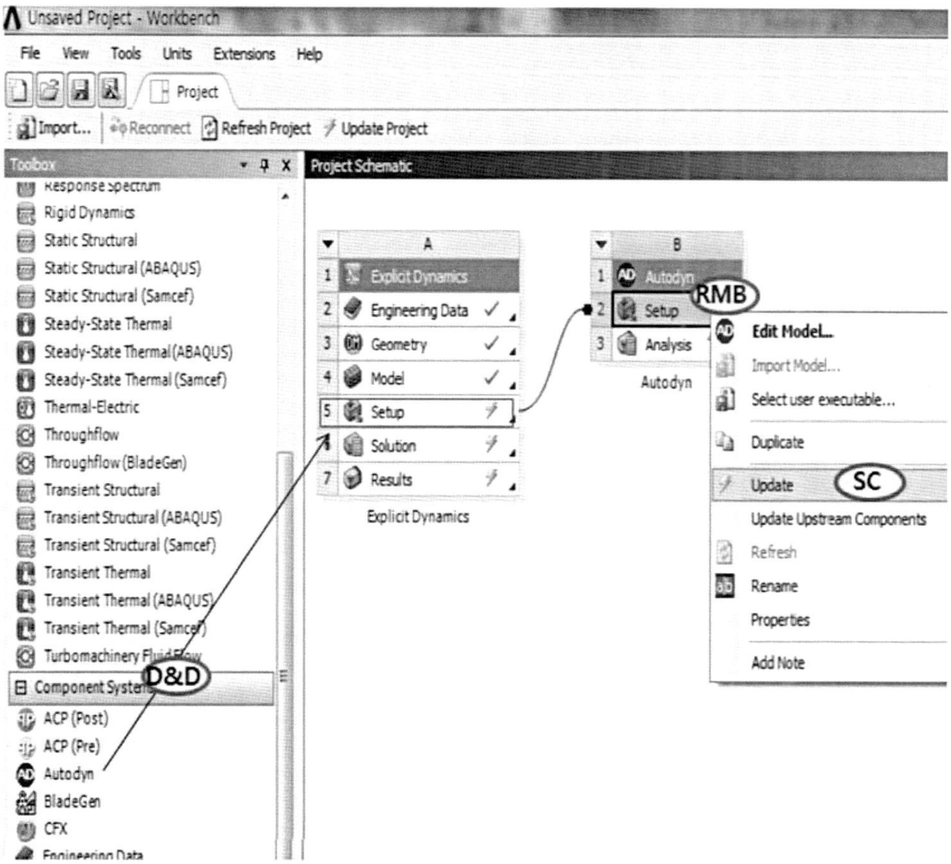

② 결과로 AUTODYN 화면이 나타나고, 그래픽화면에 배가 나타난다.

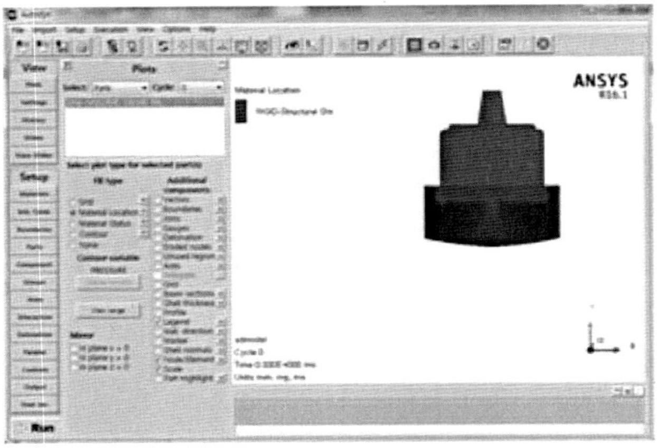

---- 참고 ------------------------------------------

Plot 설정

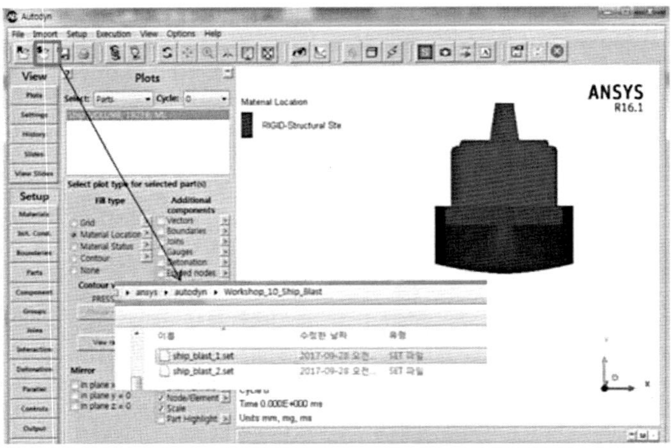

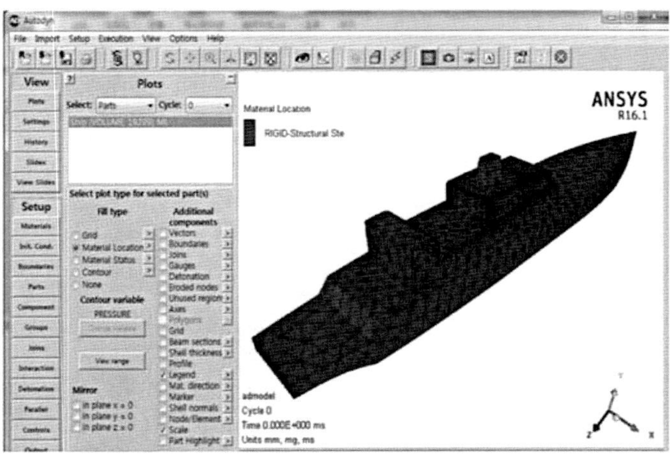

------------------------------------------

(3.1) Material 확인 (배 질량 변경)

① 탐색 모음(navigation Bar)에서 재질(Material) 선택

② 선박용으로 "Rigid"로 선언했다는 사실에 주목하십시오.

③ 수정(Modify)을 선택하십시오.

④ 참조 밀도를 0.5g/cm$^3$으로 변경합니다.

⑤ 데이터 수락한다.

선박의 질량은 기준 밀도를 사용하는 모든 요소를 사용하여 모든 요소의 질량을 합산하여 계산됩니다. 이것은 기본 강재 밀도로 설정되었습니다. 배는 견고하지 않기 때문에 실제 질량을 크게 과대 추정합니다.
여기서는 기준 밀도는 선박의 실제 질량을 더 정확하게 예측하기 위해 감소한다.

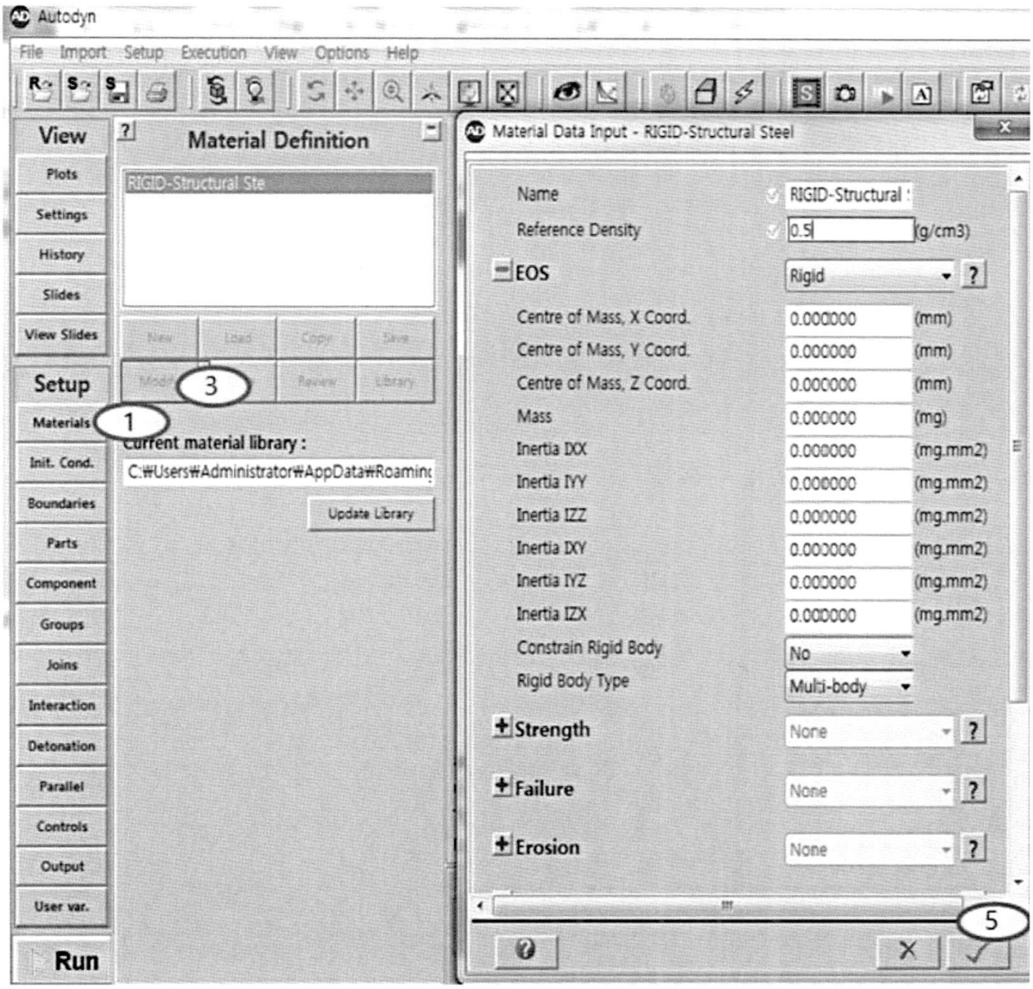

(3.2) 라이브러리에서 재료 데이터 검색

① 재료 데이터를 불러온다.

② Material Name에서 다음 자료를 선택하십시오 : AIR TNT WATER (Hydro)

③ 데이터 수용한다.

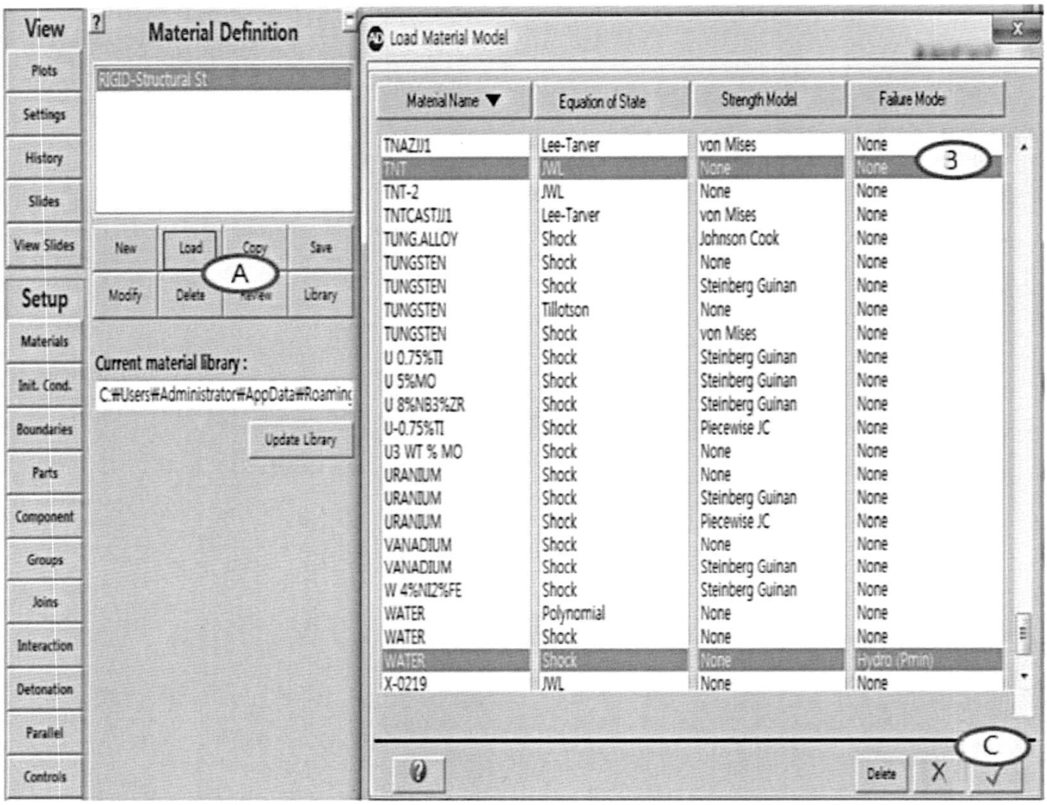


※ 3 개의 재료를 선택하기 위해서 <CONTROL>을 누르고 클릭을 한다.

④ 결과로 그래픽 화면(view panel)에서 "Scale"에 AIR TNT WATE가 추가된 것을 확인할 수 있고, Material Definition에도 AIR TNT WATER 가 추가 된 것을 볼 수 있다.

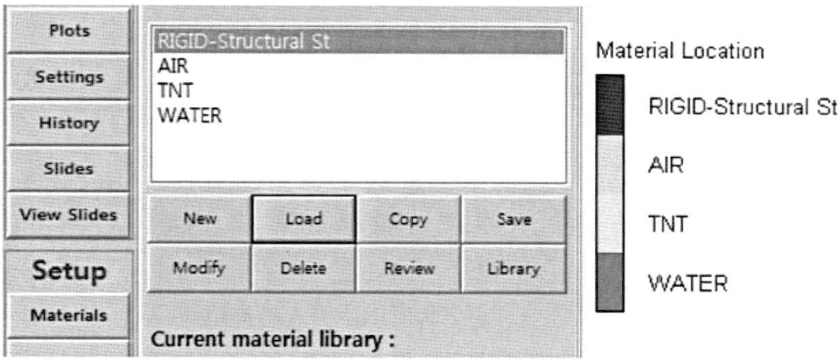


(4) 초기 조건을 설정

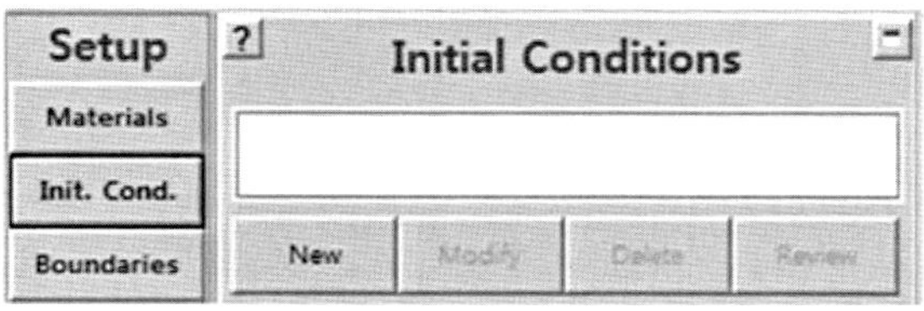


(5) 경계조건을 정의

① Boundary를 선택한다.

② 대화 상자에서 New 를 선택한다

③ Boundary Name을 기록한다 : Outflow

④ Type을 정한다 : Flow_out

sub option을 정한다 : Flow_out(Euler)

⑤ Preferred Material을 설정한다 : ALL_EQUAL

⑥ 데이터를 수용한다.

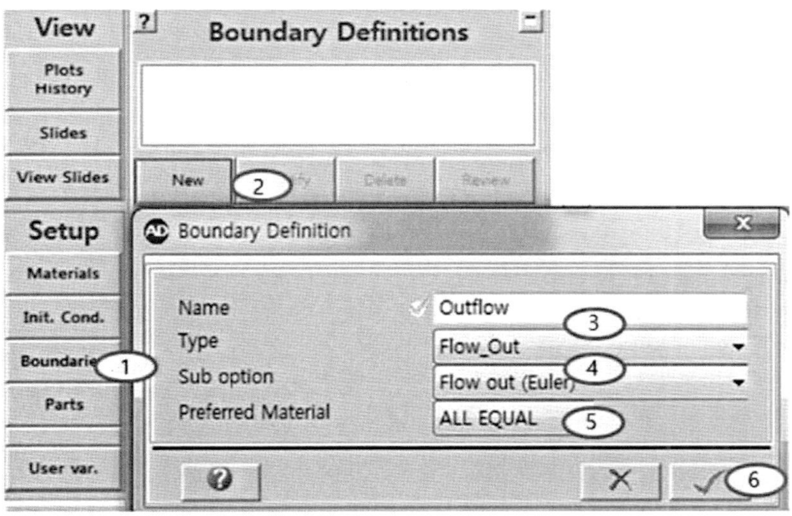

(6) 오일러 파트 생성

① Parts를 선택한다.

② 대화 상자에서 "New"를 선택

③ 팝업창의 Part Name을 입력한다. : Blast

④ Solver를 선택한다 : Euler 2D Multi

⑤ Definition을 설정하다. : Part Wized

⑥ 다음 단계로 이동

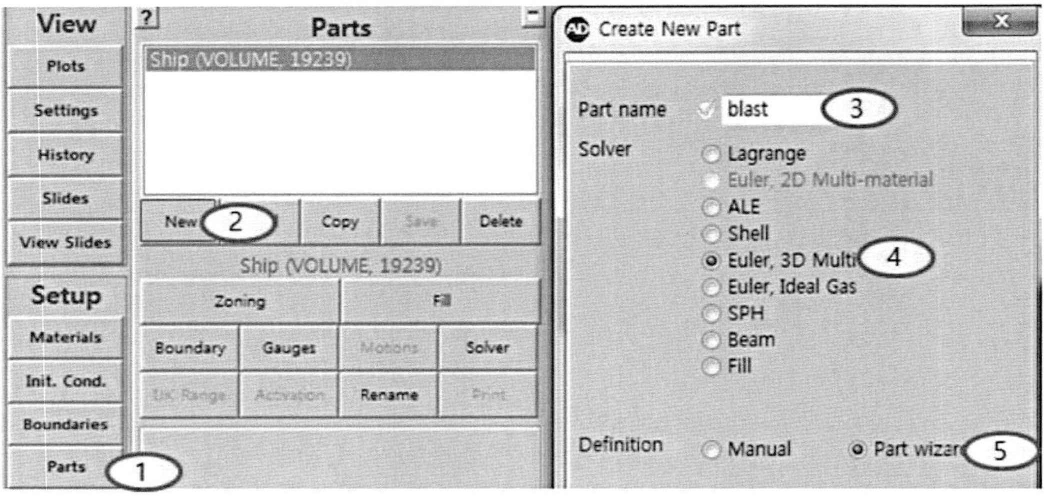


⑦ Predef를 선정한다. : Box

⑧ Geometry를 정의 한다 : 원점 (-800,0) 폭 (1400, 1000)

⑨ 다음 단계로 이동한다

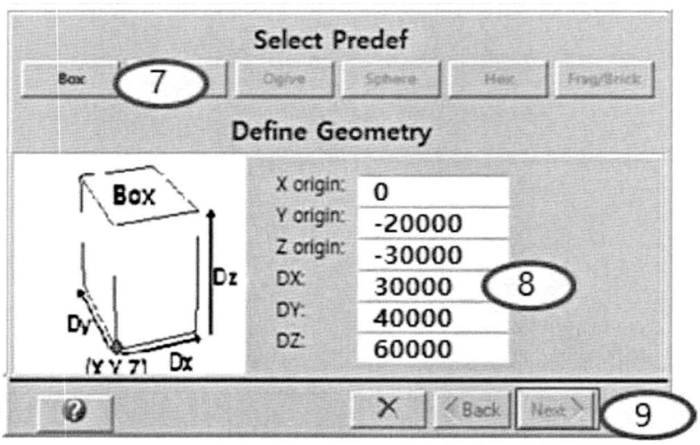

(6.2) Euler Part의 메쉬를 설정한다.

① IJK 방향의 셀이 수를 입력한다. (60,70,80)

② X축에 대하여 Grade Zoning 를 선택하고 fixed size에 400을 입력하고 회수를 50으로 설정, Lower I를 선택한다.

③ Y축에 대하여 Grade Zoning 를 선택하고 fixed size에 400을 입력하고 회수를 50으로 설정, Centered를 선택한다.

④ Z축에 대하여 Grade Zoning 를 선택하고 fixed size에 400을 입력하고 회수를 50으로 설정, Centered를 선택한다.

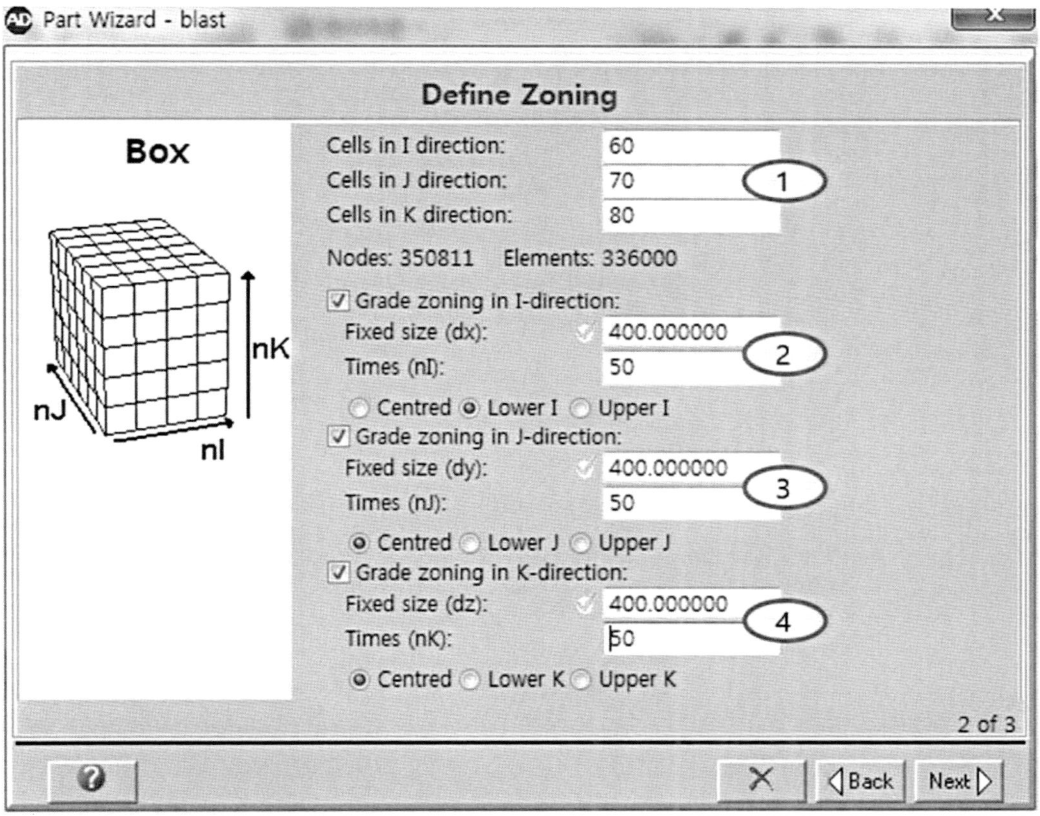

(6.3) Euler Part에 공기를 채운다.

① AIR를 선택한다.

- Euler mesh에 AIR를 채운다.

② 공기의 Internal Energy 2.068e5를 입력한다.

- 공기를 1기압으로 초기화합니다.

③ 데이터를 수락한다.

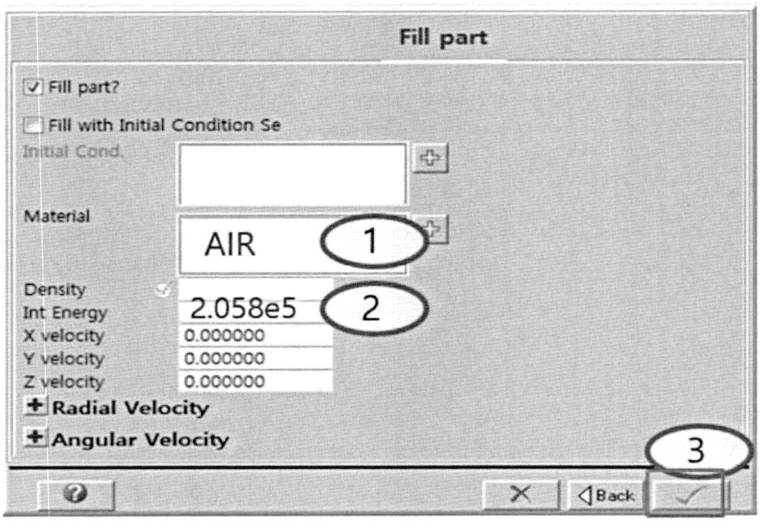


④ 결과로 그래픽화면(view panel)에 다음과 같이 나타난다.

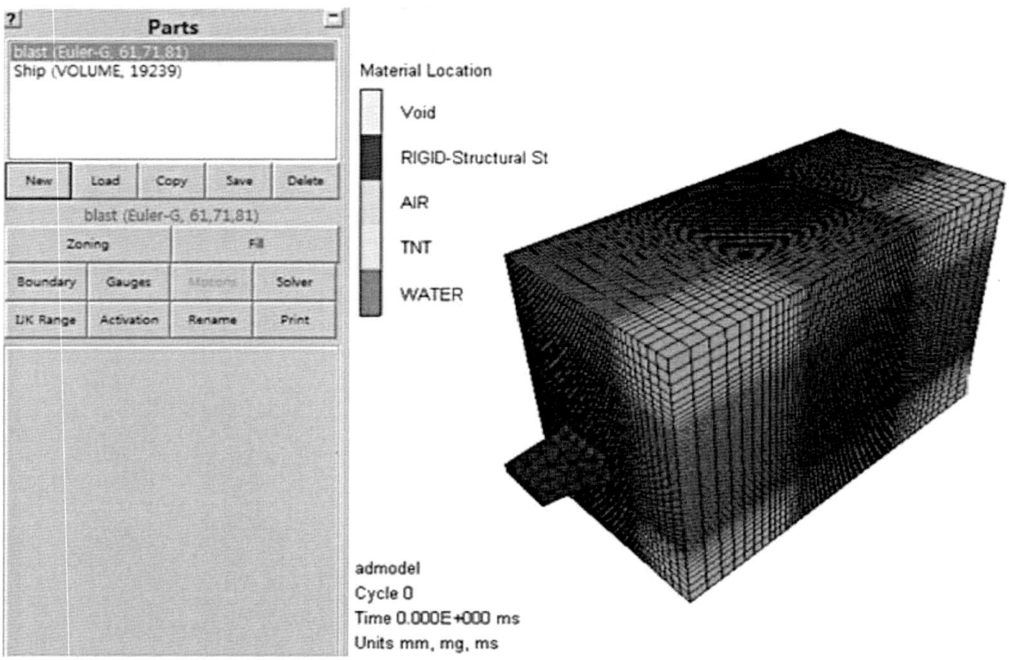

---- 참고 --------------------------------------------

① "ship_blast_2.set" 을 불러온다

- 배를 투명하게 볼 수가 있다.

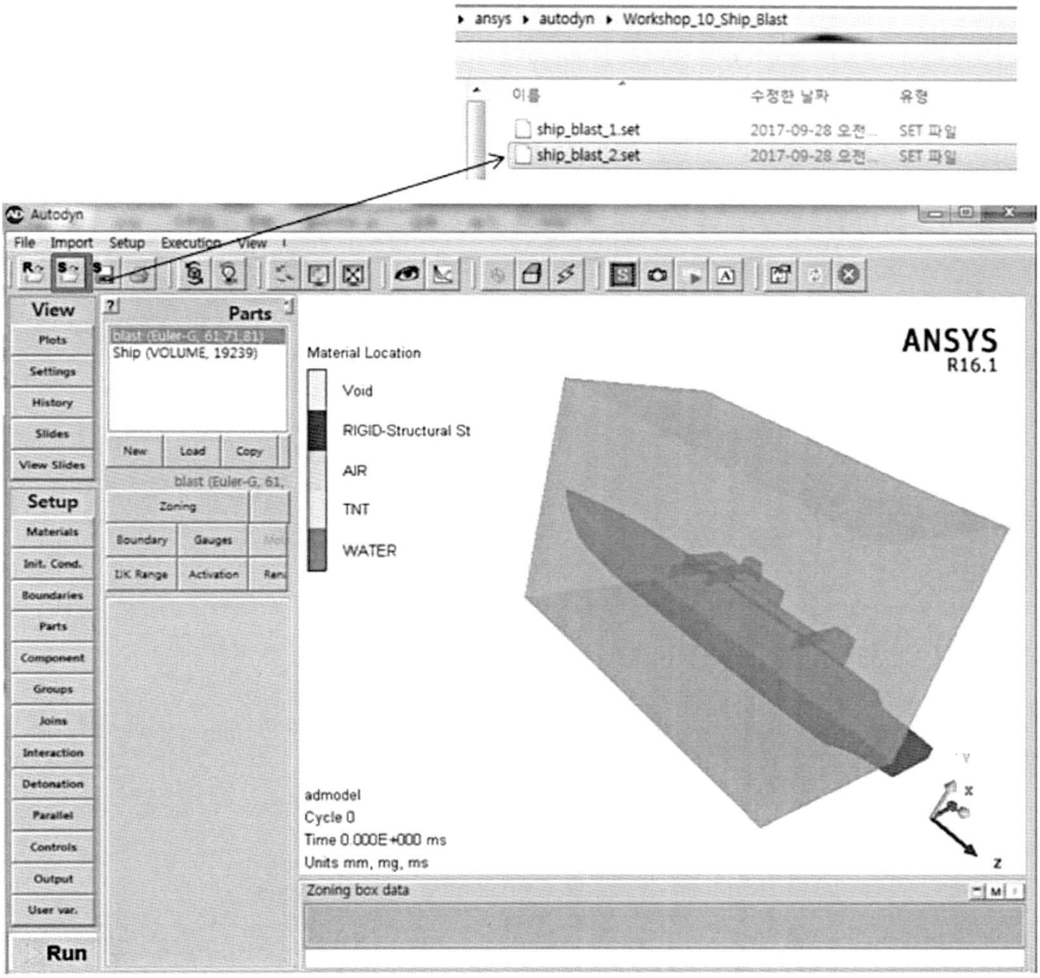


------------------------------------------------------------

(6.4) Euler Part의 하단에 물물 채운다.

① Navigation Bar에서 Part를 선택한다.

② Parts목록에서 blast를 선택한다.

③ Fill 를 선택한다.

④ Block을 선택한다.

⑤ J 방향의 범위를 71에서 24로 줄인다.

⑥ WATER를 선택한다.

⑦ 데이터를 수용한다.

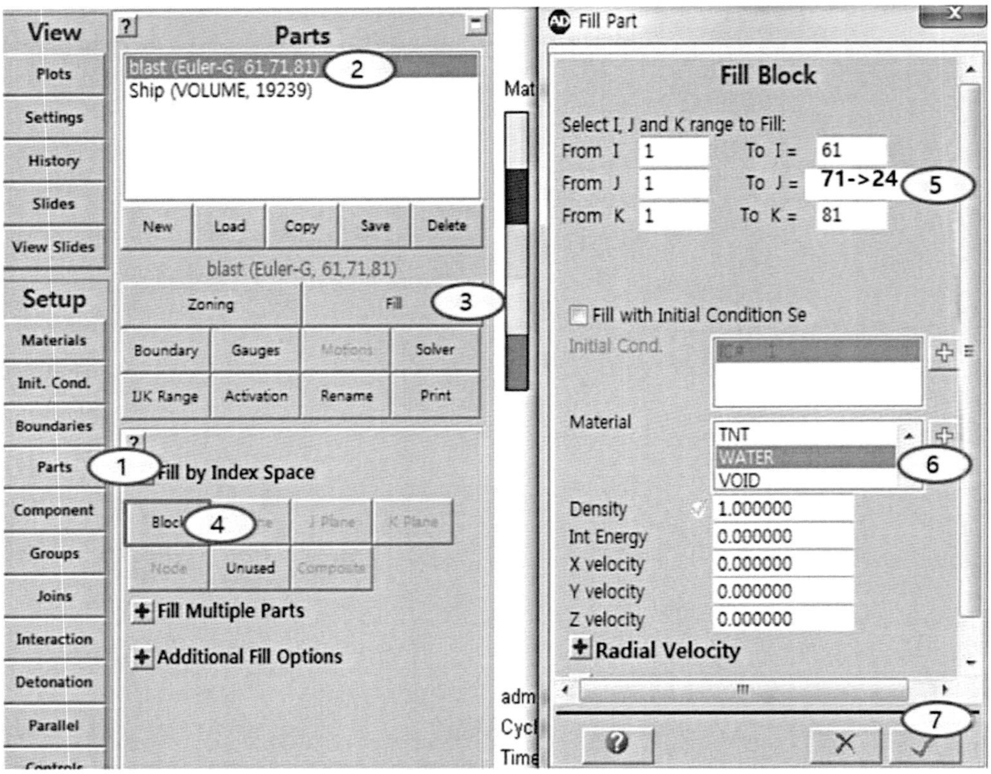


⑧ 결과로 그래픽 화면(view panel)에 다음과 같이 나타난다.

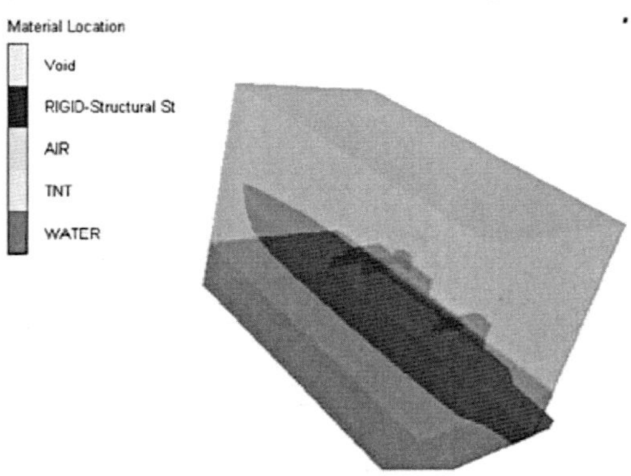

(6.5) Spherical Blast 결과를 가져온다.
① Fill을 선택한다.
② Additional Fill Option에서 Datafile을 선택한다.
③ Read Datafile을 선택한다.
④ “Ship_blast_wedge.fll”을 선택한다.
- 이 데이터는 이전에 미리 만들어 놓은 것이다.
⑤ 불러오기 위한 원점을 (0,0,0)을 유지한다.
⑥ AIR와 TNT 두 가지 재료를 선택한다.
- 공기와 TNT에 영향을 준다.
⑦ 데이터 입력을 수용한다.

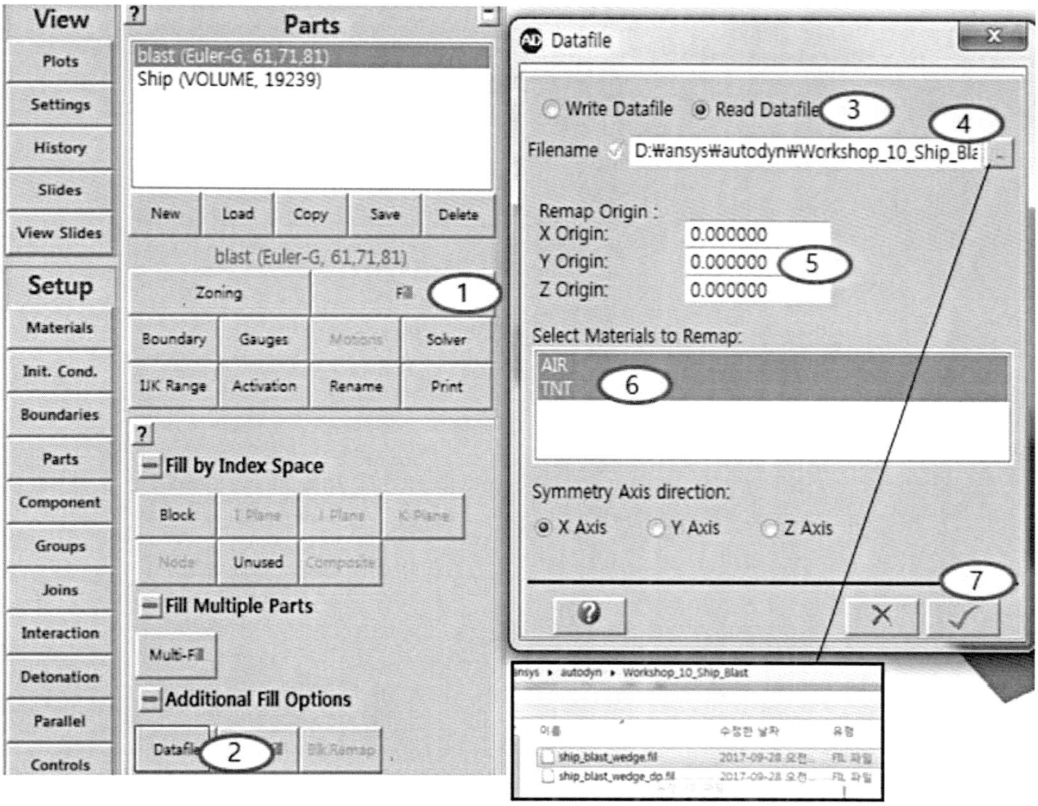


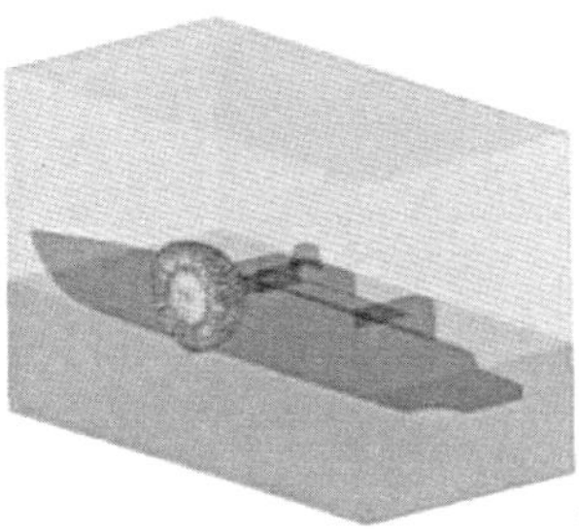

(6.6) 경계조건을 적용한다.

① Navigation Bar에서 Parts를 선택한다.

② Boundary를 선택한다.

③ Block을 선택한다.

④ Outflow에 경계조건에 적용된 전체 메쉬를 수용한다.

⑤ Clear를 선택한다.

⑥ 모든 내부면과 대칭면을 제거하기 위하여 I=1~60, J=2~70, K=2~80 를 입력한다.

⑦ 데이터를 수용한다.

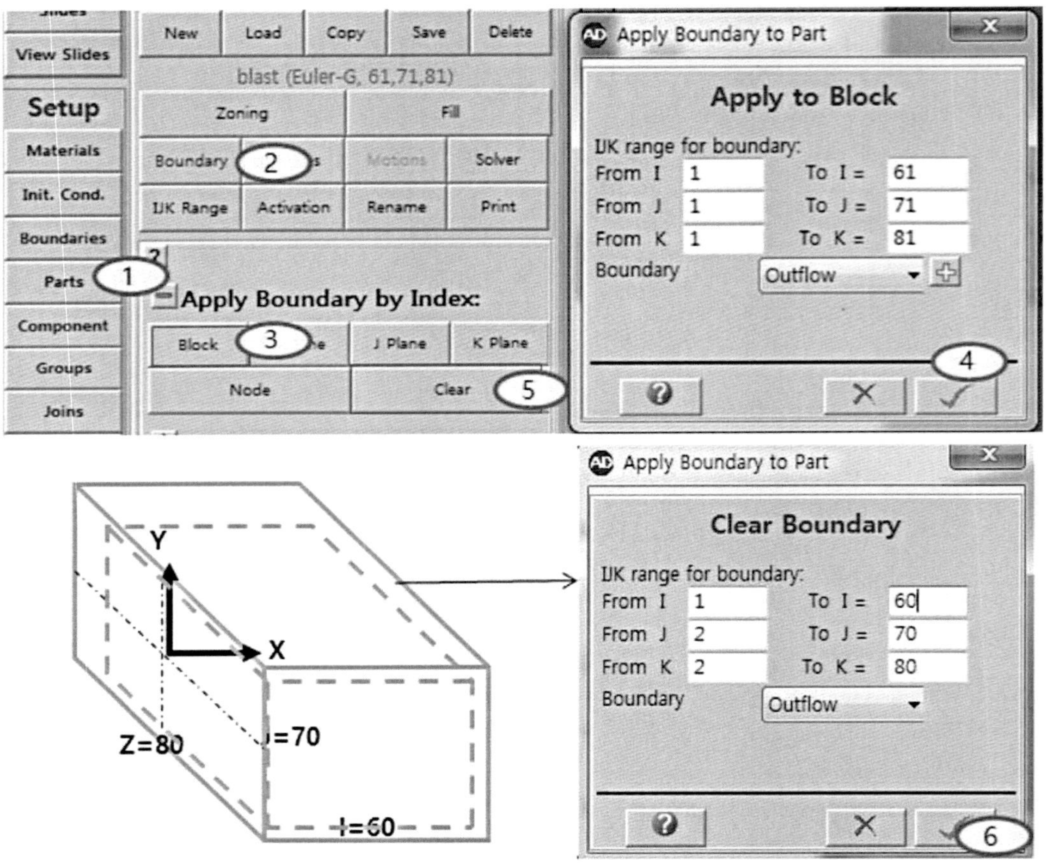

(7) Interaction :

① Interaction을 클릭한다.

② Lagrange-Lagrange

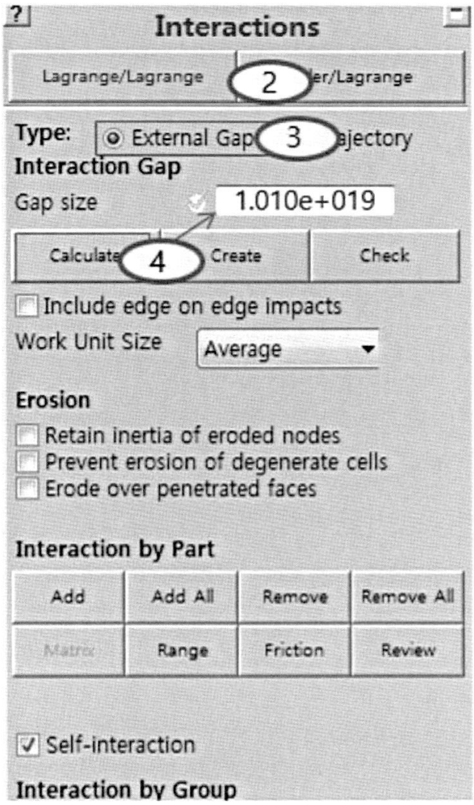


⑤ Euler-Lagrange를 클릭한다.

⑥ Type을 설정한다. : Fully Coupled

⑦ Euler subcycling : On

⑧ Euler-Lagrange interactions : Manual

⑨ Select 선택

⑩ Add all 선택

⑪ 데이터를 수용한다.

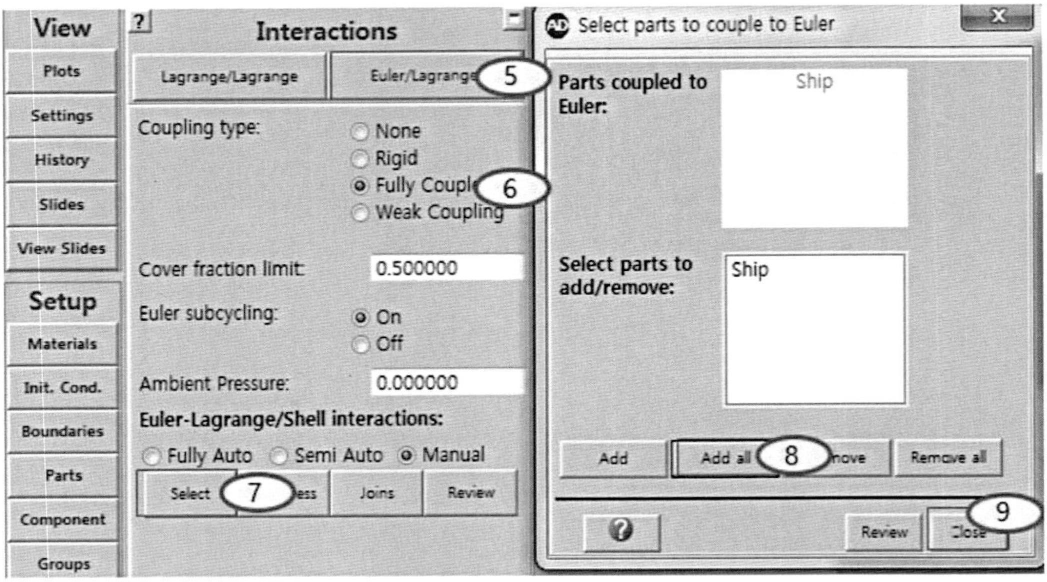
View
Plots
Settings
History
Slides
View Slides
Setup
Materials
Init. Cond.
Boundaries
Parts
Component
Groups
Interactions
Lagrange/Lagrange
Euler/Lagrange
5
Coupling type:
None
Rigid
Fully Couple
6
Weak Coupling
Cover fraction limit:
0.500000
Euler subcycling:
On
Off
Ambient Pressure:
0.000000
Euler-Lagrange/Shell interactions:
Fully Auto
Semi Auto
Manual
Select
7
Joins
Review
Select parts to couple to Euler
Parts coupled to Euler:
Ship
Select parts to add/remove:
Ship
Add
Add all
8
Remove all
Review
9

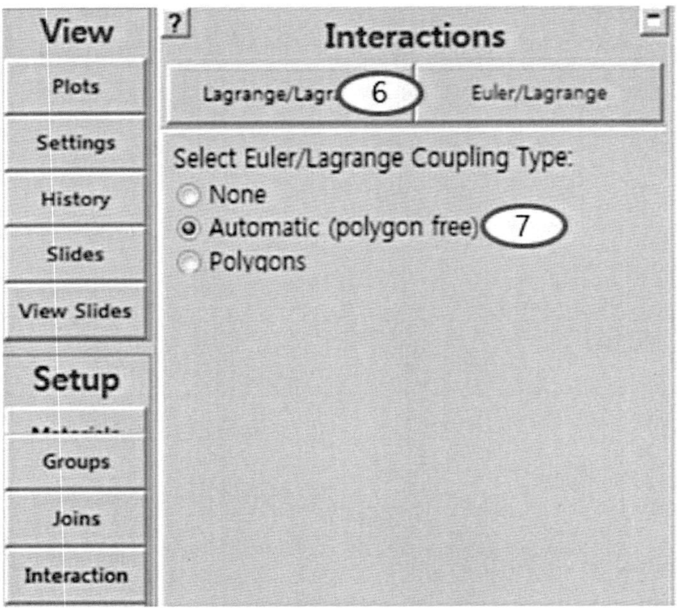
View
Plots
Settings
History
Slides
View Slides
Setup
Groups
Joins
Interaction
Interactions
6
Euler/Lagrange
Select Euler/Lagrange Coupling Type:
None
Automatic (polygon free)
7
Polygons

(8) Component - 설정하지 않음　　(9) Group - 설정하지 않음

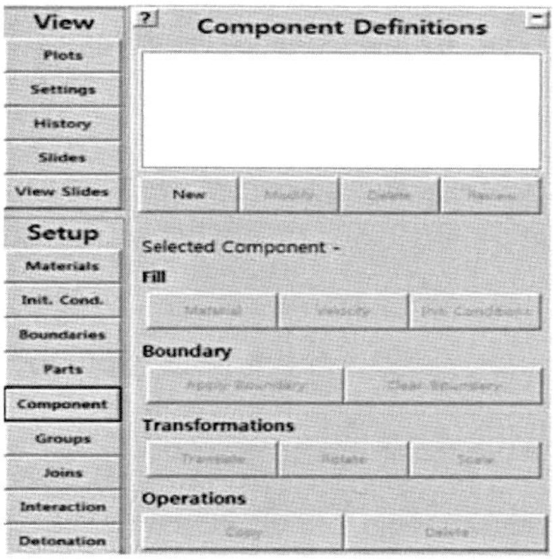


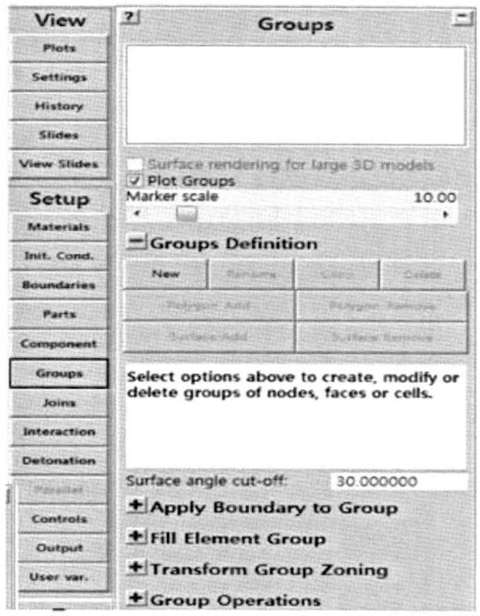


(10) Joints -설정하지 않음.　　(11) Parallel-설정하지 않음.

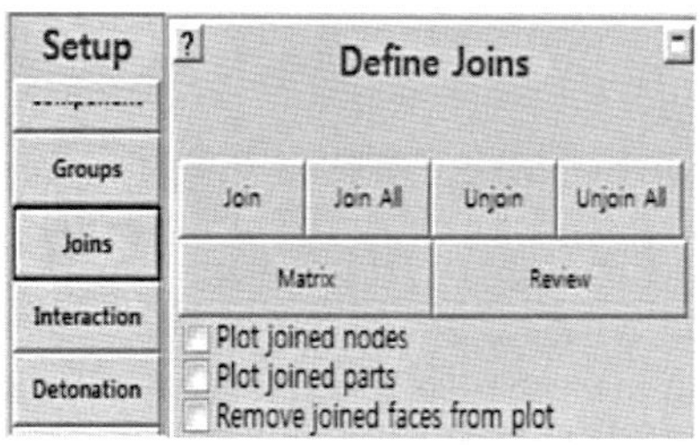

(12) TNT에 대한 폭발 지점 정의

① 탐색 표시 줄에서 "Detonation"을 선택하십시오.

- 설정하지 않음

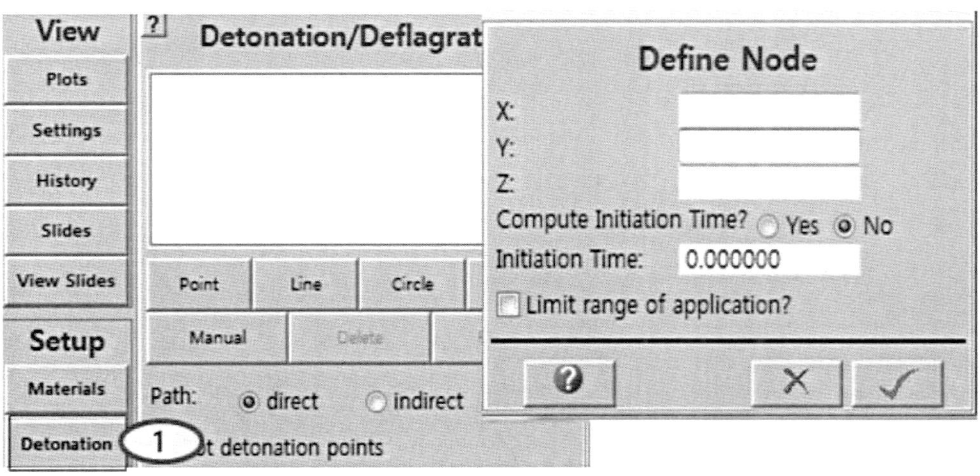

(13) 솔루션 컨트롤 설정

① 탐색 표시 줄에서 “Controls"을 선택하십시오.

② 사이클 제한에 큰 숫자를 입력하고 "50.0"ms 시간 제한

(이것은 폭풍이 전파하는 데 걸리는 시간입니다 반경 45m까지)

③ Wrapup Criteria에서

- Cycle Limit : 99999　　　- Time Limit : 50ms
- Energy Fraction : 0.05

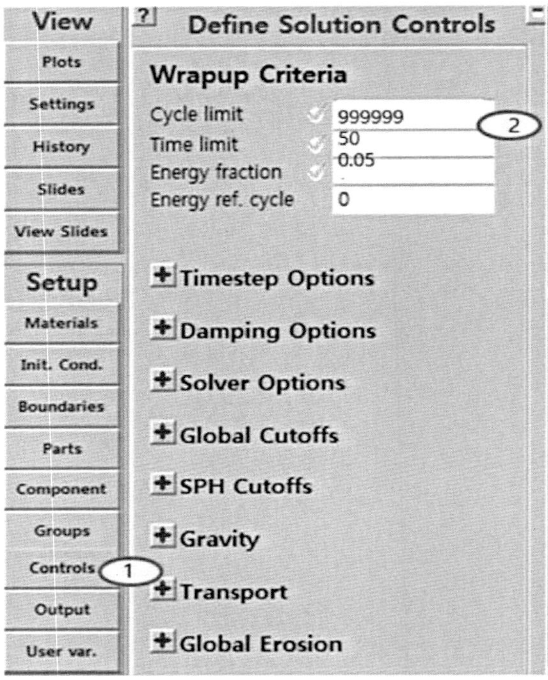


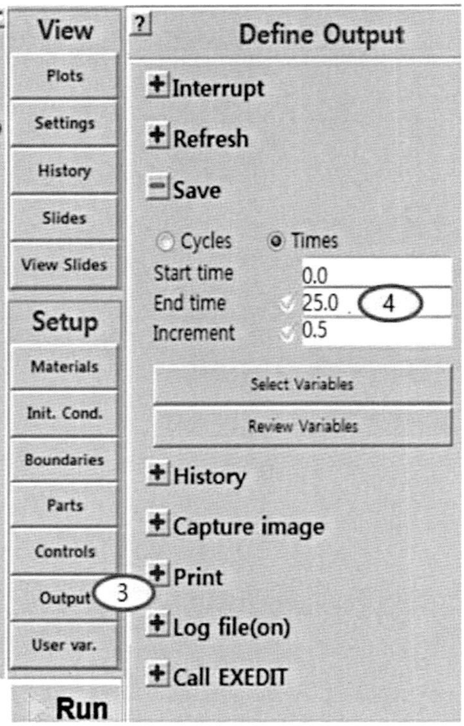


(14) 결과저장설정

① 탐색 표시하는 줄에서 “Output"을 선택하십시오.

② 저장 시간 설정:

- Start Time : 0.0
- End times : 1e20 ,
- Increment : 0.01 ms

(15) user var. -설정하지 않음

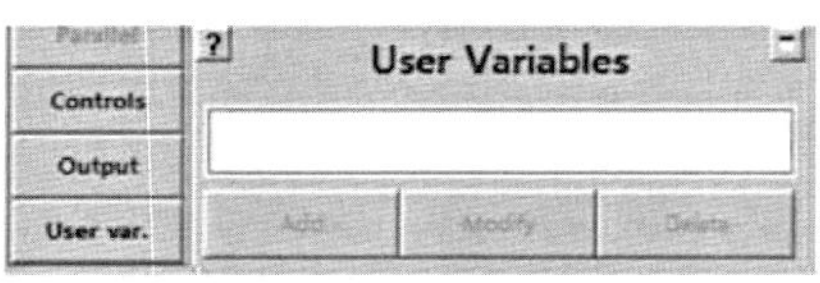

(16) 해석실행

① Workbench에서 프로젝트를 저장한다.

② Run을 수행한다.

③ 계산이 진행하는 동안에 언제든지 STOP을 수행할 수 있다.

④ 다시 계산을 수행하려면 RUN을 누르면 된다.

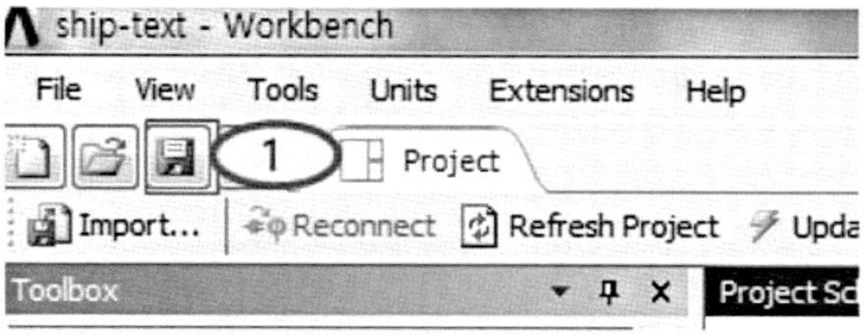


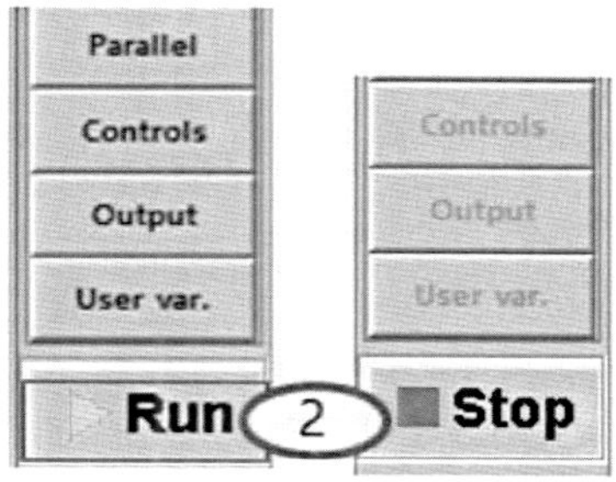


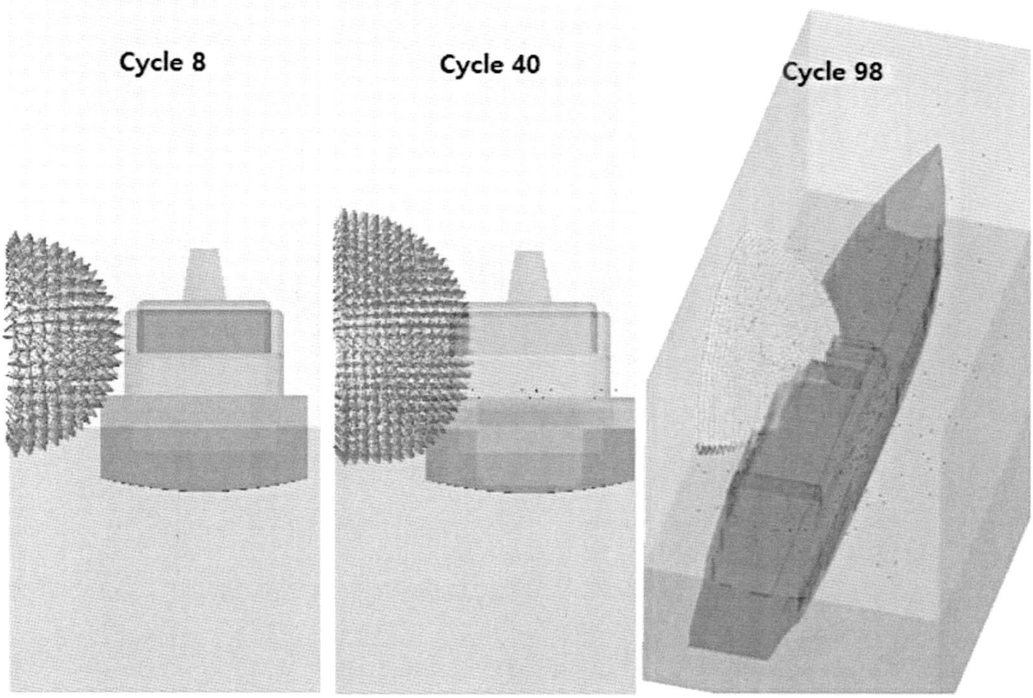

# 모듈 12. Explode in Water

1) 구조 계획

① 모듈의 목표

- 오일러 2D 솔버를 적용한다.
- 수중에서 TNT가 폭발할 때 현상을 해석한다.

② 해석 절차 :

- 독립 실행 형 AUTODYN 시작한다.
- 2D 축 대칭을 사용하여 문제 설정한다.
- 오일러 공간 모델(Space)을 설정한다.
- 공간 모델에 WATER와 TNT를 채운다.
- 오일러 와 라그랑지의 인터랙션을 설정한다.
- 해석을 수행한다.

③ 모델링 개요 (단위 : mm)

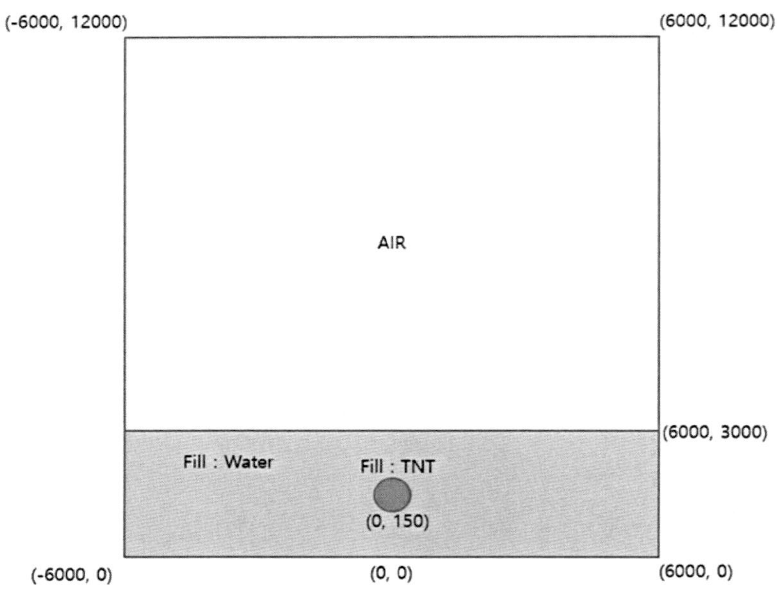

④ Lagrange part의 상세 모델링 : 없음

⑤ 2D multi material Euler part : Space

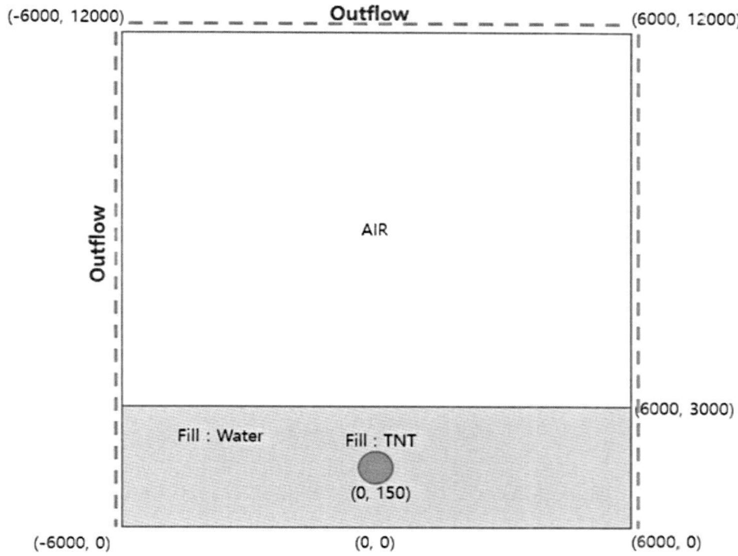


⑥ 폭발물 (TNT) 중략 : 지름 1m ( 비중 : 1654 $Kg/m^3$)

⑦ 폭발물 위치(Detonation point) : (0,150)

⑧ Interaction : external gap contact (Lagrange)

gap size = 설정 없음

⑨ 해석 시간 설정 :

Wrapup Criteria : Cycle limit 999999

Time limit 15, Energy Fraction 0.5

⑩ 해석결과 저장 : Output의 Save Time : start time 0.0, End time 15,

Increments : 1.0

2) 구조해석

[1] AUTODYN

(1) Start > AUTODYN 시작
AUTODYN stand alone을 시작하십시오. (autodyn.exe를 더블 클릭함)

> C: \Program Files \ANSYS Inc\v161 \aisol\AUTODYN \winx64 \autodyn.exe

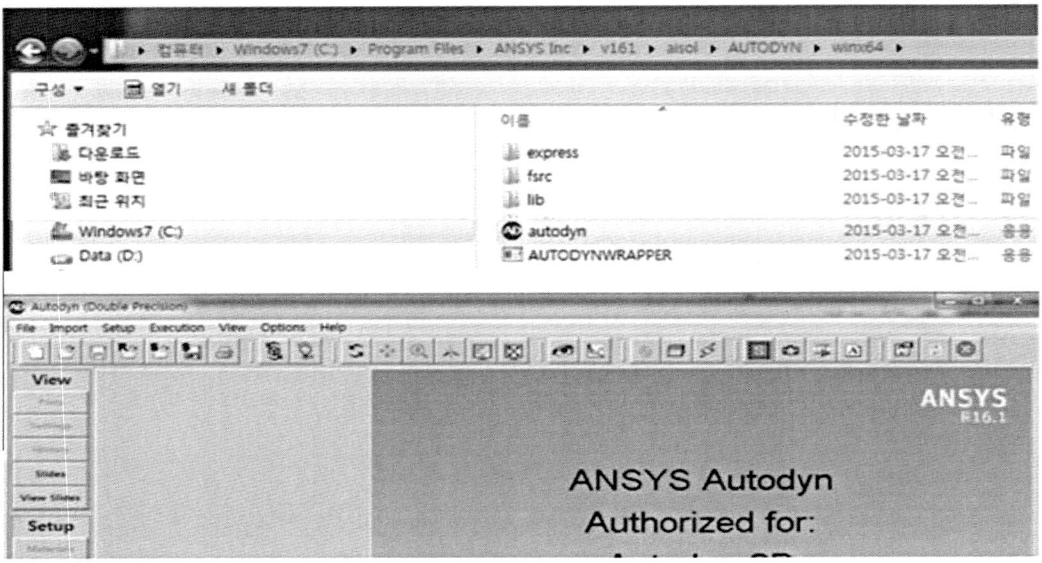

(2) Start > 프로젝트 시작

① 새로운 프로젝트 시작한다.
② 찾아보기 프로젝트 폴더를 설정한다.
③ Ident를 입력하십시오. : Explode in Water
④ 선택 2D 축 대칭 설정한다.
⑤ 단위의 기본 설정 유지 (정확도를 위해 권장 됨)
⑥ 선택을 클릭한다.

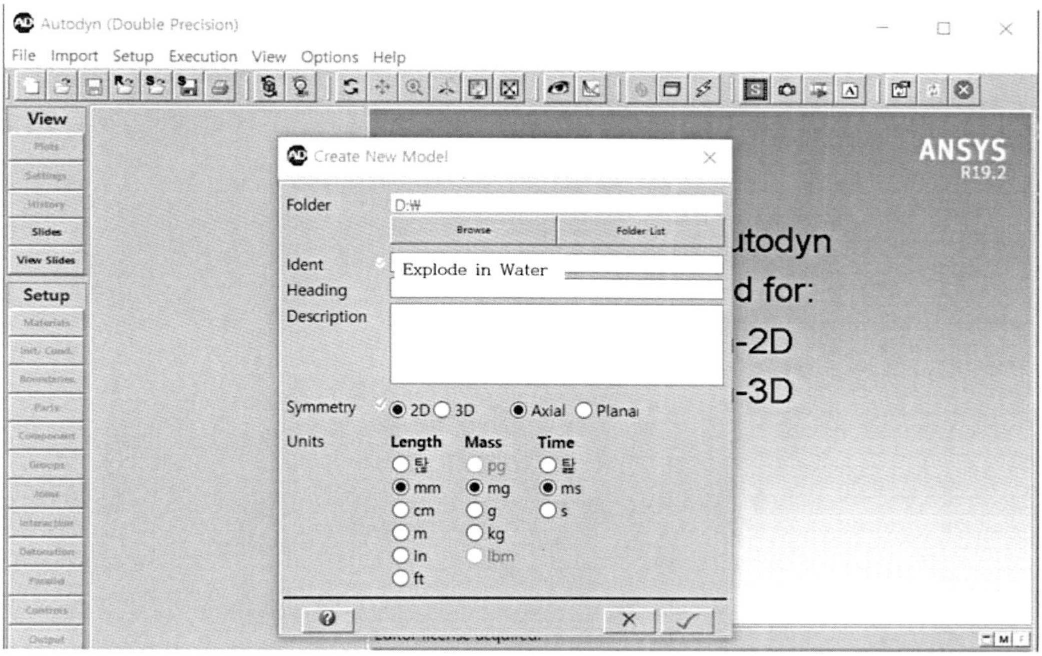

(3) Material > 재료 검색

(3.1) 라이브러리에서 재료 데이터 검색

① 메뉴에서 "Material"를 클릭하고 "Load"로 재료 데이터를 불러온다.

② 라이브러리에서 다음 자료를 선택하십시오. : Air, TNT, Water

③ 데이터를 선택 확인한다.

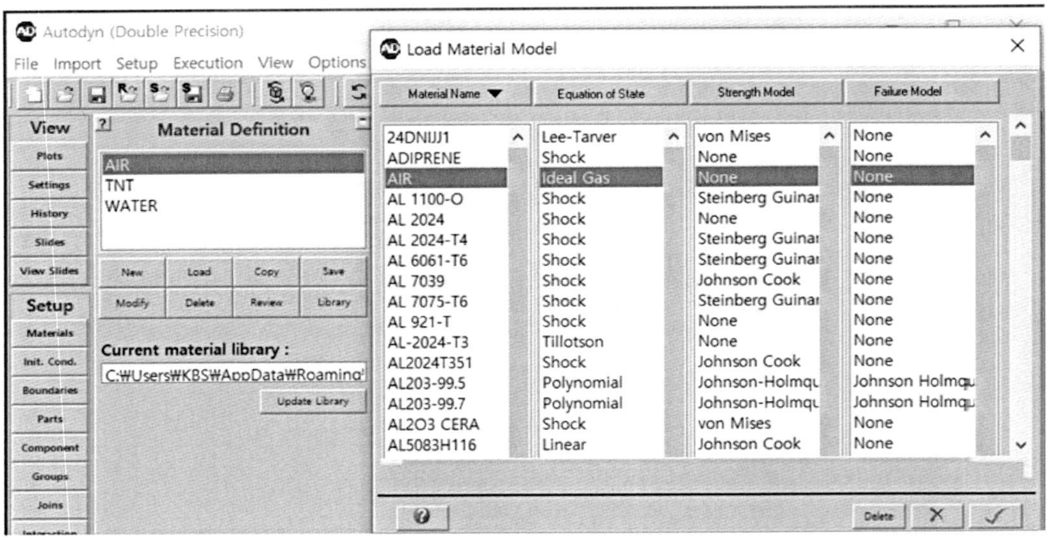


% 라이브러리에서 여러 개를 선택하려면 CONTROL + Click을 통하여 여러 가지를 선택할 수 있다.

④ 결과 확인하면 다음과 같이 보인다.

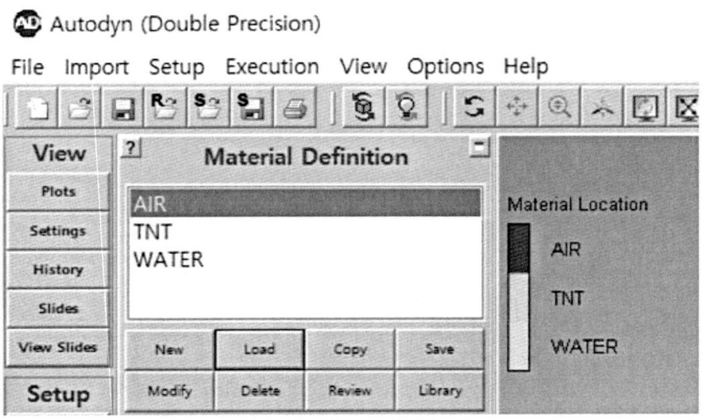

(3.2) 콘크리트 모델의 성분을 개선한다.

① 개선할 대상을 선택한다.

② Modify를 클릭한다.

③ 파업 창에서 데이터를 수정한다.

④ 데이터를 수용한다.

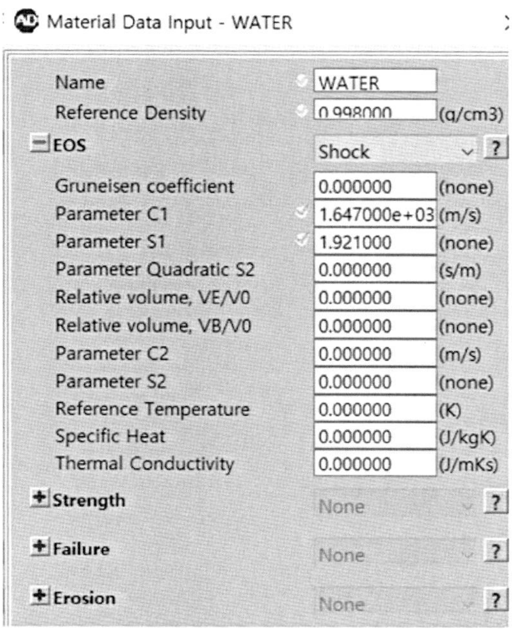


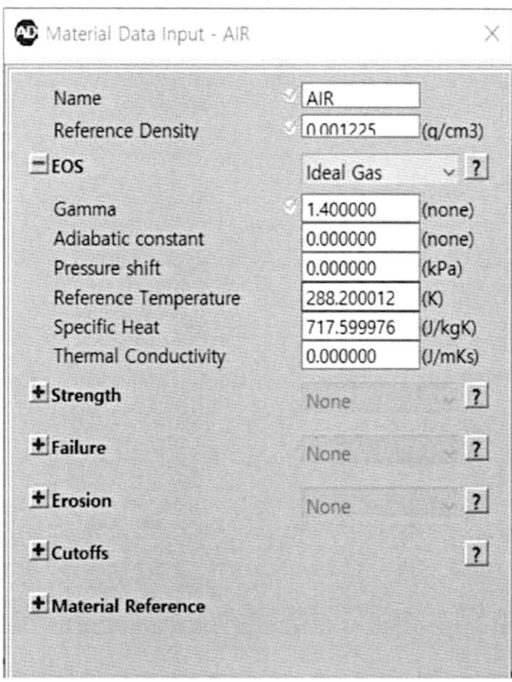


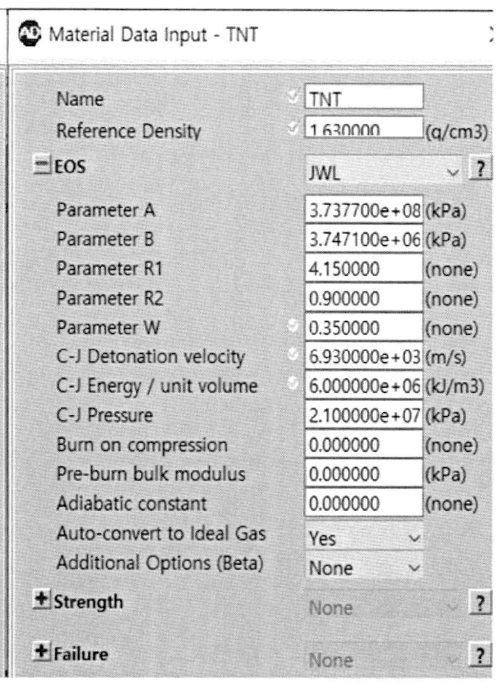

(4) 초기조건 설정

① 네비게이션 바에서 "Init. Cond"를 선택하십시오.

② 대화 상자에서 "New"를 선택하십시오

③ Initial Condition Set Name을 기록한다 : Atmos

④ Include Material를 선택하고 Material를 선택 : AIR

Internal Energy를 입력한다 : 2.068e5

⑤ 데이터를 수용한다.

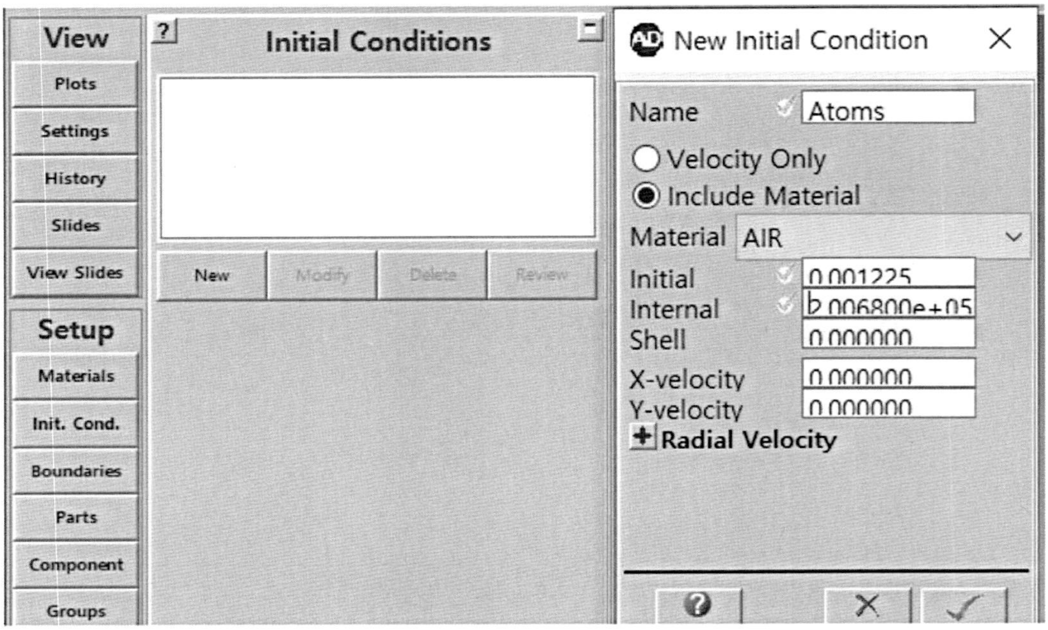


(5) 경계조건을 정의

① Boundary를 선택한다.

② 대화 상자에서 New 를 선택한다.

③ Boundary Name을 기록한다. : Outflow

④ Type을 정한다. : Flow_out

sub option을 정한다. : Flow_out(Euler)

⑤ Preferred Material을 설정한다. : ALL_EQUAL

⑥ 데이터를 수용한다.

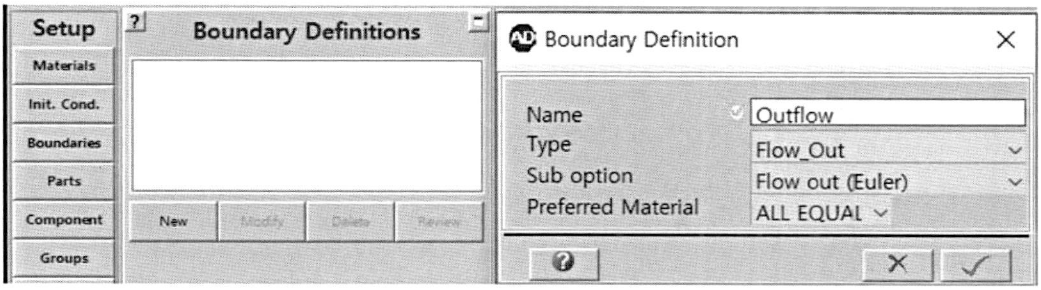


(6.1) 오일러 파트 생성

① Parts를 선택한다.

② 대화 상자에서 "New"를 선택한다.

③ 팝업창의 Part Name을 입력한다. : Space

④ Solver를 선택한다. : Euler 2D Multi

⑤ Definition을 설정하다. : Part Wized

⑥ 다음 단계로 이동한다.

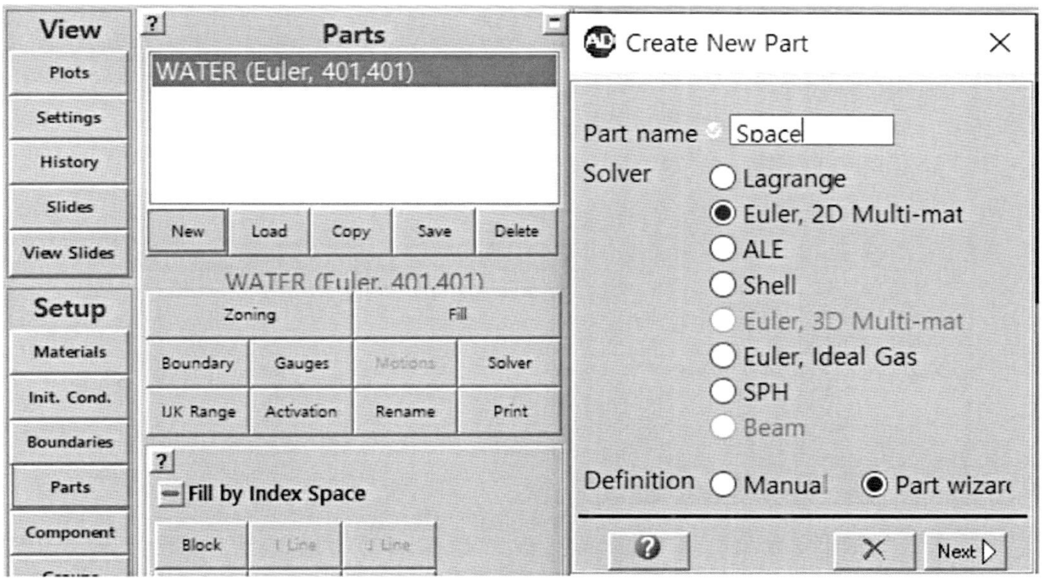

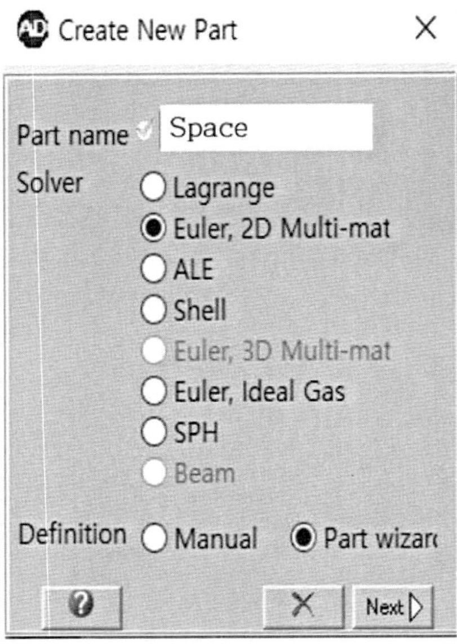


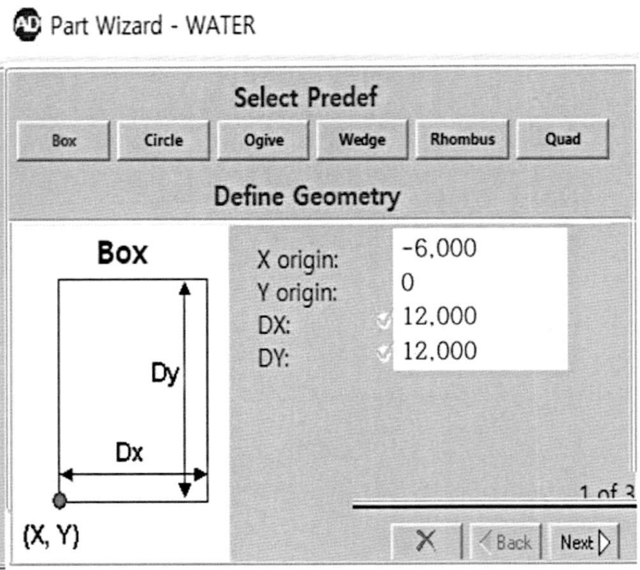


⑦ Predef를 선정한다. : Box

⑧ Geometry를 정의한다. : 원점 (-6000, 0) 폭 (12000, 12000)

⑨ 다음 단계로 이동한다.

⑩ Cell의 크기를 입력한다. : I=600, J=600

⑪ 다음 단계로 이동한다.

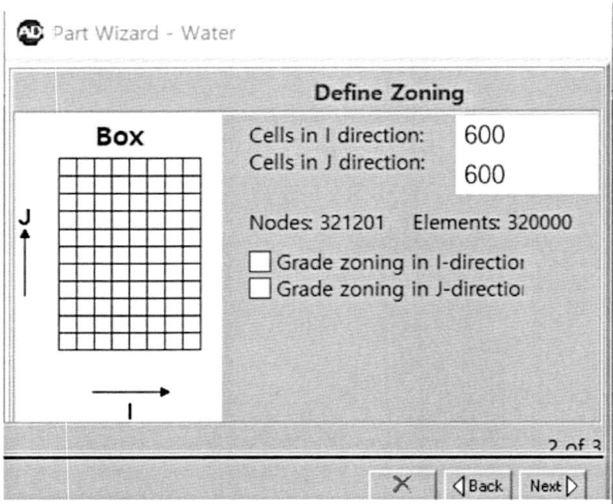


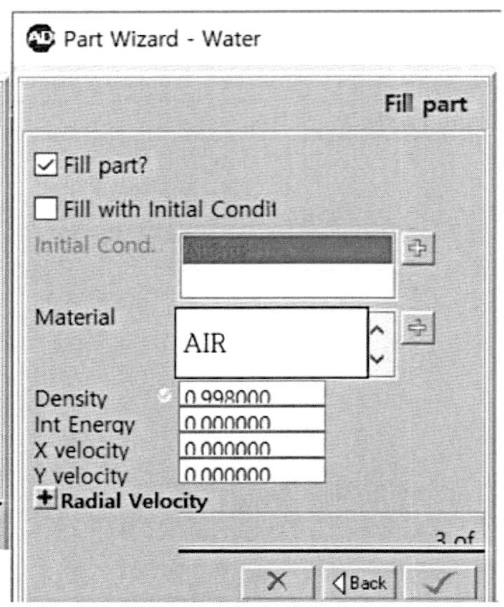


⑫ Fill Part에서 Fill with Initial Condition Set을 선택한다

⑬ Material을 선택한다. : AIR
⑭ Internal Energy를 입력한다. : 2.068e5
⑮ 데이터를 수용한다.

(6.2) 오일러 메쉬에 채우기
(1) Water 채우기
① 탐색 표시 줄에서 "부품"을 선택하십시오.
② 채우기(Fill) 선택한다.
③ Fill by Geometry space를 선택한다. : Rectangle
④ 팝업메뉴에서 Rectangle을 형상을 정의한다. : X1, Y1 ( -6000, 0)
X2, Y2 (6000, 3000)
⑤ 재질(Material)을 설정한다 : TNT
⑥ 데이터 수용한다.

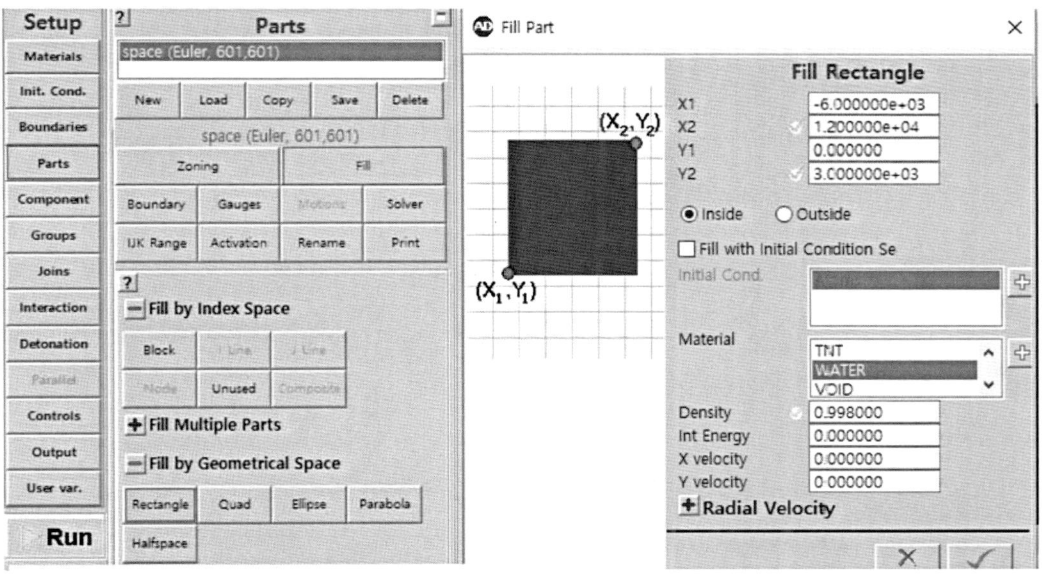

(6.3) TNT 채우기

① 탐색 표시 줄에서 "부품"을 선택하십시오.

② 채우기(Fill) 선택한다.

③ Fill by Geometry space를 선택한다. : 타원(Ellipse)

④ 팝업메뉴에서 타원을 형상을 정의한다. : X중심, Y중심 ( 0, 1500)
반지름 X축, Y축 (500, 500)

⑤ 재질(Material)을 설정한다. : TNT

⑥ 데이터 수용한다.

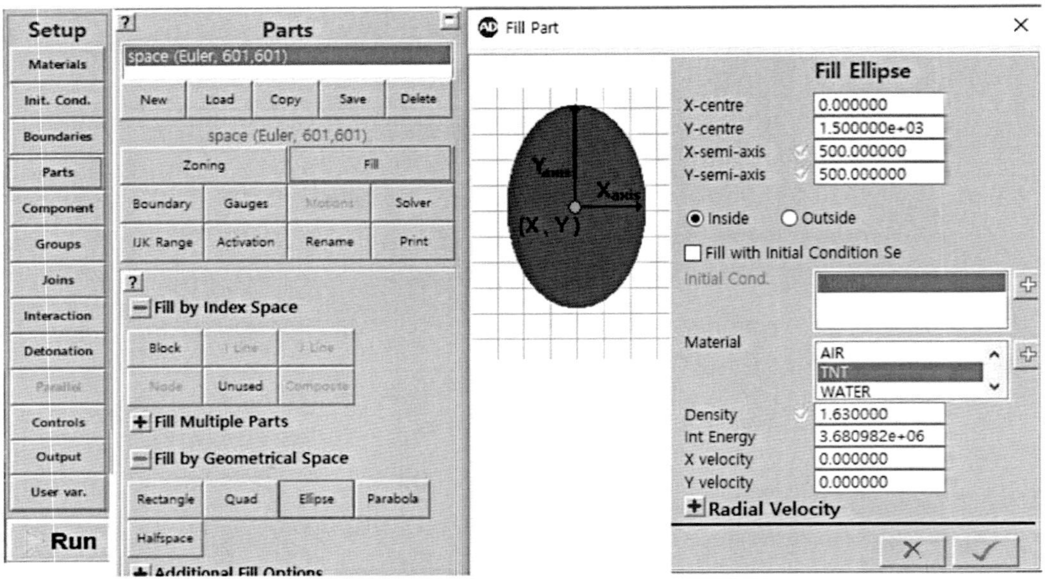

(6.4) 경계조건 설정

① 네비게이션 바에서 " Parts"를 클릭하고 Part를 선택한다. : Space

② "Boundary"를 선택하십시오.

③ Apply Boundary에서 I Line 선택

데이터 입력 : I = 1,

J = 1-601

Boundary : Outflow

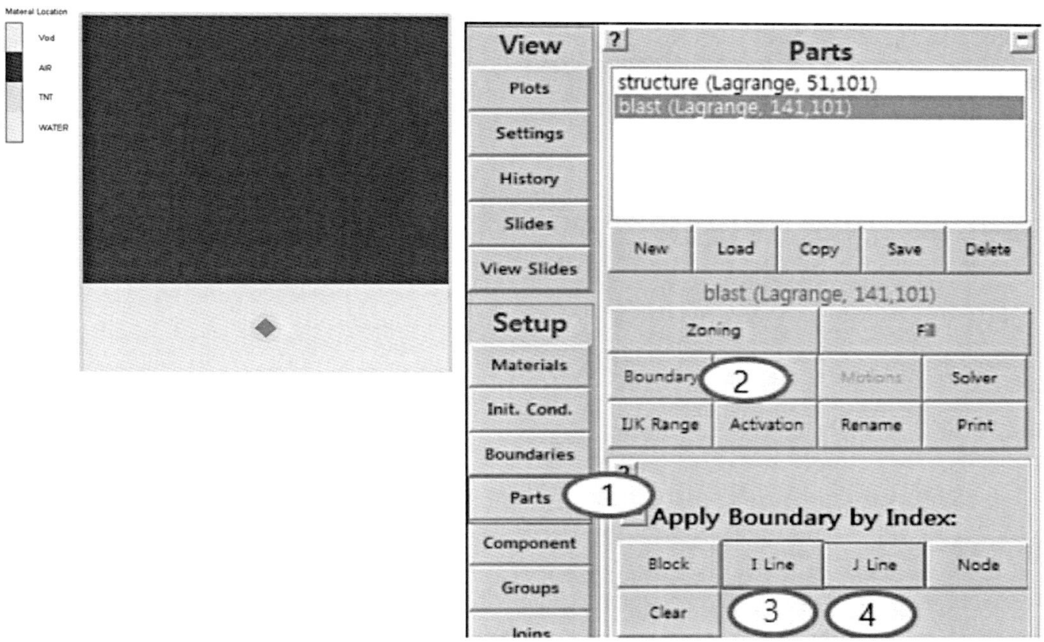


④ Apply Boundary에서 I Line 선택

데이터 입력 : I = 601,

J = 1- 601

Boundary : Outflow

⑤ Apply Boundary에서 J Line 선택

데이터 입력 : I =1-601,

J = 601

Boundary : Outflow

⑥ 데이터를 수용한다

(7) Interaction

① Interaction을 클릭한다.

② Lagrange-Lagrange

③ Type을 설정한다. : External Gap

④ 설정내용 없음.

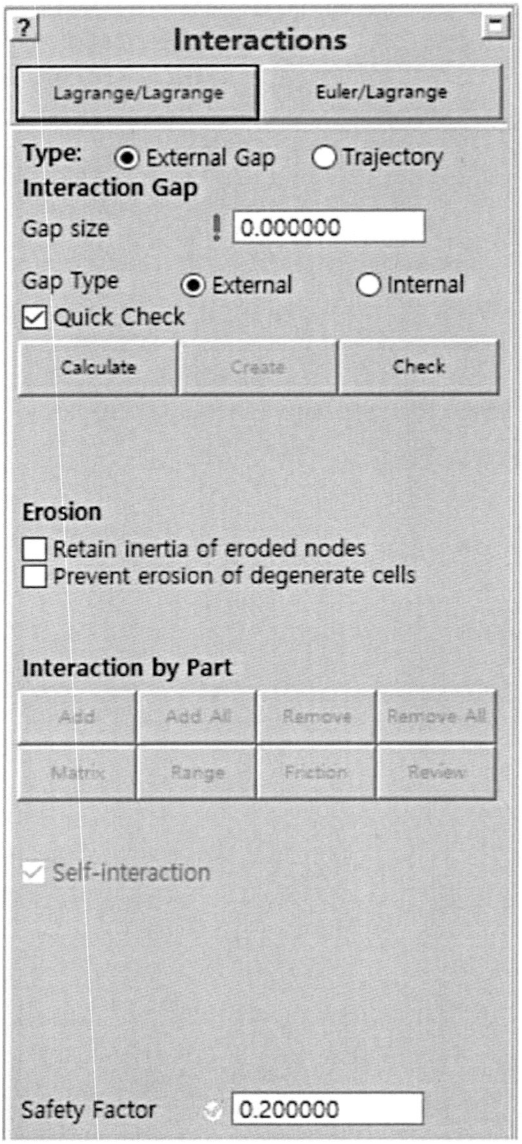

⑥ Euler-Lagrange를 클릭한다.

⑦ Type을 설정한다. : None

(8) Component - 설정하지 않음

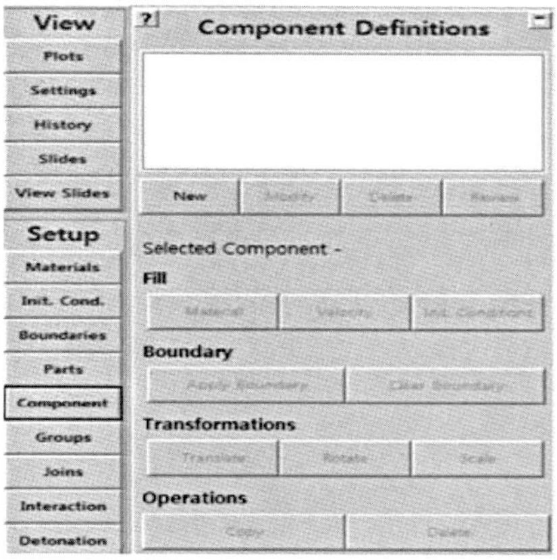


(9) Group - 설정하지 않음

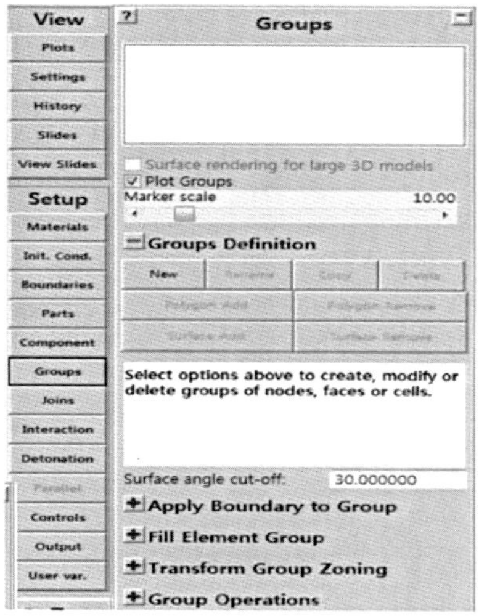

(10) Joints -설정하지 않음.

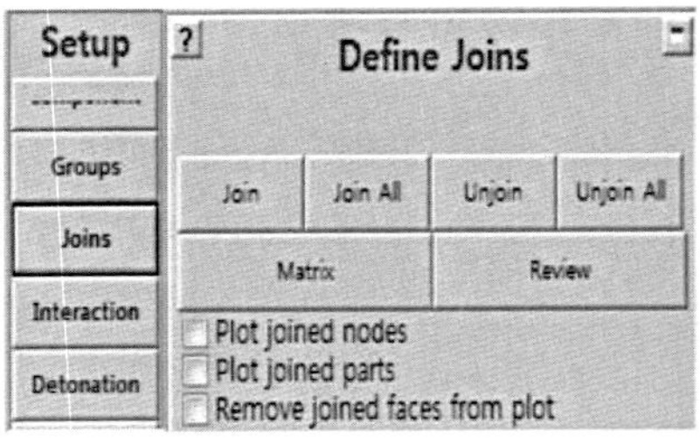


(11) Parallel-설정하지 않음.

(12) TNT에 대한 폭발 지점 정의

① 탐색 표시 줄에서 "Detonation"을 선택하십시오.

② 점(Point) 선택한다.

③ Node 점을 입력한다. x, y = ( 0, 1500 )

④ "Plot detonation points"를 체크하여 점의 위치를 확인하십시오.

⑤ 데이터를 수용한다.

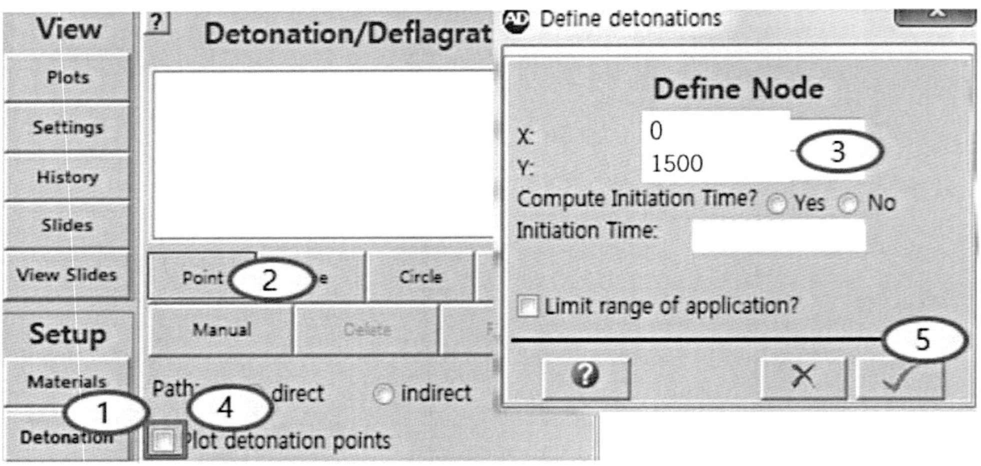

(13) 솔루션 컨트롤 설정

① 탐색 표시 줄에서 "Controls"을 선택하십시오.

② 사이클 제한에 큰 숫자를 입력하고 "999999"시간 제한.

③ Wrap-up Criteria에서

- Cycle Limit : 999999  - Time Limit : 15
- Energy Fraction : 0.5

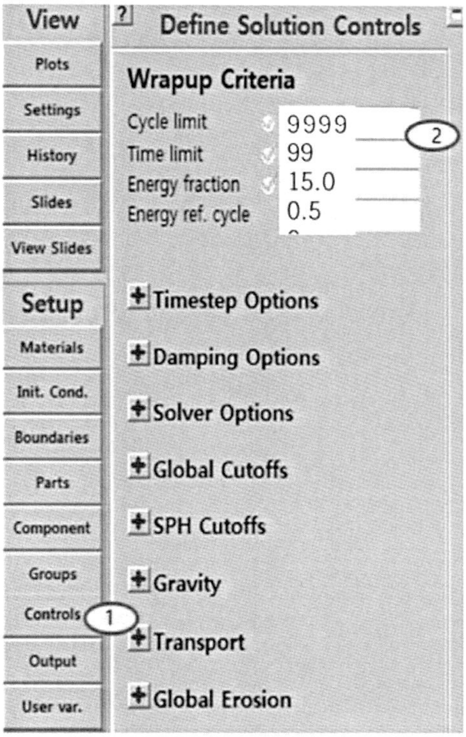


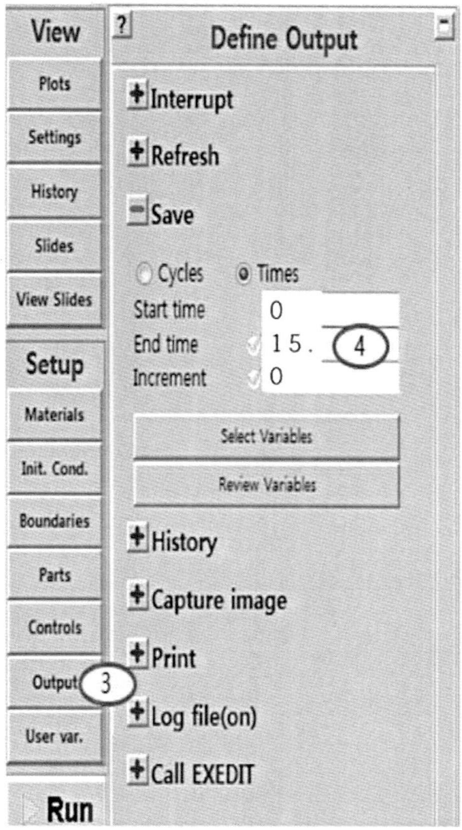


(14) 결과저장설정

① 탐색 표시 줄에서 "Output"을 선택하십시오.

② 저장 시간 설정:

- Start Time : 0
- End times : 15,
- Increment : 1

(15) user var. -설정하지 않음

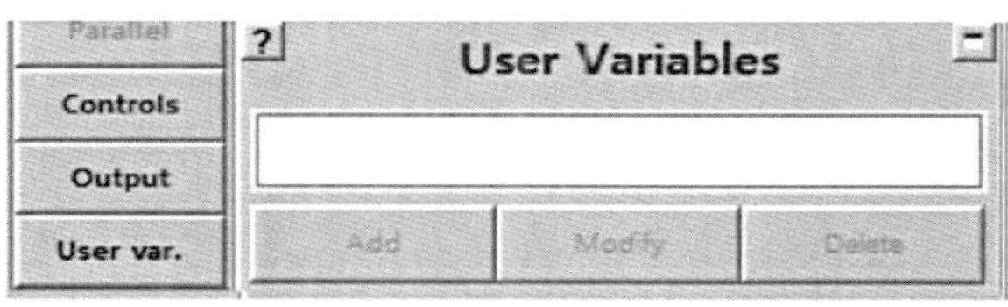

(16) 해석실행

① 데이터 저장

해석은 cycle 3574, Time 15sec에 종료되고 explosive_demolition_3574.ad을 마지막으로 저장하였다.

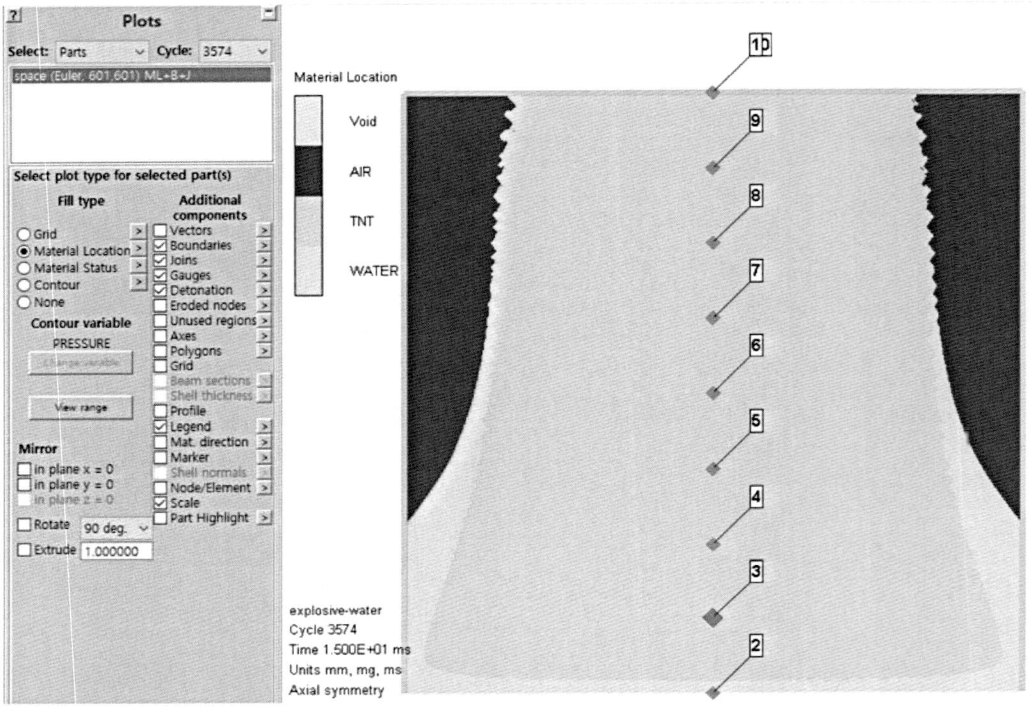

② 높이별 압력 변화

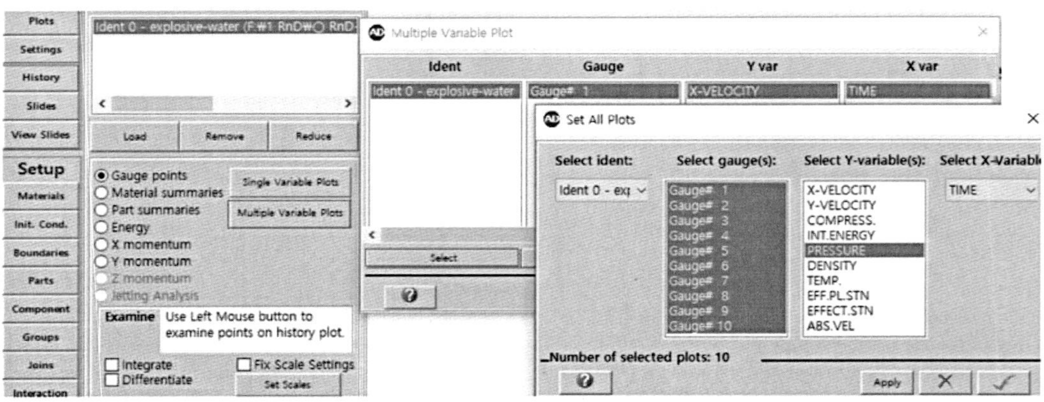

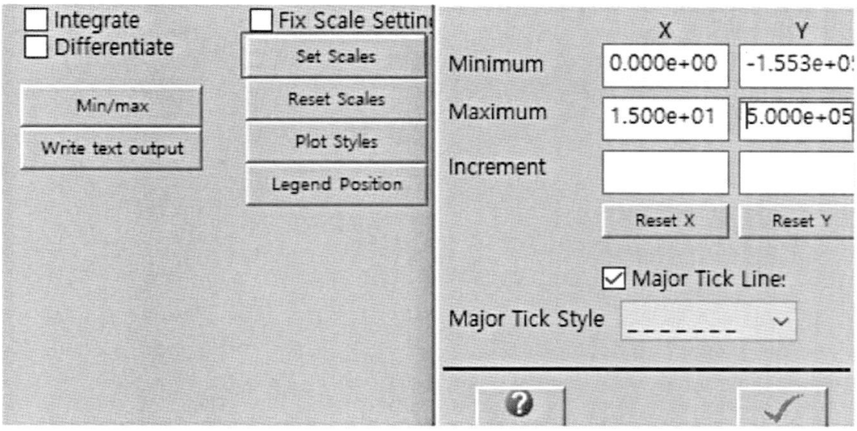
Integrate
Differentiate
Min/max
Write text output
Fix Scale Settin
Set Scales
Reset Scales
Plot Styles
Legend Position
X
Y
Minimum
0.000e+00
-1.553e+0
Maximum
1.500e+01
5.000e+05
Increment
Reset X
Reset Y
Major Tick Line
Major Tick Style

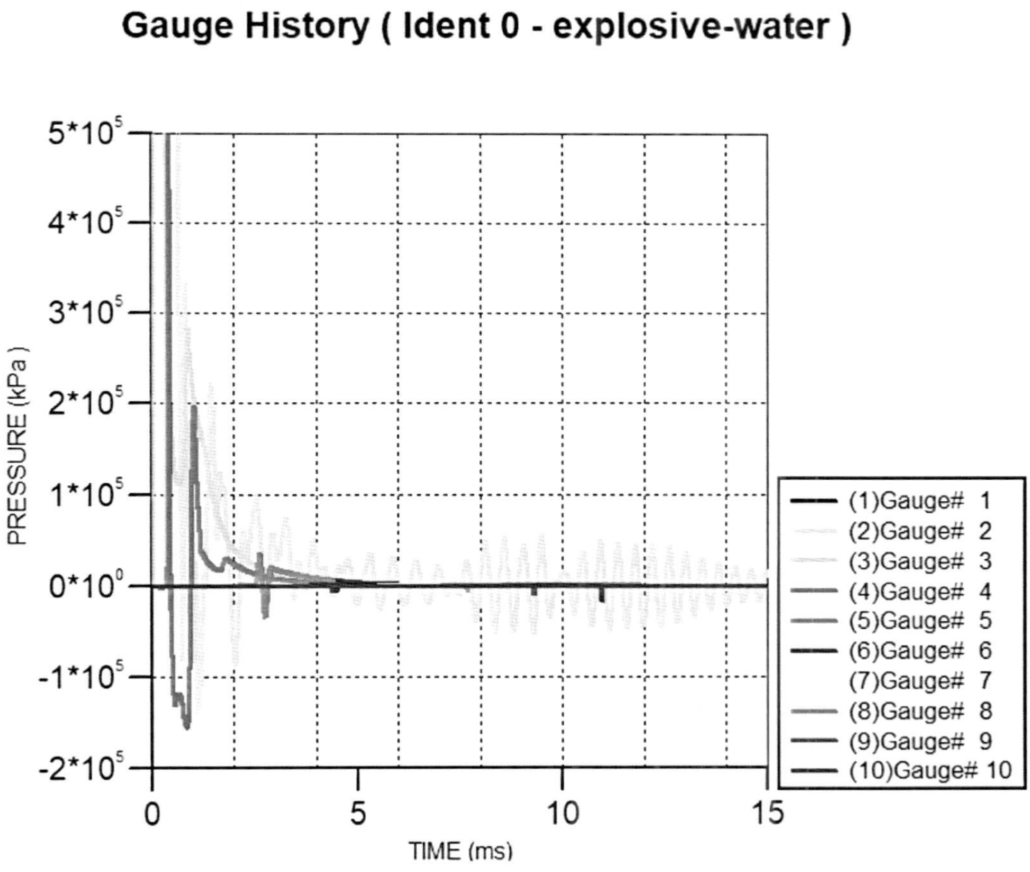
Gauge History ( Ident 0 - explosive-water )
PRESSURE (kPa)
TIME (ms)
5*10^5
4*10^5
3*10^5
2*10^5
1*10^5
0*10^0
-1*10^5
-2*10^5
0
5
10
15
(1)Gauge# 1
(2)Gauge# 2
(3)Gauge# 3
(4)Gauge# 4
(5)Gauge# 5
(6)Gauge# 6
(7)Gauge# 7
(8)Gauge# 8
(9)Gauge# 9
(10)Gauge# 10

③ 시간별 Water의 현황

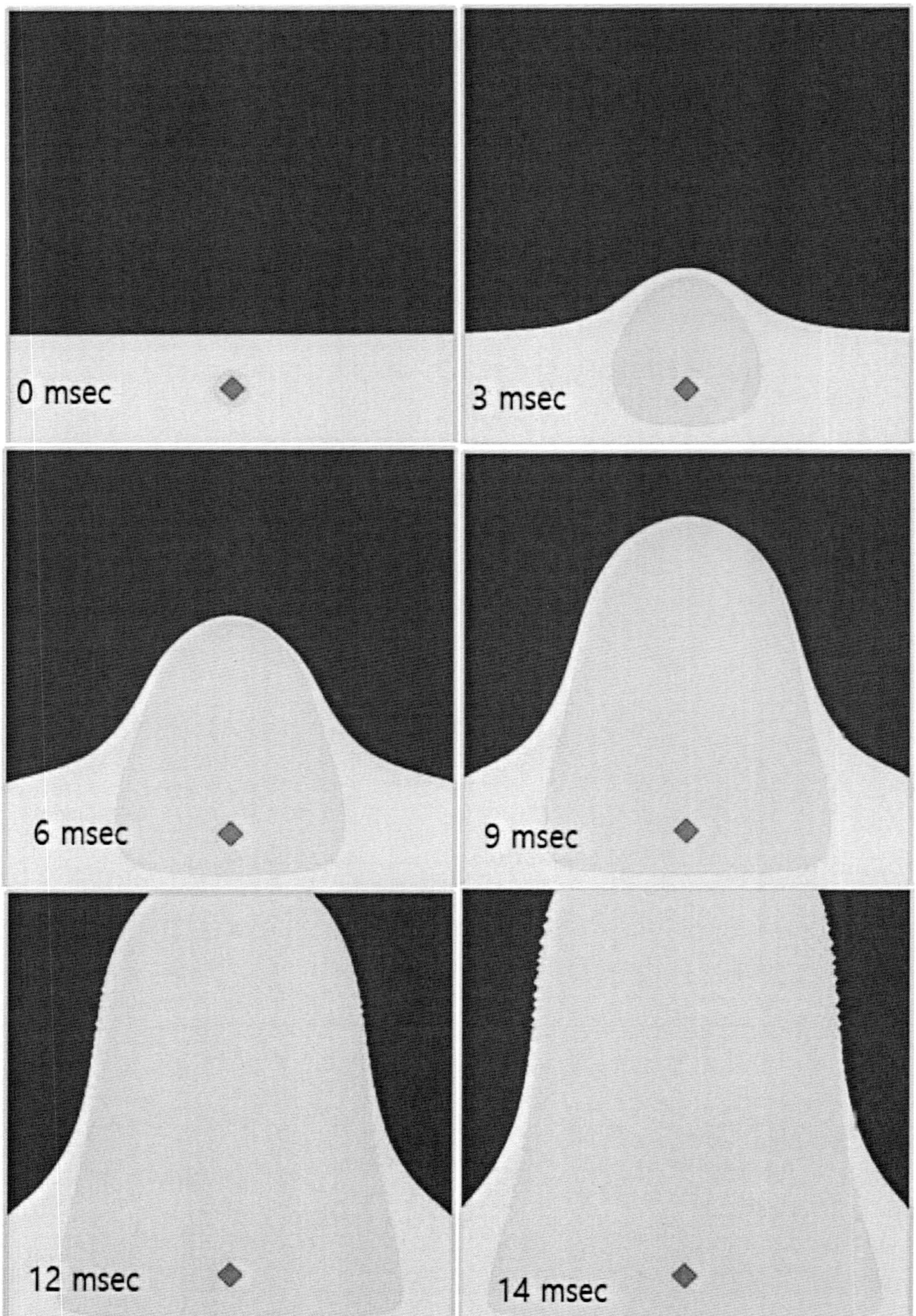

④ 시간별 Water 현황(Vector)

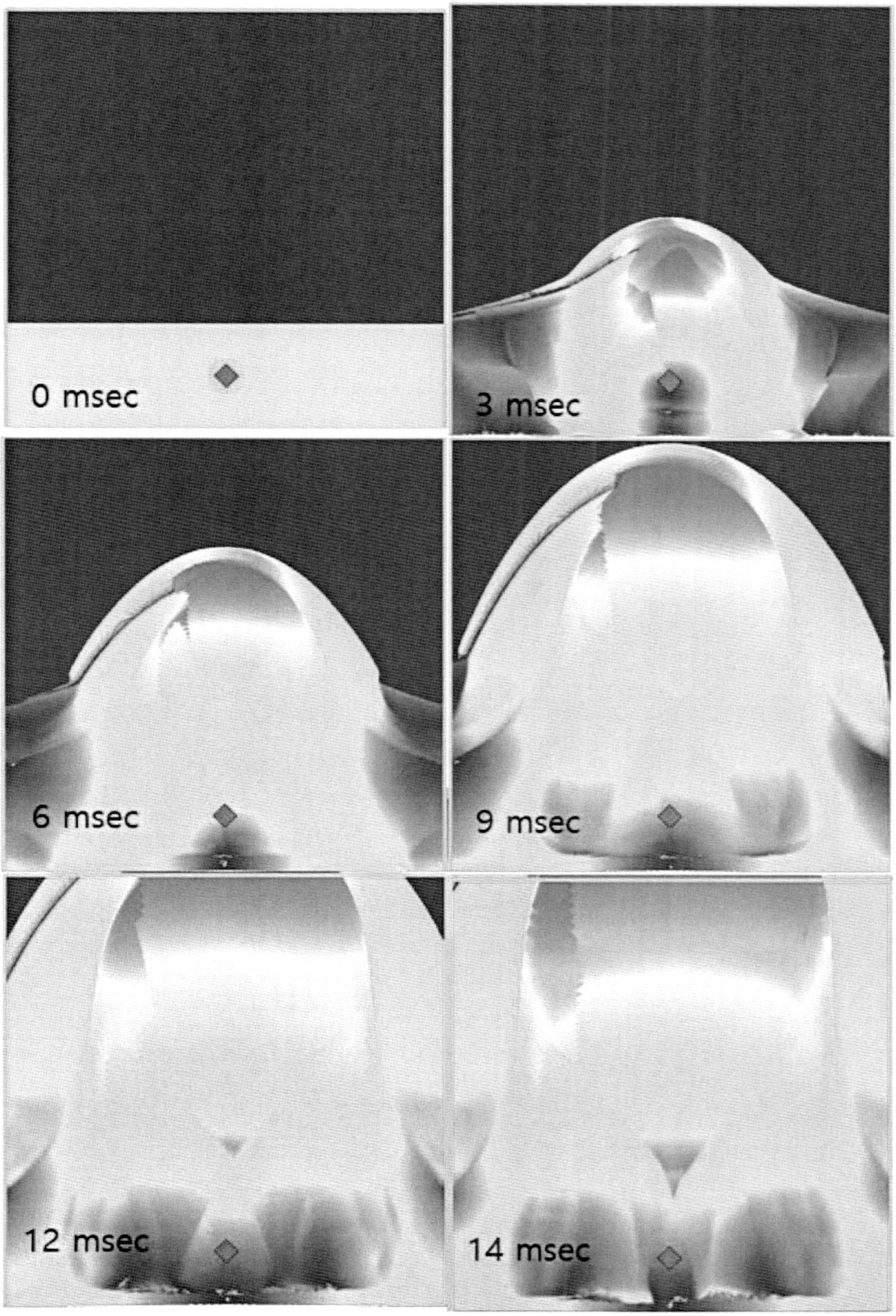

(17) 해석결과 분석 - 플롯 설정 로드 변경하기

① Plot Setting file을 불러온다 : explosive_demolition.set

※ Plots에서 Fill type을 Contour, Additional Components를 Legend, Scale을 선택하면 동일한 화면을 볼 수 있다.

# 6 Mesh free Solver

1) Smooth Particle Hydrodynamics의 정의[18]

(1) 평활화된 입자 유체 역학(SPH)은 고체 역학 및 유체 흐름과 같은 연속체 매체의 역학을 시뮬레이션하는 데 사용되는 계산 방법입니다. 이것은 1977년에 Gingold와 Monaghan 및 Lucy에 의해 천체 물리학 문제를 위해 처음 개발되었습니다. 이것은 천체 물리학, 탄도학, 화산학 및 해양학을 포함한 많은 연구 분야에서 사용되었습니다. 이것은 메시 없는 라그랑주 방법(좌표가 유체와 함께 움직이는 경우)이며 방법의 해상도는 밀도와 같은 변수에 대해 쉽게 조정할 수 있습니다.

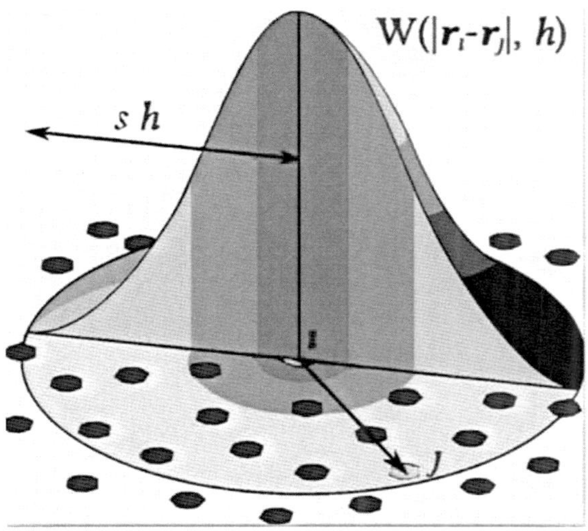


SPH 합성의 개략도

(2) 계산 연속체 동역학 문제를 해결하기 위한 비교적 새로운 기술입니다. 연속체는 상호작용하는 입자의 임의 격자로 (또는 보간점) 표현됩니다.

18) https://en.wikipedia.org/wiki/Smoothed-particle_hydrodynamics

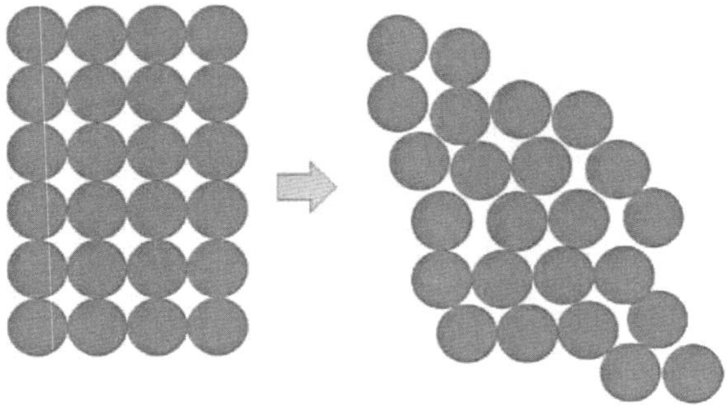

① 수치적 그리드 없음
- 라그랑주에서 처럼 그리드 엉킴 문제없음.
- 침식이 필요 없음

② 라그랑주 기법
- 효율적입니다. 재료가 존재하는 영역만 모델링하면 됩니다.
- 재료 인터페이스 추적에 능숙합니다.
- 복잡한 구성 모델을 포함할 수 있습니다.

③ SPH 입자는 표준 상호 작용 논리를 통해 라그랑주, 셀 및 ALE 부품과 상호 작용할 수 있습니다.

④ 매끄러운 입자 유체 역학 방법
SHP라는 이름에는 "입자"라는 용어가 포함되지만 입자는 단순히 상호 작용하는 질량 지점이 아닙니다.
입자는 함수 값과 그 도함수를 연속체의 이산 지점에서 추정할 수 있는 보간 지점입니다.
함수 값과 그 도함수는 그리드에서 구성되는 대신 Kernal 근사로 찾습니다.
가중 함수, W 및 매끄러운 길이, h를 사용합니다.

2) SPH 적용에 대한 장단점

(1) SPH 장점

구조상 SPH는 메시 없는 방법으로, 자유 표면 흐름이나 큰 경계 변위와 같이 복잡한 경계 역학이 지배하는 문제를 시뮬레이션하는 데 이상적입니다. 메시가 없기 때문에 다중 코어 아키텍처에서도 모델 구현과 병렬화가 상당히 간소화 됩니다.

SPH는 모델링 물리학에서 설명한 대로 다양한 분야로 쉽게 확장하고 다른 모델과 혼합할 수 있습니다. 약하게 압축 가능한 SPH 섹션에서 설명한 대로 이 방법은 뛰어난 보존 기능이 있습니다.

관심 있는 지표가 유체 밀도(예: 밀도 변동의 확률 밀도 함수)와 관련된 경우 입자 수당 SPH 시뮬레이션의 계산 비용은 셀 수당 그리드 기반 시뮬레이션의 비용보다 훨씬 적습니다. 이는 SPH에서 해상도가 문제가 있는 곳에 배치되기 때문입니다.

(2) SPH 제한 사항

입구 및 출구와 벽과 같은 SPH의 경계 조건을 설정하는 것은 그리드 기반 방법보다 더 어렵습니다. 실제로 "경계 조건 처리가 SPH 방법의 가장 어려운 기술적 요점 중 하나"라고 언급되었습니다. 이러한 과제는 부분적으로 SPH에서 경계 근처의 입자가 시간에 따라 변하기 때문입니다. 그럼에도 불구하고 SPH에 대한 벽 경계 조건을 사용할 수 있습니다.

관심 있는 지표가 밀도와 (직접적으로) 관련이 없을 때(예: 운동 에너지 스펙트럼) 입자 수당 SPH 시뮬레이션의 계산 비용은 셀 수당 그리드 기반 시뮬레이션의 비용보다 훨씬 큽니다.

따라서 병렬 속도 향상 문제를 간과하면 일정 밀도 흐름(예: 외부 공기 역학)의 시뮬레이션은 SPH보다 그리드 기반 방법에서 더 효율적입니다.

### 3) 적용 사례

#### (1) Fluid dynamics

평활화된 입자 유체 역학은 유체 운동을 모델링하는 데 점점 더 많이 사용되고 있습니다. 이는 기존 그리드 기반 기술에 비해 여러 가지 이점이 있기 때문입니다. 첫째, SPH는 입자 자체가 질량을 나타내므로 추가 계산 없이 질량 보존을 보장합니다. 둘째, SPH는 선형 방정식 시스템을 푸는 대신 이웃 입자의 가중 기여도에서 압력을 계산합니다. 마지막으로 유체 경계를 추적해야 하는 그리드 기반 기술과 달리 SPH는 입자가 더 밀도가 높은 유체(일반적으로 물)를 나타내고 빈 공간이 더 가벼운 유체(일반적으로 공기)를 나타내므로 2상 상호 작용 유체에 대한 자유 표면을 직접 생성합니다. 이러한 이유로 SPH를 사용하여 실시간으로 유체 운동을 시뮬레이션할 수 있습니다. 그러나 그리드 기반 기술과 SPH 기술 모두 여전히 메타볼 및 마칭 큐브, 포인트 스플래팅 또는 '카펫' 시각화와 같은 폴리곤화 기술을 사용하여 렌더링 가능한 자유 표면 지오메트리를 생성해야 합니다. 가스 역학의 경우 커널 함수 자체를 사용하여 가스 컬럼 밀도의 렌더링을 생성하는 것이 더 적합합니다(예: SPLASH 시각화 패키지에서 수행한 것처럼).

그리드 기반 기술에 비해 한 가지 단점은 동일한 해상도의 시뮬레이션을 생성하기 위해 많은 수의 입자가 필요하다는 것입니다. 균일 그리드와 SPH 입자 기술을 모두 일반적으로 구현할 때 많은 폭셀 또는 입자가 렌더링되지 않는 물의 양을 채우는 데 사용됩니다. 그러나 정교한 그리드 기반 기술, 특히 입자 방법(예: 입자 수준 세트)과 결합된 기술을 사용하면 이러한 시스템에서 비압축성 조건을 적용하기가 더 쉽기 때문에 정확도가 훨씬 더 높을 수 있습니다. 유체 시뮬레이션을 위한 SPH는 정확도가 상호 작용성만큼 중요하지 않은 실시간 애니메이션 및 게임에서 점점 더 많이 사용되고 있습니다.

(2) Astrophysics

평활화된 입자 유체역학의 적응적 분해능, 물리적으로 보존된 양의 수치적 보존, 그리고 여러 차원의 현상을 시뮬레이션하는 능력은 이론 천체물리학의 계산에 이상적입니다.
은하 형성, 별 형성, 별 충돌, 초신성 및 운석 충돌 시뮬레이션은 이 방법을 천체물리학 및 우주론적으로 사용하는 다양한 사례 중 일부입니다.
SPH는 중력의 가능한 효과를 포함하여 유체역학적 흐름을 모델링하는 데 사용됩니다. 복사 전달 및 자기장과 같이 중요할 수 있는 다른 천체물리학적 과정을 통합하는 것은 천문학 커뮤니티에서 활발한 연구 분야이며, 어느 정도 제한적인 성공을 거두었습니다.

(3) Solid mechanics

Libersky와 Petschek은 SPH를 고체 역학으로 확장했습니다. 이 응용 프로그램에서 SPH의 주요 장점은 그리드 기반 방법보다 더 큰 국소적 왜곡을 처리할 수 있다는 것입니다. 이 기능은 고체 역학의 많은 응용 프로그램에서 활용되었습니다. 금속 성형, 충격, 균열 성장, 파괴, 파편화 등.
일반적으로 메시 없는 방법의 또 다른 중요한 장점과 특히 SPH의 장점은 방법의 메시 없는 특성을 감안할 때 메시 종속성 문제가 자연스럽게 방지된다는 것입니다. 특히 메시 정렬은 균열과 관련된 문제와 관련이 있으며 커널 함수의 등방성 지원으로 인해 SPH에서 방지됩니다. 그러나 고전적인 SPH 공식은 인장 불안정성[29]과 일관성 부족으로 어려움을 겪습니다. 지난 몇 년 동안 SPH 솔루션의 정확도를 개선하기 위해 다양한 수정이 도입되어 Liu et al.의 RKPM으로 이어졌습니다. Randles와 Libersky 및 Johnson과 Beissel은 충격 현상 연구에서 일관성 문제를 해결하려고 시도했습니다.
Dyka 등 및 Randles와 Libersky는 SPH에 응력점 적분을 도입했고 Ted Belytschko 등은 응력점 기법이 잘못된 특이 모드로 인한 불안정성을 제거하는 반면, 라그랑주 커널을 사용하면 인장 불안정성을 피할 수 있음을 보여주었습니다. SPH 방법의 수렴을 개선하는 데 전념하는 다른 많은 최근 연구를 문헌에서 찾을 수 있습니다.

SPH의 수렴 및 안정성에 대한 이해가 최근 개선되어 고체 역학에서 더 광범위하게 적용될 수 있었습니다. 이 방법의 적용 및 개발에 대한 다른 예는 다음과 같습니다.

① 금속 성형 시뮬레이션.
② William G. Hoover의 고체 내 충격 파괴를 위한 SPH 기반 방법 SPAM(Smoothed Particle Applied Mechanics).
③ 파괴 및 파편화를 위한 수정된 SPH(SPH/MLSPH).
④ 고체 내 충격파 전파를 위한 Taylor-SPH(TSPH).
⑤ 일반화된 좌표 SPH(GSPH)는 데카르트 좌표계에서 입자를 불균일하게 할당하고 입자가 균일한 간격으로 정렬되는 일반화된 좌표계에서 매핑을 통해 배열합니다.

## 사례 1. Bird Strike [19]

1) 구조 계획

(1) 모듈의 목표
- SPH 솔버 적용 사례
- 항공기 날개에 대한 조류 충돌 모델링

(2) 해석 절차 :
1. 명시적 Dynamics(ANSYS)에서 문제 설정
2. 설정을 AUTODYN으로 전송
3. 조류 부분을 SPH 노드를 사용하도록 변환
4. AUTODYN에서 분석 실행

(3) 모델링 개요 (단위 : mm)

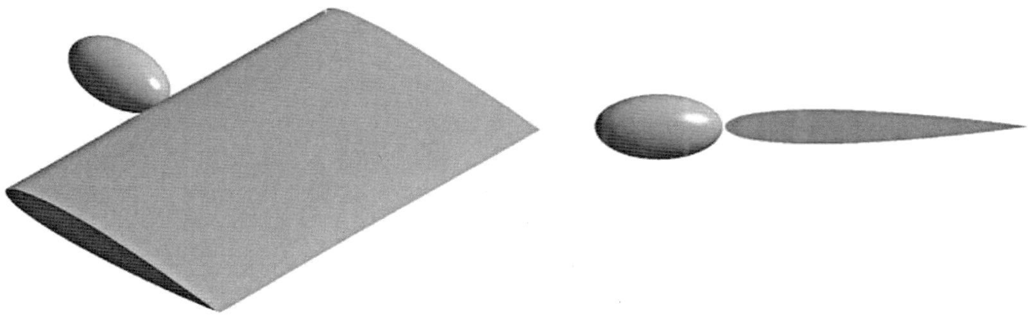

19) **ANSYS AUTODYN 1D-Wedge, workshop 11 Min Blast**

2) 구조해석

[1] Explicit Dynamics 설정

(1) Start Workbench > Explicit Dynamics 시작
① Workbench를 시작한다.
② Workbench에서 Explicit Dynamics 을 시작한다.

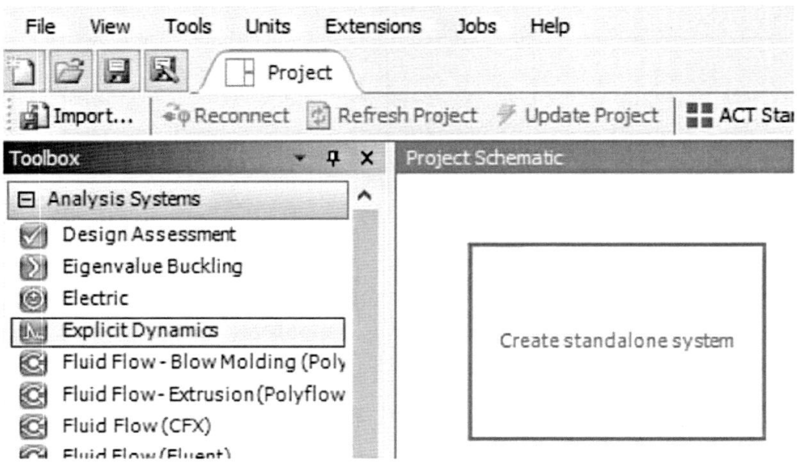


(2) 재료의 데이터 물성 설정
알루미늄과 Water를 설정한다.
① Engineering Data를 더블클릭하여 Engineering Data Source로 진입한다.

② Engineering Data Source에서 Explicit Materials Data Source에서 AL5083H116, WATER2를 가져온다. (Add의 +를 클릭한다.)
재료를 가져오면 Add 열에 책 모양의 아이콘이 생성된다.

Brid Strike 모형에서 Bird의 주성분이 물이므로 Bird의 재질을 Water로 설정한다.

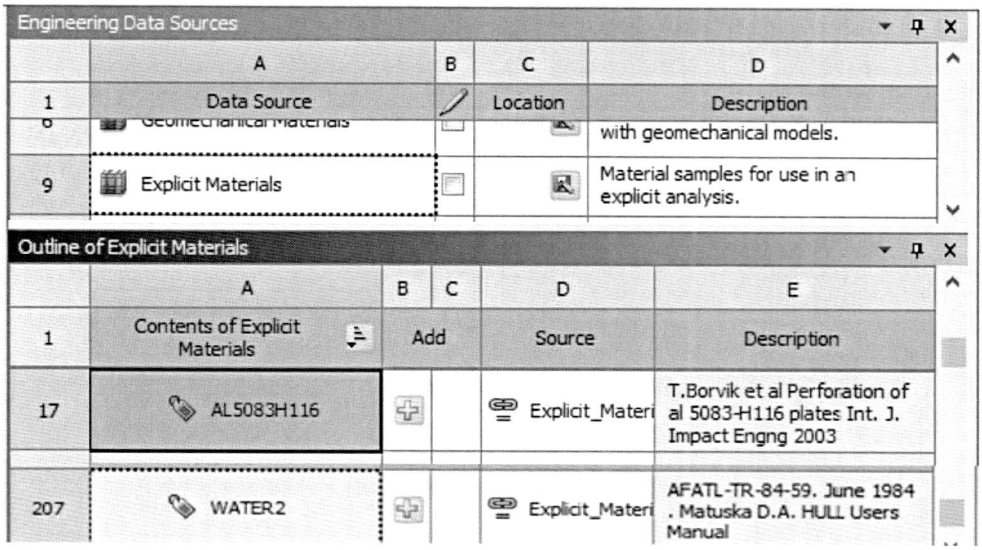


③ Engineering Data Sources를 클릭하여 가져온 데이터를 확인한다.

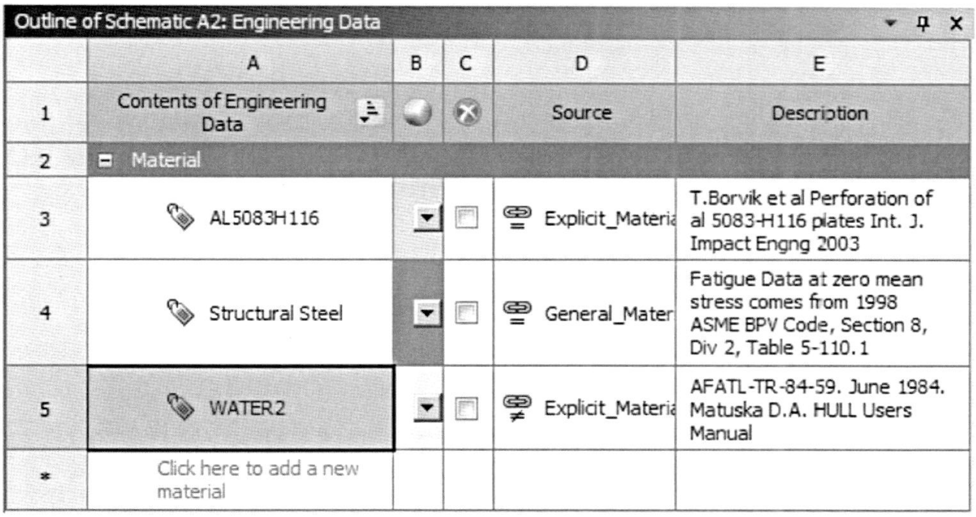

④ WATER2를 클릭하고 Shear Modulus를 0으로 설정한다.

Properties of Outline Row 5: WATER2

| | A | B | C | D | E |
|---|---|---|---|---|---|
| 1 | Property | Value | Unit | | |
| 2 | Material Field Variables | Table | | | |
| 3 | Density | 1000 | kg m^-3 | | |
| 4 | Shear Modulus | 0 | Pa | | |
| 5 | Shock EOS Linear | | | | |
| 6 | Gruneisen Coefficient | 0.28 | | | |
| 7 | Parameter C1 | 1483 | m s^-1 | | |
| 8 | Parameter S1 | 1.75 | | | |
| 9 | Parameter Quadratic S2 | 0 | s m^-1 | | |
| 10 | Tensile Pressure Failure | | | | |
| 11 | Maximum Tensile Pressure | 0 | Pa | | |

(3) Explicit dynamic에서 모델을 불러온다 : Bird-strike.agdb

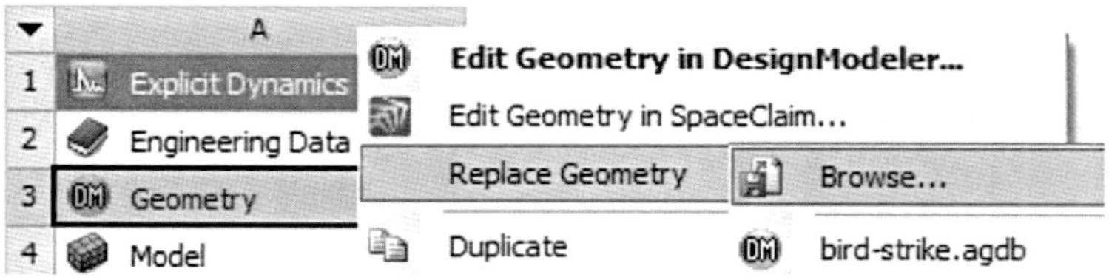


(4) Model을 실행한다.

① Explicit dynamic의 단위를 확인한다.

② Geometry의 Bird에 물성을 맵핑시킨다. : WATER2

③ Geometry의 Solid에 물성을 맵핑시킨다. : AL5083

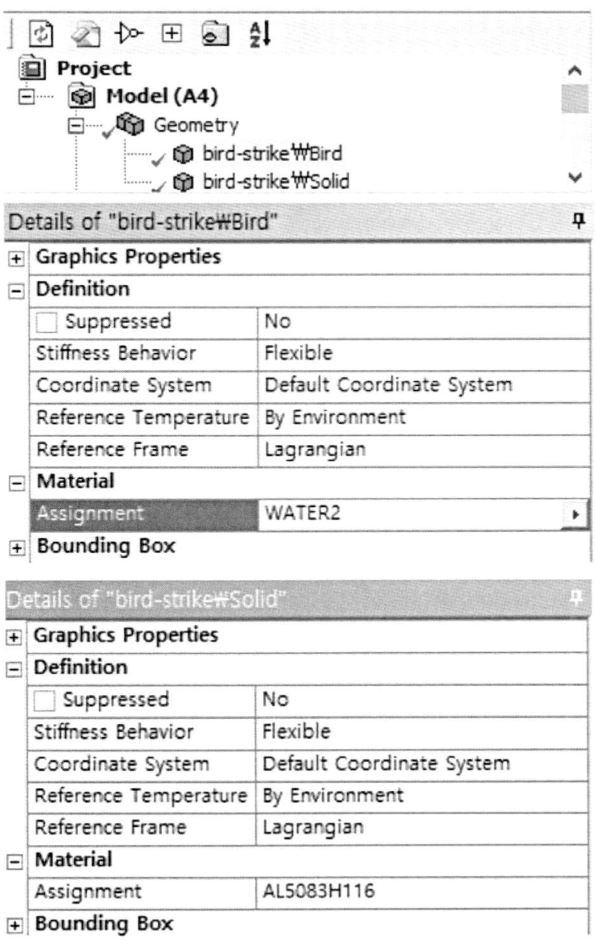

(5) Connections 을 설정한다.

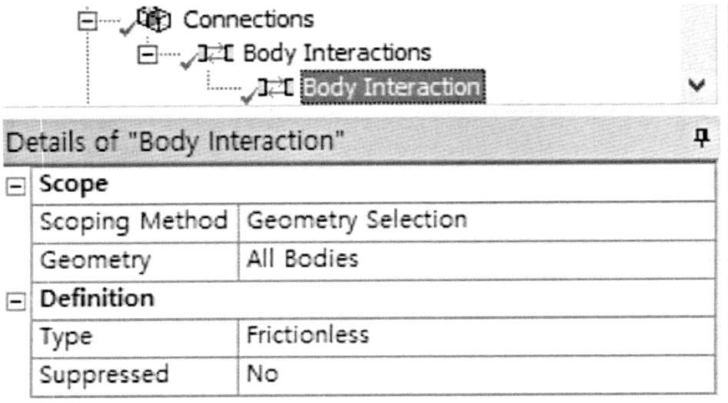


(6) Mesh를 설정한다.

① 모델의 메쉬를 설정한다 : Generate Mesh를 수행한다.

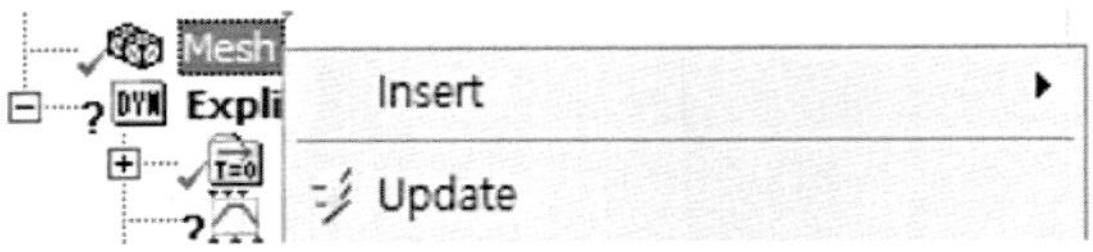


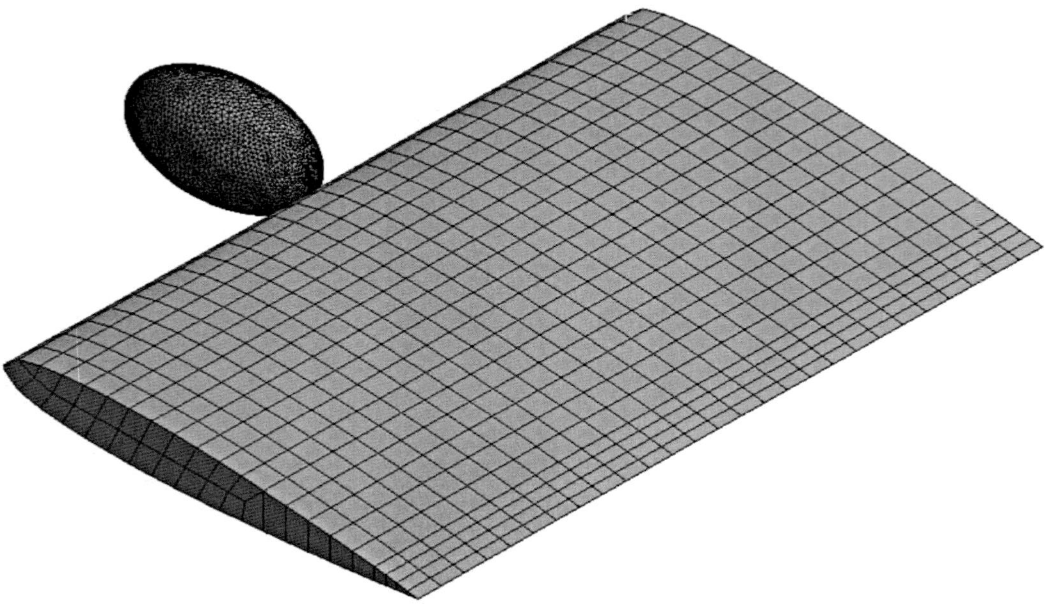

Bird 메시의 품질은 AUTODYN에서 SPH 노드 영역을 만드는 데만 사용되므로 중요하지 않습니다. 비행기 날개의 기본 메시는 합리적입니다.

(7) 초기 조건을 설정한다.

① 초기 조건을 정의한다 : Bird의 velocity를 250m/sec으로 설정한다.

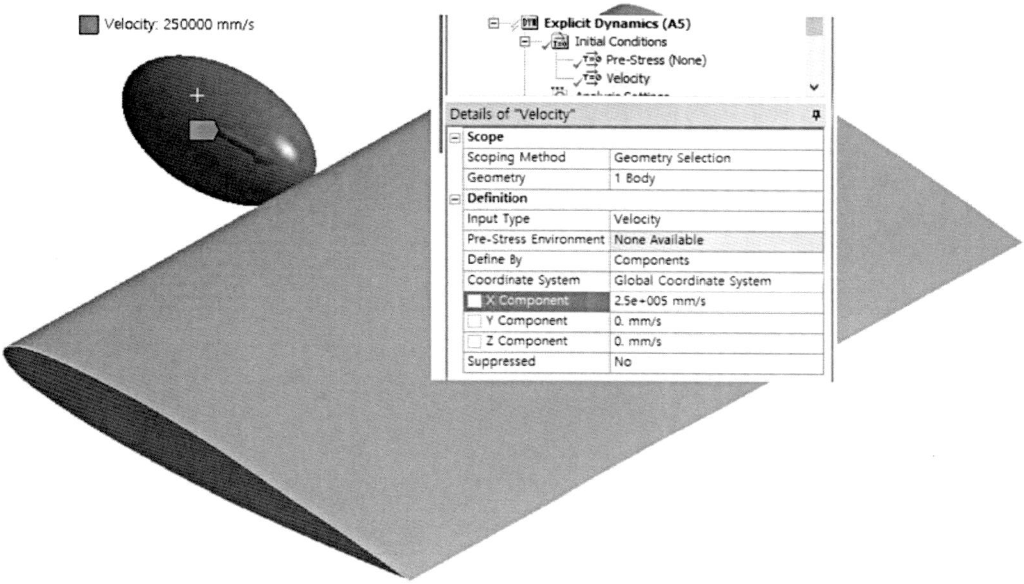


(8) Analysis를 설정한다.

① End Time을 0.005로 설정한다.

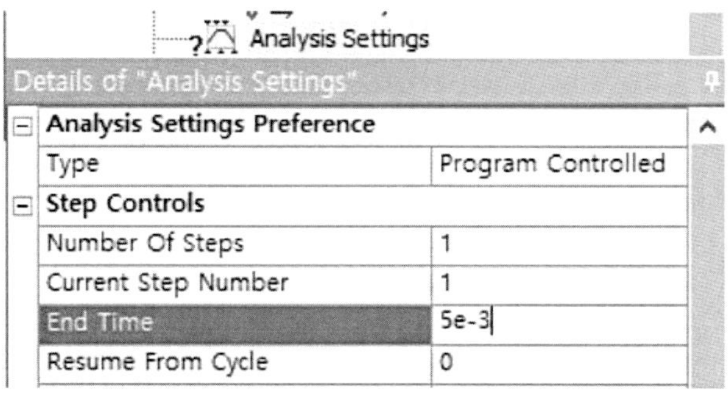

## [2] Autodyn 설정

(1) Autodyn과  Explicit Dynamic를 연결하기

① Workbench에서 Autodyn을 더블 클릭한다.

② Explicit Dynamic의 Setup을 드래그하여 Autodyn에 올려놓아 데이터를 연결시킨다

③ Autodyn의 Setup을 update를 수행한다.

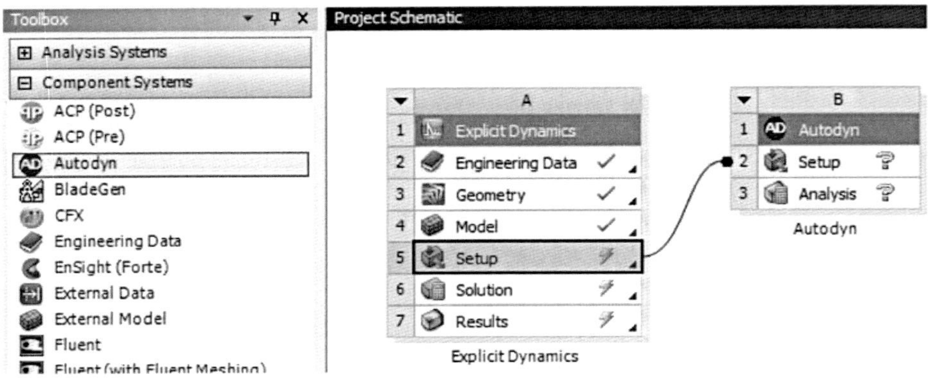


---- 참고 --------------------------------------------

Explicit Dynamic의 Project file이 있는 위치에 한글 문자가 들어가 있으면 Autodyn에 모델이 불리지 않는다.

예) "학습교제-Autodyn" 이름에서 모델이 Autodyn에 불러지 않는다.

아래는 모델이 불리지 않은 상태화면이다.

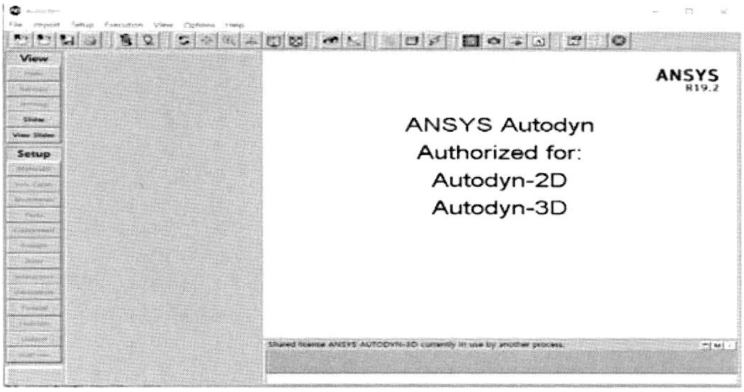


Project 파일의 위치를 이동하여 다시 수행하면 Autodyn에 파일이 올라온다. 아래와 같은 Directory에서 Autodyn에 연결하면 모델을 가져올 수 있다.

---

(2) Autodyn에 모델 불러오기

Autodyn에 모델이 정상적으로 불러진 상태화면은 다음과 같다.

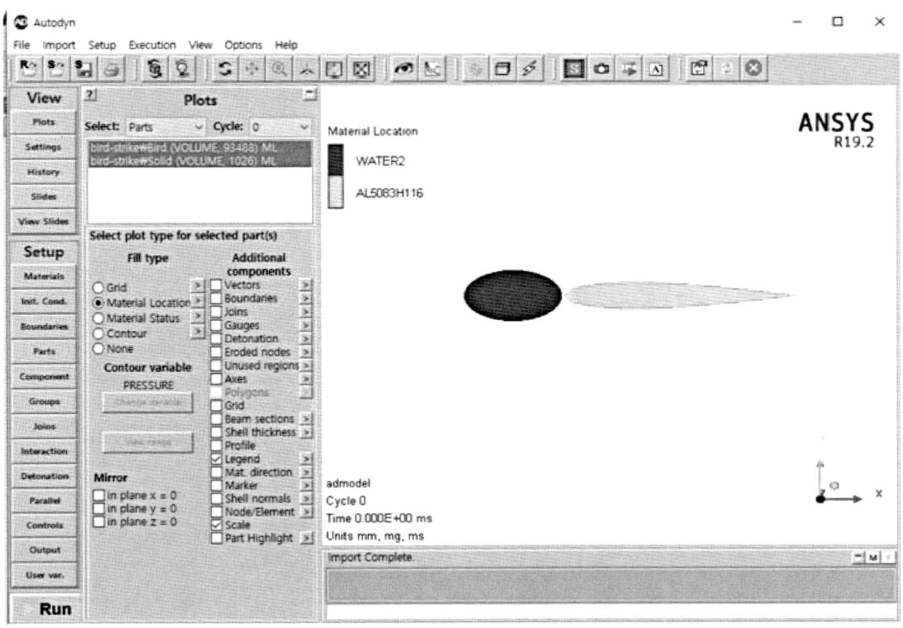

(3) Material 확인

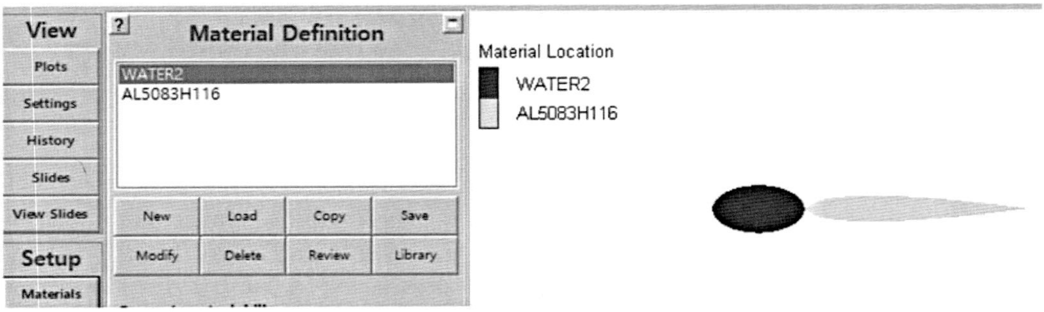


ⓐ Material > Modify를 클릭한다.

AL5083은 EOS가 Linear로 설정되었고, Strength는 Johnson Cook모델을 사용한다.

WATER2는 EOS가  Shock로 설정되었고, Strength에 대한 설정은 없다.

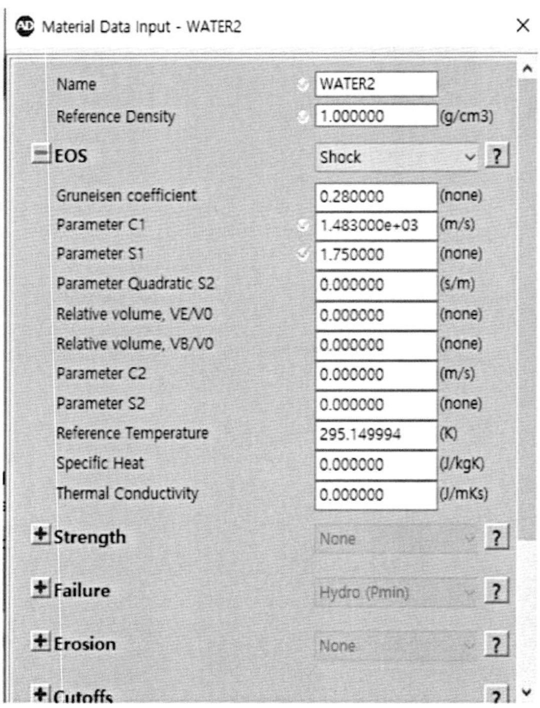


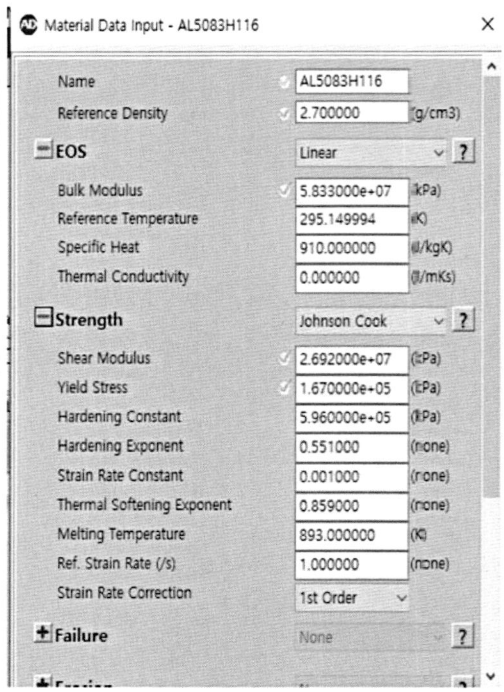

(4) 초기조건 생성 검토 (Init. Cond > Modify)

ⓐ IC#1은 Material이 WATER2에 대한 설정이며, Bird에 초기속도 250m/sec가 설정되었다.

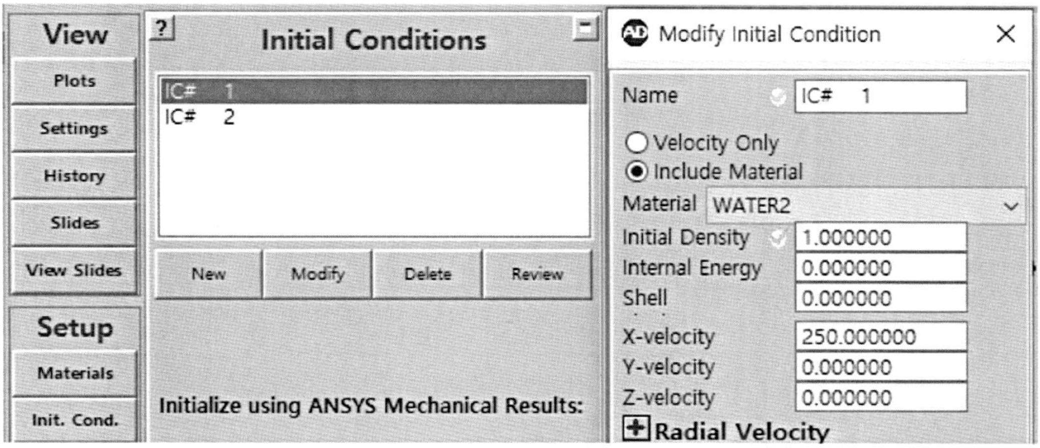


ⓑ IC#2은 Material이 AL5083H116에 대한 설정이며, 날개에 초기속도 0 이 설정되었다.

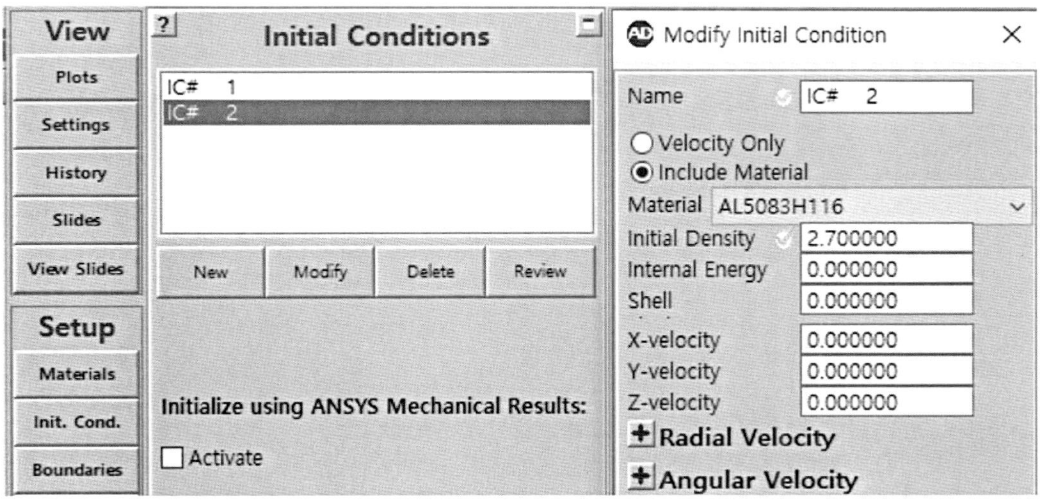


(5) 경계조건 정의 확인

- Boundaries에 설정 내용 없음.

(6) Parts 설정 확인 및 재설정

(6.1) Bird에 대한 Part 재 설정

ⓐ Part > New> Bird_SPH > Accept

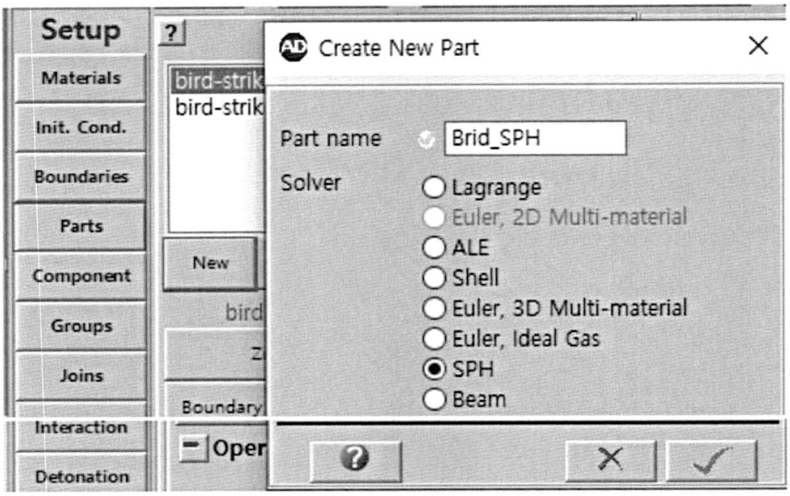


ⓑ Part > Geometry > Part > bird-strike(Bird) > Accept

ⓒ SPH_Bird 객체에 SPH Node를 설정한다.

Parts > Pack(Fill) > SPH_Bird 선택 > Fill with Initial Condition 선택 > Particle size 15mm 설정 > Accept

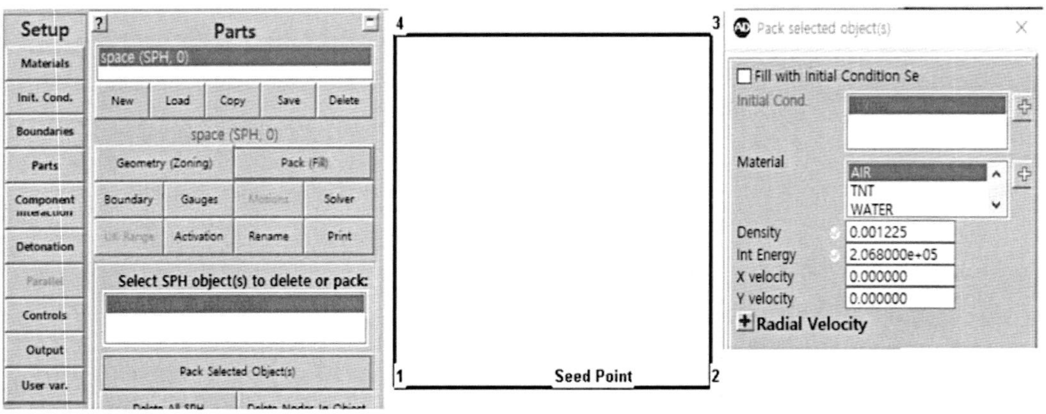

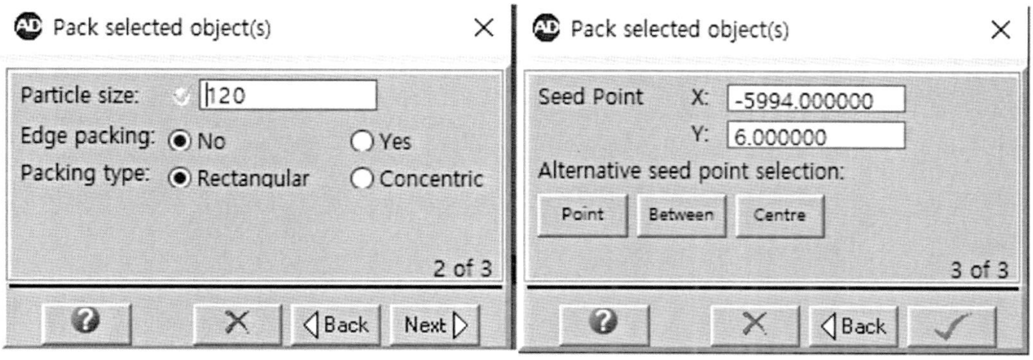


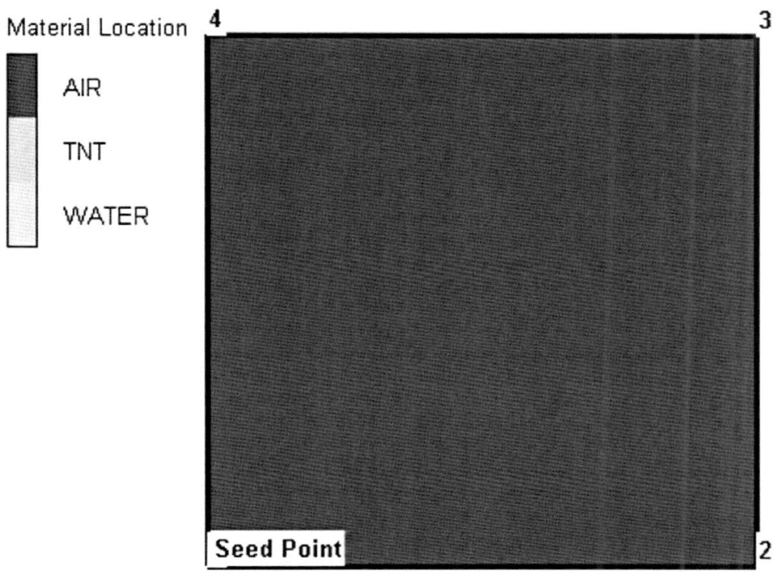


ⓓ Plot settings file을 가져온다. Bird_strike_2.set

(8) Component 설정 확인 (Component > Modify)

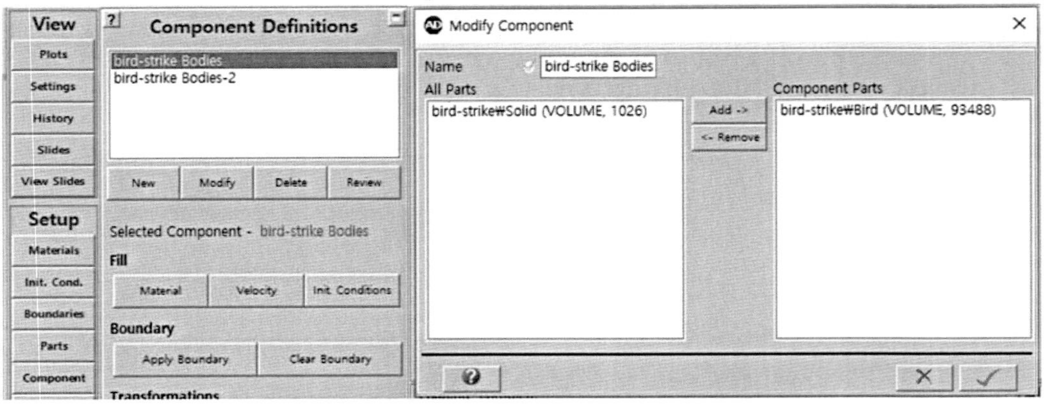


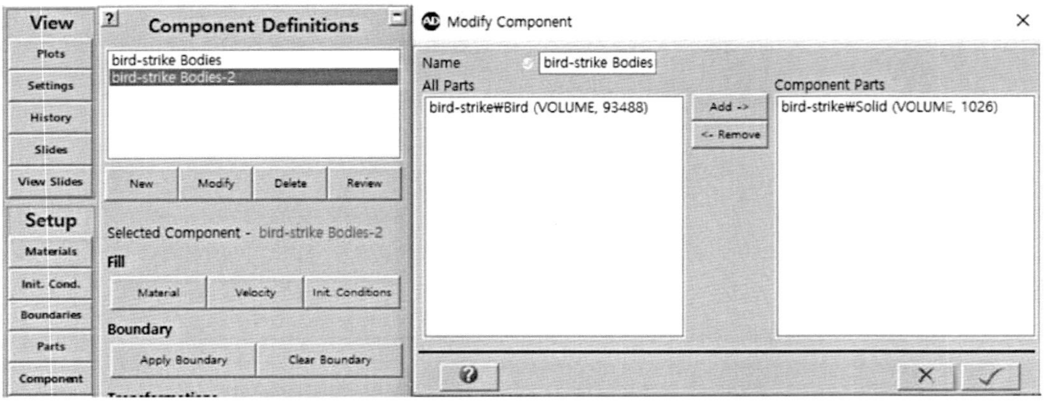


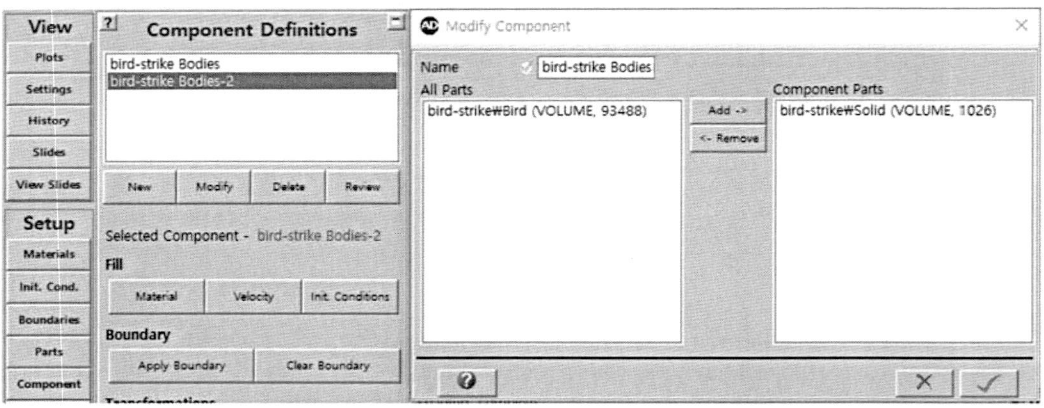

(9) Group 설정 내용 없음

(10) Joints - 설정하지 않음.

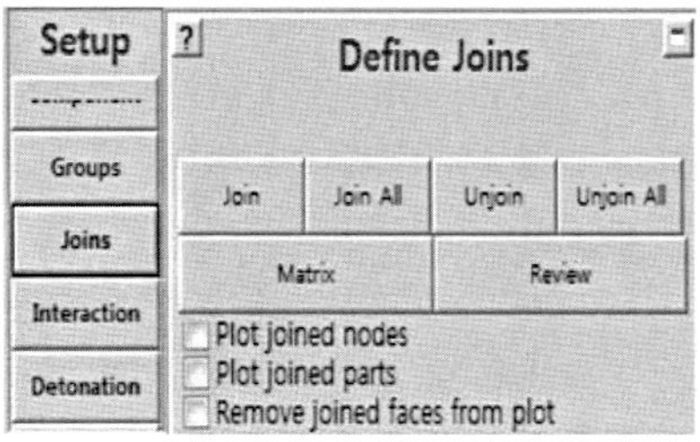


(11) Parallel-설정하지 않음.

(12) TNT에 대한 폭발 지점 정의-설정하지 않음.

(13) 솔루션 컨트롤 설정

(14) 결과저장설정

ⓐ Lagrange/Lagrange > External Gap > Gap size 1.5 > Check

ⓑ Output 설정은 End Time 5 sec, Increment 1로 설정한다.

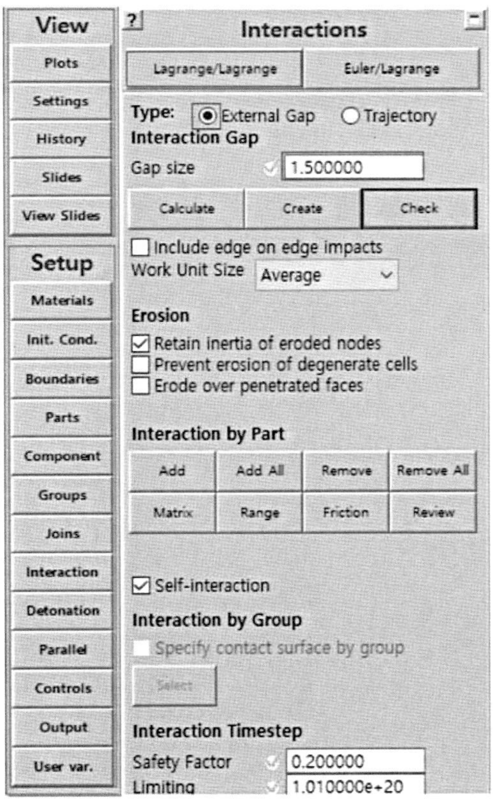


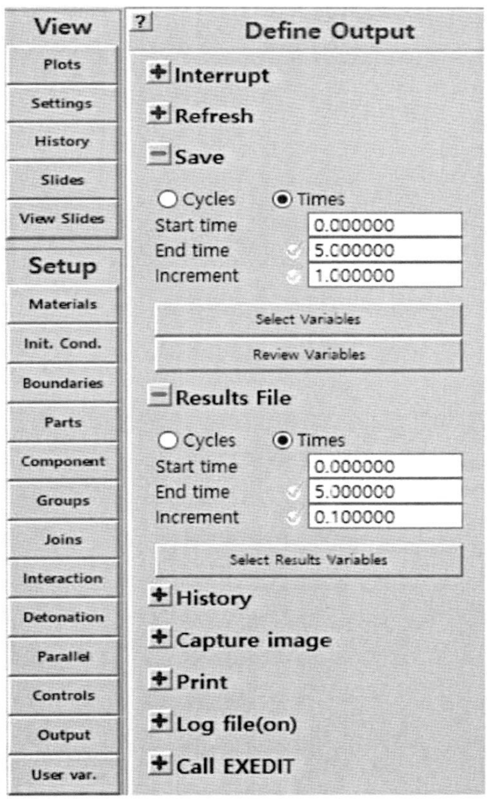


(15) user var. -설정하지 않음

(16) 해석실행

① 데이터 저장

② 문제 해결

ⓐ error 무시

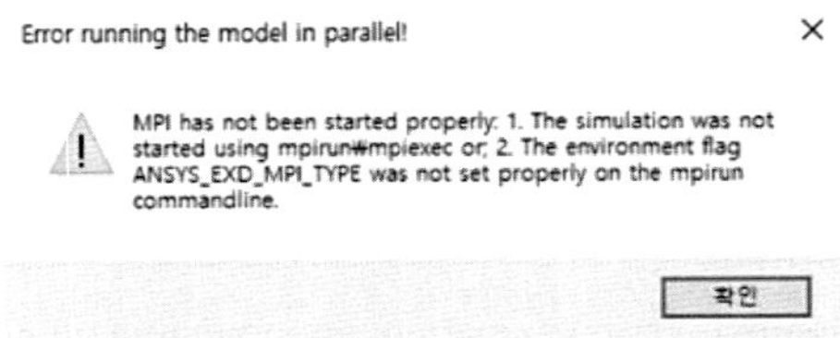


→ 확인 선택

ⓑ Confirm과 WARING 수행

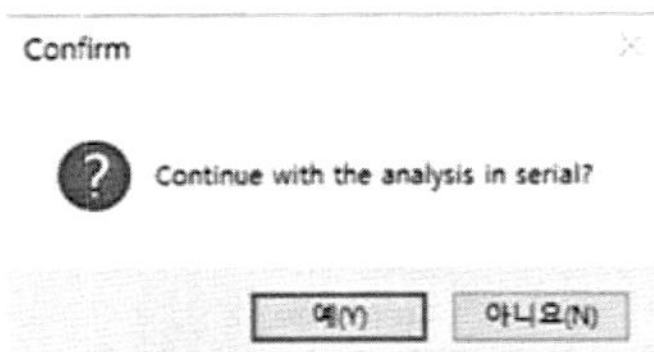


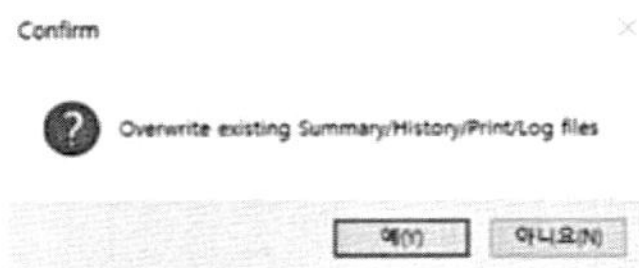


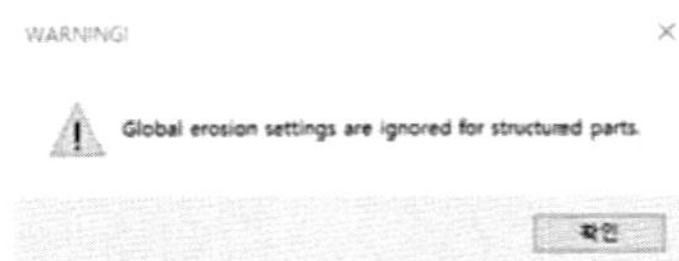

(17) 해석 결과 분석

① 시간에 따른 추이

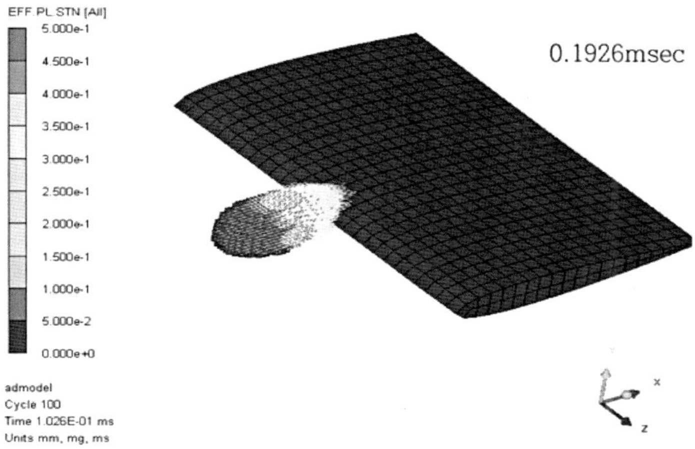


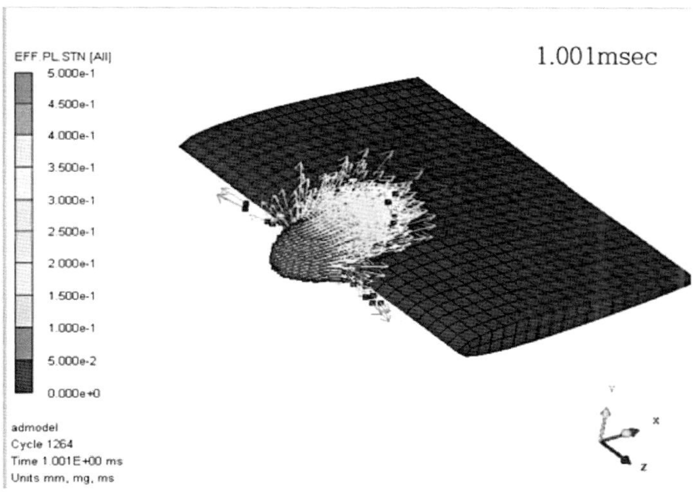


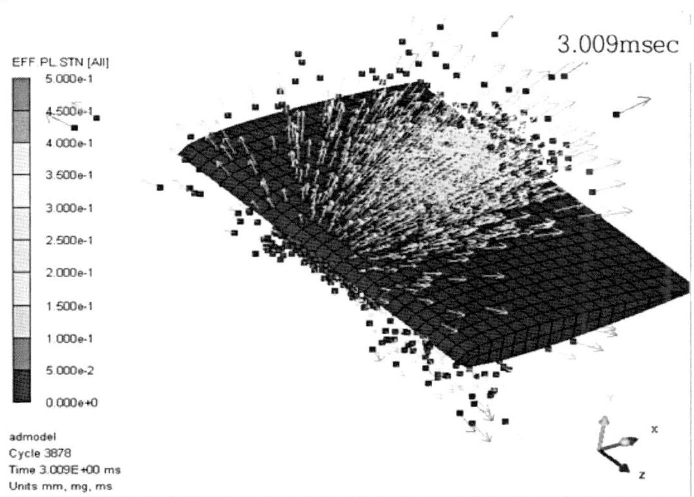

② Slide Setup

Part > Geometry > Part > Bird-Strike(Bird) > Accept

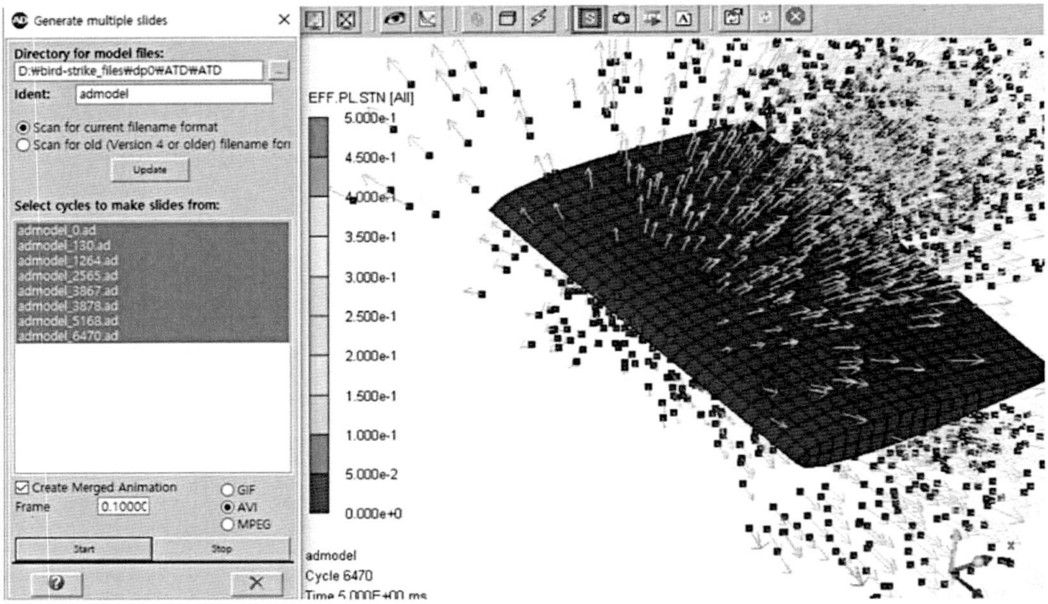

# 모듈 14. Ball drop on Concrete [20]

1) 구조 계획

(1) 모듈의 목표
- SPH 솔버 적용 사례
- 항공기 날개에 대한 조류 충돌 모델링

(2) 해석 절차 :
1. 명시적 Dynamics(ANSYS)에서 문제 설정
2. 설정을 AUTODYN으로 전송
3. 조류 부분을 SPH 노드를 사용하도록 변환
4. AUTODYN에서 분석 실행

(3) 모델링 개요 (단위 : mm)

DesignModeler에서 모델링하는 방법은 다음과 같다.

Details View

| Details of Sphere1 | |
|---|---|
| Sphere | Sphere1 |
| Base Plane | XYPlane |
| Operation | Add Material |
| Origin Definition | Coordinates |
| FD3, Origin X Coordinate | 0 m |
| FD4, Origin Y Coordinate | 0 m |
| FD5, Origin Z Coordinate | 0 m |
| FD6, Radius (>0) | 0.5 m |
| As Thin/Surface? | No |

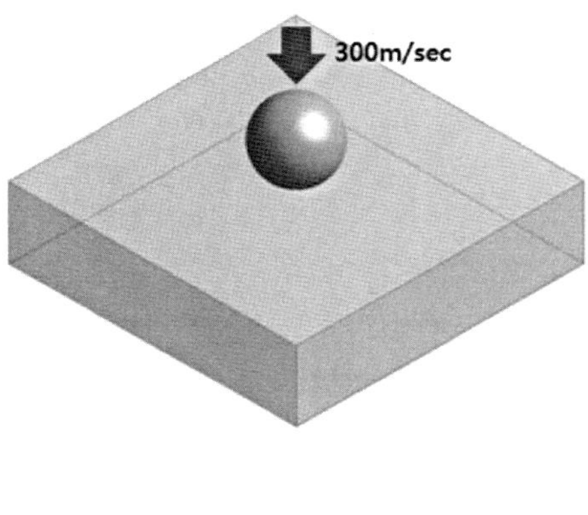


Details View

| Details of Box1 | |
|---|---|
| Box | Box1 |
| Base Plane | XYPlane |
| Operation | Add Frozen |
| Box Type | From One Point and ... |
| Point 1 Definition | Coordinates |
| FD3, Point 1 X Coordinate | -2 m |
| FD4, Point 1 Y Coordinate | -1.5 m |
| FD5, Point 1 Z Coordinate | -2 m |
| Diagonal Definition | Components |
| FD6, Diagonal X Component | 4 m |
| FD7, Diagonal Y Component | 1 m |
| FD8, Diagonal Z Component | 4 m |
| As Thin/Surface? | No |

20) **ANSYS AUTODYN 1D-Wedge, workshop 11 Min Blast**

2) 구조해석

[1] Explicit Dynamics 설정

(1) Start Workbench > Explicit Dynamics 시작
① Workbench를 시작한다.
② Workbench에서 Explicit Dynamics 을 시작한다.

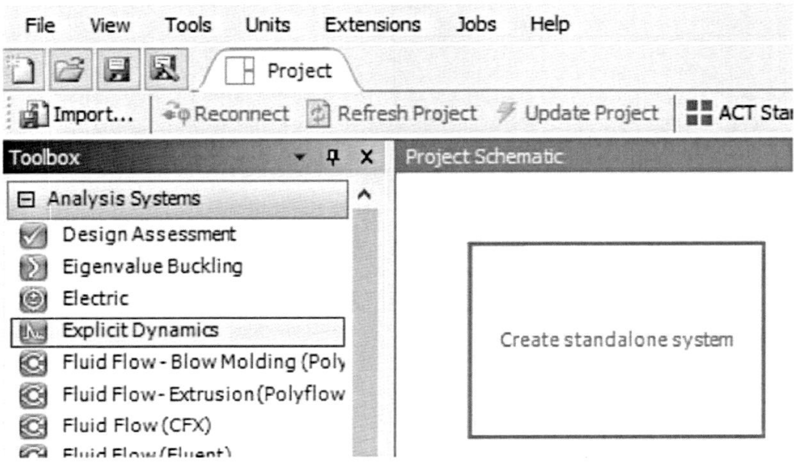


(2) 재료의 데이터 물성을 설정
알루미늄과 Water를 설정한다.
① Engineering Data를 더블클릭하여 Engineering Data Source로 진입한다.

② Engineering Data Source에서 Explicit Materials Data Source에서 AL5083H116, WATER2를 가져온다. (Add의 +를 클릭한다.)
재료를 가져오면 Add 옆에 책 모양의 아이콘이 생성된다.

Brid Strike 모형에서 Bird의 주성분이 물이므로 Bird의 재질을 Water로 설정한다.

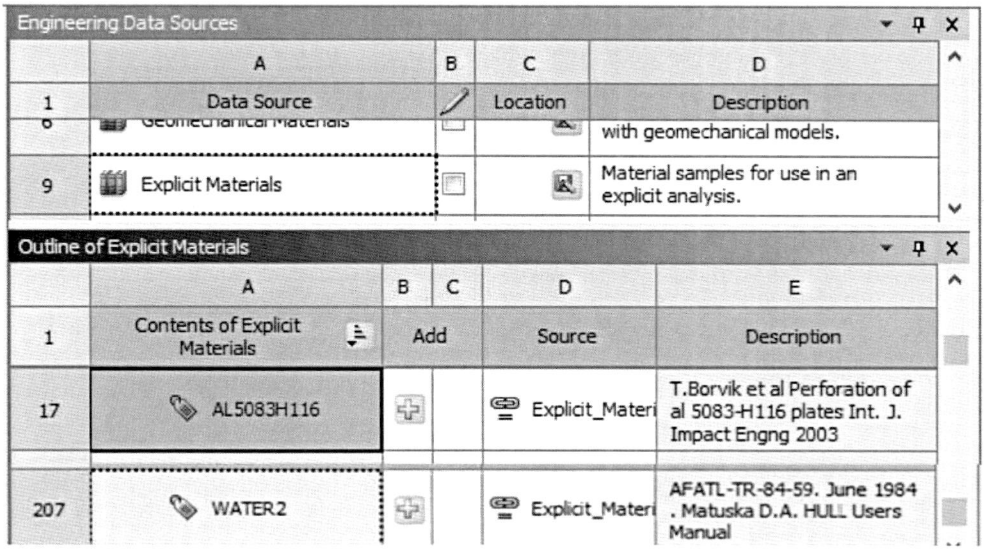


③ Engineering Data Sources를 클릭하여 가져온 데이터를 확인한다.

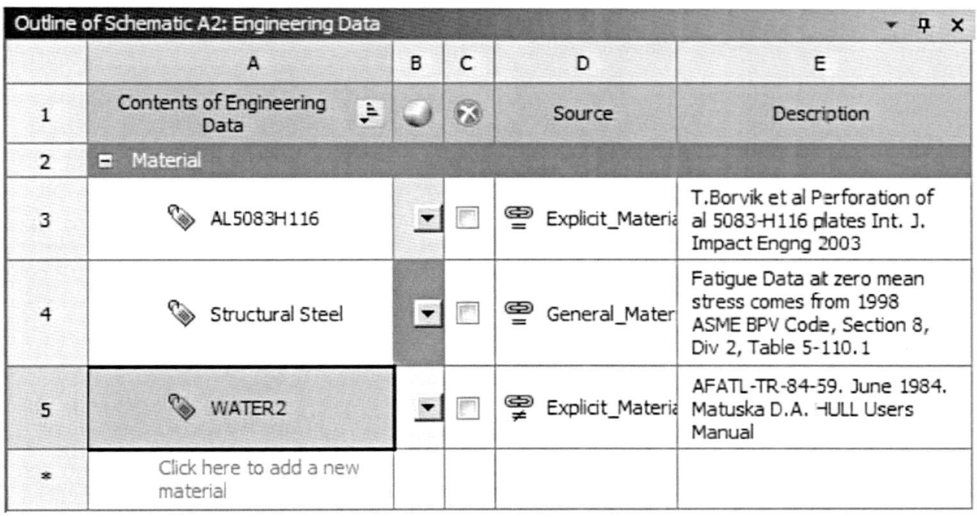

④ WATER2를 클릭하고 Shear Modulus를 0으로 설정한다.

Properties of Outline Row 5: WATER2

| | A | B | C | D | E |
|---|---|---|---|---|---|
| 1 | Property | Value | Unit | | |
| 2 | Material Field Variables | Table | | | |
| 3 | Density | 1000 | kg m^-3 | | |
| 4 | Shear Modulus | 0 | Pa | | |
| 5 | Shock EOS Linear | | | | |
| 6 | Gruneisen Coefficient | 0.28 | | | |
| 7 | Parameter C1 | 1483 | m s^-1 | | |
| 8 | Parameter S1 | 1.75 | | | |
| 9 | Parameter Quadratic S2 | 0 | s m^-1 | | |
| 10 | Tensile Pressure Failure | | | | |
| 11 | Maximum Tensile Pressure | 0 | Pa | | |

(3) Explicit dynamic에서 모델 설정 : Bird-strike.agdb

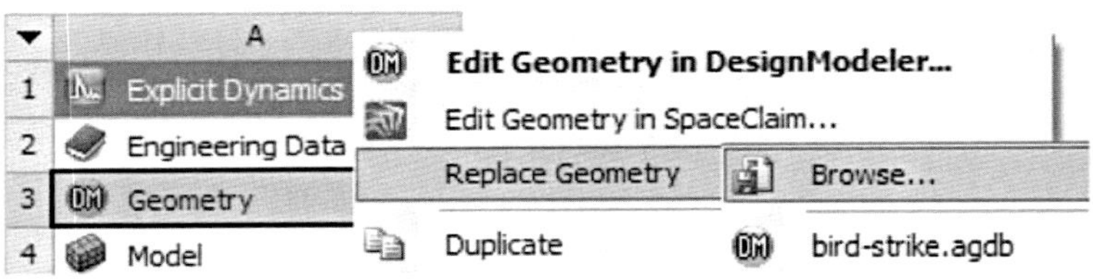

(4) Model을 실행

① Explicit dynamic의 단위를 확인한다.

② Geometry의 Bird에 물성을 맵핑시킨다. : WATER2

③ Geometry의 Solid에 물성을 맵핑시킨다. : AL5083

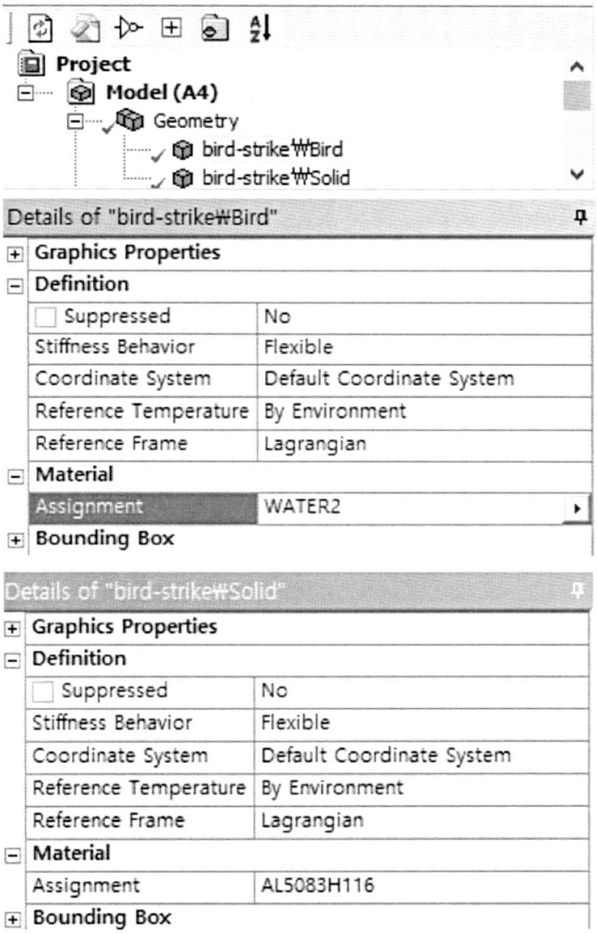


(5) Connections 을 설정

① 삭제

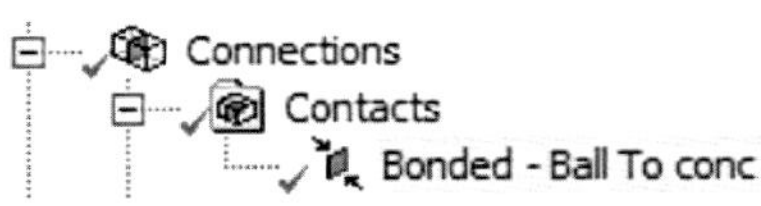


②

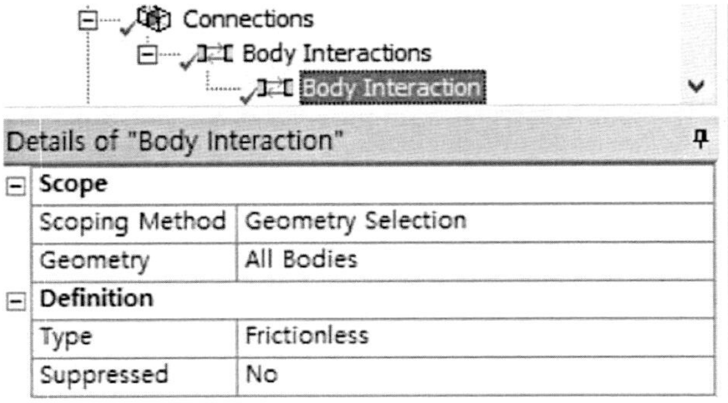


(6) Mesh를 설정

① 모델의 메쉬를 설정한다 : Generate Mesh를 수행한다.

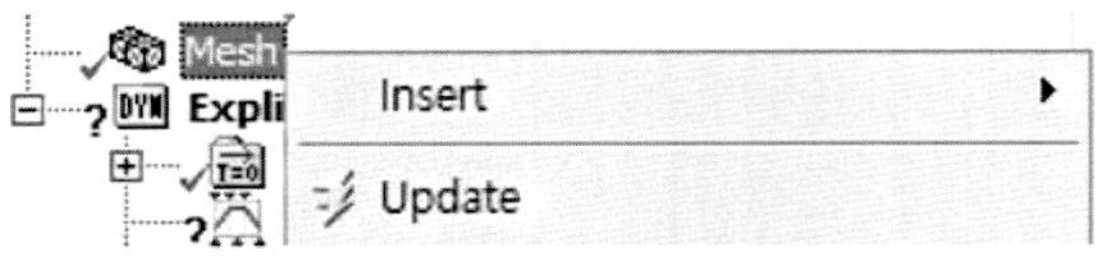


② Ball의 메쉬 설정을 변경한다.

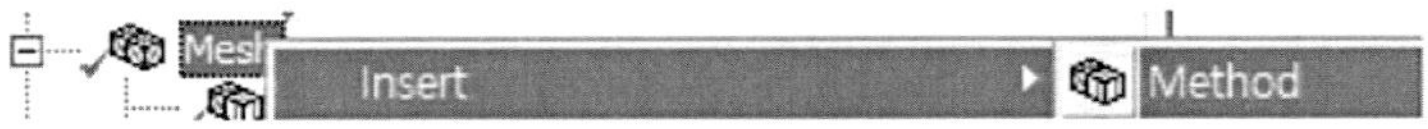


→ Multizon으로 설정

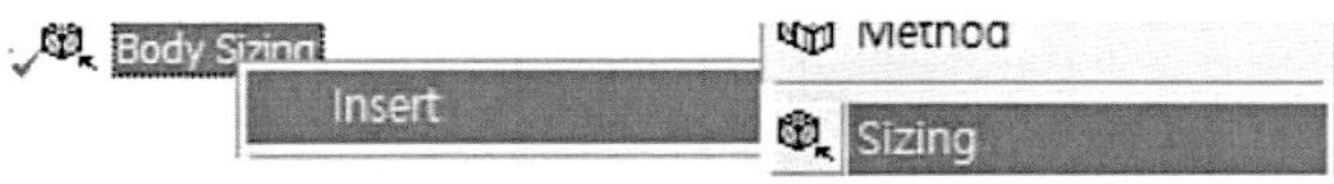


→ size를 100mm로 설정

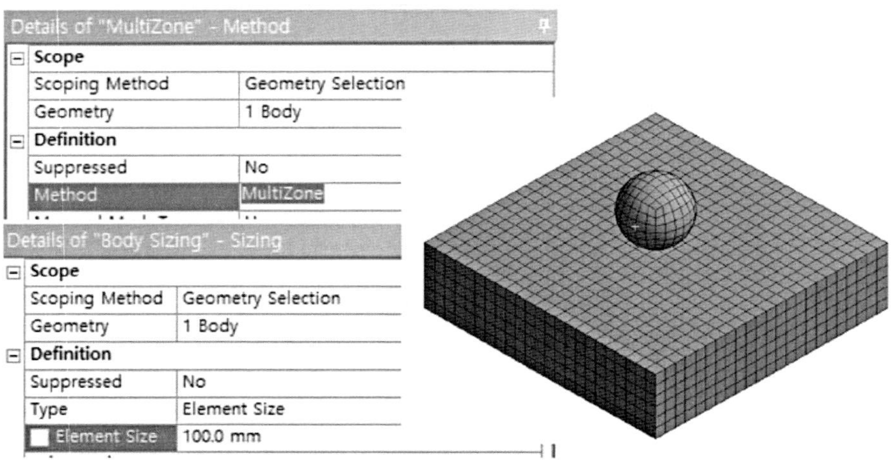

## (7) 초기 조건 설정

① 초기 조건을 정의한다 : Ball의 velocity를 300m/sec으로 설정한다.

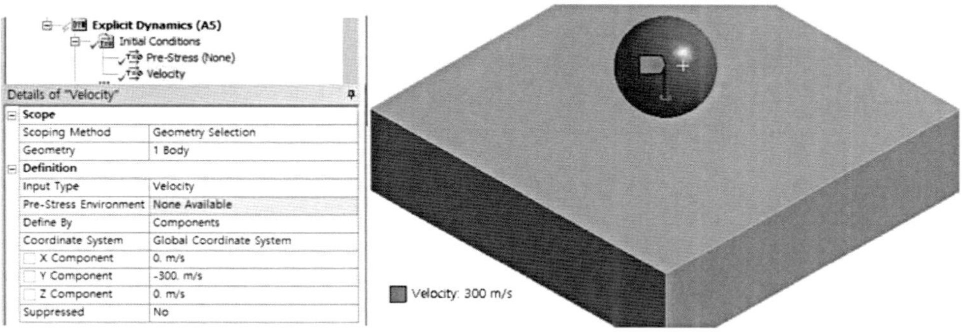


## (8) 경계조건 설정

① Fixed Support

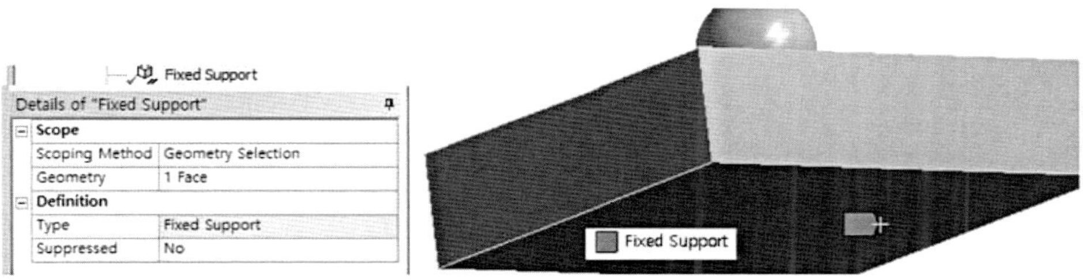


② Displacement

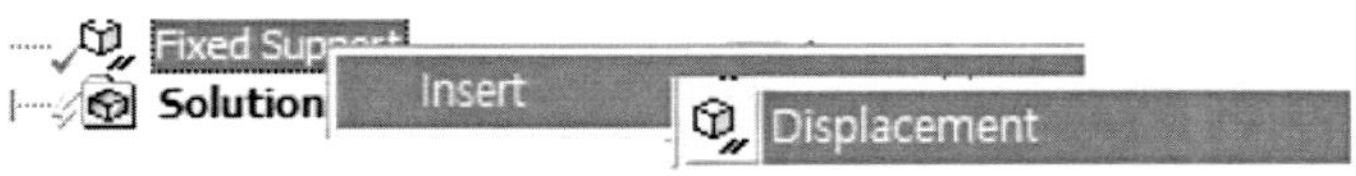


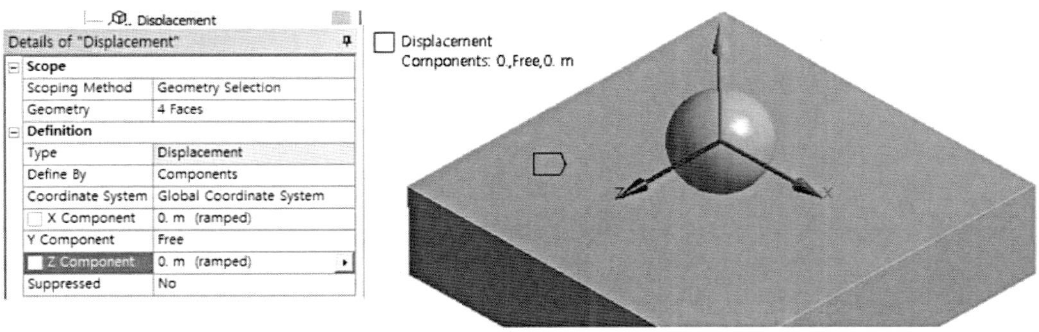

(9) Analysis를 설정

① End Time을 0.005로 설정한다.

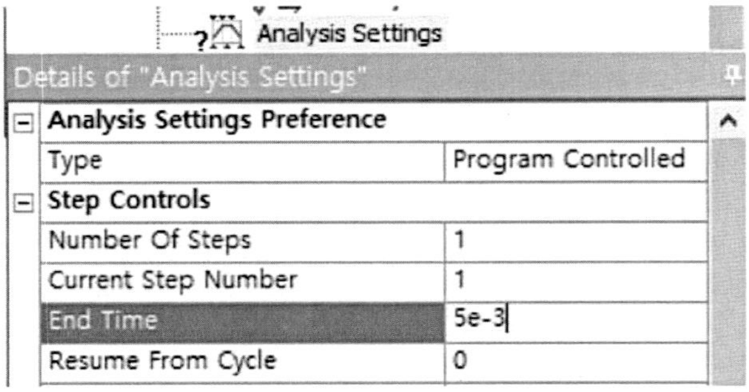

## [2] Autodyn 설정

(1) Autodyn과 Explicit Dynamic를 연결

① Workbench에서 Autodyn을 더블 클릭한다.

② Explicit Dynamic의 Setup을 드래그하여 Autodyn에 올려놓아 데이터를 연결시킨다.

③ Autodyn의 Setup을 update를 수행한다.

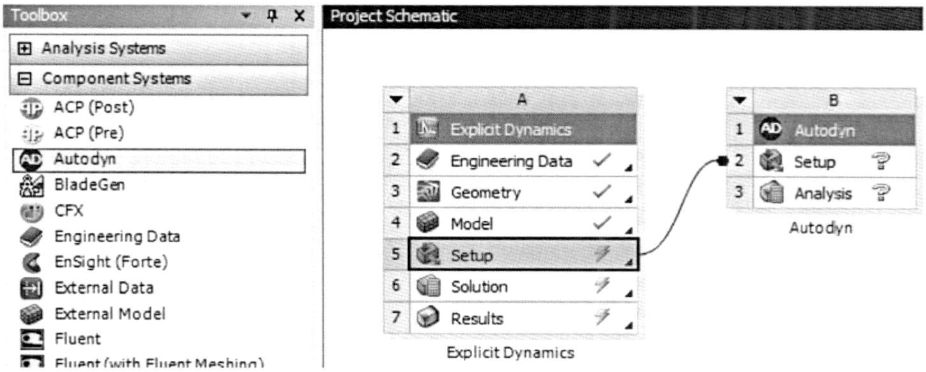


(2) Autodyn에 모델 불러오기

---- 참고 ----------------------------------------

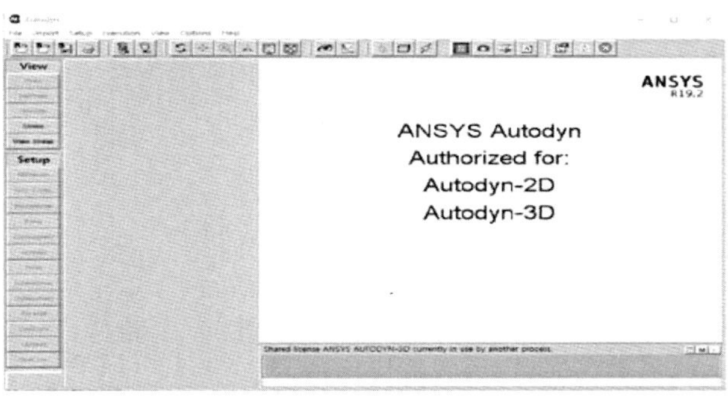


Autodyn에 모델이 불리지 않는다. 원인은 Workbench를 저장하지 않은 Unsaved Project이므로 Autedyn에서 관련 파일을 불러오지 못하기 때문이다.

--------------------------------------------------

Workbench를 저장하고 Autody을 update하면 다음과 같이 모델이 불러온다.

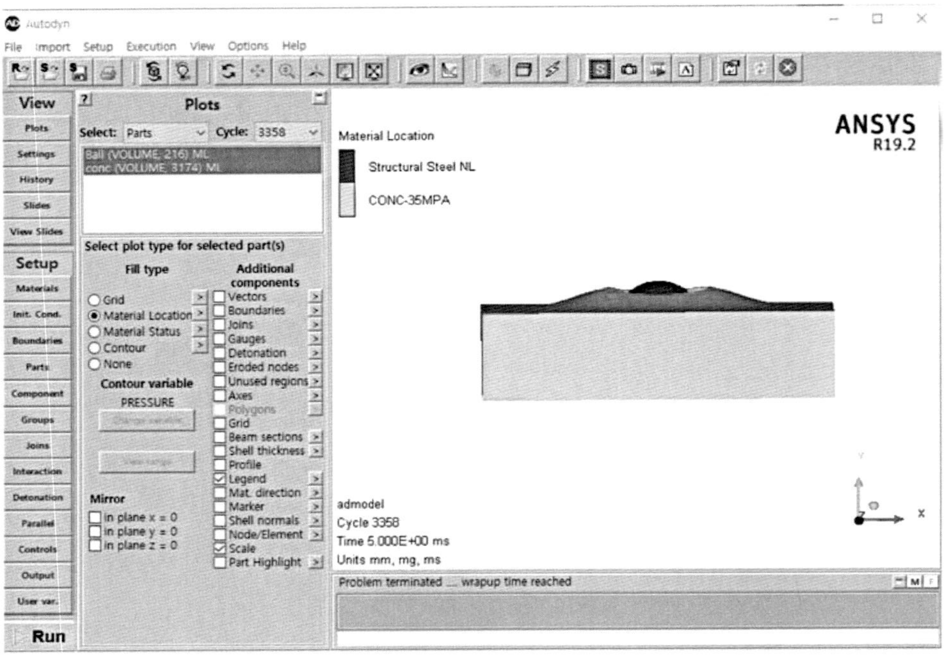

해석을 실행(Run)하지 않았는데도 해석이 수행되어 다음과 같은 결과를 나타낸다.

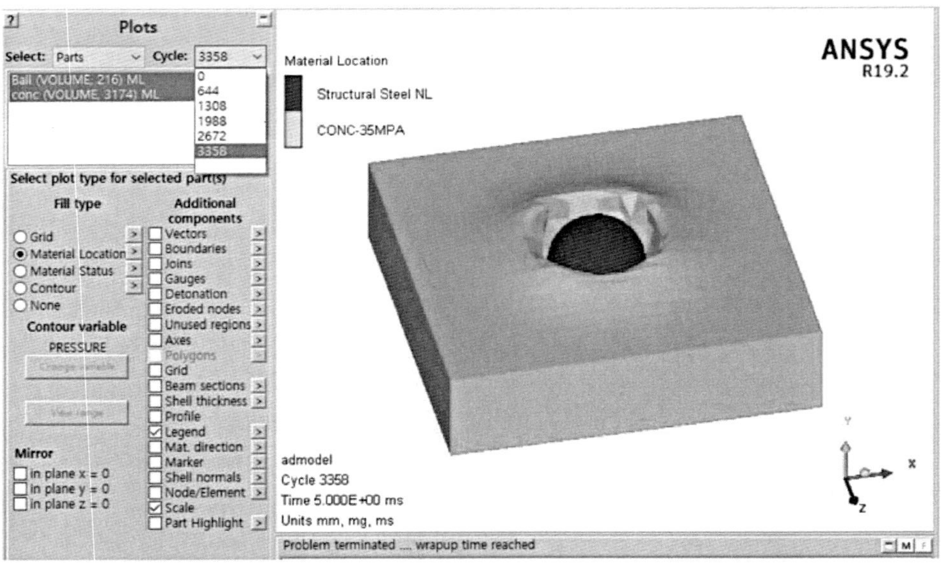

해석 결과는 3358 cycle의 결과이며 5msec 동안 1msec 간격으로 결과를 저장한 것이다.

(3) Material 확인

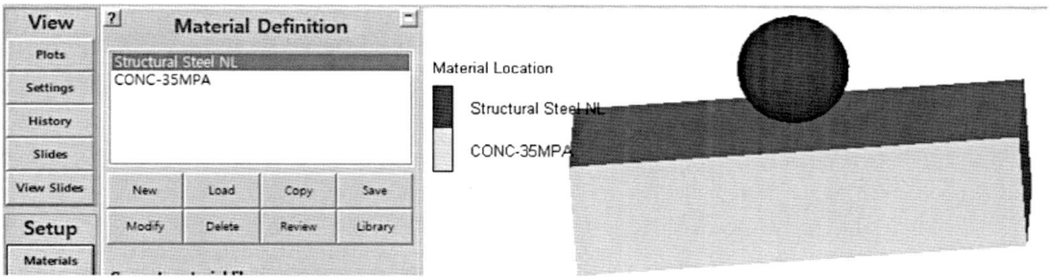


ⓐ Material > Modify를 클릭한다.
Structual steel NL은 EOS가 Linear로 설정되었고, Strength는 Bilinear Hardening을 사용한다. Ball이 파괴 되는 것은 고려하지 않기 대문에 Failure 모델은 설정되지 않았다.
CONC-35MPa는 EOS가 P alpha로 설정되었고, Strength에 RHT 모델, Failure도 RHT모델로 설정되었다.

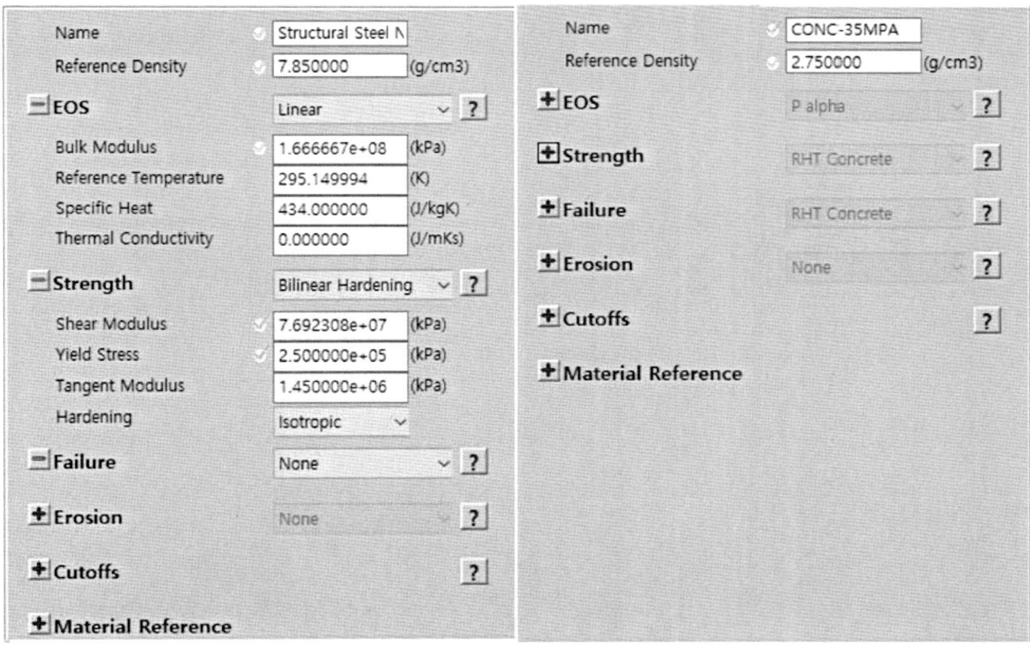


(4) 초기조건 생성 검토 (Init. Cond > Modify)

ⓐ IC#1은 Ball에 대한 설정이며, Ball에 초기속도 300m/sec가 설정되었다.

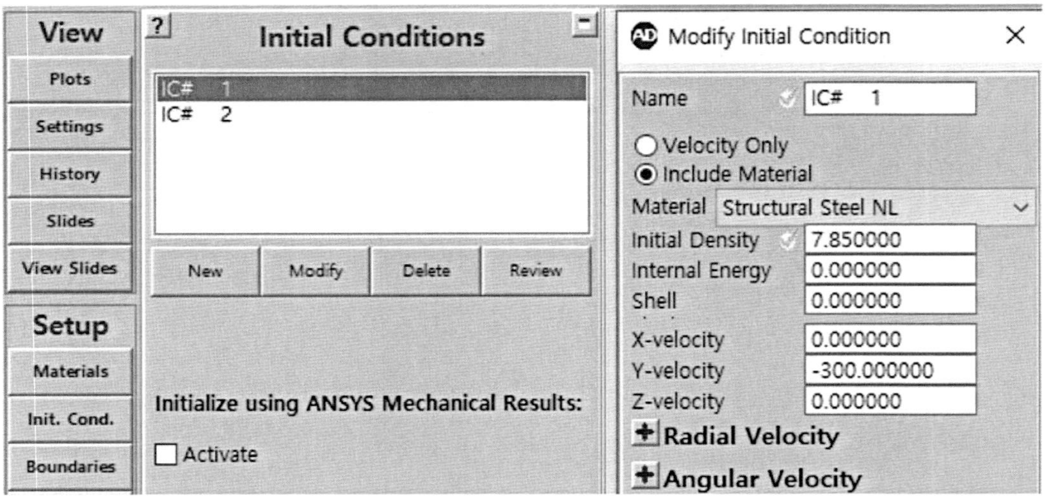


ⓑ IC#2은 Material이 Concrete에 대한 설정이다.

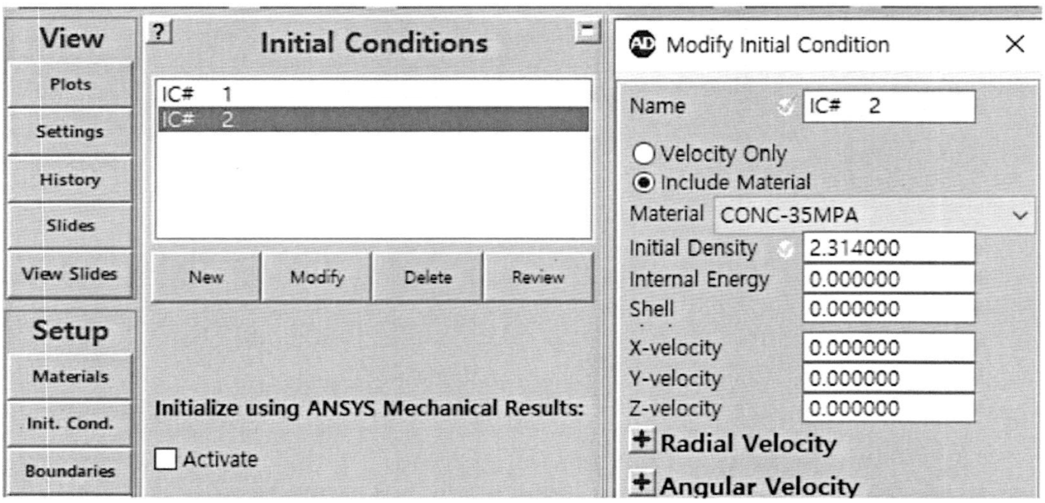


③ Boundaries에 설정

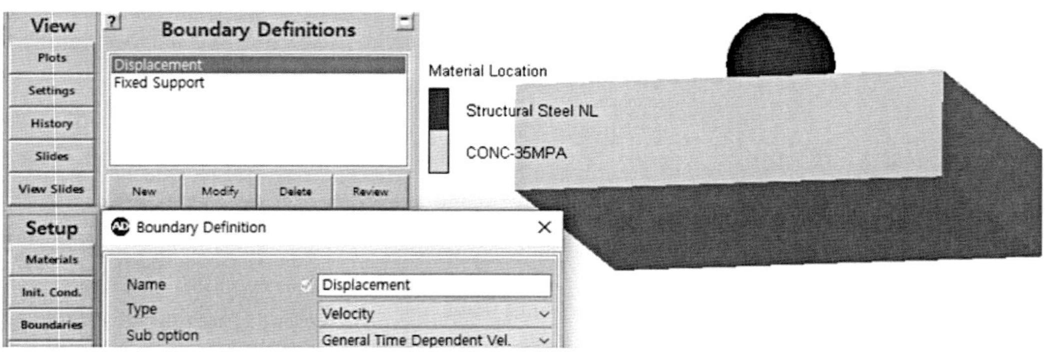

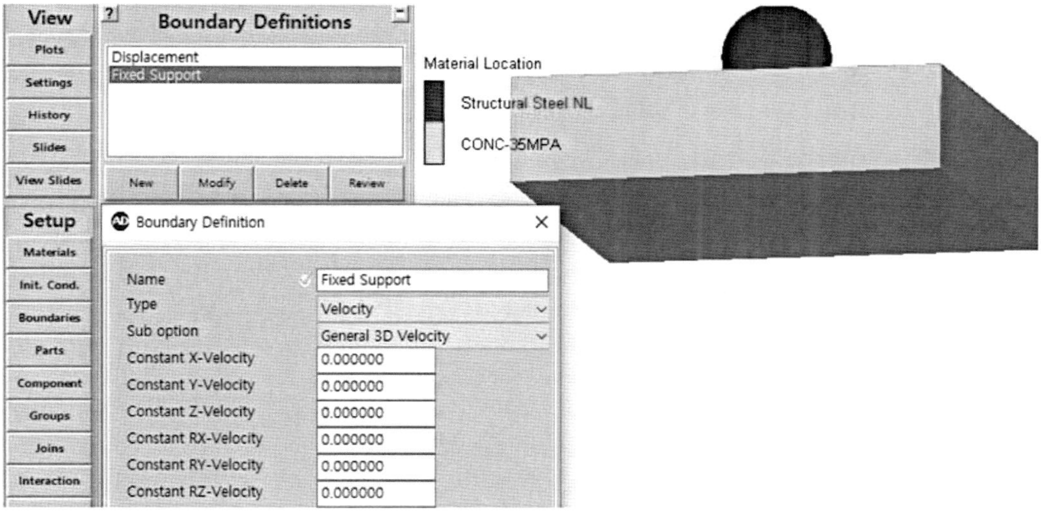


(5) 경계조건 정의 확인

- Boundaries에 설정 내용 없음.

(6) Parts 설정 확인 및 재설정

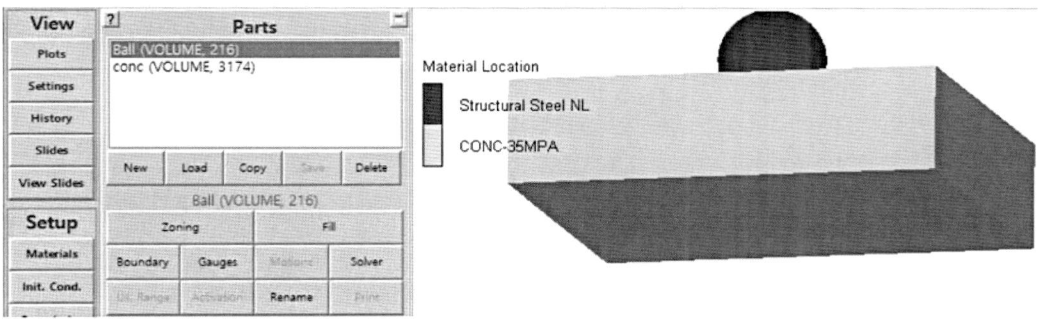

(6) Parts 설정 확인 및 재설정

① Bird에 대한 Part 재 설정

ⓐ Part > New> Part > CONC_SPH > Accept

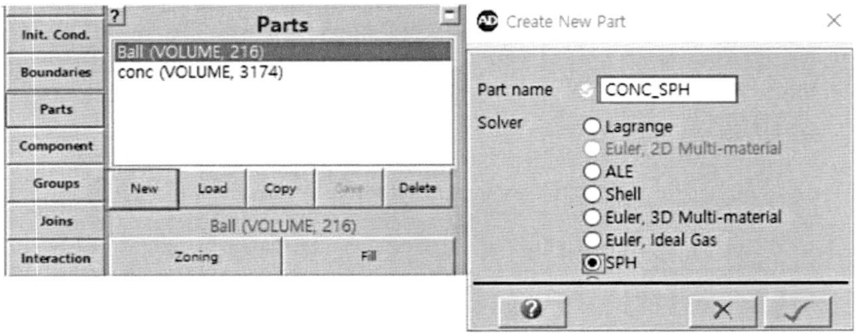


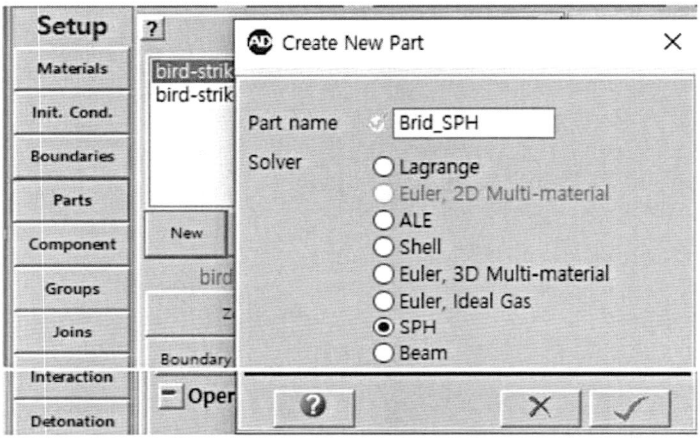


ⓑ Part > New> Part > CONC_SPH > Accept

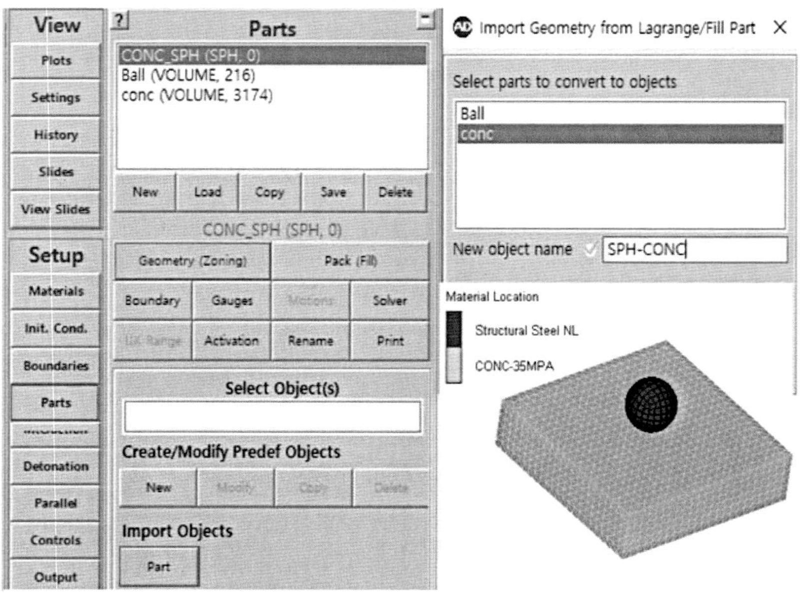

ⓒ 중복 Part 삭제

이제 새로운 SPH 객체가 생성되었으므로 새 부분(명시적 Dynamics에서 생성)은 더 이상 필요하지 않으므로 삭제합니다.

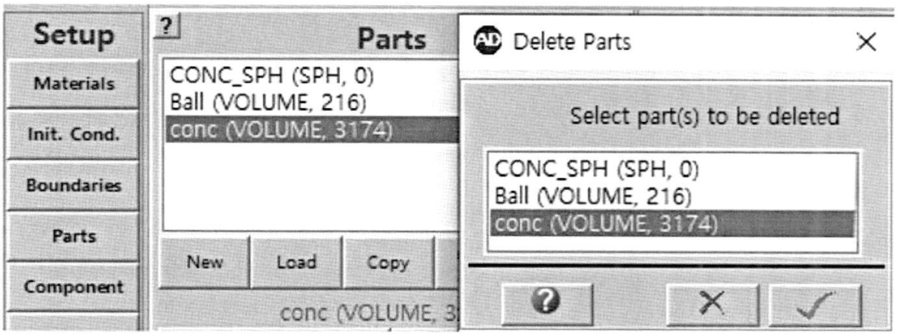


ⓓ SPH_Bird 객체에 SPH Node를 설정한다.

Parts > Pack(Fill) > SPH_CON 선택 > Fill with Initial Condition 선택 > Particle size 30mm 설정 > Accept

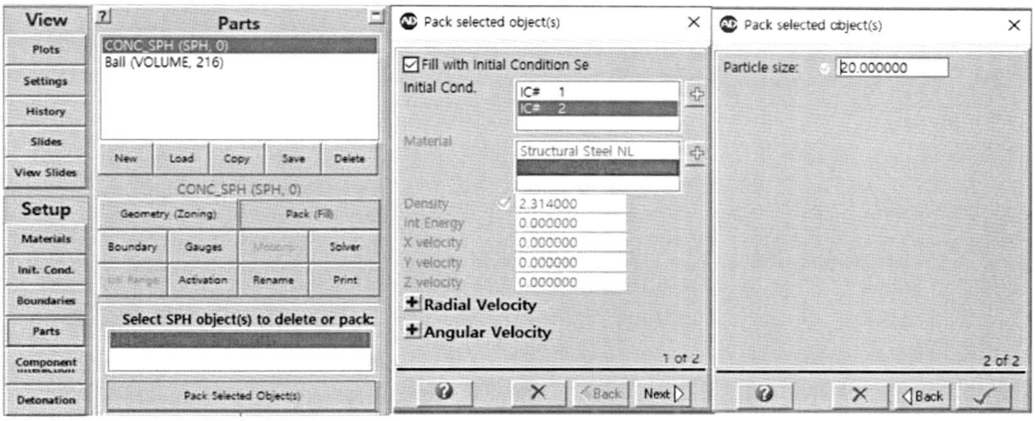


② Load settings

ⓐ Plot settings file을 가져온다. SPH_CONC_2.set

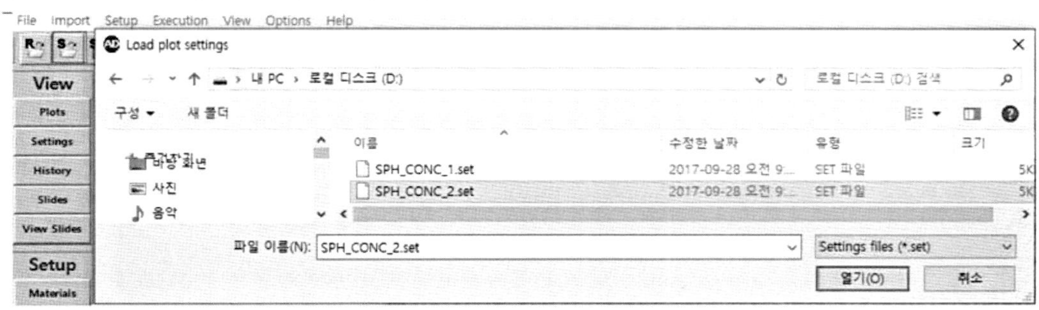

ⓑ Graphic 설정은 다음과 같다.

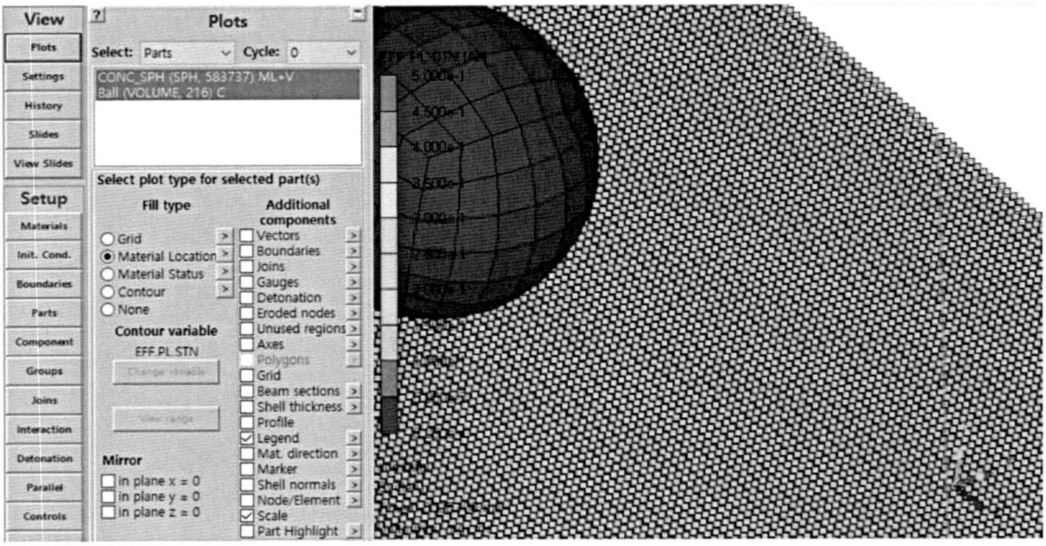


(8) Component 설정 확인 (Component > Modify)

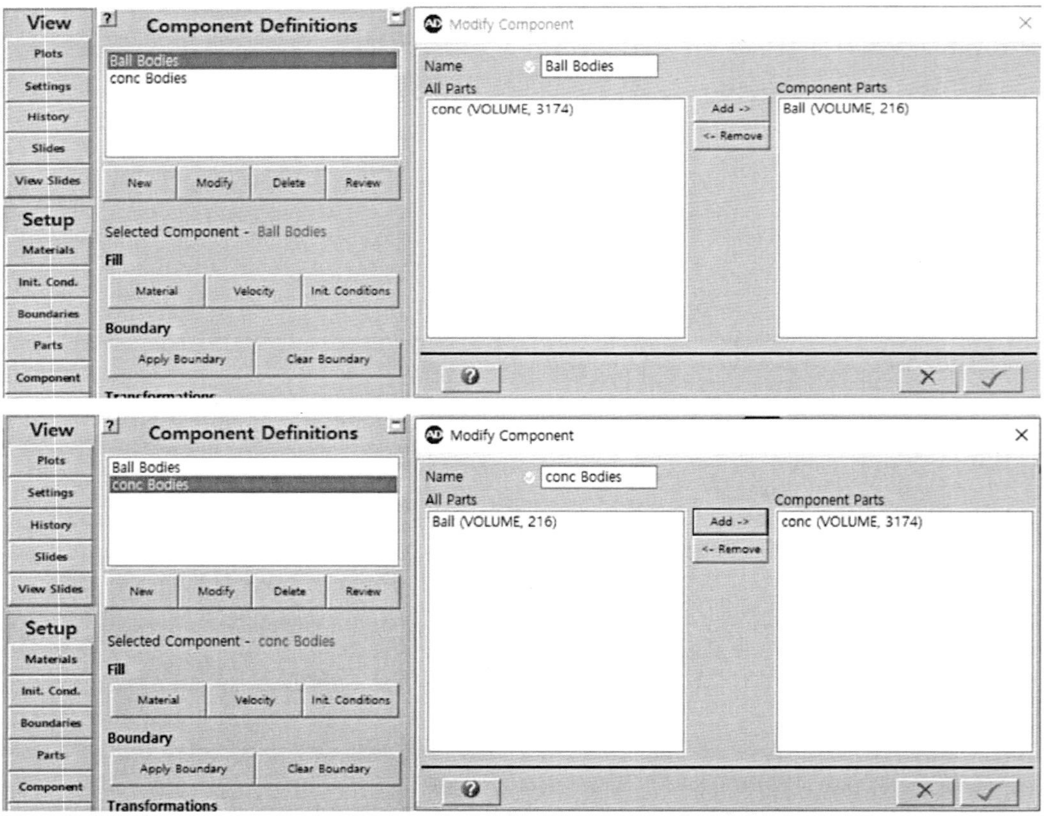

(9) Group 설정 내용 없음

(10) Joints - 설정하지 않음.

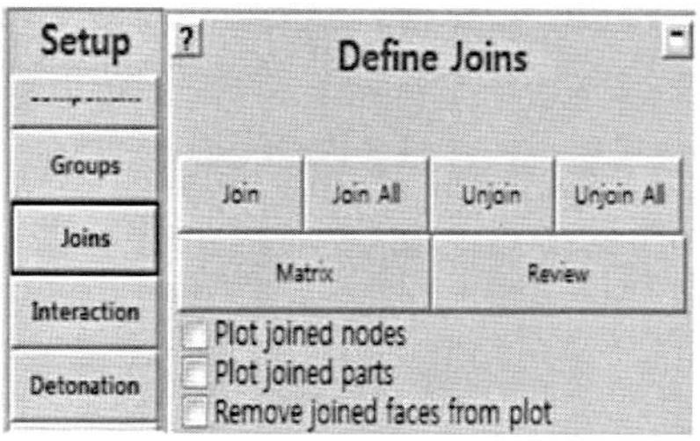


(11) Parallel-설정하지 않음.

(12) TNT에 대한 폭발 지점 정의-설정하지 않음.

(13) 솔루션 컨트롤 설정

(14) 결과저장설정

ⓐ Lagrange/Lagrange > External Gap > Gap size 1.5 > Check

ⓑ Output 설정은 End Time 5 sec, Increment 1로 설정한다.

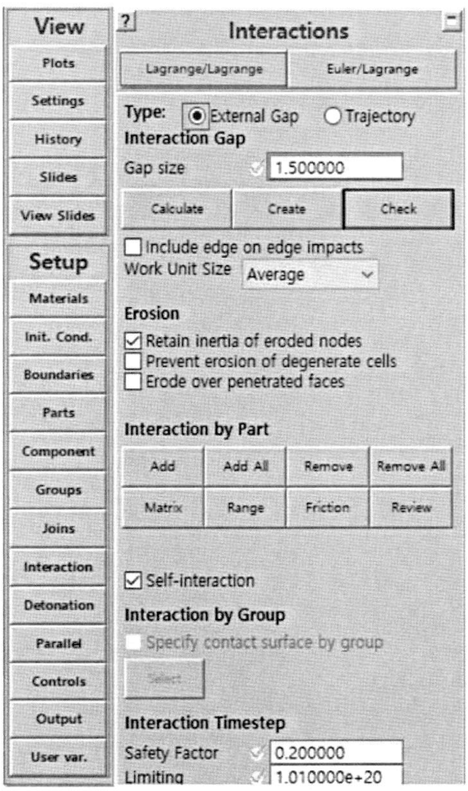


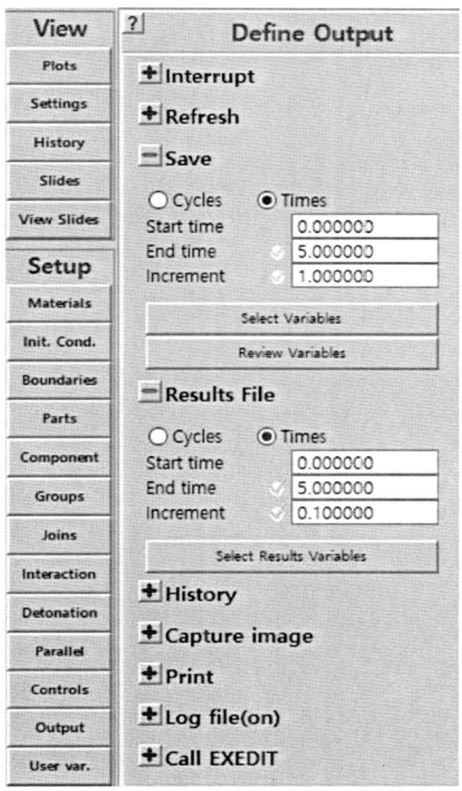


(15) user var. -설정하지 않음

(16) 해석실행

① 데이터 저장

② 문제 해결

ⓐ error 무시

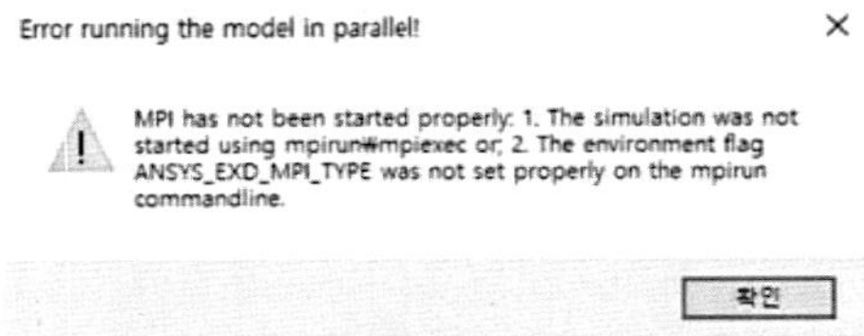


→ 확인 선택

ⓑ Confirm과 WARING 수행

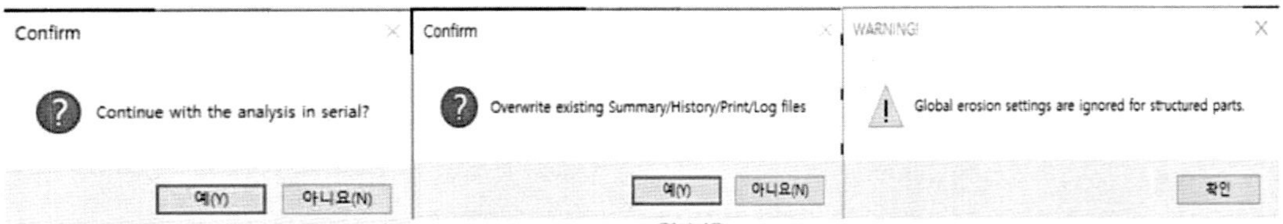


(17) 해석 결과 분석

① 시간별 추이

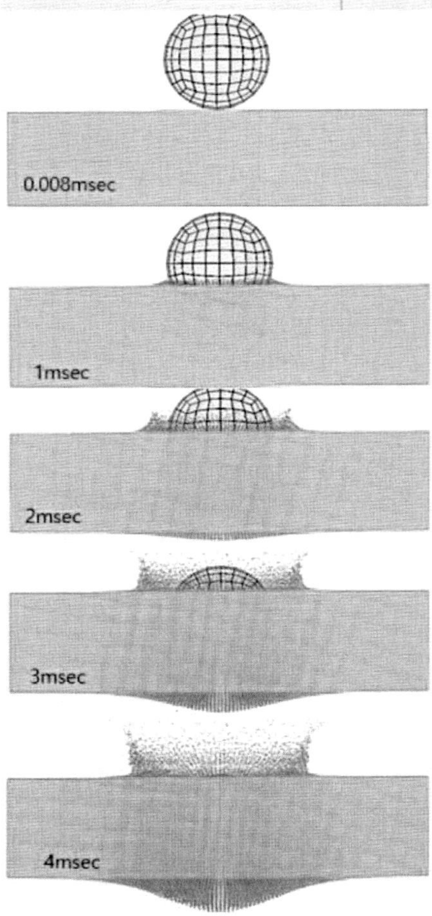

② 5msec 현황

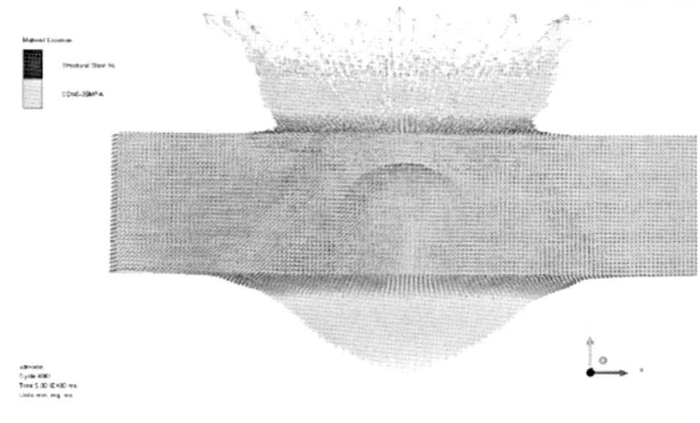

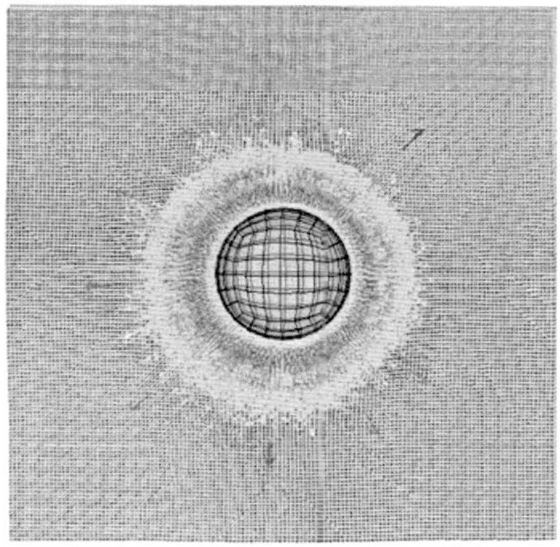

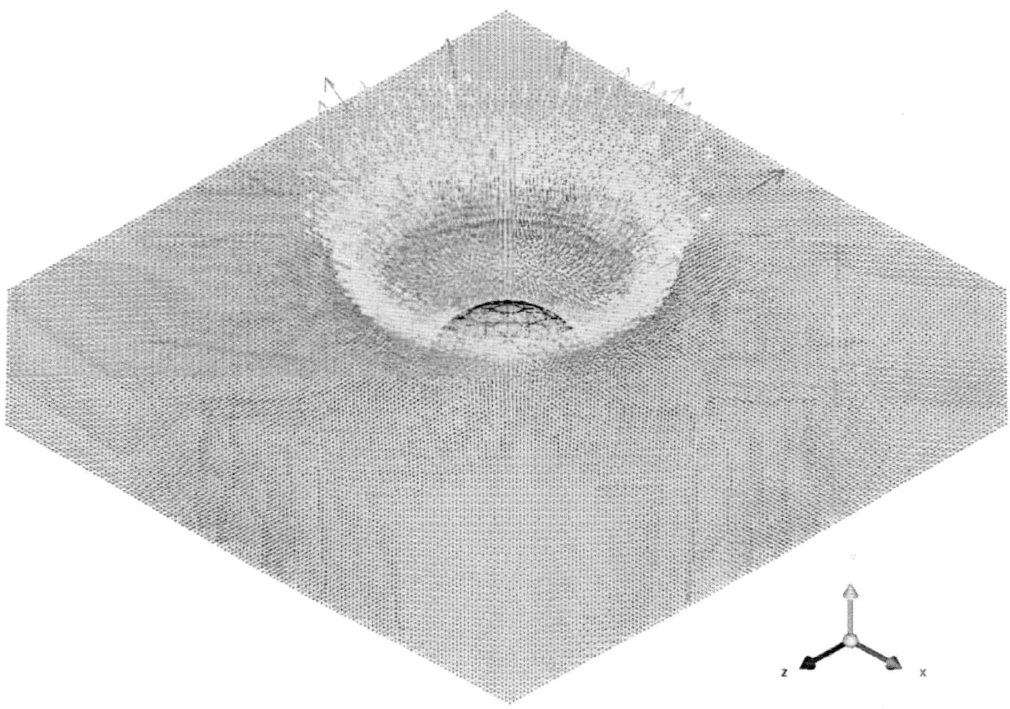

# 7 AUTODYN Help

## 1. PLots

### 1.1. Plots - Select Contour Variable

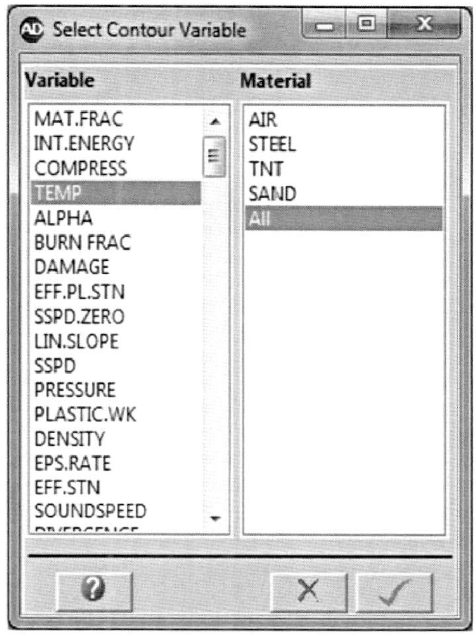


이 대화상자에서는 윤곽선을 지정할 변수를 선택할 수 있습니다.
왼쪽 목록에서 변수를 선택하십시오.
다중재료변수(PRESSURE 변수 위에 있는 왼쪽 목록 맨 위에 있는 요소)의 경우 오른쪽 목록에서 재료 (또는 모두)를 선택해야 합니다.
재료가 선택되면 요소의 해당 재료 비율 값이 플롯 됩니다.
모두를 선택하면 요소의 모든 재료 분수에 대한 질량 가중 평균이 플롯 됩니다.

NBS 사면체 요소의 경우 표준 변수의 등고선 및 요소 게이지 플롯은 해당 요소의 노드에 있는 값의 볼륨 가중 평균입니다. 접미사 '.NBS'가있는 추가 변수 세트를 사용하여 Puso 안정성 계수가 0이 아닌 파트의 노드 솔루션을 안정화하는 데 사용되는 SCP 솔루션을 플롯 할 수 있습니다. 이 변수 세트는 노드 게이지에서 변숫값(모든 재료에 대한 평균)을 플롯 하는데 사용될 수도 있습니다.

### 1.2. Plots - View range and slices (Structured)

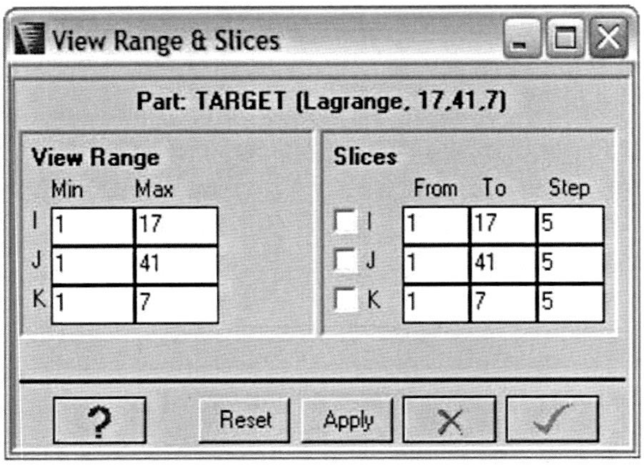


이 대화 상자 창을 사용하면 모델의 구조화 된 부분을 표시하는 데 사용할 뷰범위와 슬라이스를설정할 수 있습니다.

-Parts : 부품

뷰범위와 슬라이스를정의하고있는 부분이 인덱스 범위와 함께 여기에 표시됩니다.

- View Range : 전망 범위 이파트에 대해보고 싶은 I, J 및 K 범위를 정의하십시오.

- Slides : 조각

파트의 견고한 뷰 대신에 세 개의 인덱스 중 하나에 대한 파트를 통해 조각(평면)만 보도록 요청할 수 있습니다.

조각을 만들려는 색인 옆의 확인란을 선택하고 이 조각을 보려는 평면을 정의하십시오. 상자를 선택하지 않으면 뷰 범위를 사용한 솔리드 플롯이 표시 됩니다.

-Reset :

뷰 범위와 슬라이스를 기본값으로 다시 설정합니다.

-Apply

현재 설정을 적용합니다.

1.3. Plots - View range and slices (SPH/Unstructured)

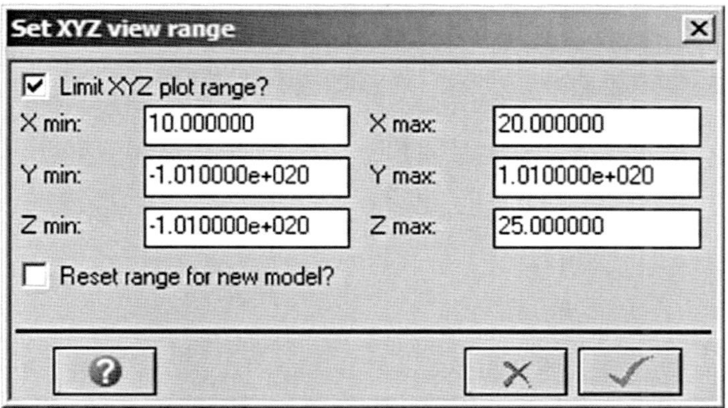


- Limit XYZ plot range? : XYZ 플롯 범위를 제한 하시겠습니까?
구조화되지 않은 파트와 SPH파트의 플롯팅을 절단합니다. 지정된 뷰 범위를 벗어나는 비정형 요소 또는 SPH 노드는 플롯에서 제거됩니다.

- View Range : 전망 범위
구조화되지 않은 부분과 SPH 부분에 대해 플롯 할 X, Y 및 Z 좌표의 최댓값과 최솟값을 지정하십시오. 이 제한은 부품 기준으로 설정되지 않으므로 모델의 모든 비정형 및 SPH 부품에 대한 플롯이 잘립니다.

- Reset range for new model? : 새 모델의 재설정 범위?
이 옵션을 선택하면 새 모델을 열 때 보기 범위가 전체 모델을 표시하도록 재설정됩니다. 이 옵션을 선택하지 않으면 선택한 보기 범위가 유지됩니다.

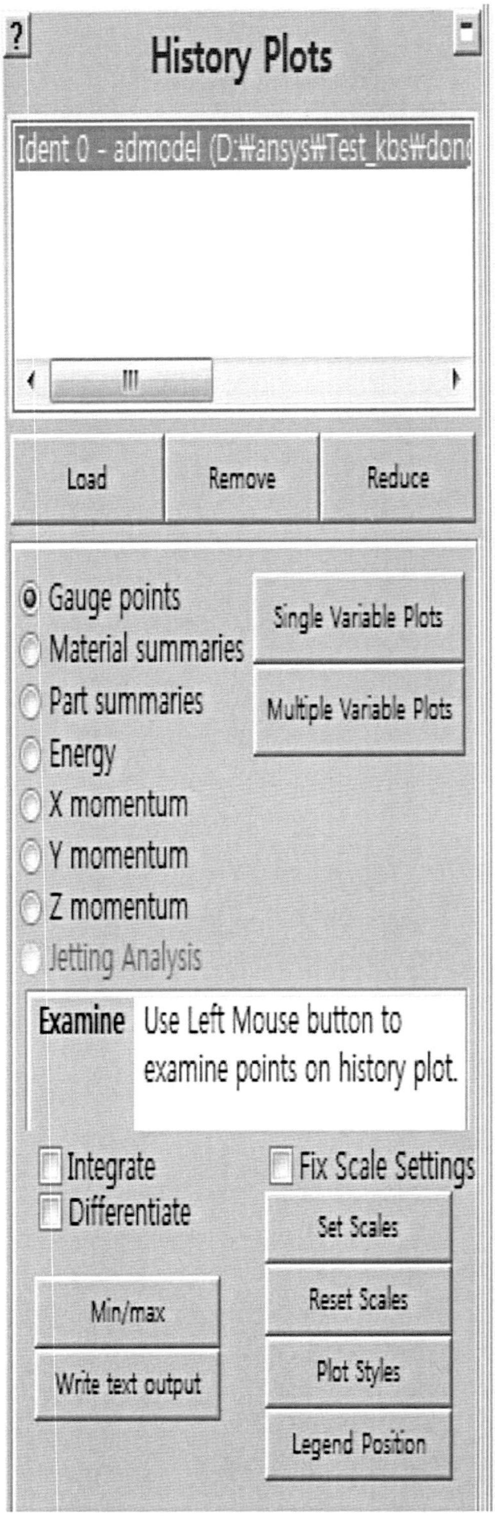
History Plots
Ident 0 - admodel (D:₩ansys₩Test_kbs₩don
Load
Remove
Reduce
Gauge points
Material summaries
Part summaries
Energy
X momentum
Y momentum
Z momentum
Jetting Analysis
Single Variable Plots
Multiple Variable Plots
Examine
Use Left Mouse button to examine points on history plot.
Integrate
Differentiate
Fix Scale Settings
Set Scales
Reset Scales
Min/max
Write text output
Plot Styles
Legend Position

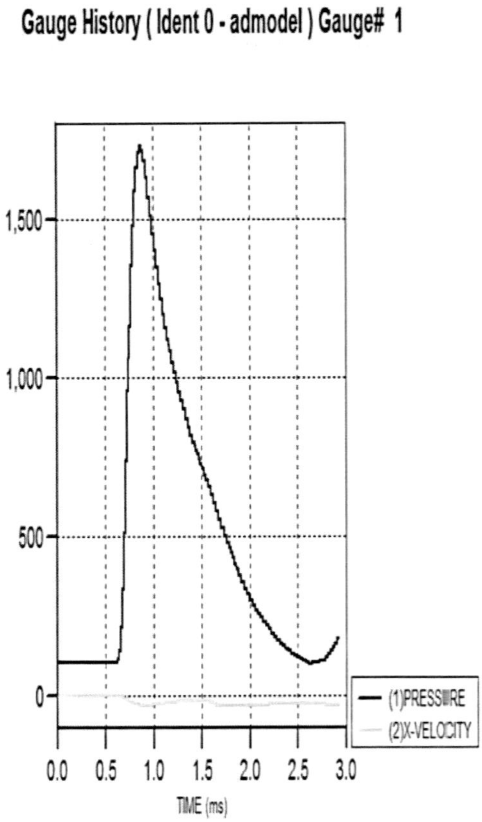
Gauge History ( Ident 0 - admodel ) Gauge# 1
1,500
1,000
500
0
0.0
0.5
1.0
1.5
2.0
2.5
3.0
TIME (ms)
(1)PRESSURE
(2)X-VELOCITY

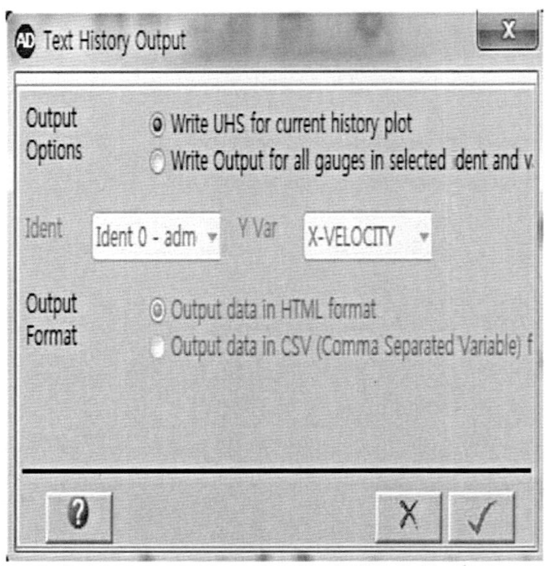
Text History Output
Output Options
Write UHS for current history plot
Write Output for all gauges in selected dent and v
Ident
Ident 0 - adm
Y Var
X-VELOCITY
Output Format
Output data in HTML format
Output data in CSV (Comma Separated Variable) f

Tip

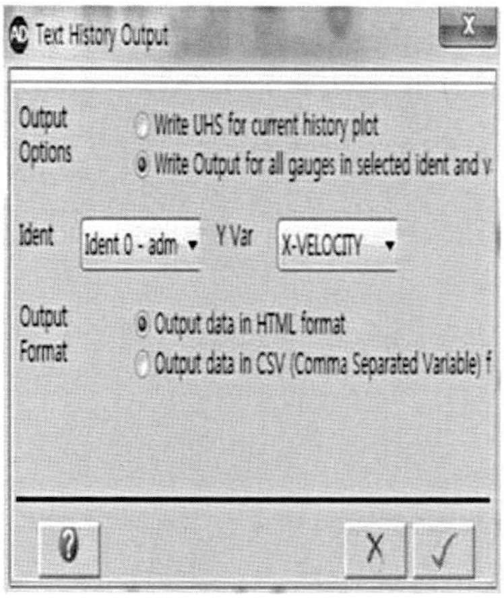


**ANSYS AUTODYN**

History Output

| | IDENT | admodel |
|---|---|---|
| | LOCATION | Gauge# 1 |
| | TIME | PRESSURE |
| 1 | 0.00000E+00 | 1.01332E+02 |
| 2 | 1.55616E-04 | 1.01332E+02 |
| 3 | 3.26794E-04 | 1.01332E+02 |
| 4 | 5.15089E-04 | 1.01332E+02 |
| 5 | 7.22214E-04 | 1.01332E+02 |
| 6 | 9.50052E-04 | 1.01332E+02 |
| 7 | 1.20067E-03 | 1.01332E+02 |
| 8 | 1.47636E-03 | 1.01332E+02 |

Data for plots written to D:₩ansys₩Test_kbs₩dongkang-door-s₩door-o2_files₩dp0₩ATD₩ATD₩admodel03.uhs

Tip

○ **Grid**

○ **Rotate 90**

○ **Contour**

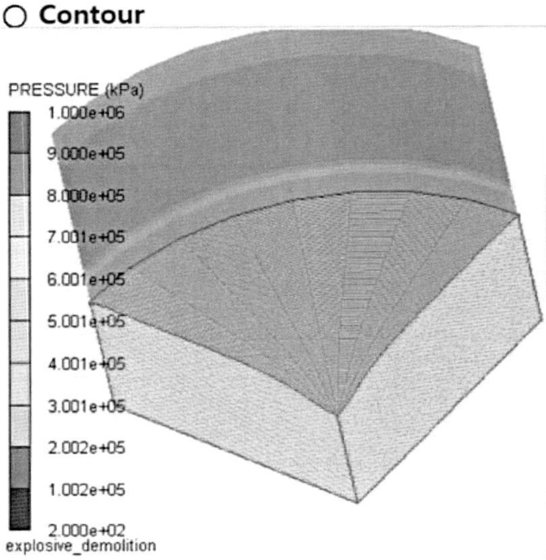


○ **Material Location**

○ **Rotate 180**

○ **Material location**

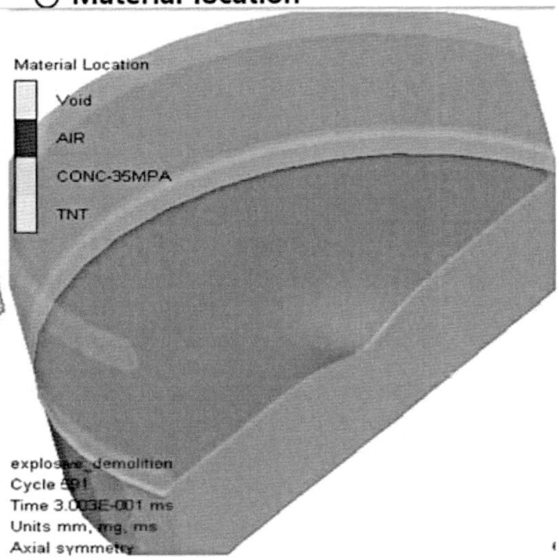


○ **Material status**

○ **Rotate 290**

○ **Contour**

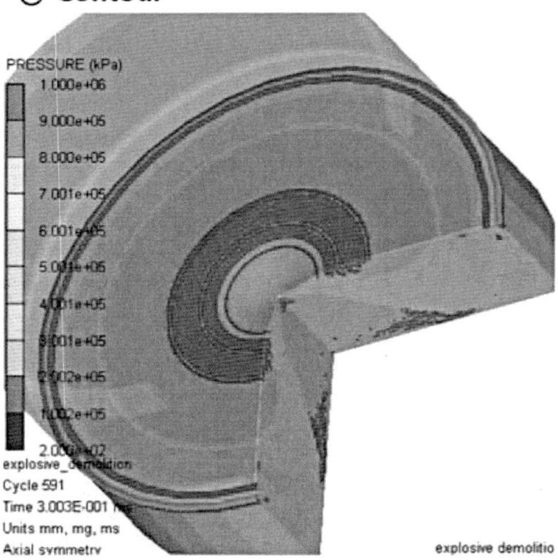


○ **Material status**

○ **Rotate 290**

○ **Contour**

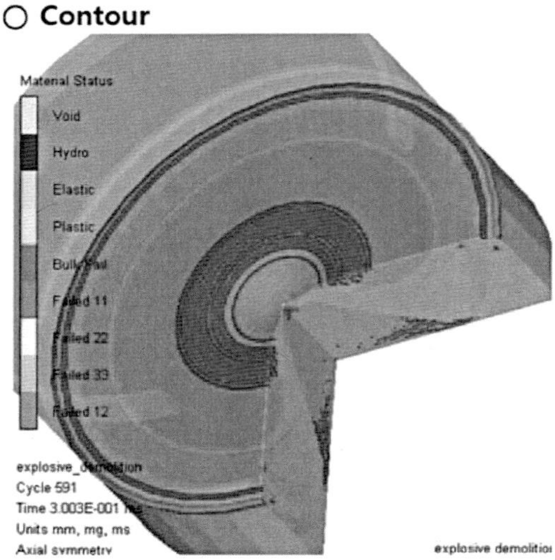

Tip

○ **Contour**

○ **Rotate 360**

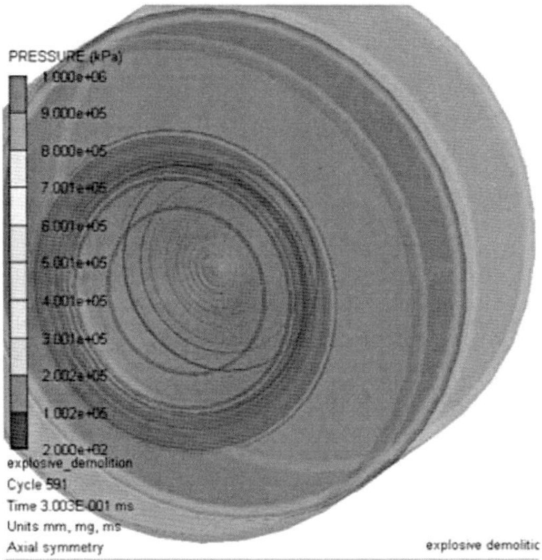


○ **Material status**

○ **Rotate 290**

○ **Contour**

○ **None**

○ **Rotate 380**

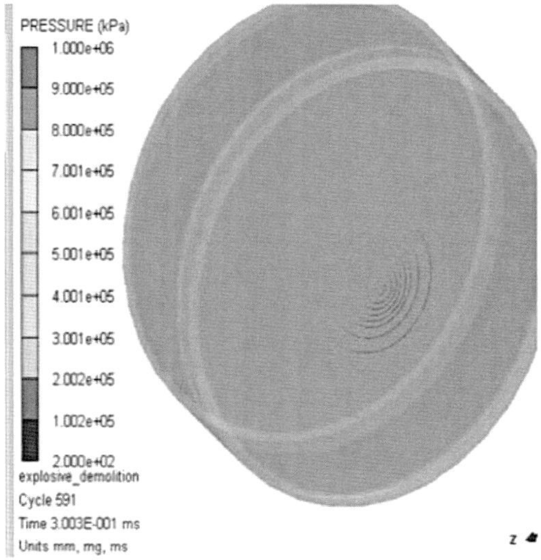


○ **Material status**

○ **Rotate 290**

○ **Contour**

Tip

Legend

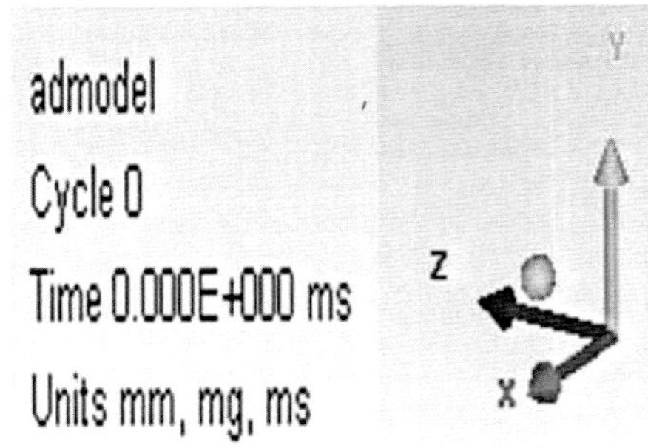


Marker

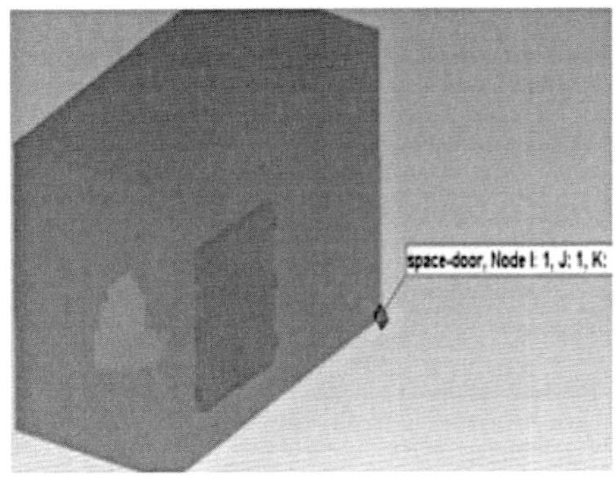


Scale

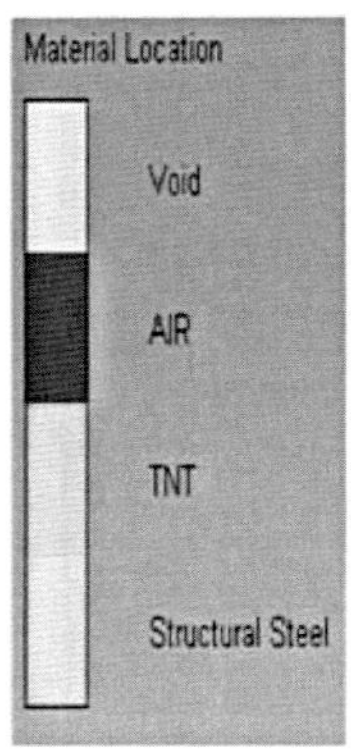


Part Highlight

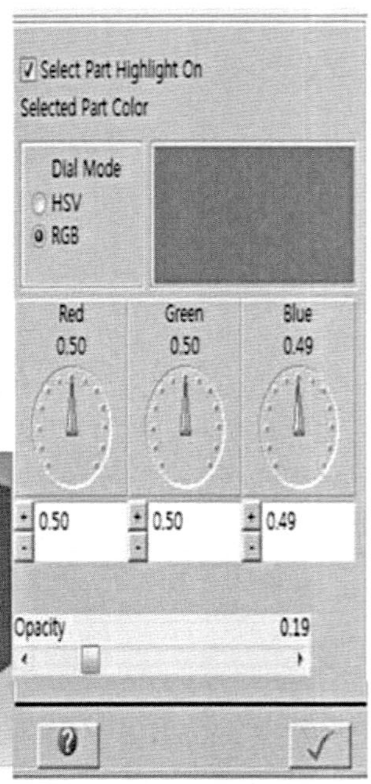

Tip

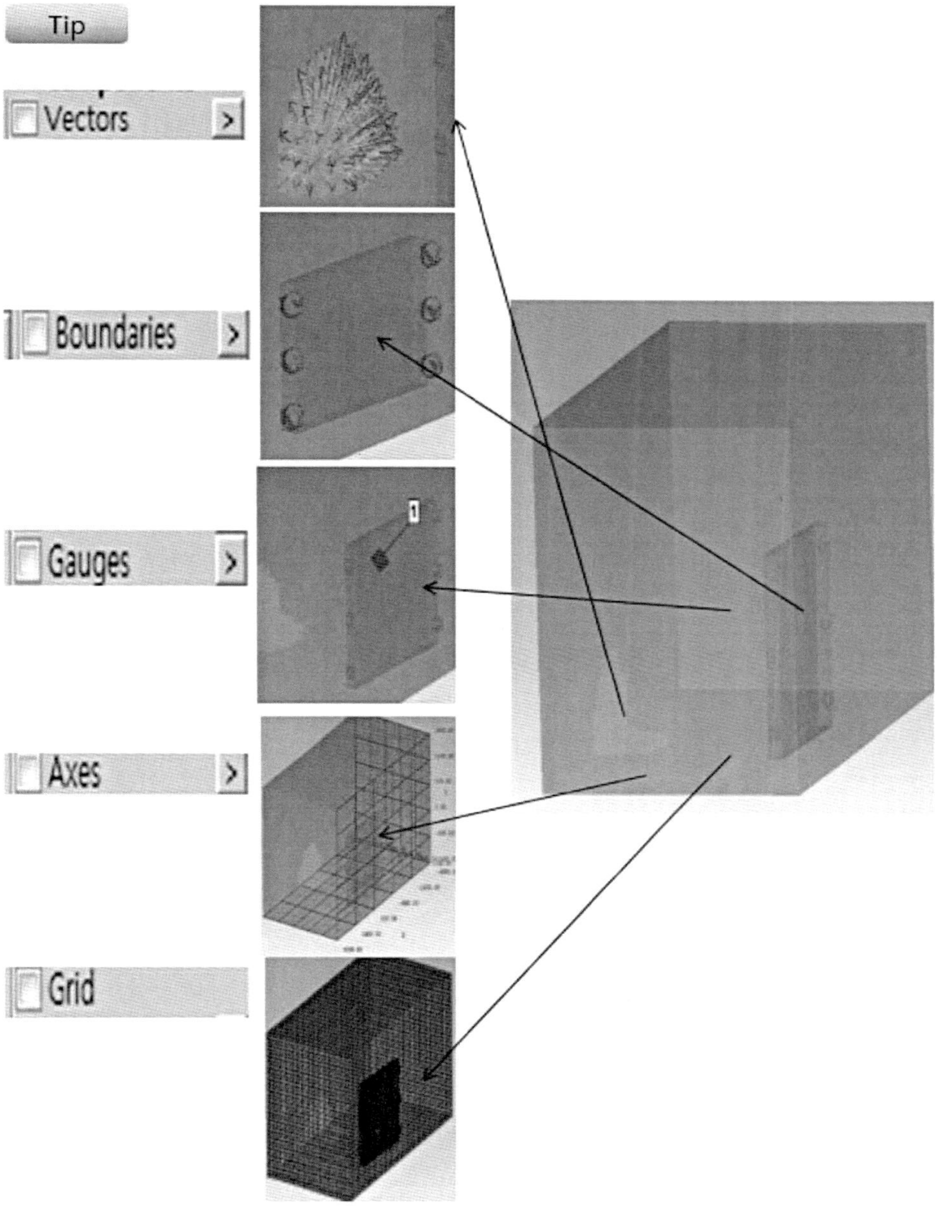

**Tip** **Boundary**

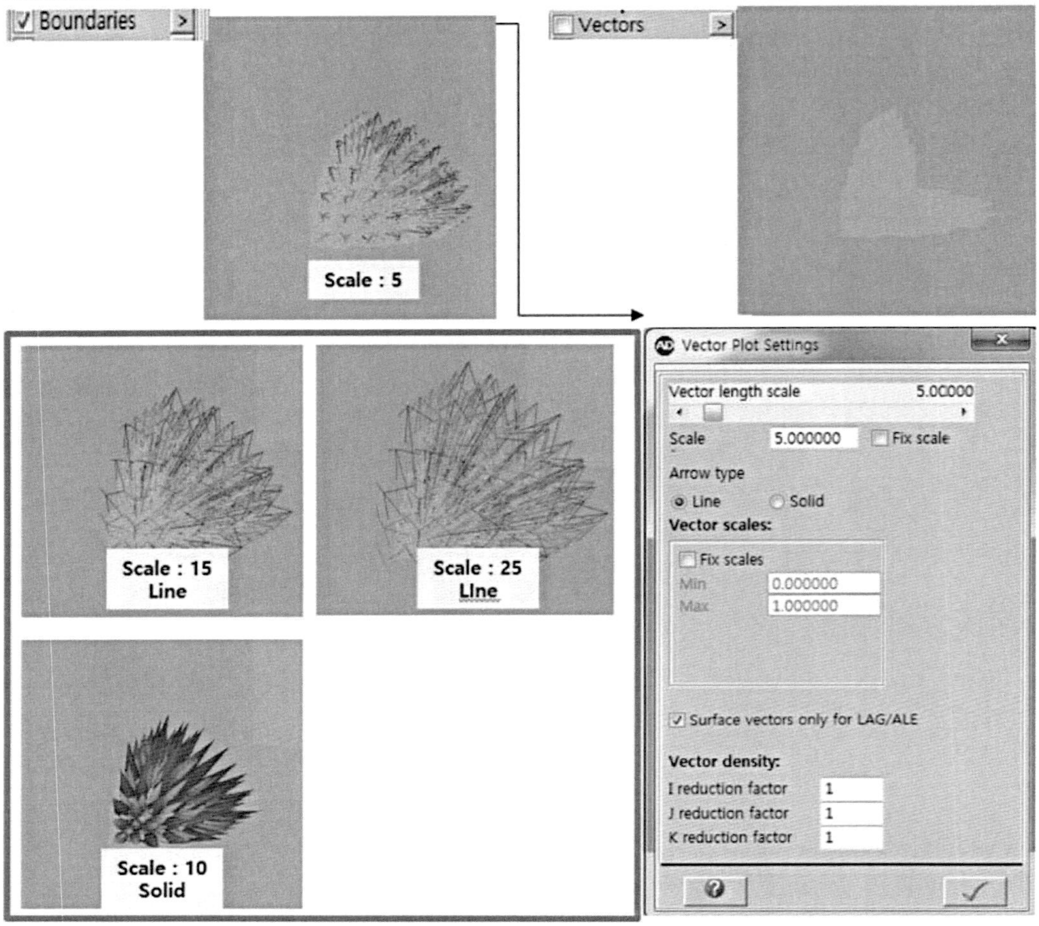

**Tip** **Boundary**

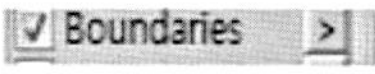

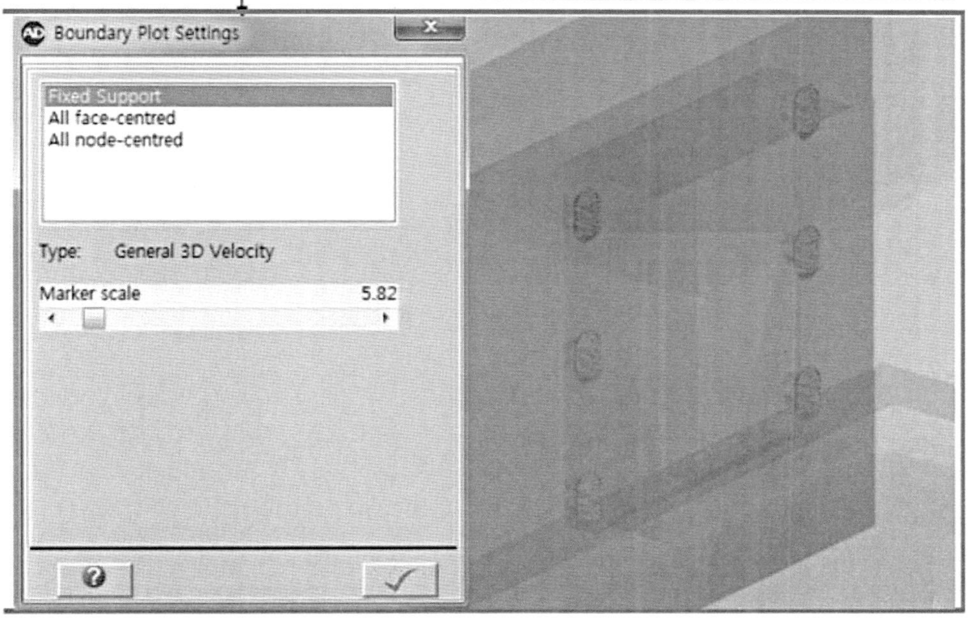

**Tip** **Grid**

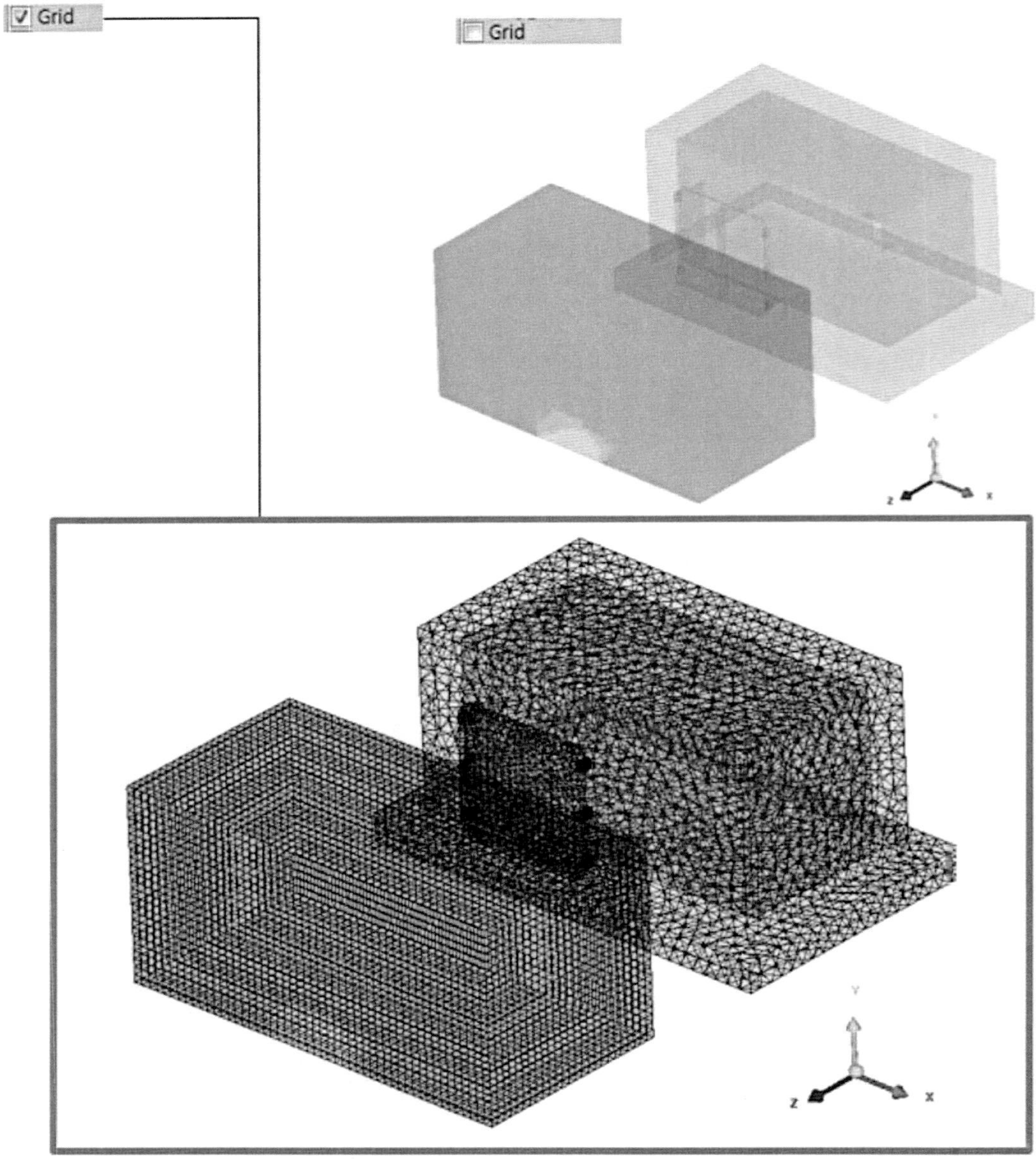

**Tip** **Axies : 좌표축**

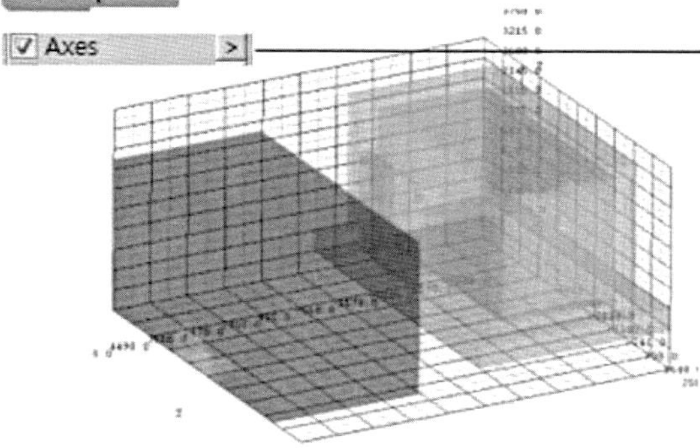


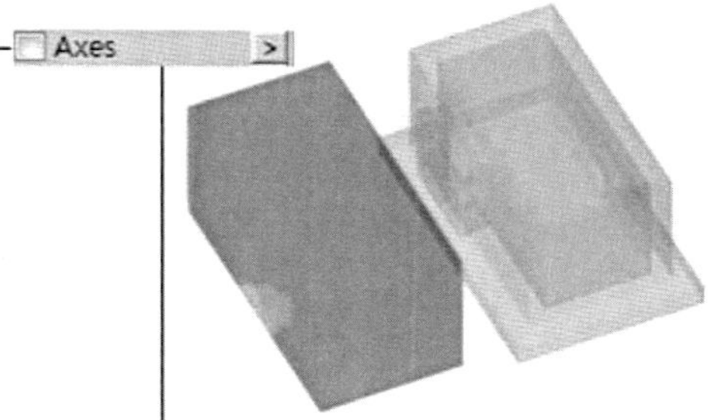


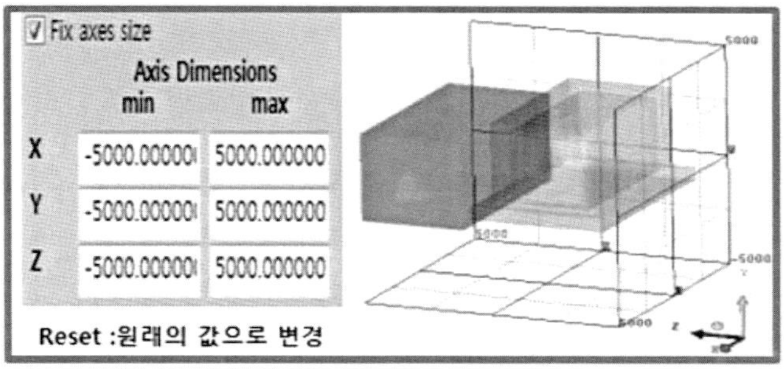


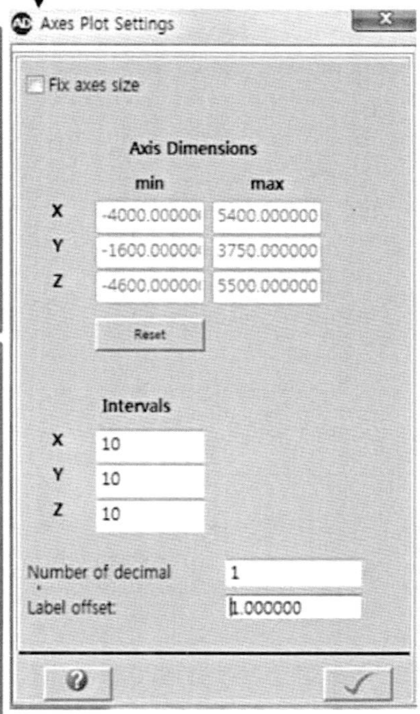


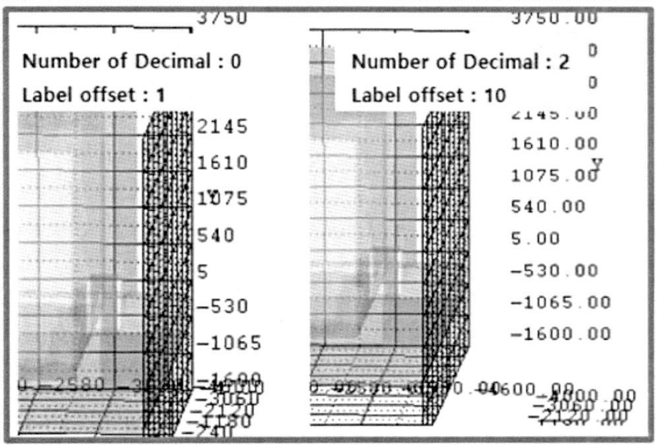


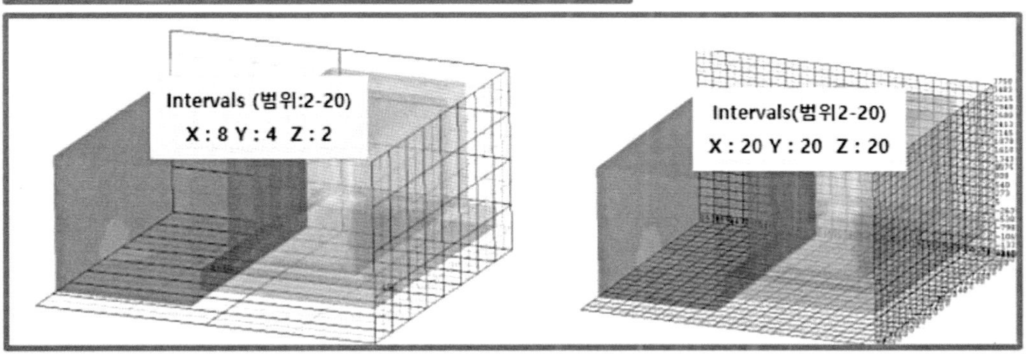

**Tip** **Gauges**

A 탐색 표시 줄에서 "Parts"을 선택하십시오.

B "Gauges"를 선택하시오.

C ADD를 선택한다

D "XYZ-Space"를 선택한다.

E Gauge의 좌표값을 입력한다. ( X=0.0, Y=0.0 Z=0.0 )

F 데이터를 수용한다.

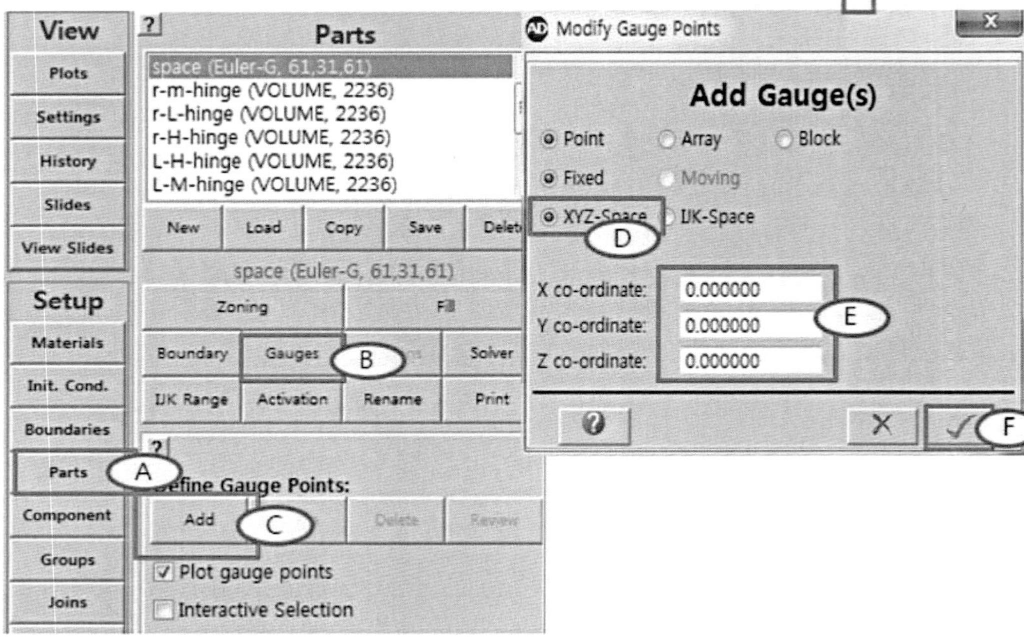


추가로 2개의 Gauge를 입력하면 다음과 같다,

- Gauge 1 : (0,0,0)
- Gauge 2 : (5000, 0, 2000)
- Gauge 3: : (-5000,0,2000)

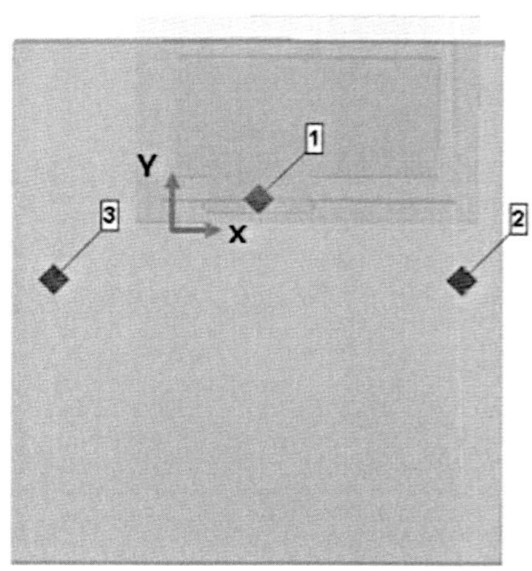

Tip **Transformation**

A 탐색 표시 줄에서 "Parts"을 선택하십시오.

B "Zoning"를 선택하십시오.

C "Translate"를 선택하시오.

D "Select Parts"를 선택하고 이동할 Part를 선택한다.

E Space를 X 축으로 -6000 이동시킨다.

F 데이터를 수용한다.

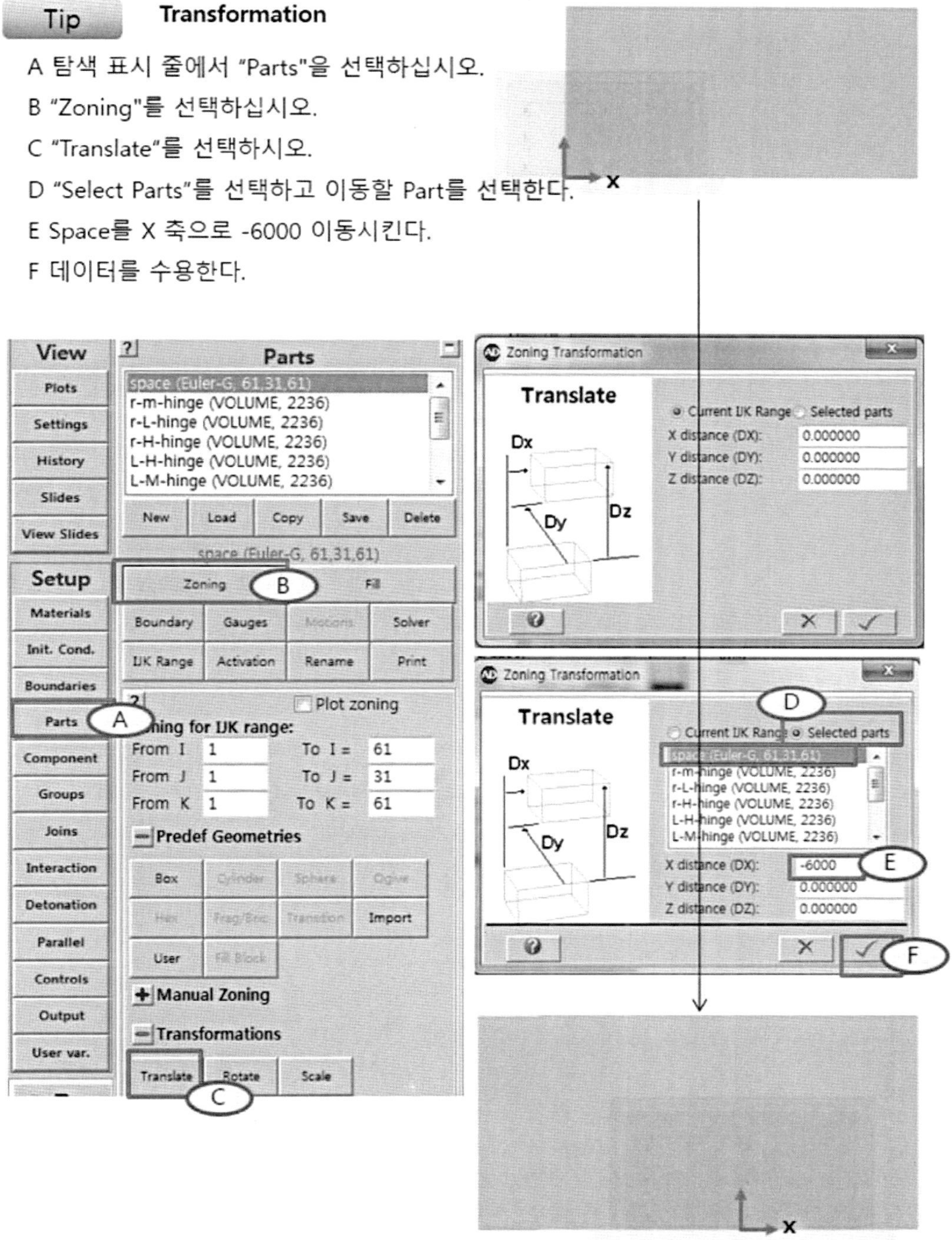

## 2. History

제 2 장 : History : 역사

이 패널을 사용하여 게이지 점 및 요약 변수의 시간기록을 작성하고 도시할 수 있습니다.

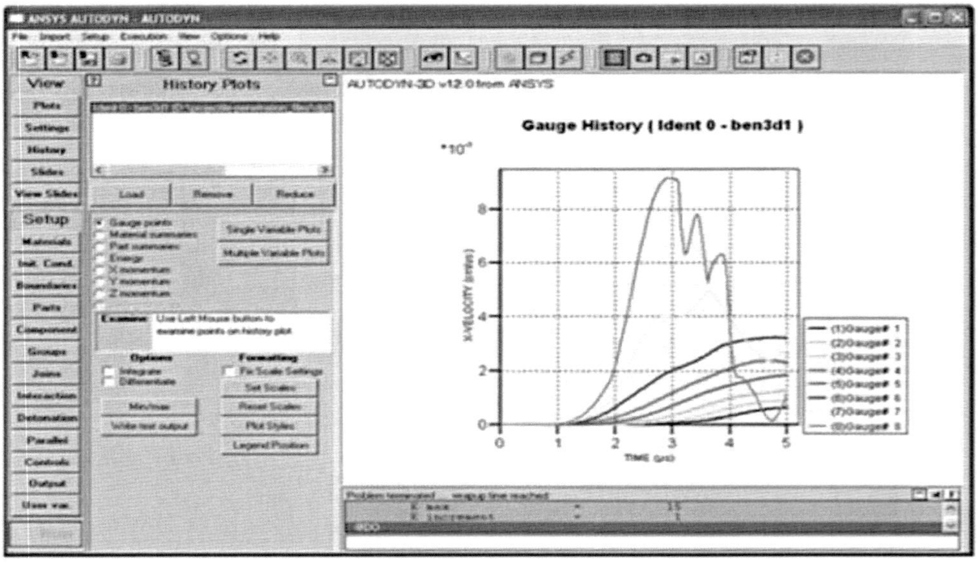


이 패널을 선택하면 작업중인 모델과 관련된 기록 및 요약 데이터가 자동으로 로드되고 모델의 Ident가 패널 상단의 창에 표시됩니다.

- Load : 하중

다른 모델의 내역 데이터로드.

- Remove : 제거

선택한모델의내역데이터를제거합니다

(적어도 하나의 모델은 항상로드된 상태로 유지되어야 함).

-Reduce: 줄이다

모델에 대해 저장된 내역 데이터의 양을 줄입니다.-History Type : 기록 유형

다음 옵션에서 보려는 기록의 유형을 선택하십시오.

>Gauge points : 게이지 포인트

게이지 포인트에서의 가변 히스토리.

> Material summaries :자료 요약

각 물질에 대한 질량, 에너지 및 운동량의 합계.

> Part Summaries : 부품 요약

각 부품의 질량, 에너지 및 운동량 합계.

> Energy : 에너지

에너지 균형.

> X Momentum : X 운동량

X 운동량 균형.

> Y Momentum : Y 운동량

Y 운동량 균형

> Z Momentum : Z 운동량

Z 운동량 균형

> Jetting Analysis : 제트 분석

제트 분석 플롯 (모델이 제트를 사용하는 경우에만 활성화됨).

-Single Variable Plots :단일 변수 플롯

단일 변수의 플롯 작성

-Multi Variable Plots : 다중 변수 플롯

여러 변수를 포함한 플롯 작성

- Examine : 검사하다.

마우스 왼쪽 버튼을 사용하여 그래프의 한 지점을 선택하십시오. 해당 곡선 레이블과 x 및 y 값이 검사 패널에 표시됩니다.

- Integrate : 통합

현재 플롯에서 변수의 적분을 봅니다.

- Differentiate :구별 짓다.

현재 플롯에서 변수의 미분을 봅니다.

- Max/Min : 최소 / 최대

현재 플롯의 최댓값과 최솟값을 봅니다.

- Write Textfile(uhs) :텍스트 파일 쓰기 (uhs)

현재 플롯 (현재 히스토리 플롯의 경우 UHS 쓰기)에서 데이터를 출력하거나 히스토리 파일에서 모든 게이지 데이터를 출력합니다.

(선택된 ID의 모든 게이지 및 변수에 대한 출력 쓰기).

-Set Scales : 크기 설정

Autodyn은 데이터의 최솟값과 최댓값을 기반으로 플롯의 배율을 자동으로 선택 합니다. 이 버튼을 클릭하면 자신의 스케일을 설정할 수 있습니다.

- PlotStyles : 플롯 스타일

각 플롯의 선의 색상, 스타일 및 두께를 설정합니다.

- Legend Position : 범례 위치

범례를 보기의 아무 곳에 나 배치하십시오.

2.1. 연혁 - 단일 변수 플

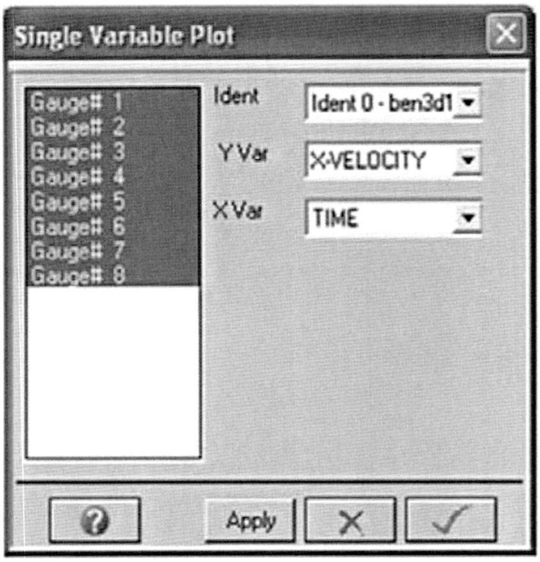


-이 창에서는 단일 변수 플롯을 작성할 수 있습니다.

-단일 변수 플롯은 동일한 X 및 Y 변수에 대해 하나 이상의 플롯 (히스토리) 을 포함할 수 있습니다.

- Ident : 로드 한 모델에서 Ident를 선택하십시오.
- Y Var: Y 축에 지정된 변수입니다.
- X Var: X 축에 할당된 변수입니다. (대개 TIME).
- History to display

왼쪽의 목록에서 플롯에 표시할 히스토리를 선택하십시오.
(Ctrl 및 Shift 키를 사용하여 선택).

중요사항:
변수 및 기록에 사용할 수 있는 선택 사항은 선택한 플롯 유형 (게이지 점, 재료 요약 등)에 따라 다릅니다.

2.2. 연혁 -축소

- 고주파수 응답을 캡처하려면 히스토리 데이터를 매우 자주 저장하는 것이 일반적입니다. (기본값은 매 주기 입니다).
-계산을 많은 주기 동안 실행하면 히스토리 파일이 매우 커질 수 있습니다.
-이 창에서는 일부 주기의 데이터를 제거하여 실행 기록 파일의 크기를 줄일 수 있습니다.
- Select file
파일 선택크기를 줄이려는 파일의 ID입니다.
- Reduce by
이 필드의 감소 요인을 지정하십시오.
  감소 인수 2를 지정하면 다른 주기마다 데이터가 파일에서 제거됩니다.
  감소 인수를 3으로 지정하면 3사이클마다 2개의 데이터가 파일에서 제거됩니다.

## 2.3. 기록 - 텍스트 출력 작성

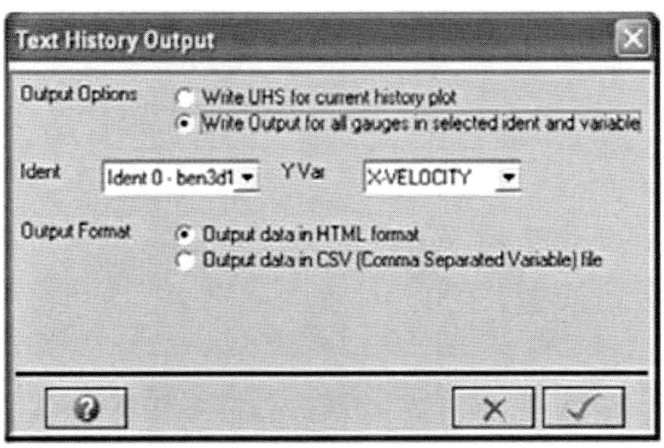


이 대화상자는 현재플롯(현재 히스토리 플롯의 경우 UHS 쓰기) 또는 히스토리 파일의 모든 게이지 데이터 출력 (선택된 ID의 모든 게이지 및 변수에 대한 출력 쓰기)에서 데이터를 출력합니다.

- 출력 옵션

현재 히스토리 도표를 위한 UHS 작성 현재 플롯된 내역 파일의 데이터를 Microsoft Excel로 가져 오기에 적합한 CSV (쉼표로 구분된 변수) 파일로 출력하십시오.

- 선택한 ID의 모든 게이지 및 변수에 대한 출력 쓰기

출력할 Ident 및 변수를 선택하면 선택한 변수 및 ident에 대한 각 게이지의 모든 데이터가 출력 파일에 기록됩니다.

- 출력 형식

데이터 출력 형식으로 CSV(쉼표로 구분된 변수)파일 또는 HTML파일을 선택하십시오.

2.4. 연혁 - 다중 변수 플롯

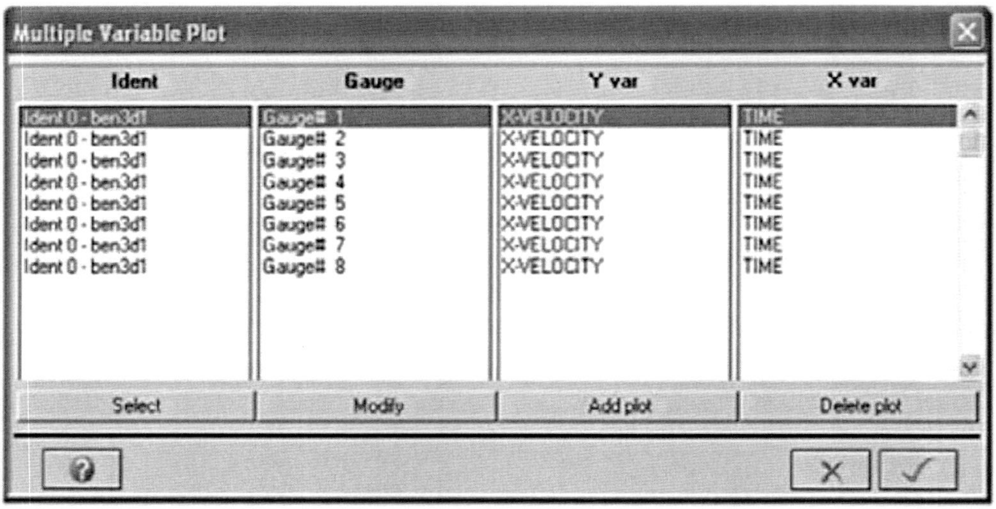


이 창을 사용하여 여러 변수 그림을 작성할 수 있습니다.

여러 변수 플롯에는 하나 이상의 플롯(역사)이 포함될 수 있으며 각 플롯은 X 및 Y 축의 변수가 다릅니다.

이 층은 현재 정의한 플롯(역사)을 나열하여 각각의 Ident, Gauge 번호, X 변수 및 Y 변수를 표시합니다.

이 목록 아래에는 4개의 단추가 있습니다.

Select 여러 개의 플롯을 목록에 빠르게 추가하려 면이 버튼을 클릭하십시오.

Modify
목록에서 플롯을 선택하고 이 버튼을 클릭하여 설정을 수정 하십시오.

Add plot
리스트에서 플롯을 선택하고 이 버튼을 클릭하면 새로운 플롯을 리스트에 추가 할 수 있습니다. 새 플롯의 초기 설정은 선택한 플롯과 동일하지만, 열리는 대화상자 창에서 이 값을 즉시 수정할 수 있습니다.

Delete Plot
리스트에서 플롯을 삭제하려면 이 버튼을 클릭하십시오.

중요:
게이지와 변수에 사용할 수 있는 선택 항목은 선택한 플롯 유형(게이지 점, 재료 요약 등)에 따라 다릅니다.

### 2.4.1. 히스토리- 다중 변수 플롯 - 모든 플롯 설정

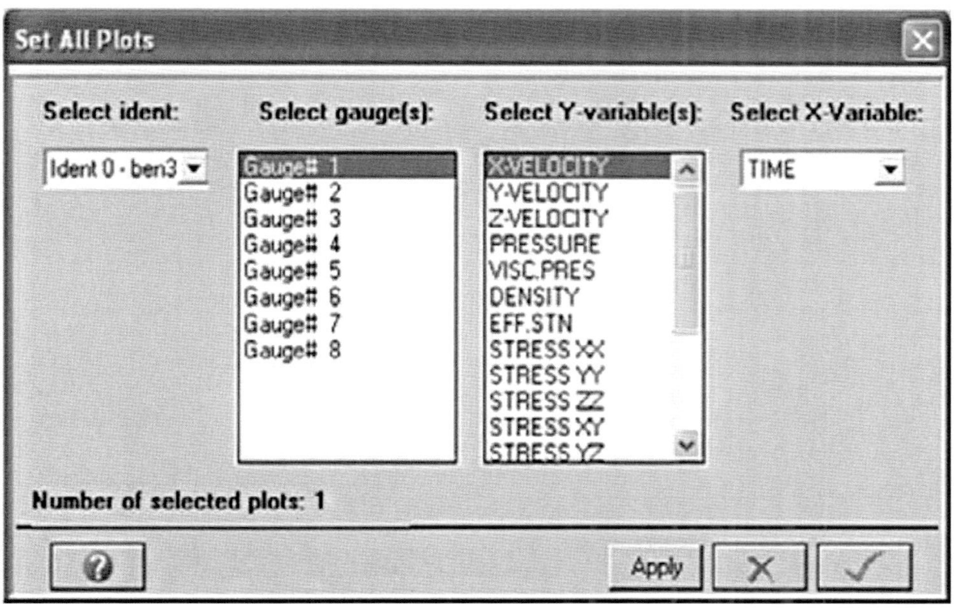


이 창을 사용하면 여러 변수 플롯 목록에 여러 플롯을 빠르게 추가할 수 있습니다.

Select ident :식별자 선택
로드한 모델에서 ID를 선택하십시오.

Select Gauge(s) : 계기 선택
하나 이상의 게이지를 선택 하십시오. (일반적인 방법으로 Ctrl과 Shift키를 사용하여 선택 하십시오).

Select Y-variable(s) : Y- 변수 선택
Y축에 하나 이상의 변수를 선택하십시오. (Ctrl 및 Shift키를 사용하여 일반적인 방법으로 선택하십시오).

Select X-variable : X 변수 선택
X축에 대한 변수를 선택하십시오.

Number of selected plots: 선택된 플롯 수:
현재 선택한 항목으로 정의한 플롯 수. 플롯 수는 4개의 입력 영역에서 모든 선택 항목의 합집합입니다.

### 2.4.2. 히스토리- 다중 변수 플롯 - 선택된 플롯 수정

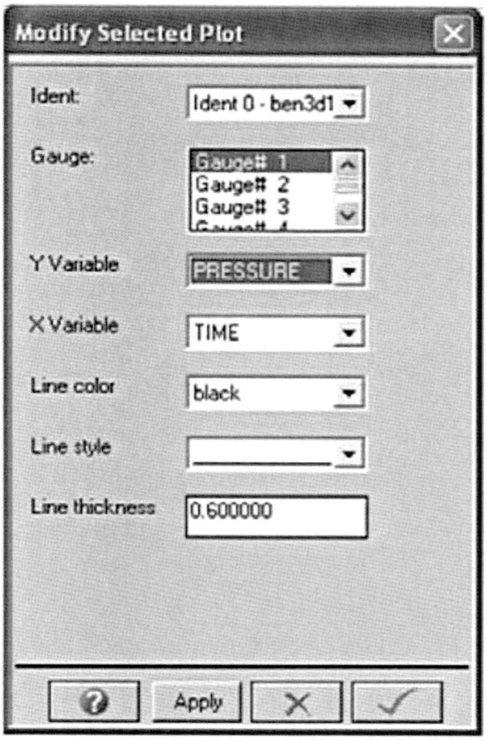


이 창에서는 여러 변수 플롯에 포함될 플롯의 매개 변수를 설정하거나 수정할 수 있습니다.

Ident
로드한 모델의 플롯에 대한 Ident 입니다.

계량기: Gauge 플롯할 게이지
Y 변수: Y Variable
X 변수: X variable
선색상: Line color
선 스타일: Line style (실선, 점선 등)
선두께: Line thickness

## 2.5. 기록 - 최소 / 최대

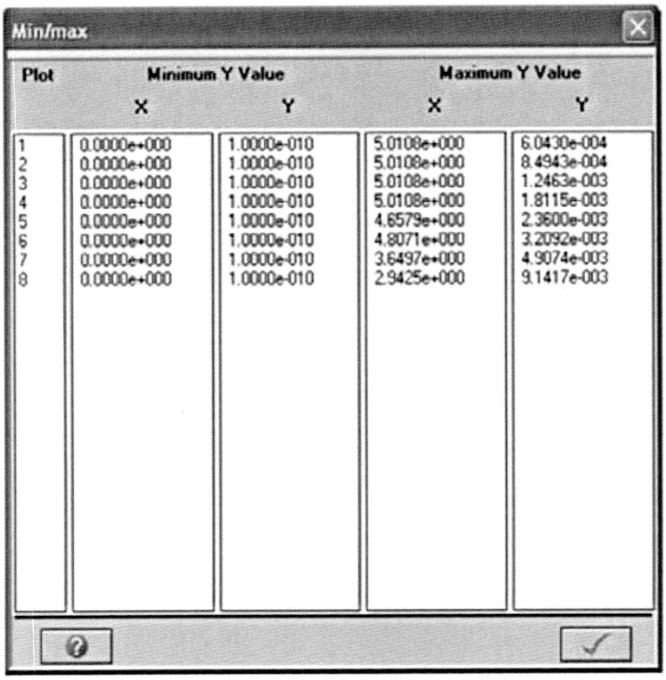
Min/max

| Plot | Minimum Y Value X | Minimum Y Value Y | Maximum Y Value X | Maximum Y Value Y |
|---|---|---|---|---|
| 1 | 0.0000e+000 | 1.0000e-010 | 5.0108e+000 | 6.0430e-004 |
| 2 | 0.0000e+000 | 1.0000e-010 | 5.0108e+000 | 8.4943e-004 |
| 3 | 0.0000e+000 | 1.0000e-010 | 5.0108e+000 | 1.2463e-003 |
| 4 | 0.0000e+000 | 1.0000e-010 | 5.0108e+000 | 1.8115e-003 |
| 5 | 0.0000e+000 | 1.0000e-010 | 4.6579e+000 | 2.3600e-003 |
| 6 | 0.0000e+000 | 1.0000e-010 | 4.8071e+000 | 3.2092e-003 |
| 7 | 0.0000e+000 | 1.0000e-010 | 3.6497e+000 | 4.9074e-003 |
| 8 | 0.0000e+000 | 1.0000e-010 | 2.9425e+000 | 9.1417e-003 |

이 창에는 현재보기에 표시된 각기록 그래프의 최대값과 최소값이 표시됩니다.
Xmin은 최소Y값이 발생하는 X값입니다.
Ymin은 최소Y값 입니다.

Xmax값은 최대 Y 값이 발생하는 X값입니다.
Ymax는 최대 Y값입니다.

2.6. 역사 - 비늘 설정

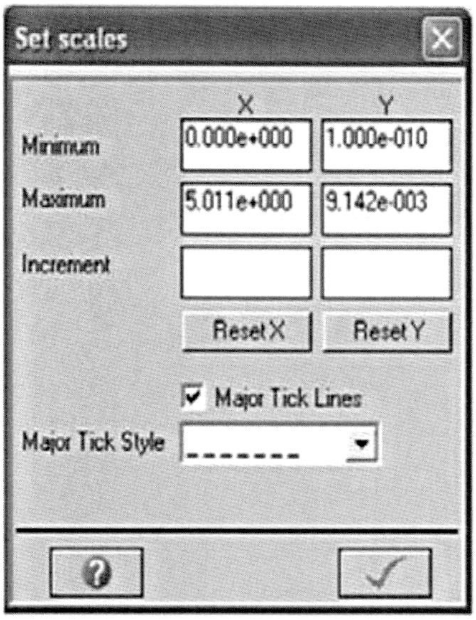


이창에서 히스토리 플롯에 대한 자신의 척도를 설정할 수 있습니다.

Minimum : 최저한의:
 X 및 Y 축척의 최소값

Maximum : 최고
X 와 Y 스케일의 최대값

Increase : 증가
X 및 Y는 눈금이 눈금에 배치되는 위치를 증가시킵니다.

X 재설정: X Reset
최대 및 최소 X값을 Autodyn에 의해 자동으로 계산 된 값으로 재설정합니다.

Y 재설정: Y Reset
Autodyn에 의해 자동으로 계산된 Y 값의 최댓값과 최솟값을 재설정합니다.

주요 Tick 라인: Major Tick Lines
큰 눈금 선을 플롯에서 왼쪽에서 오른쪽으로 그리고 위에서 아래로 확장 하려면 이 상자를 선택하십시오.

주요 틱 스타일: Major Tick Style
눈금 선을 그리는 데 사용되는 선 스타일(실선, 점선 등)

2.7. 역사 - 플롯 스타일 설정
이 창에서는 각 플롯의 선의 색상, 스타일 및 두께를 설정할 수 있습니다.

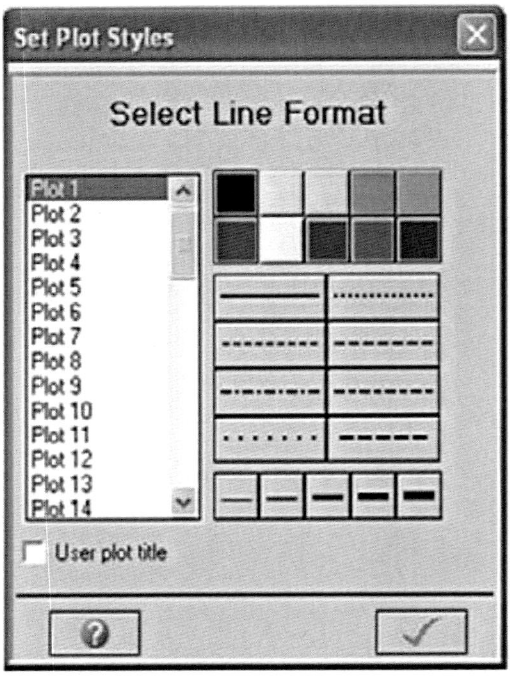


Plot number :플롯 번호
플롯은 1부터 시작하여 지정한 순서대로 번호가 매겨집니다. 왼쪽의 상자는 스타일을 설정할 플롯 번호를 선택할 수 있게 합니다.

Color : 색깔
오른쪽 상단 두 줄에서 선택한 플롯의 색상을 선택 하십시오.

Line Style : 선 스타일
오른쪽의 다음 네 행에서 선택한 플롯의 선 스타일을 선택하십시오.

Line Thickness : 선 두께
오른쪽 아래 줄에서 선택한 플롯의 선 두께를 선택하십시오.

User plot title : 사용자 플롯 제목
플롯에 자신만의 제목을 제공하려면 이 상자를 선택하십시오. 기본 제목은 "역사 플롯"입니다.

## 2.8. 기록 - 범례 위치 설정

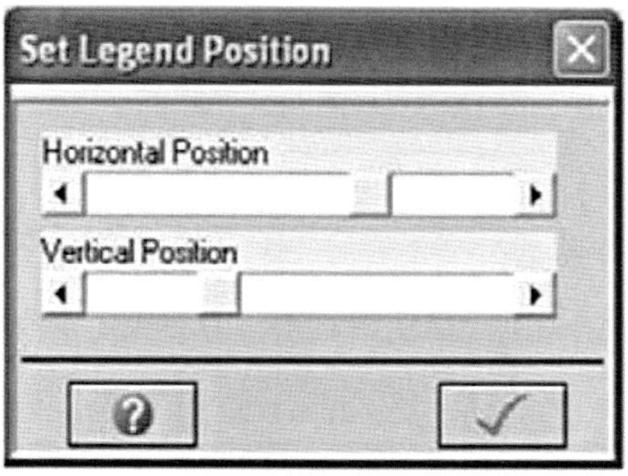


이 윈도우를 사용하면 플롯 범례를 뷰의 아무 곳에 나 배치 할 수 있습니다.

두 슬라이더를 사용하여 원하는 위치에 도달할 때까지 범례의 가로 및 세로 위치를 조정합니다.

2.9. 기록 -로드

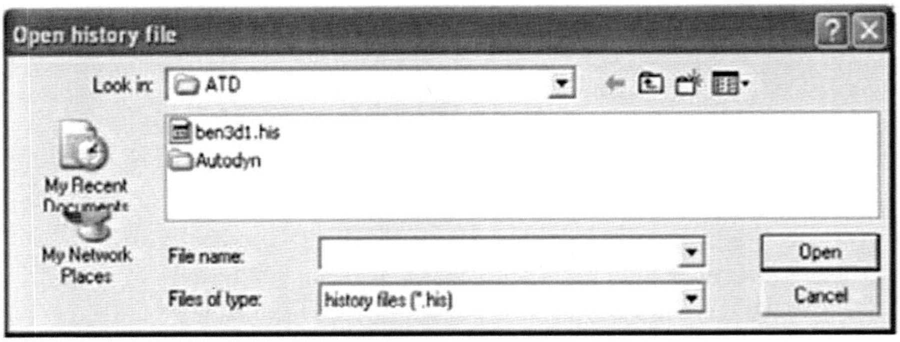


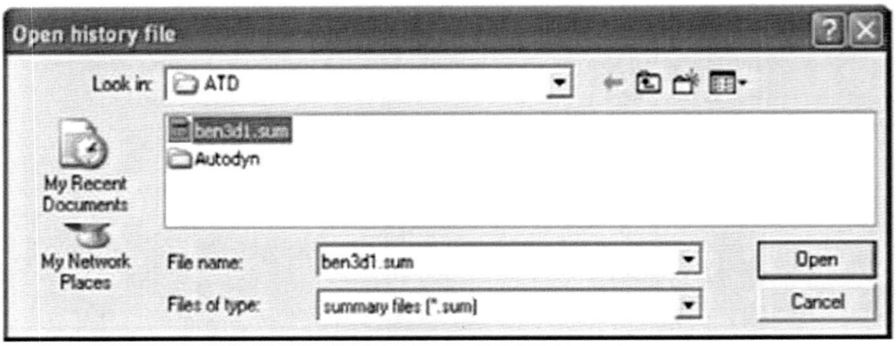


이 창에서는 플로팅을 위한 내역 파일을 로드할 수 있습니다.
내역 데이터는 두 가지 유형의 파일에 저장됩니다.

이 파일에는 모델에 대해 정의된 게이지점 에 대한 기록 데이터가 들어 있습니다.

.sum이 파일에는 요약 플롯에 대한 내역 데이터(재료 요약, 부품 요약, 에너지 등)가 들어있습니다.

선택한 플롯 유형에 따라 이 창에서 파일 시스템을 탐색하여 로드 할 .hisor .sum 파일을 찾을 수 있습니다.